U0289766

全国高等院校机械类“十三五”规划系列教材

AutoCAD 计算机绘图

主　编　宋　玲　鄢来祥　蔺绍江
副主编　程　敏　肖　立　王凤良
竺宏丹　任桂华

华中科技大学出版社
中国·武汉

内 容 简 介

本书系统地介绍了 AutoCAD 2017 中文版的基础知识、功能、使用方法与技巧。全书共分 11 章，从 AutoCAD 2017 系统操作入门和绘图前的准备入手，详细介绍了绘制与编辑基本图形、绘制与编辑复杂平面对象、图形编辑、图形标注、图块与属性、图形布局与打印、绘制工程图实例和三维绘图等内容，并配有综合练习题。

本书在通用的基础上，以计算机绘制土木工程图和机械工程图为例，加强了对相关制图方法和技巧的应用展示。

本书内容简繁得当，实用易学，可作为普通高等院校“计算机绘图”课程的教材使用，也可供工程技术人员及计算机绘图爱好者自学和参考。

图书在版编目(CIP)数据

AutoCAD 计算机绘图/宋玲，鄢来祥，蔺绍江主编. —武汉：华中科技大学出版社，2017.12
(2023.1 重印)
全国高等院校机械类“十三五”规划系列教材
ISBN 978-7-5680-3302-2

Ⅰ.①A… Ⅱ.①宋… ②鄢… ③蔺… Ⅲ.①AutoCAD 软件-高等学校-教材 Ⅳ.①TP391.72

中国版本图书馆 CIP 数据核字(2017)第 196899 号

AutoCAD 计算机绘图
AutoCAD Jisuanji Huitu

宋 玲 鄢来祥 蔺绍江 主编

策划编辑：万亚军
责任编辑：戢凤平
封面设计：原色设计
责任校对：张会军
责任监印：周治超
出版发行：华中科技大学出版社(中国·武汉)　　电话：(027)81321913
　　　　　武汉市东湖新技术开发区华工科技园　　邮编：430223
录　　排：武汉三月禾文化传播有限公司
印　　刷：武汉市洪林印务有限公司
开　　本：787mm×1092mm　1/16
印　　张：15.5　插页：2
字　　数：397 千字
版　　次：2023 年 1 月第 1 版第 4 次印刷
定　　价：48.00 元

前　言

在计算机技术越来越普及的时代，计算机绘图已成为工程技术人员要掌握的一项基本技能，大中专学校的工科类学生都需要掌握这一技能。在各院校的课程体系中，计算机绘图是工程制图中的一项重要内容。现已出版的工程图学教材多多少少都介绍了一些计算机绘图的知识，但内容比较简单，各种介绍计算机绘图的书籍也都各有侧重。本书在通用的基础上，介绍了使用工程绘图软件 AutoCAD 2017 绘制土木工程图和机械工程图的方法。

在重视科学素质的当今时代，各高校都在积极推进教育改革，把提高教育质量、培养综合素质人才作为教育的目标。本书根据华中科技大学、武汉科技大学、湖北理工学院、烟台南山学院等高校“计算机绘图”课程教学的基本要求编写而成，在选择内容和编排顺序上有以下几个特点。

1. 遵循学习者的认知规律，由易到难，简繁得当，实用易学。

2. 采用最新的计算机绘图国家标准，采用最新的绘制工程图样的国家标准。按照绘制工程图样的规范要求，指导学习者遵守国家标准规范绘图。

3. 图文并茂，通俗易懂，实例丰富。可以引导学习者绘制和输出符合国家标准规范的工程图样。

4. 章后附有思考与练习，可指导学习者自学或课后复习。

参加教材编写的人员有华中科技大学宋玲、鄢来祥、程敏、竺宏丹、庞行志，湖北理工学院蔺绍江、任桂华，武汉科技大学肖立，烟台南山学院王凤良。

本教材由华中科技大学宋玲、鄢来祥，湖北理工学院蔺绍江主编。具体编写分工为：宋玲编写第 1、2 章；宋玲与蔺绍江编写第 9 章第 1、3、4 节；程敏编写第 3 章及第 11 章第 1、2、4 节；蔺绍江与庞行志编写第 4 章；竺宏丹与任桂华编写第 5 章；鄢来祥编写第 6、7 章及第 11 章第 3 节；鄢来祥与任桂华编写第 10 章；武汉科技大学肖立编写第 8 章及第 9 章第 2 节。

本书在编写过程中，得到了华中科技大学教务处、华中科技大学机械科学与工程学院和土木工程与力学学院以及相关院校的支持，在此表示深深的谢意。由于作者水平有限，时间仓促，书中难免存在疏漏和错误，敬请使用本书的教师、同学等广大读者批评指正。

编　者
2017 年 7 月

目　　录

绪论 …… (1)
1　AutoCAD 操作系统入门 …… (2)
1.1　启动和退出 AutoCAD 系统 …… (2)
1.1.1　启动 AutoCAD …… (2)
1.1.2　退出 AutoCAD …… (3)
1.2　AutoCAD 的工作界面 …… (3)
1.2.1　标题栏 …… (4)
1.2.2　文档浏览器 …… (4)
1.2.3　快速访问工具栏 …… (4)
1.2.4　功能区 …… (4)
1.2.5　下拉菜单栏 …… (5)
1.2.6　工具条 …… (6)
1.2.7　绘图窗口 …… (7)
1.2.8　命令提示窗口 …… (7)
1.2.9　状态栏 …… (7)
1.2.10　ViewCube …… (7)
1.2.11　导航栏 …… (8)
1.3　图形文件管理 …… (8)
1.3.1　建立新图形文件 …… (8)
1.3.2　打开图形文件 …… (8)
1.3.3　保存图形文件 …… (9)
思考与练习 …… (10)
2　绘图前的准备 …… (11)
2.1　调用命令 …… (11)
2.1.1　键盘输入命令 …… (11)
2.1.2　从快捷菜单中选择命令 …… (12)
2.1.3　从工具栏中单击图标按钮 …… (13)
2.1.4　从下拉菜单中选择命令 …… (14)
2.1.5　从“功能区”选项板上选择命令 …… (14)
2.1.6　命令的重复 …… (14)
2.1.7　透明命令 …… (15)
2.2　数据的输入 …… (15)
2.2.1　光标定位 …… (15)
2.2.2　输入坐标 …… (15)
2.2.3　精确绘图设置 …… (16)
2.3　AutoCAD 的环境设置 …… (21)

2.3.1 设置绘图环境 …… (21)
2.3.2 系统环境的设置 …… (23)
2.4 图层、颜色、线型和线宽 …… (25)
2.4.1 创建及设置图层 …… (27)
2.4.2 图层状态的控制 …… (29)
2.4.3 图层相关命令 …… (30)
2.4.4 图层工具 …… (31)
2.4.5 改变对象颜色、线型及线宽 …… (32)
2.4.6 控制非连续线型的外观 …… (32)
2.5 图形显示控制 …… (34)
2.5.1 视图的缩放 …… (34)
2.5.2 视图的移动 …… (36)
2.5.3 视图的重画和重生成 …… (37)
2.5.4 视图 …… (37)
2.6 动态输入 …… (40)
2.6.1 使用动态输入 …… (40)
2.6.2 动态输入设置 …… (41)
思考与练习 …… (43)
3 绘制与编辑基本图形 …… (44)
3.1 基本图形绘制 …… (44)
3.1.1 直线、射线和构造线的绘制 …… (44)
3.1.2 圆和圆弧的绘制 …… (47)
3.1.3 矩形和正多边形 …… (51)
3.1.4 椭圆和椭圆弧 …… (52)
3.1.5 点 …… (53)
3.2 图形编辑初步 …… (56)
3.2.1 选择对象的简单方法 …… (56)
3.2.2 放弃选中的对象 …… (56)
3.2.3 删除与恢复 …… (56)
3.2.4 使用帮助 …… (57)
3.2.5 图形修剪 …… (57)
3.2.6 分解对象 …… (59)
3.2.7 偏移复制 …… (59)
3.3 绘制平面图形实例 …… (60)
思考与练习 …… (68)
4 绘制与编辑复杂平面对象 …… (70)
4.1 绘制与编辑多段线、多线和样条曲线 …… (70)
4.1.1 绘制与编辑多段线 …… (70)
4.1.2 绘制与编辑多线 …… (74)
4.1.3 绘制与编辑样条曲线 …… (81)
4.2 填充圆环、多边形 …… (82)
4.2.1 填充圆环 …… (82)
4.2.2 填充多边形 …… (83)

4.3　创建和编辑面域……………………………………………………………………(84)
4.3.1　创建面域……………………………………………………………………(84)
4.3.2　创建边界……………………………………………………………………(85)
4.3.3　布尔运算……………………………………………………………………(85)
4.4　图案填充……………………………………………………………………(87)
4.4.1　选择图案填充………………………………………………………………(87)
4.4.2　编辑图案填充………………………………………………………………(91)
4.4.3　分解填充图案………………………………………………………………(92)
4.5　徒手绘图……………………………………………………………………(92)
4.6　绘制组合体三视图…………………………………………………………(93)
思考与练习 ……………………………………………………………………(96)
5　图形编辑……………………………………………………………………(98)
5.1　选择对象的方法……………………………………………………………(98)
5.1.1　键盘输入命令选择对象的方法……………………………………………(98)
5.1.2　快速选择相同对象 ………………………………………………………(100)
5.2　常用编辑命令 ………………………………………………………………(101)
5.2.1　图形的复制 ………………………………………………………………(101)
5.2.2　移动、旋转、比例缩放 ……………………………………………………(104)
5.2.3　拉伸、拉长和延伸…………………………………………………………(106)
5.2.4　打断与合并线条 …………………………………………………………(109)
5.2.5　倒角和倒圆角 ……………………………………………………………(110)
5.2.6　编辑对象特性 ……………………………………………………………(111)
5.2.7　图形编辑中辅助工具的使用 ……………………………………………(113)
5.3　夹点编辑图形 ………………………………………………………………(114)
5.3.1　夹点的设置 ………………………………………………………………(115)
5.3.2　用夹点编辑对象 …………………………………………………………(116)
5.3.3　夹点快捷键 ………………………………………………………………(116)
5.4　绘制剖视图、断面图形实例………………………………………………(117)
思考与练习……………………………………………………………………(121)
6　图形标注 ……………………………………………………………………(124)
6.1　图形中文字的注写 …………………………………………………………(124)
6.1.1　文字样式 …………………………………………………………………(124)
6.1.2　文字的创建 ………………………………………………………………(126)
6.1.3　文字编辑命令 ……………………………………………………………(129)
6.1.4　AutoCAD 2017 中关于文字的一些较为复杂的命令 ……………………(129)
6.2　尺寸标注 ……………………………………………………………………(132)
6.2.1　概述 ………………………………………………………………………(132)
6.2.2　尺寸标注类型 ……………………………………………………………(133)
6.2.3　标注样式简述 ……………………………………………………………(133)
6.2.4　标注样式 …………………………………………………………………(133)
6.2.5　标注样式管理器 …………………………………………………………(139)
6.2.6　创建尺寸标注 ……………………………………………………………(140)
6.2.7　编辑尺寸标注 ……………………………………………………………(145)

6.3 图形标注实例 …… (146)
6.3.1 设置文字样式、标注样式 …… (146)
6.3.2 图形尺寸标注 …… (150)
6.4 多重引线 …… (150)
6.4.1 多重引线样式 …… (150)
6.4.2 多重引线标注 …… (152)
6.5 图形中的表格 …… (154)
6.5.1 表格样式 …… (154)
6.5.2 创建表格 …… (156)
6.5.3 编辑和修改表格 …… (157)
思考与练习 …… (158)
7 图块与属性 …… (159)
7.1 图块的概念与创建 …… (159)
7.1.1 图块的概念 …… (159)
7.1.2 创建图块 …… (159)
7.1.3 创建外部块 …… (161)
7.2 图块的插入和编辑 …… (162)
7.2.1 插入图块 …… (162)
7.2.2 插入图形文件 …… (163)
7.2.3 块的分解 …… (164)
7.2.4 编辑图块 …… (164)
7.3 图块的属性与属性编辑 …… (165)
7.3.1 创建属性定义 …… (165)
7.3.2 修改属性定义 …… (166)
7.3.3 编辑属性 …… (167)
7.4 块的制作与应用实例 …… (168)
7.4.1 创建带属性的图块 …… (168)
7.4.2 插入图块 …… (168)
思考与练习 …… (170)
8 图形布局与打印 …… (171)
8.1 布局 …… (171)
8.1.1 模型空间和图纸空间 …… (171)
8.1.2 创建打印布局 …… (173)
8.2 页面设置与打印 …… (175)
8.3 虚拟打印 …… (178)
思考与练习 …… (180)
9 绘制工程图实例 …… (181)
9.1 绘制建筑施工图 …… (181)
9.1.1 绘图准备 …… (181)
9.1.2 绘制建筑平面图 …… (182)
9.1.3 绘制建筑立面图 …… (184)
9.1.4 绘制建筑剖面图 …… (185)
9.1.5 尺寸标注、文字注写 …… (187)

9.2　绘制机械图 …………………………………………………………………… (190)
9.2.1　绘制零件图 …………………………………………………………… (190)
9.2.2　绘制装配图 …………………………………………………………… (196)
9.3　打印图形 ……………………………………………………………………… (202)
9.3.1　按图形的缩放比例打印图形 ………………………………………… (202)
9.3.2　按1∶1比例打印图纸………………………………………………… (202)
9.4　建立样板文件 ………………………………………………………………… (203)
思考与练习……………………………………………………………………………… (204)
10　三维绘图………………………………………………………………………… (205)
10.1　三维绘图辅助………………………………………………………………… (205)
10.1.1　三维建模工作空间………………………………………………… (205)
10.1.2　三维坐标系………………………………………………………… (205)
10.1.3　用户坐标系(UCS) ………………………………………………… (205)
10.1.4　选择三维视点……………………………………………………… (207)
10.2　创建三维网格………………………………………………………………… (209)
10.2.1　绘制网格长方体…………………………………………………… (209)
10.2.2　绘制网格圆锥体…………………………………………………… (210)
10.2.3　绘制圆环体………………………………………………………… (210)
10.2.4　绘制旋转曲面……………………………………………………… (211)
10.2.5　绘制平移曲面……………………………………………………… (212)
10.2.6　绘制直纹曲面……………………………………………………… (212)
10.2.7　绘制边界曲面……………………………………………………… (213)
10.3　创建三维实体………………………………………………………………… (214)
10.3.1　绘制长方体………………………………………………………… (214)
10.3.2　绘制楔体…………………………………………………………… (215)
10.3.3　绘制圆锥体………………………………………………………… (215)
10.3.4　绘制球体…………………………………………………………… (216)
10.3.5　绘制圆环体………………………………………………………… (216)
10.3.6　绘制圆柱体………………………………………………………… (217)
10.3.7　绘制拉伸实体……………………………………………………… (217)
10.3.8　绘制旋转实体……………………………………………………… (218)
10.4　三维实体的编辑……………………………………………………………… (219)
10.4.1　并集运算…………………………………………………………… (219)
10.4.2　差集运算…………………………………………………………… (220)
10.4.3　交集运算…………………………………………………………… (220)
10.5　视觉样式……………………………………………………………………… (221)
思考与练习……………………………………………………………………………… (222)
11　综合练习………………………………………………………………………… (223)
11.1　平面图形……………………………………………………………………… (223)
11.2　组合体及剖视图……………………………………………………………… (226)
11.3　机械图………………………………………………………………………… (228)
11.4　土建工程……………………………………………………………………… (232)
参考文献…………………………………………………………………………… (238)

绪　论

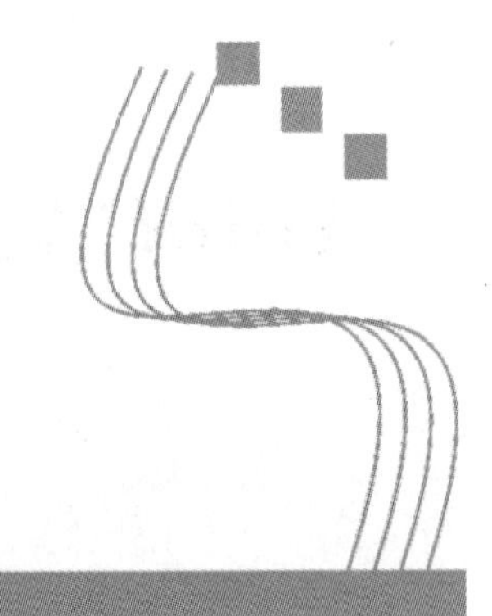

随着计算机技术的发展，人工绘制工程图样必将被计算机绘图取代。

计算机绘图是适应现代化建设的新技术，是计算机辅助设计的基本手段。使用计算机技术来辅助绘图，不仅使成图方式发生了革命性的变化，也是设计过程的一次革命。高质量、高效率的计算机绘图为工程技术人员的创新性设计提供了宽广的平台。每一个工科大学生都有必要掌握计算机绘图的基本原理和基本方法，这样才能适应时代的要求。

CAD(computer aided design)即计算机辅助设计，是计算机技术的一个重要的应用领域。计算机辅助绘图的方式之一，是使用现成的软件包内设计好的一系列绘图命令进行绘图。目前，在国内外工程上应用较为广泛的绘图软件是 AutoCAD。AutoCAD 是美国 Autodesk 公司开发的一个交互式图形软件系统，是用于二维及三维设计、绘图的系统工具，用户可以使用它来创建、浏览、管理、打印、输出、共享及准确复用富含信息的设计图形。该系统自 1982 年问世以来，经过 30 多年的应用、发展和不断完善，版本不断更新，功能不断增强，已成为目前最流行的图形软件之一。国内拥有完全自主知识产权的面向机械行业的绘图设计软件如“天喻 CAD”、面向土木建筑行业的绘图设计软件如“天正建筑软件”等也已相当成熟，它们界面友好、符合国标、适合国情，现在全国已有数千家工矿企业和设计院使用。本书主要介绍 Autodesk 公司的 AutoCAD 2017 中文版绘图软件的实用部分。

1.学习计算机绘图课程的目的和任务

通过计算机绘图课程的学习，能够进一步培养和开发学习者的形象思维能力，使学习者的综合图形表达能力和工程素养得到进一步的提高。经过本课程的学习，学习者应掌握应用计算机绘图的一般操作方法，具备绘制和编辑二维图形的能力，并可熟练绘制和输出二维工程图样。

2.计算机绘图课程的学习方法

计算机绘图的突出特点是实践性强，课堂讲授和绘图演示教学后，上机操作是本课程的必要手段。在学习中要与先修课程“工程图学”、“计算机概论与操作”联系起来，并注意：

(1)熟悉计算机绘图软件，了解计算机绘图常用硬件设备的操作要领；

(2)确定绘图环境，养成良好的绘图习惯；

(3)从基本的绘图命令入手，按正确的顺序、操作绘图；

(4)巧用图形编辑，领悟绘图技巧，总结绘图经验；

(5) 相互交流，互相学习，独立绘制完成指定的图样。

AutoCAD 操作系统入门

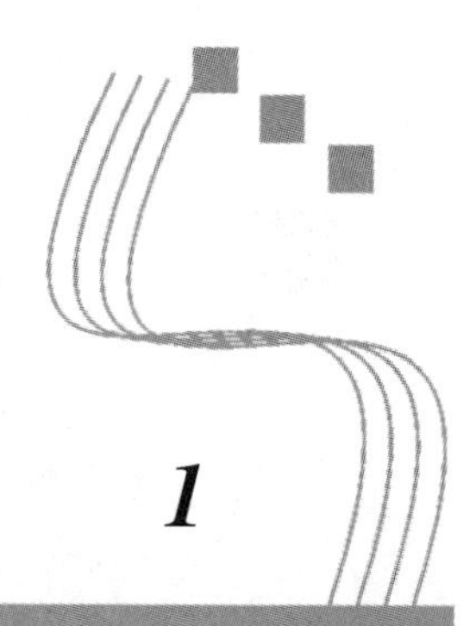

1.1 启动和退出 AutoCAD 系统

1.1.1 启动 AutoCAD

正确安装 AutoCAD 2017 以后，如果要启动它，可以双击 Windows 桌面上“AutoCAD 2017-简体中文”的快捷图标，或者从【开始】菜单中选择该程序。如果从【开始】菜单中启动 AutoCAD 2017，可选择【开始】→【程序】→【Autodesk】→【AutoCAD 2017-简体中文】，如图 1-1 所示。

图 1-1　由桌面图标或【开始】菜单启动 AutoCAD 2017

启动 AutoCAD 2017，进入系统的初始界面如图 1-2 所示。点击“开始绘制”图标，即可进入 AutoCAD 2017 工作界面。点击初始界面下方的“了解”按钮则可观看“快速入门”和“新特性”等视频。

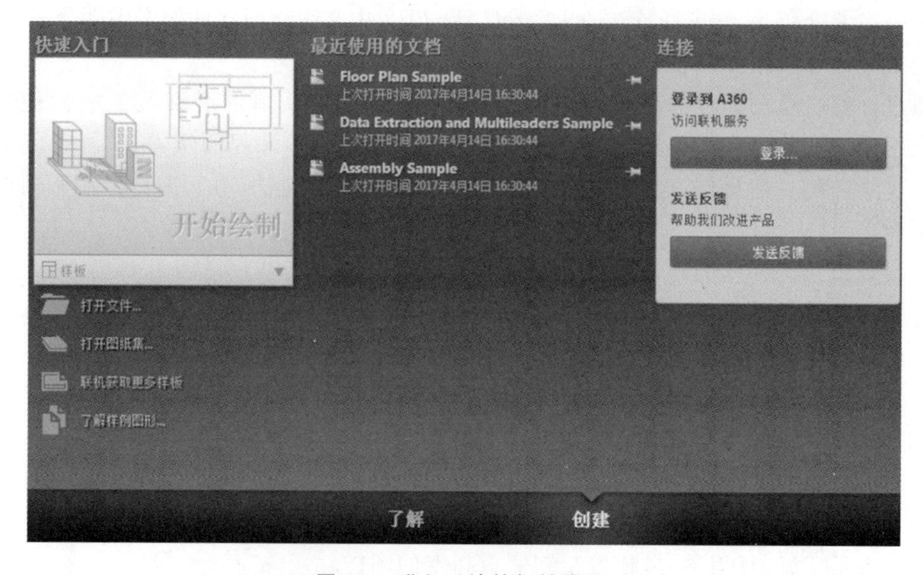

图 1-2　进入系统的初始界面

开始第一张新图，AutoCAD 将为这张新图命名为“Drawing1. dwg”。这时，可以立即开始在这张新图上绘制图形，并在随后的操作中使用“保存”或“另存为”命令将这张新图保存成图形文件。为了方便查找和管理图形文件，在保存图形文件时，最好自定义新图形名称。

1. 1. 2　退出 AutoCAD

如果绘图工作完成，需要退出程序，用户可通过以下几种方式退出 AutoCAD。

（1）直接单击 AutoCAD 主窗口右上角的 ✕ 按钮。

（2）选择菜单【文件(F)】→【退出(X)】。

（3）在命令行中输入：“Exit”（或“Quit”），然后按 Enter 键。

（4）按快捷键 Alt＋F4。

（5）单击 AutoCAD 主窗口左上角的文档浏览器 A 按钮，在弹出的菜单中选择退出。

如果在退出 AutoCAD 时，当前的图形文件没有被保存，则系统将弹出提示对话框，提示用户在退出 AutoCAD 前保存或放弃对图形所做的修改，如图1-3 所示。

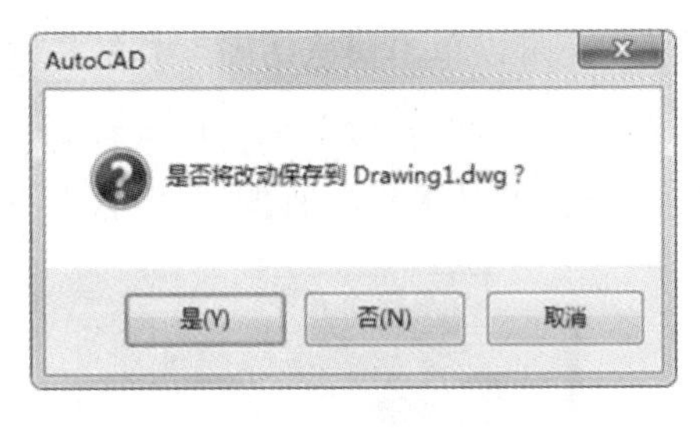

图 1-3　退出系统提示对话框

1. 2　AutoCAD 的工作界面

AutoCAD 2017 的工作界面（又称为工作空间）有草图与注释、三维建模和三维基础三种。第一次启动 AutoCAD 2017 时，系统默认的工作界面是草图与注释，如图 1-4 所示。

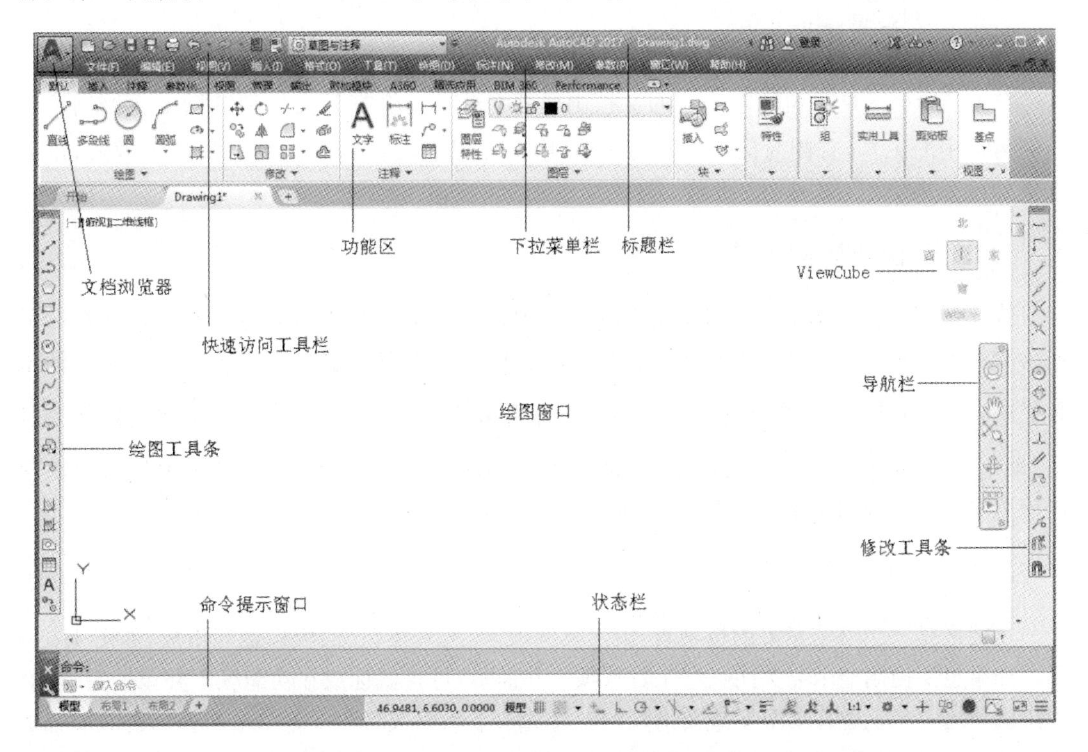

图 1-4　AutoCAD 2017“草图与注释”的基本界面

切换工作界面可以单击工作界面右下角的⚙按钮(或标题栏左侧的“注释与草图”按钮的下拉箭头),在弹出的菜单中选择所需的绘图工作空间,如图 1-5 所示。

切换工作界面亦可单击下拉菜单【工具(T)】→【工作空间】,再选择所需的绘图工作空间。

1.2.1 标题栏

同其他标准的 Windows 应用程序界面一样,标题栏包括控制图标以及窗口的最大化、最小化和关闭按钮,并显示应用程序名和当前图形的名称,标题栏中还包含快速访问工具栏和通信中心。在标题栏左侧的快速访问工具栏包含了新建、打开、保存和打印等常用工具。用户还可以单击快速访问工具栏右侧的▾按钮,在弹出的“自定义快速访问工具栏”选择将其他工具放置在该工具栏中。标题栏右侧的通信中心可以帮助用户快速搜索各种信息来源、访问产品更新和通告、在信息中心保存主题等,如图 1-6 所示。

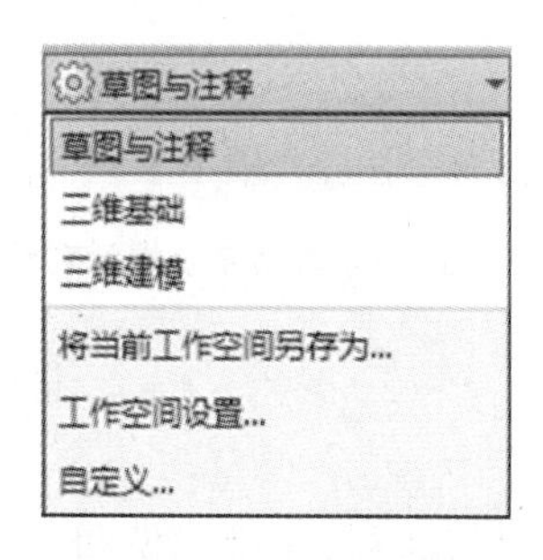

图 1-5 工作界面切换

图 1-6 通信中心

1.2.2 文档浏览器

单击 AutoCAD 主窗口左上角的文档浏览器A按钮,将打开文档浏览器。文档浏览器左侧为常用的工具,右侧为最新打开的文档,用户可以在其中指定文档名的显示方式,以便于更好地分辨文档,如图 1-7 所示。

1.2.3 快速访问工具栏

快速访问工具栏包含文档操作常用的 7 个快捷按钮,默认的有“新建”“打开”“保存”“另存为”“打印”“放弃”“重做”等按钮。用户可以根据自己的需要添加命令按钮到快速访问工具栏中,添加方法如下:单击快速访问工具栏右侧▾按钮,在弹出的“自定义快速访问工具栏”菜单中,勾选需要的快速访问工具,即可添加相应的命令按钮。在图 1-4 中显示的快速访问工具栏上,“特性”“特性匹配”“工作空间”即为添加的快速访问工具按钮。

1.2.4 功能区

功能区是一个简洁紧凑的选项板,由工具选项卡、工具按钮、面板标题等组成,如图 1-8 所示。如果想要控制显示与关闭某些工具选项卡和面板,可将鼠标放在功能区上并单击右键,在弹出的快捷菜单上选择要显示或要清除的工具选项卡和面板名称。若单击面板标题的展开面板按钮,面板将展开并显示其他工具和控件。默认情况下,光标离开展开面板,滑出的面板自

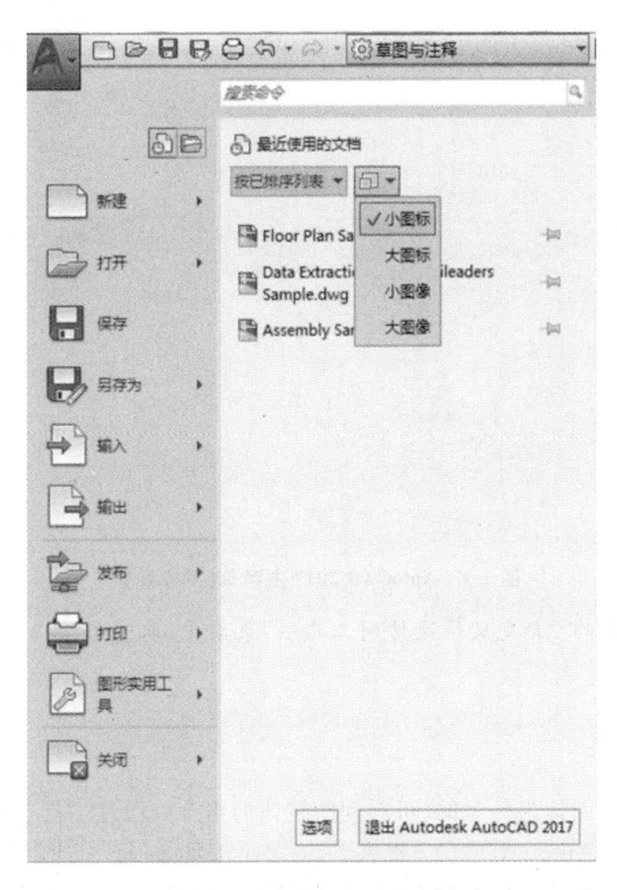

图 1-7 查看最近使用的文档

动关闭。想要保持面板展开状态,单击滑出面板左下侧的面板展开固定按钮即可。

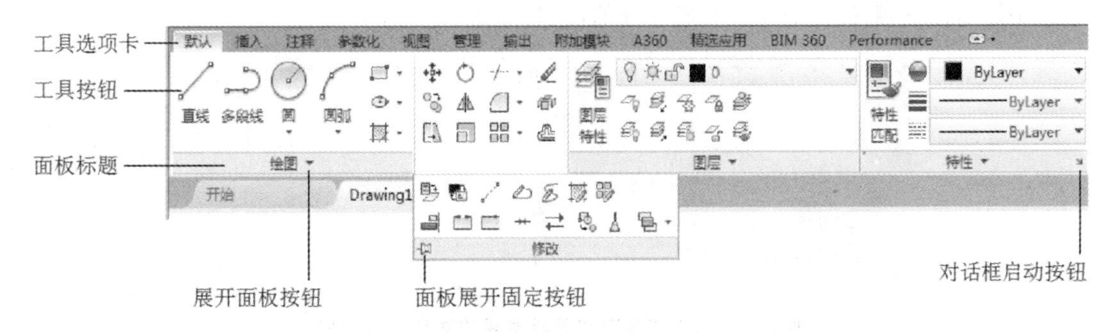

图 1-8 “功能区”的构成

1.2.5 下拉菜单栏

菜单是调用命令的一种方式。菜单栏以级联的层次结构来组织各个菜单项,并以下拉的形式逐级显示。AutoCAD 2017 中的下拉主菜单共 12 个,如图 1-9 所示。

绘制图形时,也可采用快捷菜单,即在工作界面上单击鼠标右键,在光标处会弹出快捷菜单,快捷菜单内容取决于单击右键时光标的位置和系统当前的状态。快捷菜单为用户提供了快捷、高效地执行常用命令的方法。

提示:第一次启动 AutoCAD 2017 时,有可能看不见下拉菜单栏,单击快速访问工具栏

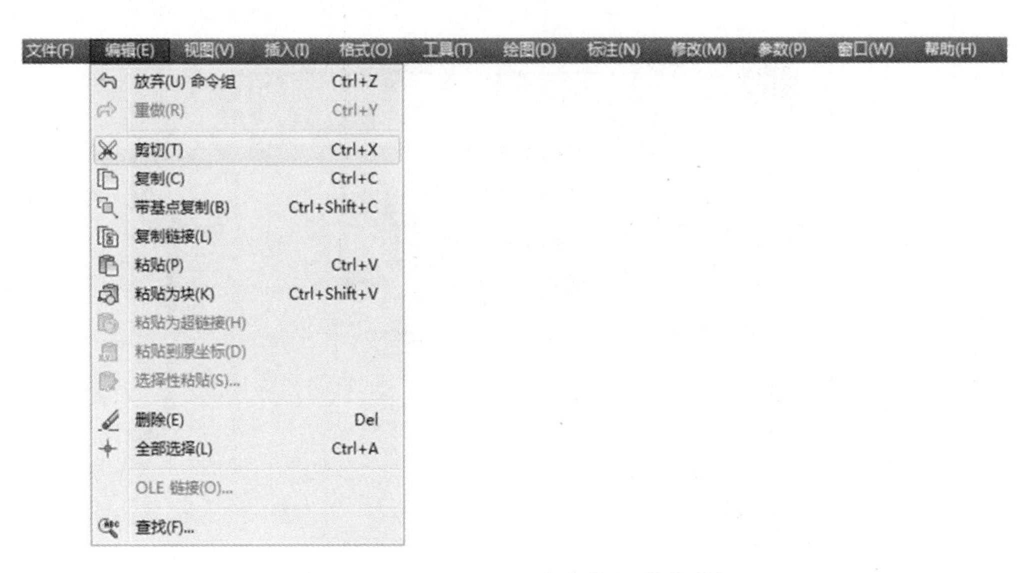

图 1-9　AutoCAD 2017 主菜单(下拉菜单)

右侧按钮,在弹出的“自定义快速访问工具栏”菜单中,取消勾选“隐藏菜单栏”,即可出现下拉菜单。

1.2.6　工具条

工具条是一种以图标为外观的、可浮动的按钮的集合。通过工具条可以直观、快捷地执行一些常用的命令。AutoCAD 2017 提供了 50 多个工具条,每一个工具条包含若干命令按钮。将光标放到命令按钮上停留片刻,即有文字提示标签出现(见图 1-10),说明该按钮的功能及对应的命令。在文字提示标签出现后,光标继续停留在该按钮上,则又会显示出扩展的文字提示标签,对提示的命令有更详细的说明,如图 1-11 所示。

图 1-10　绘图工具条以及绘直线的文字提示标签

提示:是否需要显示按钮的文字提示标签以及扩展的文字提示标签可以在“选项”对话框中设置控制,具体操作见第 2 章图 2-20。

第一次启动 AutoCAD 2017 时,工作界面上没有显示打开的工具栏。如果需要调用工具栏,可在下拉菜单中选择【工具(T)】→【工具栏】→【AutoCAD】,在弹出的工具栏选项菜单中勾选所需工具条。

注意:刚打开的工具条会显示在绘图区中,可移动光标箭头到工具条的边缘,按下鼠标左键,就可拖动工具条到工作界面的其他位置。

当工作界面上已经有一个工具条,也可移动光标到这个工具条上,然后单击鼠标右键,弹出工具条菜单,按需选择即可。

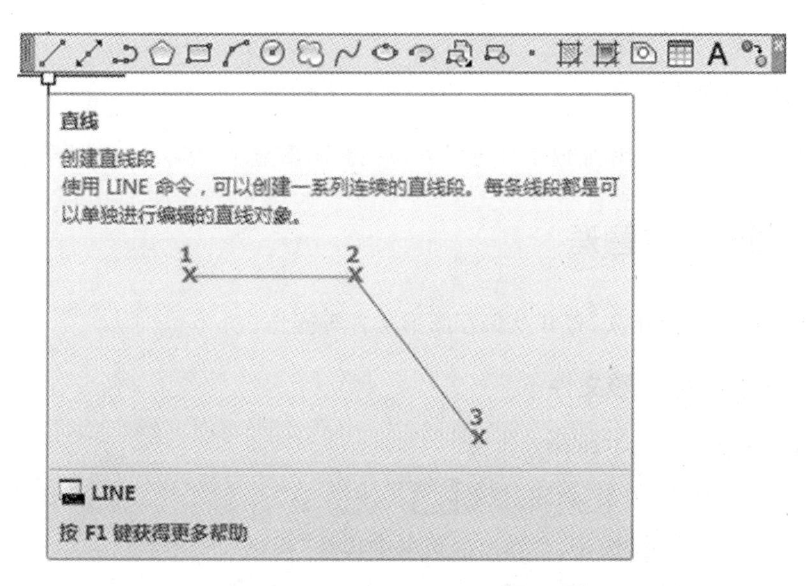

图 1-11　绘直线扩展的文字提示标签

1.2.7　绘图窗口

绘图窗口是 AutoCAD 的工作区域。在 AutoCAD 中创建新图形文件或打开已有的图形文件时，都会产生相应的绘图窗口来显示和编辑其内容。

绘图窗口的下部还包括一个模型（Model）选项卡和多个布局（Layout）选项卡，分别用于显示图形的模型空间和图纸空间。

绘图窗口的下侧和右侧有水平滚动条和垂直滚动条，拖动滚动条可以水平或垂直移动视图。滚动条显示与否和其他相关设置见第 2 章图 2-21。

1.2.8　命令提示窗口

命令提示窗口位于绘图区的下面，是用户输入命令和 AutoCAD 显示提示符和相关信息的地方。用户在操作 AutoCAD 时，需要随时注意命令提示窗口中的提示，选择相应的选项或按要求输入数据等，逐步完成操作。按“Ctrl＋9”组合键可选择隐藏命令行窗口。如果需要查阅和复制命令的历史记录，可以按 F2 键打开或关闭命令提示窗口。

1.2.9　状态栏

状态栏位于绘图屏幕的底部，用于显示坐标、提示信息等，同时还提供了一系列的控制按钮，包括栅格显示、捕捉模式、动态输入、正交模式、极轴追踪、对象捕捉追踪、对象捕捉、是否显示线宽和当前图形的模型（模型空间或图纸空间）等。可以通过单击相应的按钮，控制这些功能的打开与关闭。

第一次启动 AutoCAD 2017 时，状态栏上没有动态输入和是否显示线宽按钮，可以点击状态栏最右侧的自定义按钮，在弹出的菜单栏上勾选所需项目即可。

1.2.10　ViewCube

利用该工具可以方便地将视图按不同方位显示。AutoCAD 默认打开 ViewCube，但对于二维绘图，此功能的作用不大。

1.2.11　导航栏

导航栏上的平移工具和缩放工具可以方便控制图形显示，其他工具主要用于三维绘图。

1.3　图形文件管理

图形文件管理是指建立、打开及保存图形文件等操作。

1.3.1　建立新图形文件

建立新图形文件有以下四种方式。

- 快速访问工具栏：单击“新建”按钮。
- 单击文档浏览器按钮，在弹出的菜单中选择“新建”→“图形”。
- 菜单：【文件(F)】→【新建(N)】。
- 命令行：new。

任选以上四种方式之一，系统将弹出对话框，均可创建新图形，初学者可选择默认设置。但要注意的是，若系统变量“Startup”为 0，则打开“选择样板”对话框(见图 1-12(a))，若该变量为 1，则打开“创建新图形”对话框(见图 1-12(b))。

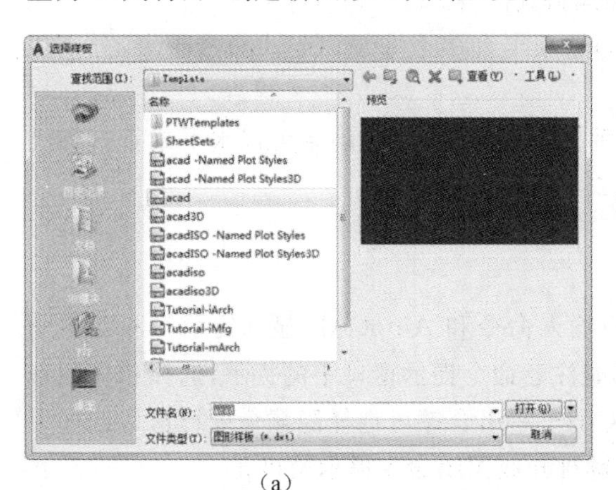

(a)

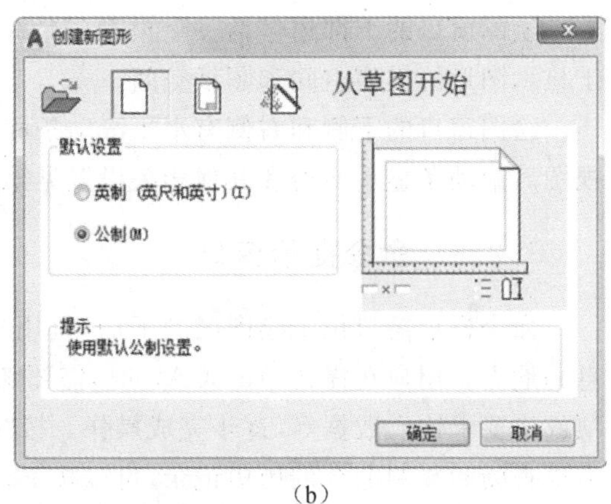

(b)

图 1-12　创建新图形设置

(a) 选择样板对话框　(b) 创建新图形对话框

1.3.2　打开图形文件

打开图形文件有以下四种方式。

- 快速访问工具栏：单击“打开”按钮。
- 单击文档浏览器按钮，在弹出的菜单中选择“打开”→“图形”。
- 菜单：【文件(F)】→【打开(O)】。
- 命令行：open。

任选以上四种方式之一，均可打开“选择文件”对话框，如图 1-13 所示。通过该对话框，找出文件保存的路径，选取要打开的图形文件，鼠标左键双击该图形文件名或单击“打开”按钮即可。

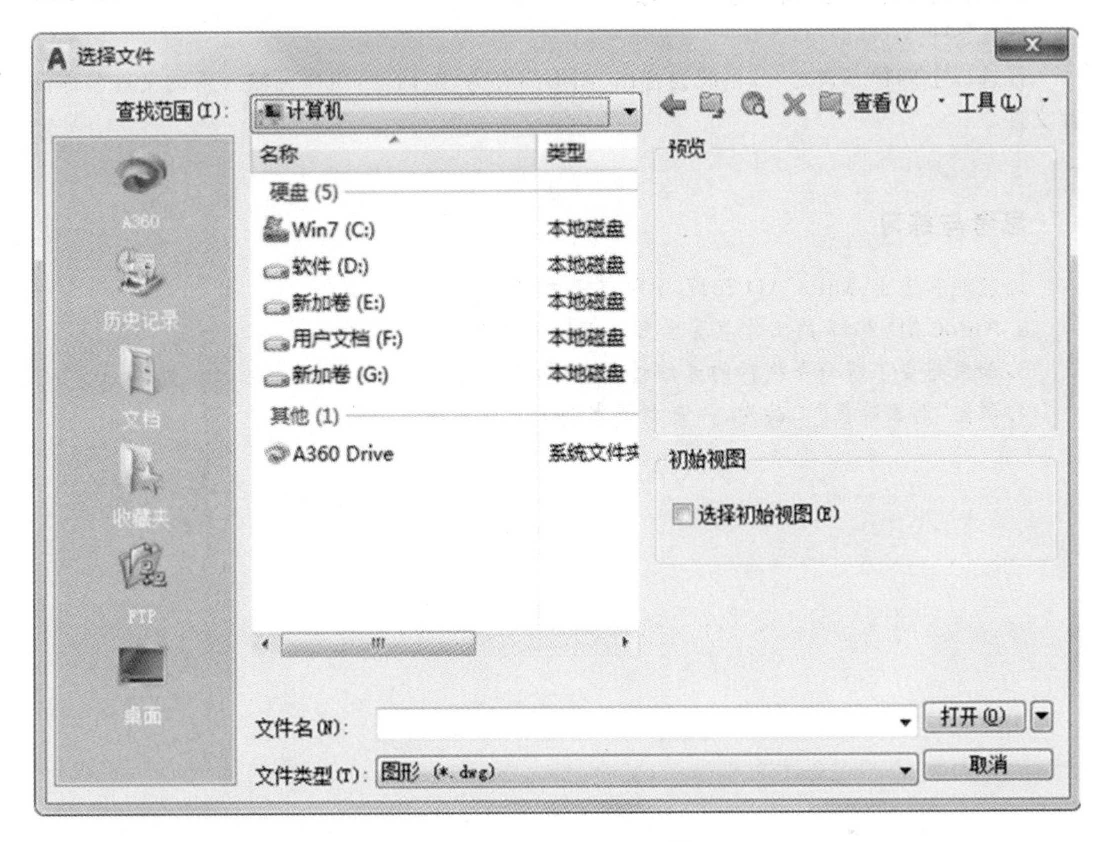

图 1-13　“选择文件”对话框

1.3.3　保存图形文件

将图形文件存入磁盘时，可采取两种方式：一种是以当前文件名保存图形，另一种是换名（需要备份）保存图形。

1. 快速存盘

- 快速访问工具栏：单击“保存”按钮。
- 单击文档浏览器按钮，在弹出的菜单中选择“保存”→“图形”。
- 菜单：【文件(F)】→【保存(S)】。
- 命令行：qsave。

任选以上四种方式之一，系统将已命名的图形以原文件名直接存入磁盘，不再给用户任何提示。如果当前图形没有命名，系统则会弹出“图形另存为”对话框，提示用户指定保存的文件名称、类型和路径。

注意：保存图形文件时，若系统变量“Filedia”为 1，则 AutoCAD 打开“图形另存为”对话框；若该变量为 0，则在命令提示窗口提示文件保存路径。

2. 换名存盘

如果需要备份保存文件，可按以下方式换名存盘。

- 快速访问工具栏：单击“另存为”按钮。

● 单击文档浏览器A·按钮，在弹出的菜单中选择“另存为”→“图形”。
● 菜单:【文件(F)】→【另存为(A)】。
● 命令行:saveas。

任选以上四种方式之一，系统会弹出“图形另存为”对话框，用户可输入新的文件名称保存文件。

思考与练习

1. 启动和退出 AutoCAD 2017 分别有哪些方式?
2. AutoCAD 2017 的工作界面由哪些部分组成?
3. 如果想要了解命令执行的详细过程，应该怎么办?
4. 调出“对象捕捉”工具栏，并使之停靠在工作界面的左侧边缘。

绘图前的准备

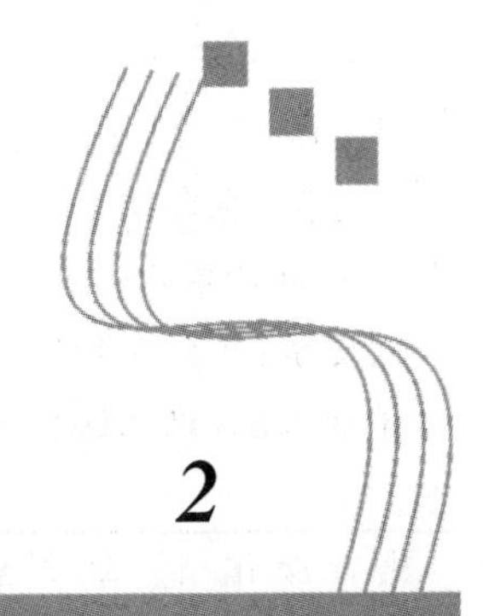

2

工程图样规范严谨，养成良好的绘图习惯有助于提高绘图质量。了解和掌握使用AutoCAD绘图前的一些基础知识，对于培养良好的绘图习惯是很有必要的。本章主要介绍AutoCAD调用命令的方式、图形数据的输入、绘图环境的设置、图层与线型的使用、图形显示控制等内容，为下一步的绘图工作做好准备。

2.1 调用命令

AutoCAD绘图是通过执行AutoCAD命令的方式来完成的。在AutoCAD中，完成一个操作可以有多种不同的方式，调用AutoCAD命令主要有以下几种方式。

2.1.1 键盘输入命令

所有AutoCAD的命令都可以用键盘输入命令来执行。

用键盘在命令行窗口中的提示符“命令:”后输入AutoCAD命令(AutoCAD命令是一些英文字母，不区分大小写)，并按Enter键(即回车键)或空格键确认，即可启动对应的命令，随后在命令行窗口给出提示或弹出对话框，要求用户执行对应的后续操作。例如，画直线的命令为“line”，在命令行窗口中输入命令“line”或“l”后回车，系统就会显示画直线的相关提示，如图2-1所示。

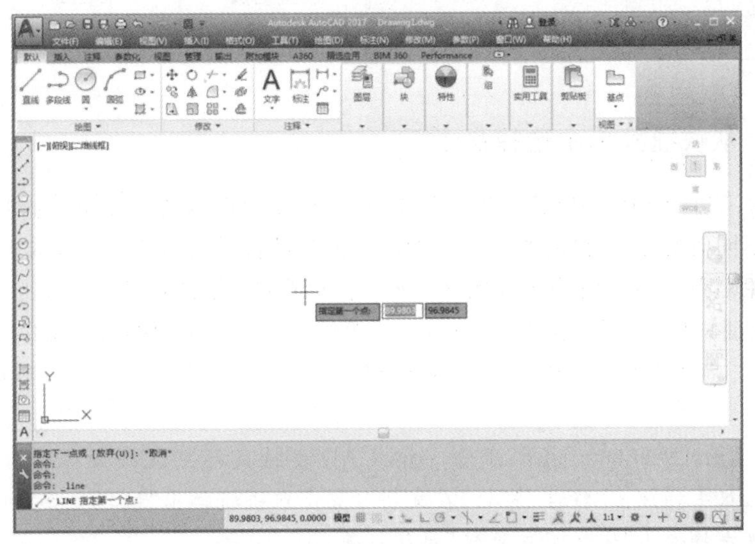

图2-1　执行AutoCAD命令提示

在本书后面的图形绘制和修改编辑中,有提示在命令行要输入的命令全称及命令简写。表2-1提供了部分常用的绘制图形和修改编辑命令及这些命令的简写,供用户参考。

注意:在命令行中输入命令时,不能在命令中间输入空格键,因为AutoCAD系统将命令行中的空格等同于回车。

提示:在命令行窗口中直接输入命令的优点是快捷、高效,为许多熟练者所青睐,但对于初学者来说,记住这些命令往往不是一件容易的事。

表2-1　AutoCAD 2017部分绘图与修改命令

执行操作	命令全称	命令简写	执行操作	命令全称	命令简写
绘制直线	Line	L	删除	Erase	E
绘制构造线	Xline	XL	复制	Copy	CO/CP
绘制多段线	Pline	PL	镜像	Mirror	MI
绘制多线	Mline	ML	偏移	Offset	O
绘制样条曲线	Spline	SPL	阵列	Array	AR
绘制正多边形	Polygon	POL	移动	Move	M
绘制矩形	Rectangle	REC	旋转	Rotate	RO
绘制圆弧	Arc	A	比例缩放	Scale	SC
绘制圆	Circle	C	拉伸	Stretch	S
绘制圆环	Donut	DO	修剪	Trim	TR
绘制椭圆	Ellipse	EL	延伸	Extend	EX
创建块	Block	B	定义块文件	Wblock	W
插入块	Insert	I	打断	Break	BR
绘制点	Point	PO	倒角	Chamfer	CHA
定数等分	Divide	DIV	圆角	Fillet	F
面域	Region	REG	分解	Explode	X
图案填充	Hatch	H	平移	Pan	P
多行文字	Mtext	MT/T	视图缩放	Zoom	Z
编辑多段线	Pedit	PE	修改文字	Ddedit	ED

2.1.2　从快捷菜单中选择命令

单击鼠标右键,AutoCAD会弹出快捷菜单,快捷菜单的内容将根据光标所处的位置和系统状态的不同而变化。比如,直接在绘图区单击右键将弹出如图2-2所示快捷菜单;选中某一图形对象后单击右键将弹出如图2-3所示快捷菜单;在文本窗口区单击右键将弹出如图2-4所示快捷菜单。另外,在工具栏、状态栏等处也将产生不同的快捷菜单。

此外,单击右键的另一个功能是等同于回车,即用户在命令行输入命令后可按鼠标右键确定。

提示:从AutoCAD 2000版本开始,AutoCAD支持鼠标左键双击功能。例如在直线、标注等对象上双击将弹出"特性"窗口,在文字对象上双击将弹出"编辑文字"对话框,在图案填充对象上双击将弹出"图案填充编辑"对话框等。

图 2-2 右键快捷菜单之一

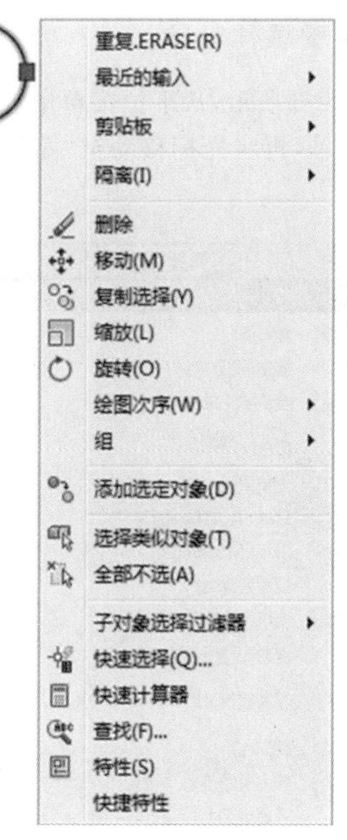

图 2-3 右键快捷菜单之二

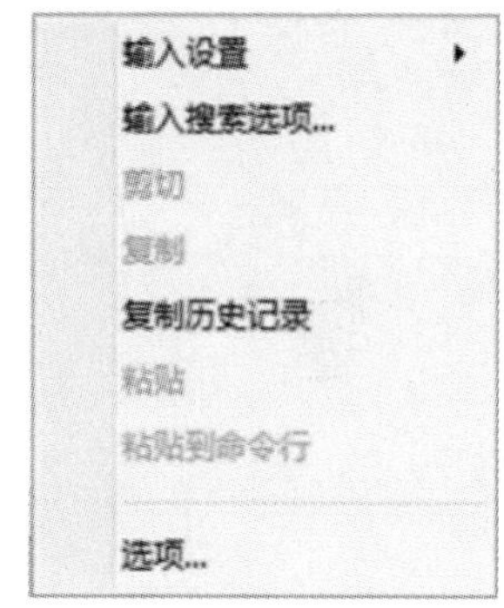

图 2-4 右键快捷菜单之三

2.1.3 从工具栏中单击图标按钮

鼠标左键直接单击工具栏上的一个图标按钮，响应将出现在命令行窗口中的提示或弹出的对话框，来执行 AutoCAD 命令。

初学者可将光标放到图标按钮上停留片刻，在随后出现的文字提示标签（参看图 1-7）中了解该按钮的功能及对应的命令。

有的按钮右下角有一个小三角形符号，它表示单击该图标后将弹出一个由多个子命令图标组成的子工具栏，如图 2-5 所示。如果选择了弹出的子工具栏中的某一个图标，那么该图标将位于弹出子工具栏的顶部，并成为默认的选项。

图 2-5 标准工具栏“缩放”弹出的子工具栏

2.1.4 从下拉菜单中选择命令

以缩放命令为例，如图2-6所示，从下拉菜单中选择命令的操作步骤是：将光标移动到主菜单，单击“视图”下拉菜单，再将光标移动至“缩放”处，出现子菜单，然后选择一种缩放方式。

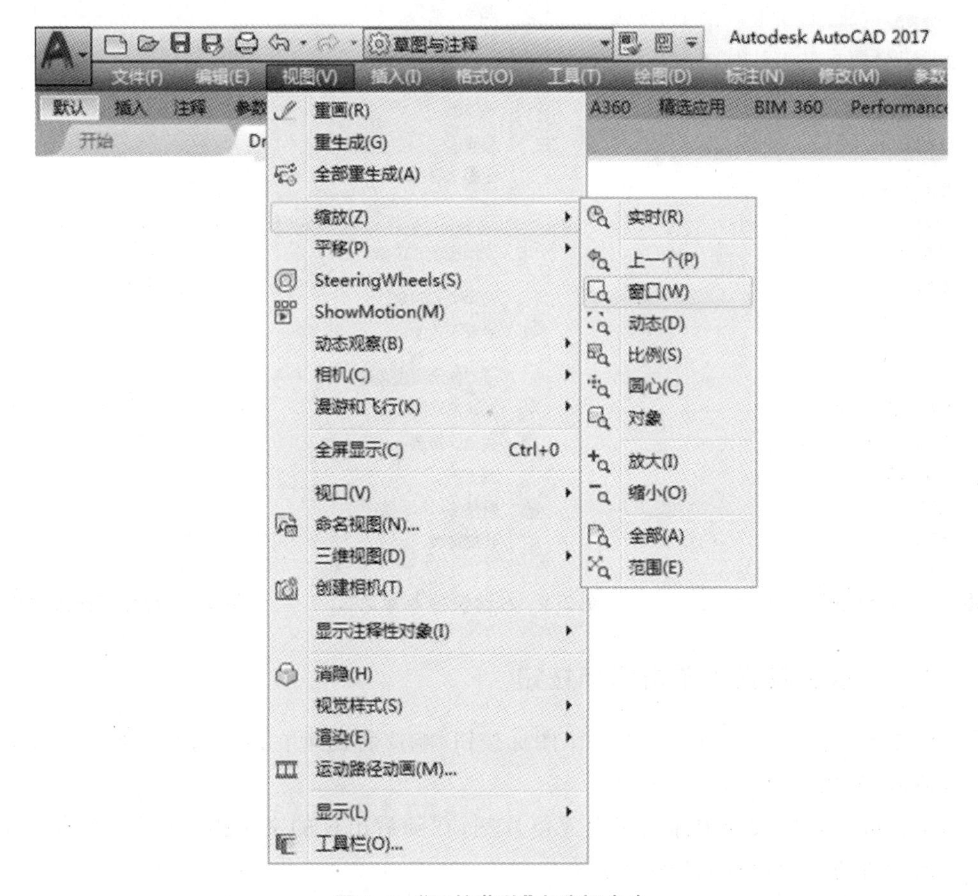

图2-6 “下拉菜单”中选择命令

注意：在任何命令的执行过程中，都可以使用Esc键来中断它；有的命令也可以按Enter键，或者单击右键，在快捷菜单中选择“确认”或“取消”选项来终止；一些命令提供了退出的选项，也可以选择“退出”选项来中断执行。

2.1.5 从“功能区”选项板上选择命令

“功能区”选项板集成了“默认”“插入”“注释”“参数化”“视图”“管理”和“输出”等选项卡，在这些选项卡面板中单击所需按钮即可执行相应的图形绘制或编辑操作，如图2-7所示。

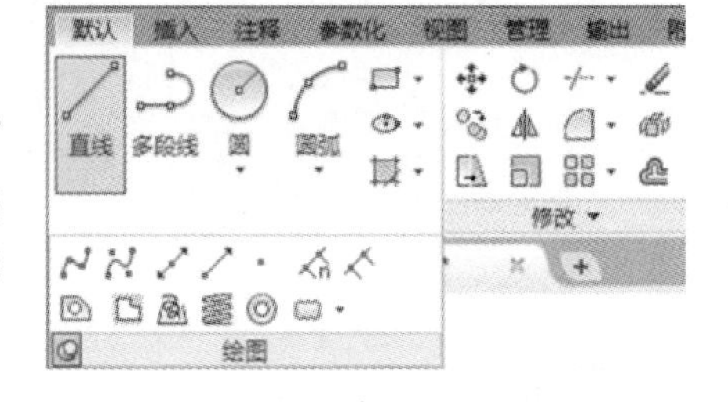

图2-7 “功能区”绘图工具展开面板

2.1.6 命令的重复

如果需要多次执行同一个命令，在第一次执行该命令后，可以直接按回车键或空格键重复执行，而无须输入命令；也可以在绘图区的快捷键中选择要重复执行的命令；还可以在命令行窗口的快捷菜单中选择“复制历史记录”来重复调用刚使用过的命令。

2.1.7　透明命令

透明命令是指在一种命令执行的过程中嵌套执行的另一种命令，通常是一些可以改变图形设置或绘图工具的命令，如“缩放(zoom)”“平移(pan)”“捕捉(snap)”等命令。在使用其他命令时，如果要调用透明命令，可以在工具条上直接点击要调用的透明命令，也可以在命令行中输入该透明命令，并在它之前加一个单引号(’)即可。执行完透明命令后，AutoCAD 自动恢复原来执行的命令。

2.2　数据的输入

要准确绘制一幅图，需要输入准确的数据，而精确的定位点是非常重要的，AutoCAD 提供了光标定位、输入坐标、精确绘图设置三种定位点的方法。

2.2.1　光标定位

如果不需准确绘图，在绘图区域可以通过移动光标的方法来确定一个点的位置，如图 2-8 所示。

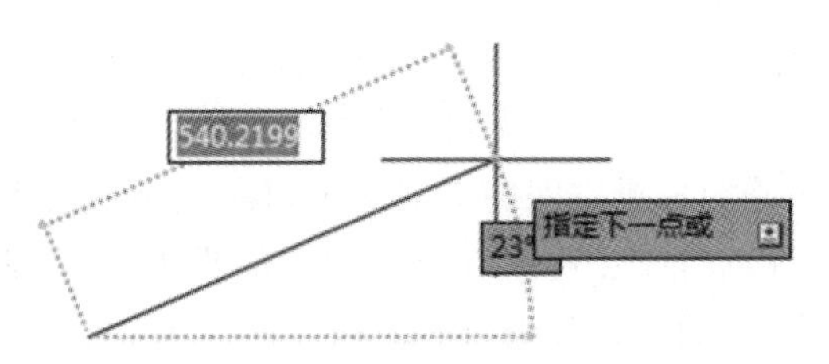

图 2-8　移动光标确定直线另一端点位置

2.2.2　输入坐标

2.2.2.1　世界坐标系与用户坐标系

1. 世界坐标系(WCS)

AutoCAD 提供了一个三维的空间，通常建模工作都是在这样一个空间进行。AutoCAD 系统为这个三维空间提供了一个绝对的坐标系，称之为世界坐标系(WCS，world coordinate system)。世界坐标系与传统的笛卡尔坐标系(直角坐标系)一致，沿 X 轴正方向向右为水平距离增加的方向；沿 Y 轴正方向向上为竖直距离增加的方向；沿 Z 轴(在三维空间显示)正方向从所视方向向外为距离增加的方向。这个坐标系存在于任何一个图形之中，并且它的坐标原点和坐标轴的方向是不变的。图 2-9 所示为世界坐标系的显示图标。

2. 用户坐标系(UCS)

在二维或三维空间工作时，用户可以自定义坐标系，称为用户坐标系(UCS，user coordinate system)。为方便绘图，用户可以根据需要创建任意多个用户坐标系，如图 2-10 所示的就是自定义的一个绕 Z 轴旋转 45°的用户坐标系。用户使用“ucs”命令来对用户坐标进行定义、保存、恢复和移动等一系列操作，也可通过菜单【工具(T)】→【新建 UCS(W)】来确定所需的用户坐标。

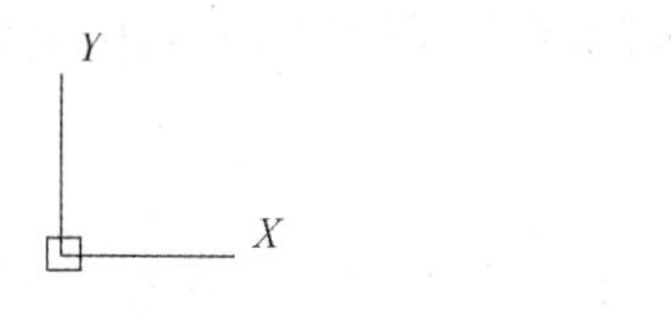

图 2-9　世界坐标系

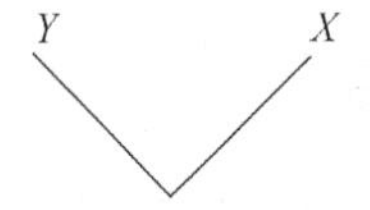

图 2-10　绕 Z 轴旋转 45°的用户坐标系

2.2.2.2　绝对坐标与相对坐标

1. 绝对坐标

绝对坐标是指相对于坐标原点的坐标值，包括绝对直角坐标、绝对极坐标、绝对球坐标和绝对柱坐标等。

绝对直角坐标用点的 X,Y,Z 坐标值表示（在二维平面图中，只需 X,Y 坐标值），坐标值之间用逗号隔开。如某点的直角坐标是(80,120)，只需在命令行窗口中输入“80,120”即可。

绝对极坐标使用极径和一个极角（极角以逆时针方向为正）来定位二维点的位置，输入绝对极坐标的方式为“极径(L)<极角(α)”。例如，某点 M 在位于与 X 轴倾角 36°且距原点 20 之处，只需在命令行窗口中输入“20<36”即可。极坐标系的构成如图 2-11 所示。

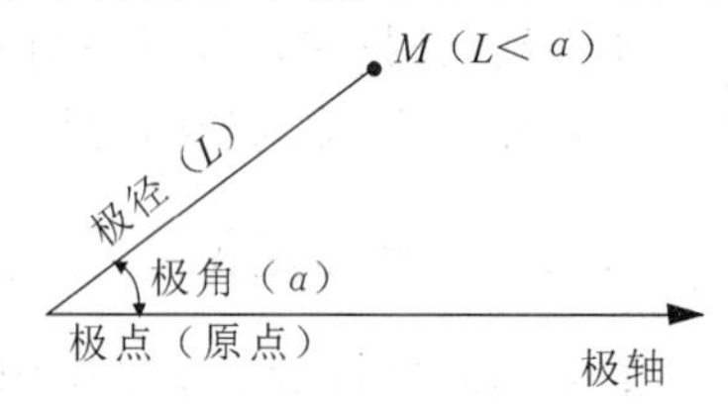

图 2-11　极坐标系

绝对球坐标用于确定三维空间的点的位置，其三个坐标参数分别为：空间坐标点距坐标原点的距离；空间坐标点与原点连线在 XY 面内的投影与 X 轴正方向的夹角；空间坐标点与 XY 面的夹角。三个参数间用“<”分隔，例如“120<45<30”。

绝对柱坐标也是用于确定三维空间的点的位置，其三个坐标参数分别为：空间坐标点距坐标原点的距离；空间坐标点与原点连线在 XY 面内的投影与 X 轴正方向的夹角；点的 Z 坐标。三个参数间分别用“<”和“,”分隔，例如“120<60,80”。

2. 相对坐标

有时指定点与点之间的相对位移来绘制图形更为方便，为此，AutoCAD 提供了使用相对坐标的办法。所谓相对坐标，就是该点与另一点的相对位移值，在 AutoCAD 中相对坐标用“@”标志。相对坐标也有直角坐标、极坐标、球坐标和柱坐标 4 种形式。

例如，某一直线的起点坐标为(15,25)，终点坐标为(45,65)，则终点相对于起点的相对直角坐标为(@30,40)，用相对极坐标表示应为(@50<53)。

2.2.3　精确绘图设置

AutoCAD 为用户提供了多种精确绘图的辅助工具，如捕捉和栅格、正交、极轴追踪以及对象捕捉等，这些辅助工具类似于手工绘图时使用的方格纸、三角板，可以更容易、更准确地创建和修改图形对象。用户可通过“草图设置”对话框，对这些辅助工具进行设置，以便更加灵活、方便地使用这些工具来精确绘图。

提示：这些辅助工具按钮集中在屏幕下方的状态栏上，可以直接点击这些按钮使其处于打开或关闭状态。打开状态时，按钮图标呈蓝色，关闭状态时，按钮图标呈黑色。

2.2.3.1　捕捉和栅格

1. 打开“草图设置”对话框的方式

- 菜单：【工具(T)】→【绘图设置(F)】。

● 快捷菜单:在状态栏上的“捕捉”“栅格”“对象捕捉”等按钮上单击右键弹出快捷菜单,选择“设置”项。

● 命令行:dsettings(或简写为 ds,se),ddrmodes。

执行命令后,系统弹出“草图设置”(Drafting Settings)对话框。

2. 设置捕捉和栅格

在“草图设置”对话框中,选择“捕捉和栅格”(Snap and Grid)选项卡,分别选中“启用捕捉”(Snap On)和“启用栅格”(Grid On)开关,打开捕捉和栅格模式,并按图 2-12 所示内容进行设置,然后点击“确定”按钮确认。

图 2-12 “草图设置”对话框的“捕捉和栅格”设置

现在屏幕上出现了一个点的阵列,也就是栅格(grid)。当用户移动光标时会发现,光标只能停在其附近的栅格点上,而且可以精确地选择这些栅格点,但无法选择栅格点以外的地方,这个功能称为捕捉(snap)。现在就利用这两个功能来快速准确地绘制图 2-13 所示的图形(圆直径 80,矩形长 160、宽 120),在绘图过程中,不必在命令行中输入点坐标,可以直接利用鼠标准确地捕捉到目标点。

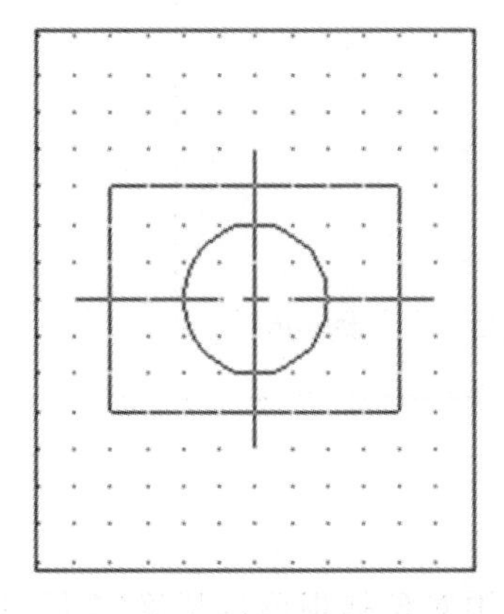

图 2-13 “捕捉和栅格”显示绘图

单击状态栏上的“捕捉”按钮(快捷键 F9)、“栅格”按钮(快捷键 F7),可以打开或关闭捕捉模式和栅格模式。

提示:如果不是特殊绘图需要,最好使“捕捉”与“栅格”功能处于关闭状态,否则光标只能在栅格点上停留,不方便正常绘图。

2.2.3.2　正交模式

正交模式用于约束光标，使其只能在水平或垂直方向上移动。如果打开正交模式，则在屏幕上只能画水平线或垂直线。

打开或关闭正交模式的方法有以下几种。

(1) 单击状态栏上的“正交”按钮。

(2) 使用快捷键 Ctrl+L(或按快捷键 F8)。

(3) 在命令行窗口中输入“ortho”命令后回车。

2.2.3.3　极轴追踪

使用极轴追踪的功能可以用指定的角度来绘制对象。用户在极轴追踪模式下确定目标点时，系统按照光标预先设定的角度追踪路径，并自动在对齐路径上捕捉距离光标最近的点(即极轴角固定、极轴距离可变)，同时给出该点的信息提示，用户可据此准确地确定目标点，如图 2-14 所示。

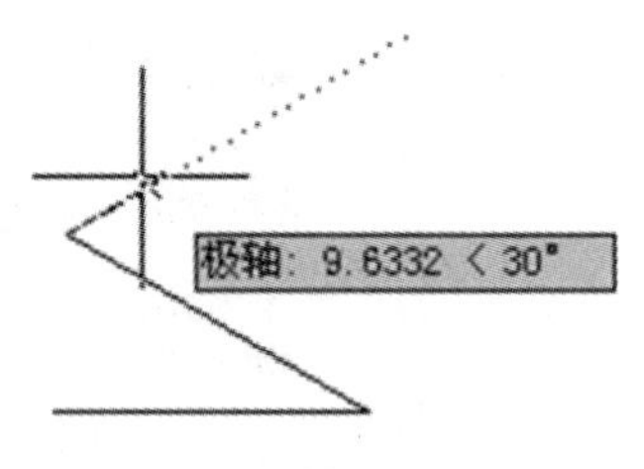

图 2-14　极轴追踪示意图

从图中可以看到，使用极轴追踪关键是确定极轴角的设置。例如，要画一条与 X 轴成 30°角的直线，用户在“草图设置”对话框的“极轴追踪”选项卡中可以对极轴角进行设置，如图 2-15 所示。

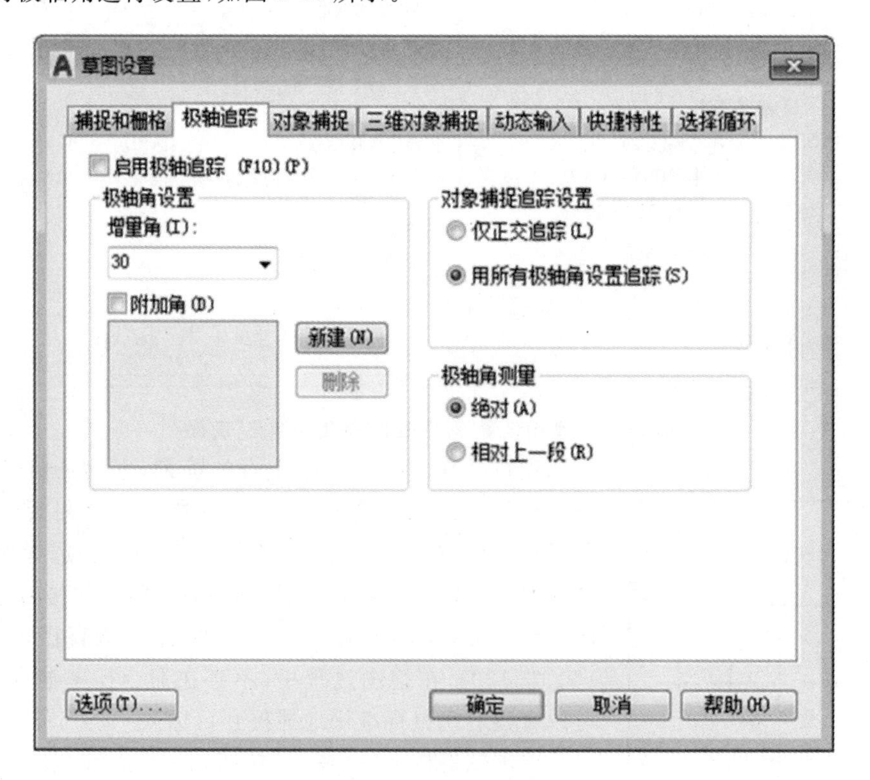

图 2-15　“极轴追踪”设置

2.2.3.4　对象捕捉

对象捕捉是 AutoCAD 中重要的绘图辅助工具之一。使用对象捕捉可以精确定位，用户在绘图过程中可直接利用光标来准确地确定目标点，如圆心、端点、垂足等。对象捕捉工具栏与快捷菜单如图 2-16 所示。

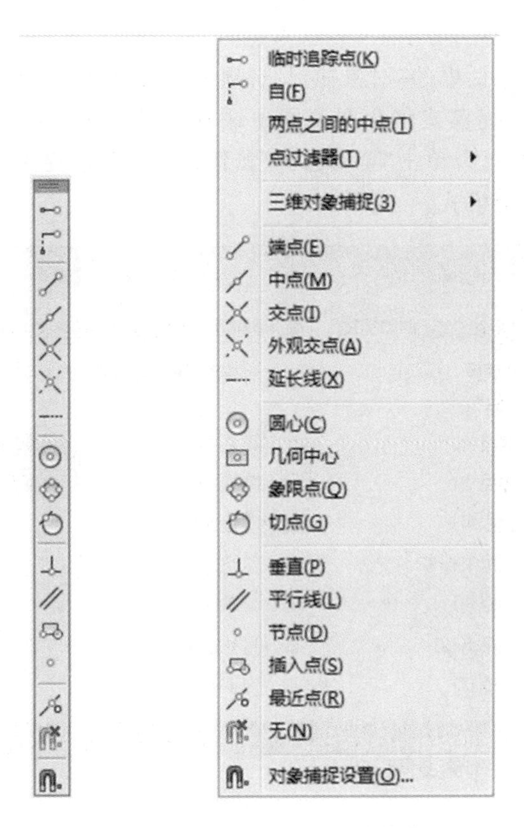

图 2-16 对象捕捉工具栏与快捷菜单

1. 捕捉模式

用户可以随时通过以下几种方式选择对象捕捉模式。

(1) 使用“对象捕捉”工具条。

(2) 按 Shift 键的同时单击右键,弹出快捷菜单。

(3) 在命令行输入相应的缩写。

下面介绍几种重要的捕捉类型。

(1) “端点(End point)”:缩写为“END”,用来捕捉对象的端点。

(2) “中点(Midpoint)”:缩写为“MID”,用来捕捉对象的中间点(等分点)。

(3) “交点(Intersection)”:缩写为“INT”,用来捕捉两个对象的交点。

(4) “圆心(Center)”:缩写为“CEN”,用来捕捉圆或圆弧的圆心。

(5) “象限点(Quadrant)”:缩写为“QUA”,用来捕捉圆或圆弧上的象限点。

(6) “切点(Tangent)”:缩写为“TAN”,用来捕捉对象之间相切的点。

(7) “垂足(Perpendicular)”:缩写为“PER”,用来捕捉某指定点到另一个对象的垂点。

注意:这些对象捕捉的命令均可透明地使用。

2. 设置对象捕捉

由于在绘图中需要频繁地使用对象捕捉功能,因此 AutoCAD 中允许用户将某些对象捕捉方式缺省设置为打开状态,这样,当光标接近捕捉点时,系统会产生自动捕捉标记、捕捉提示和磁吸供用户使用。

用户在“草图设置”对话框的“对象捕捉”选项卡中可以设置对象捕捉模式，如图 2-17 所示，图中被选中的对象捕捉模式将会在绘图中缺省使用。设置的对象捕捉模式，只要不清除，则会一直有效。用户可以单击“全部选择”按钮选中全部捕捉模式，或单击“全部清除”按钮取消所有已选中的捕捉模式。

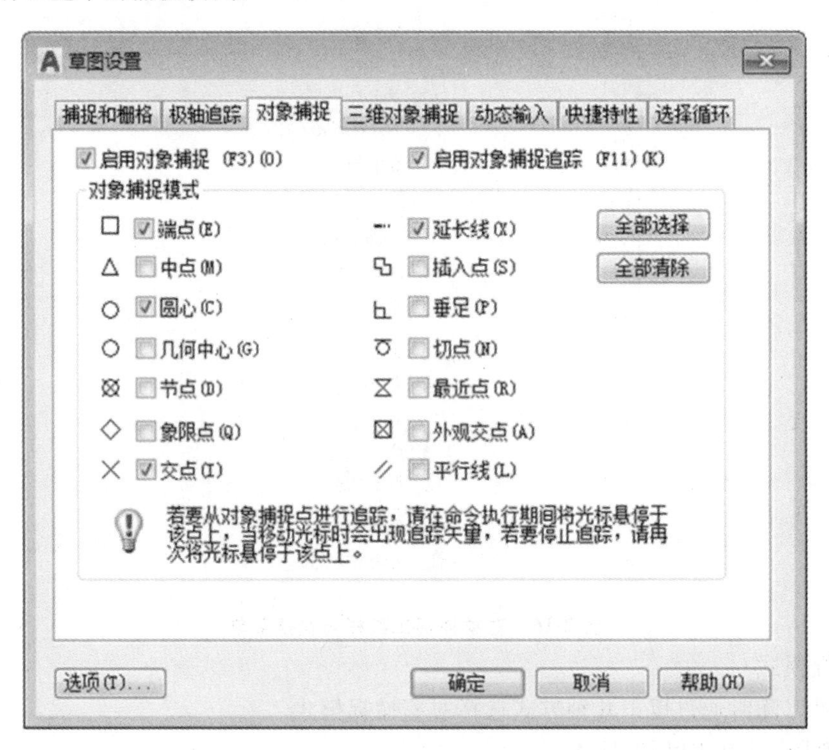

图 2-17 “对象捕捉”设置

3. 打开或关闭对象捕捉的方式

(1) 在状态栏上使用“对象捕捉”按钮。

(2) 使用功能键 F3 进行切换。

(3) 在状态栏中“对象捕捉”按钮上使用快捷菜单。

(4) 在“草图设置”对话框中设置。

提示：最好只打开几个常用的捕捉模式，如端点、交点等。如果打开的捕捉模式过多，则当图形较复杂时，彼此会有较大的干扰。

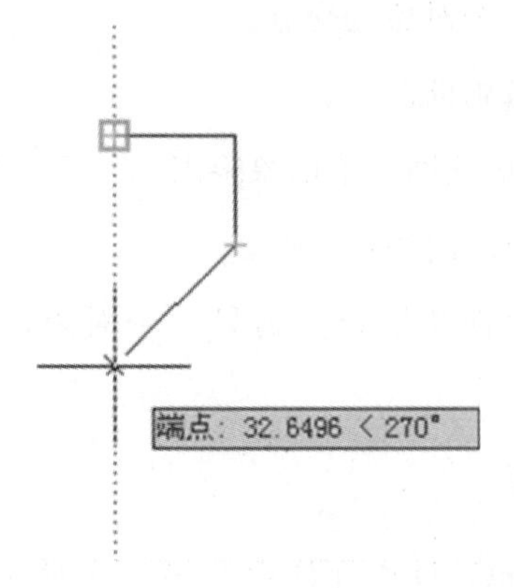

图 2-18 对象捕捉追踪示意图

2.2.3.5 对象捕捉追踪

在 AutoCAD 中还提供了“对象捕捉追踪”功能。在状态栏中单击“对象捕捉追踪”按钮，即可控制该功能开、关状态。该功能可以看做是“对象捕捉”和“极轴追踪”功能的联合应用。用户先根据“对象捕捉”功能确定对象的某一特征点(只需将光标在该点上停留片刻，当自动捕捉标记中出现黄色的“＋”标记即可)，然后以该点为基准点进行追踪，以得到准确的目标点，如图 2-18 所示。

对象捕捉追踪与极轴追踪的不同之处在于，对象捕捉追踪事先并不知道追踪的角度，只知道与其他对象的某种关系，而极轴追踪是按事先定义好的角度来追踪。

提示：在绘制一些直线条的平面图形时，利用“对象捕捉追踪”功能可使绘图更加简单、快捷。

例 2-1 使用对象捕捉追踪功能绘制如图 2-19(a) 所示的主视图。

作图步骤：(1) 捕捉追踪俯视图中圆的左边象限点，如图 2-19(b)所示。

(2) 向右追踪并捕捉追踪俯视图中右边象限点(也可在键盘输入数字 20)。

(3) 向上追踪并且在键盘输入数字 20。

(4) 捕捉追踪主视图中下面一条直线的左端点，如图 2-19(c)所示。直至完成图形。

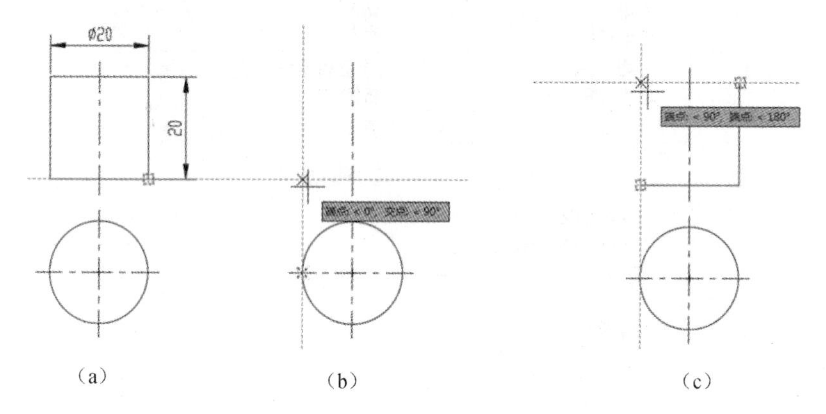

图 2-19 使用对象捕捉追踪功能绘图

(a) 原有图形 (b) 捕捉追踪特殊点 1 (c) 捕捉追踪特殊点 2

2.3 AutoCAD 的环境设置

很多时候，用户需要对 AutoCAD 进行环境设置，使 AutoCAD 软件能准确地按照用户的要求工作。AutoCAD 的环境设置包括绘图环境和系统环境的设置。

2.3.1 设置绘图环境

设置绘图环境主要包括设置图形单位与图形界限。

2.3.1.1 设置图形单位

在 AutoCAD 中，用户可以任何单位绘制图形，如 mm、cm、m、km 等统称为图形单位，用户可以任意选定所使用的图形单位。

用户在创建新图形时，若在“创建新图形”对话框中单击“缺省设置”按钮，且选用“英制”，它表示用户绘图所用单位采用英尺、英寸形式；若选用“公制”，则表示绘图时将采用公制单位。选用英制和公制的区别在于以下几点。

(1) 缺省的捕捉和栅格间距设置不同。

(2) 图形界限不同。

(3) 尺寸标注文本的缺省高度不同。

实际上，读者只要清楚以下几点就可以了。

(1) 我国采用的单位为公制，因此，对于我国的用户而言，在绘制一幅新图时应在“创建新图形”对话框中选用“公制”。

(2) 用户在绘图时可以使用任何单位，只要遵守国家的规定就可以了。例如，在绘制机械图形时，缺省的绘图单位为 mm，而在绘制建筑图形时，缺省的单位为 m。

(3) 系统本身并不知道，也不管用户到底采用什么单位，它只管按给定的数值生成图形。

为了方便绘图，用户还可以通过主菜单【格式(O)】→【单位(U)】打开“图形单位”对话框来改变所使用的单位格式，如图 2-20 所示。

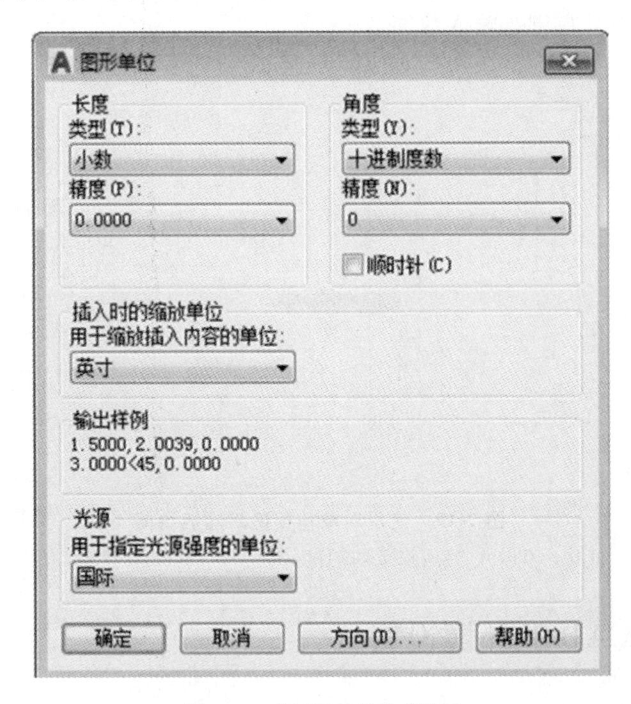

图 2-20 “图形单位”对话框

用户可以通过该对话框选择长度单位格式和精度、角度格式和角度显示精度以及正角度的方向(默认的正角度方向是逆时针方向)。

2.3.1.2 设置图幅

AutoCAD 的绘图空间是无限大的，设置图幅(图形界限)可以确保按指定比例在指定大小的纸上打印图形时，所绘制的图形不会超出图纸的范围。开机后默认的设置为 X 方向 420 mm，Y 方向 297 mm，这正是工程图 A3 图幅的大小。绘制工程图样时，应尽量按国家标准《技术制图》要求设置图幅的大小。

设置图幅的步骤如下。

- 菜单：【格式(O)】→【图形界限(I)】。
- 命令行：limits。

调用该命令后，系统提示如下。

```
重新设置模型空间界限：
Limits 指定左下角点或[开(ON)/关(OFF)]〈0.0000,0.0000〉
```

输入坐标值以指定图形左下角的 X,Y 坐标，或在图形中选择一个点，或按回车键接受默认的坐标值(0,0)。系统继续提示指定图形的右上角的坐标。

指定右上角点〈420.0000,297.0000〉:

输入坐标值以指定图形右上角的 X,Y 坐标,或在图形中选择一个点,或按回车键接受默认的坐标值。

按自己的绘图需要设置好图幅后,或许在屏幕上显示区域并没有显示所设置的图幅,因此,应该把自己设置好的图幅放入屏幕绘图区显示出来,其操作方法如下。

命令行:zoom。

调用该命令后,系统提示如下。

[全部(A)/中心点(C)/动态(D)/范围(E)/上一个(P)/比例(S)/窗口(W)]〈实时〉:A

//回车结束命令

也可单击下拉菜单【视图(V)】→【缩放(Z)】→【全部(A)】。

这时再检查屏幕绘图区右上角,设置的图幅大小就包含在屏幕显示区域里,这样就可以保证绘制的图形在图纸的范围内。

2.3.2 系统环境的设置

AutoCAD 主要是通过"选项"对话框来对系统环境进行设置的。打开"选项"对话框的方式如下。

- 菜单:【工具(T)】→【选项(N)】。
- 快捷菜单:在绘图区域或命令行窗口单击右键弹出快捷菜单,选择"选项"对话框。
- 功能区:输出选项卡→打印面板右侧↘按钮。
- 命令行:options(或简写为 op)。

AutoCAD 2017 的"选项"对话框共有 11 个选项卡,系统环境设置在这 11 个类别的选项卡中。下面简要介绍各选项卡的功能。

1."文件"选项卡

"文件"选项卡用于指定 AutoCAD 搜索支持文件、驱动程序、菜单文件和其他文件的文件夹,还指定一些可选用的用户设置,例如,哪个目录用于进行拼写检查,等等。

2."显示"选项卡

"显示"选项卡用于用户自定义 AutoCAD 2017 的显示设置,各种显示设置可在如图 2-21 所示的对话框中勾选。如果勾选了图形窗口中显示滚动条,则在绘图窗口的下侧和右侧有水平滚动条和垂直滚动条。如果要改变绘图窗口的背景颜色,可点击窗口元素下面的"颜色"按钮,在弹出的对话框中进行相应的操作设置。

3."打开和保存"选项卡

图 2-22 所示的是"打开和保存"选项卡,用于控制打开和保存文件的相关选项。绘图时,要设定自动保存图形的时间、保存图形时是否要同时备份、对图形设置数字签名和密码等,均可点击此选项卡,在弹出的对话框中进行相应的设置。系统默认的图形自动保存时间是 10 min,为保证安全,用户可以把自动保存图形的时间设置短一些。

4."打印和发布"选项卡

"打印和发布"选项卡用于控制打印和发布相关的选项,初学者可遵守默认设置。

5."系统"选项卡

"系统"选项卡用于设置当前三维图形的显示特性、定点设备、布局重生成选项、数据库连接选项等,如图 2-23 所示。

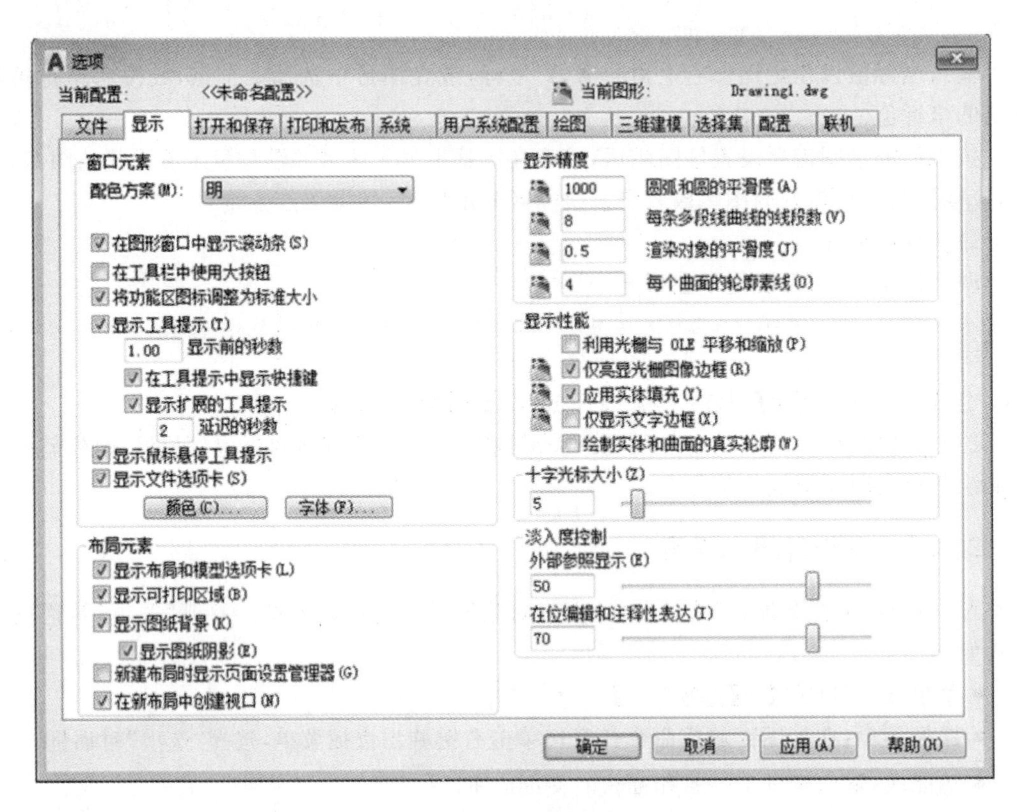

图 2-21　“显示”选项卡

图 2-22　“打开和保存”选项卡

图 2-23　“系统”选项卡

6.“用户系统配置”选项卡

“用户系统配置”选项卡用于控制、优化工作方式的选项。

7.“绘图”选项卡

“绘图”选项卡如图 2-24 所示，用于设置自动捕捉、自动追踪、自动捕捉标记框颜色与大小、靶框大小等选项。

8.“三维建模”选项卡

此选项卡用于三维建模方面的设置。

9.“选择集”选项卡

“选择集”选项卡用于设置选择对象的选项，如选择对象时，拾取框的大小、夹点的大小和颜色等均可在此选项卡中设置、修改。

10.“配置”选项卡

“配置”选项卡用于控制配置的使用。

11.“联机”选项卡

“联机”选项卡主要是网络连接时使用。

2.4　图层、颜色、线型和线宽

图层、颜色、线型和线宽是 AutoCAD 绘图较为重要的基本设置。CAD 绘图国家标准

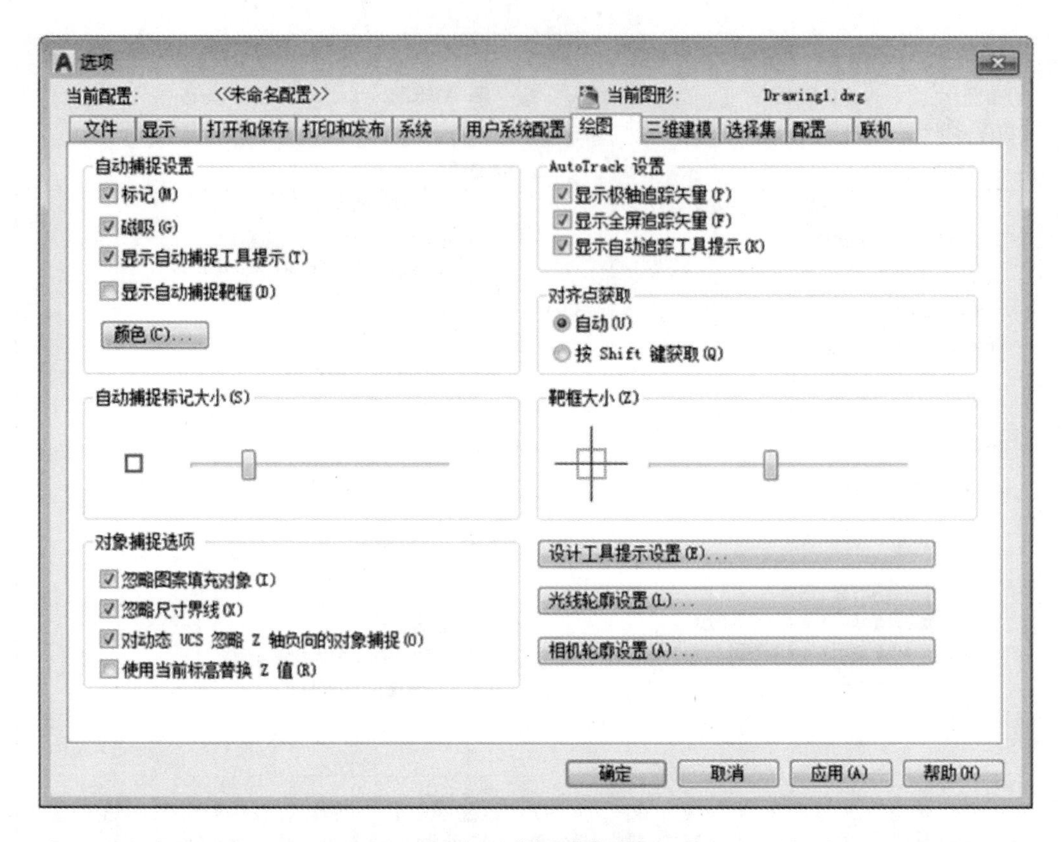

图 2-24　“绘图”选项卡

给出了线型图层颜色，如表 2-2 所示。但这些图层颜色是屏幕绘图区背景颜色为黑色时设置的，若绘图区背景为其他颜色时，用户可自行设置图层颜色。

表 2-2　CAD 绘图线型图层颜色国家标准(推荐)

图线类型	屏幕上的颜色
粗实线	白色
细实线	绿色
波浪线	
双折线	
细虚线	黄色
粗虚线	白色
细点画线	红色
粗点画线	棕色
细双点画线	粉红色

图层、颜色、线型和线宽都可通过“图层特性管理器”来设置。

打开“图层特性管理器”的方法如下。

- 工具栏：单击图层工具栏上的“图层特性管理器”按钮。
- 菜单：【格式(O)】→【图层(L)】。
- 功能区：默认选项卡→图层面板→“图层特性”按钮。
- 命令行：layer(或简写为 la)。

执行命令后，系统弹出“图层特性管理器”对话框，如图 2-25 所示。

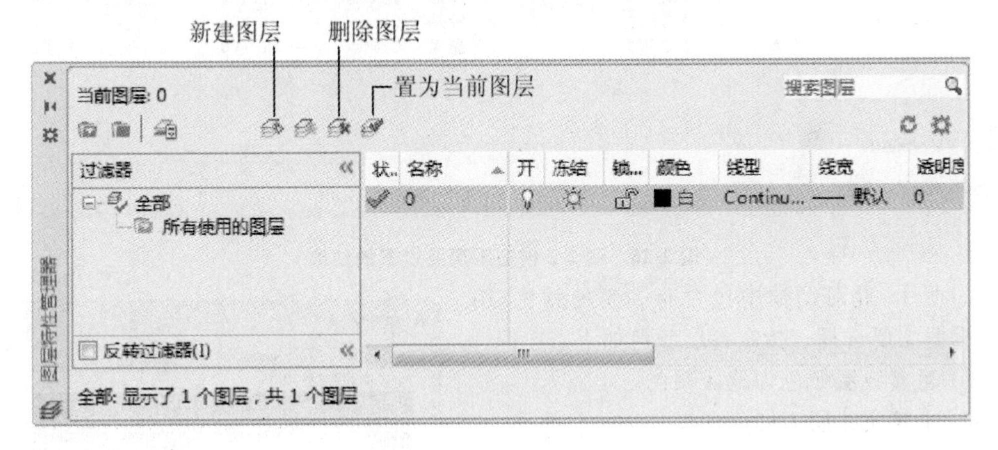

图 2-25　图层特性管理器

2.4.1　创建及设置图层

图层可以理解为一张张透明的纸，整个图形就相当于这些透明的纸完全重合在一起。用户可以将不同的图形对象绘制在不同的图层中。例如在建筑图中，可以将基础、楼层、水管、电气和冷暖系统等放在不同的图层中绘制。在绘制机械图装配图时，可将各零件放在不同的图层中。图层设置功能便于对每一层的图形对象进行管理和修改，而其他图层中的图形不受任何影响。

在 AutoCAD 中，每个图层都以一个名称作为标志，并具有颜色、线型、线宽等各种特性和开、关、冻结等不同的状态。如果用默认的设置创建一个新的图形，AutoCAD 只定义一个图层(0 层)，要使用多个图层，需要另外创建。

例如，绘制建筑施工平面图时，根据图形元素的性质，一般需要创建以下各层。

① 粗实线层，线宽 0.4～0.6(绘制断面轮廓)。

② 中粗实线层，线宽 0.2～0.3(图名下划线)。

③ 轴线层，线宽 0.09～0.13(绘制定位轴线)。

④ 尺寸标注层，线宽 0.09～0.13(标注线性尺寸)。

⑤ 文字说明层，线宽选择默认。

例 2-2　创建及设置绘制建筑施工平面图时所需的图层。

1. 创建图层

在打开的“图层特性管理器”中，单击“新建”按钮，在列表框中显示出名为“图层 1”的图层。输入“粗实线”，列表框中“图层 1”由“粗实线”代替，再创建其他的图层，结果如图 2-26 所示。

2. 指定图层颜色

(1) 在“图层特性管理器”对话框中选中图层。

(2) 单击图层列表中与所选图层关联的图标工具栏“白色”，弹出“选择颜色”对话框，如

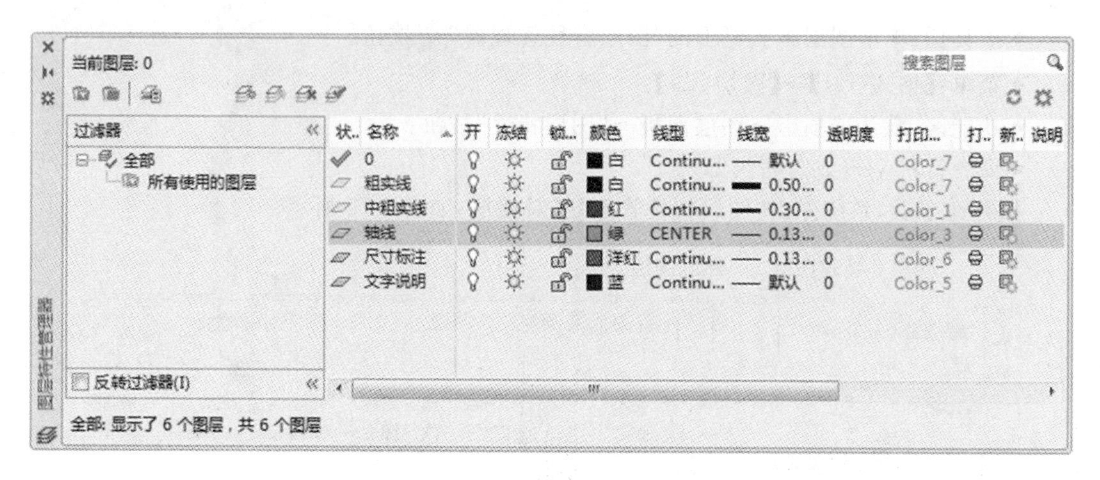

图 2-26　例 2-2 创建图层及设置的结果

图 2-27所示，此对话框中包含有 256 种颜色，用户可根据需要选择。指定各层颜色如下。

① 粗实线层颜色为默认颜色。

② 中粗实线层为红色。

③ 轴线层为绿色。

④ 尺寸标注层为洋红色。

⑤ 文字说明层为蓝色。

3. 设置线型

(1) 在“图层特性管理器”对话框中选中图层。

(2) 该对话框图层列表的“线型”列中显示了与图层相关联的线型，缺省情况下，图层的线型是“Continuous”，即实线(Solid line)。单击“Continuous”，弹出“选择线型”对话框，如图 2-28所示，通过此对话框，用户可以选择一种线型或从线型库文件中加载更多线型。

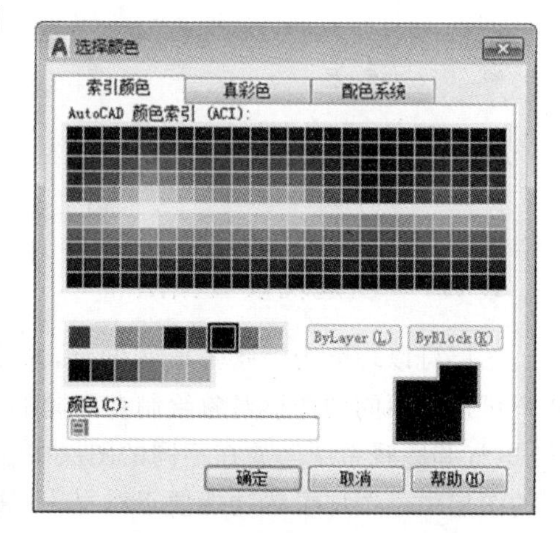

图 2-27　“选择颜色”对话框

(3) 单击“加载”按钮，弹出“加载或重载线型”对话框，如图 2-29 所示。该对话框列出了当前线型文件名以及所包含的所有线型，用户在列表框中选择所需的线型，再单击“确定”按钮，这些线型就加载到 AutoCAD 中。用户还可以单击“文件”按钮指定其他的线型库文件。各层加载的线型如下。

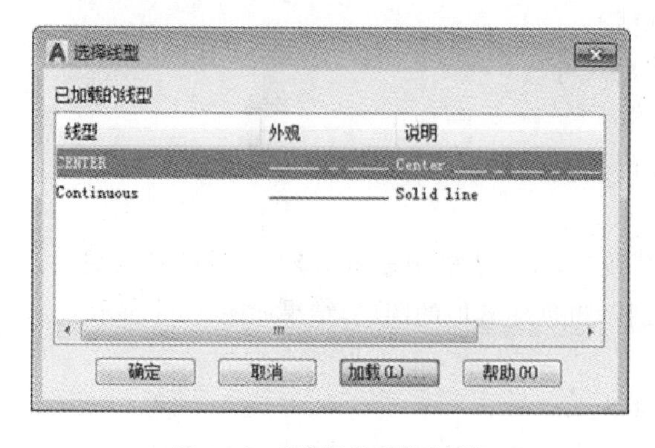

图 2-28　“选择线型”对话框

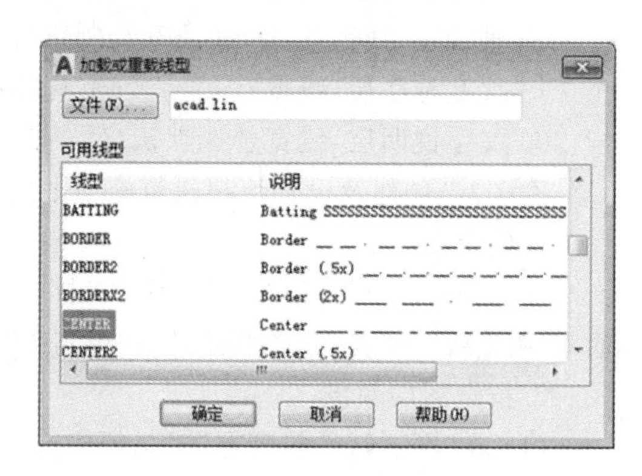

图 2-29　“加载或重载线型”对话框

① 轴线层加载线型为“Center”(我国画图时常用的中心线——点画线)。

② 其他各层线型是“Continuous”。

4. 设定线宽

(1) 在“图层特性管理器”对话框中选中图层。

(2) 单击图层列表“线宽”列中的“默认”图标,弹出“线宽”对话框,通过此对话框用户可以设置线宽。各层的线宽选择如下。

粗实线层线宽 0.5,中粗实线层线宽 0.3,文字层线宽为默认,其他各层线宽 0.13。

例 2-3　创建及设置绘制图 2-30 所示的图形时所需的图层、颜色、线型和线宽。

绘制这个图形需要 5 个图层,它们分别是

① 粗实线层(0 层):颜色为默认颜色、线型是“Continuous”即实线、线宽 0.4～0.6。

② 轴线层:颜色为红色、线型是“Center”即中心线、线宽为默认。

③ 剖面线层:颜色为绿色、线型是“Continuous”即实线、线宽为默认。

④ 尺寸标注层:颜色为洋红、线型是“Continuous”即实线、线宽为默认。

⑤ 虚线层:颜色为蓝色、线型是“Dashed”即虚线、线宽为默认。

设置结果如图 2-31 所示。

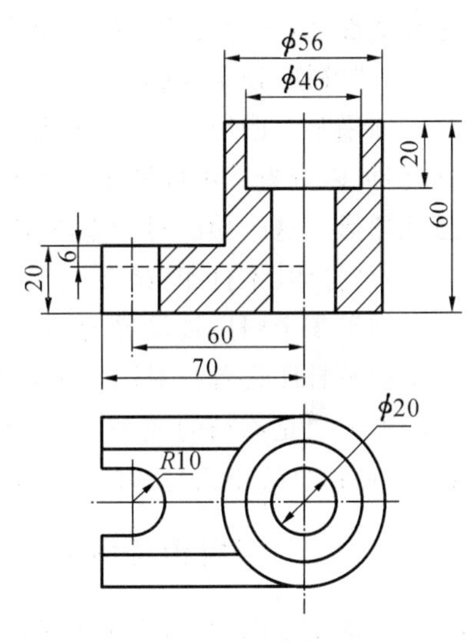

图 2-30　例 2-3 图

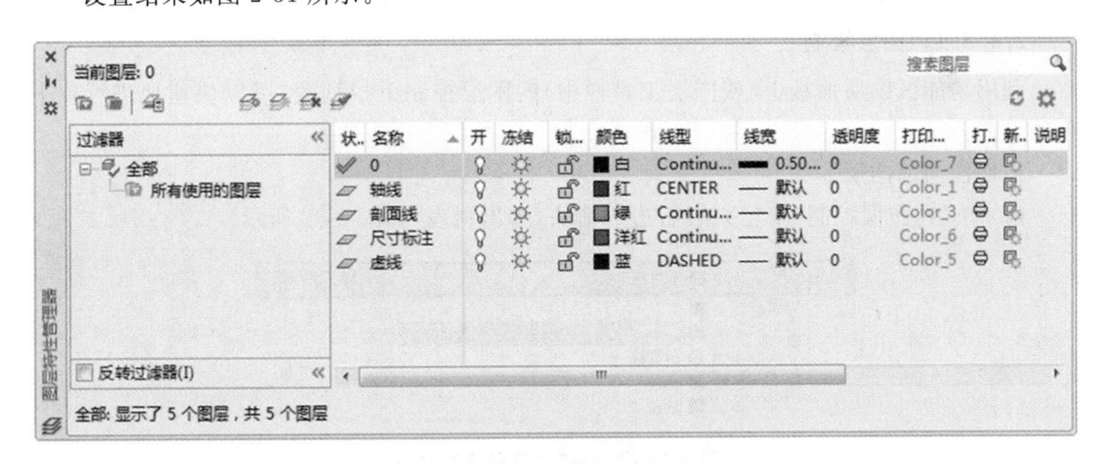

图 2-31　例 2-3 创建图层及设置的结果

注意:本章例题屏幕绘图区背景颜色为白色,故设置的图层颜色较深,比较醒目。

2.4.2　图层状态的控制

图层状态主要包括打开与关闭、冻结与解冻、锁定与解锁、打印与不打印等。工程图样包含大量信息且有很多图层,用户通过控制图层的状态使编辑、绘制、观察等工作变得更为方便。用户可以通过打开“图层特性管理器”对话框,或图层特性工具栏上的“图层控制”下拉列表,或直接使用功能区的图层面板工具对图层状态进行控制。

1.“打开/关闭”状态

如果某个图层被设置为“关闭”(Off)状态,则该图层上的图形对象不能被显示或打印,但可以重新生成。可以关闭当前层,可以在关闭的当前层继续绘图,但所绘图形不显示,故不能编辑与擦除图形。暂时关闭与当前工作无关的图层可以减少干扰,使用户更加方便快捷地工作。

2.“解冻/冻结”状态

如果某个图层被设置为“冻结”(Freeze)状态,则该图层上的图形对象不能被显示、打印或重新生成。不能冻结当前层,因此,用户可以将长期不需要显示的图层冻结,以提高对象选择的性能,减少复杂图形的重生成时间。

3.“解锁/锁定”状态

如果某个图层被设置为“锁定”(Lock)状态,则该图层上的图形对象不能被编辑或选择,但可以查看。可以锁定当前层,可以在锁定的当前层继续画图,显示图形,但不能编辑与擦除图形。这个功能对于编辑重叠在一起的图形对象非常有用。

4.“打印/不打印”状态

如果某个图层被设置为“不打印”状态,则该图层上的图形对象可以显示但不能被打印。图层的不打印设置只对图样中可见图层(图层是打开的并且是解冻的)有效,若图层设为可打印但该层是冻结的或关闭的,此时,该层的图形是不会被打印的。如果图层只包含构造线、参照信息等不需打印的对象,可以在打印图形时设置该图层为“不打印”。

2.4.3 图层相关命令

绘制复杂图形时,常常要从一个图层切换到另一个图层,频繁地改变图层状态或是将某些对象修改到其他层上,熟悉图层工具栏中的各项,有助于用户有效地控制和使用图层。

2.4.3.1 图层控制

利用功能区图层面板上(或图层工具栏中)的图层控制下拉列表,可以快速地进行以下几种设置。

1. 切换当前图层

(1) 单击“图层控制”下拉列表右边的箭头,弹出列表,如图2-32所示。

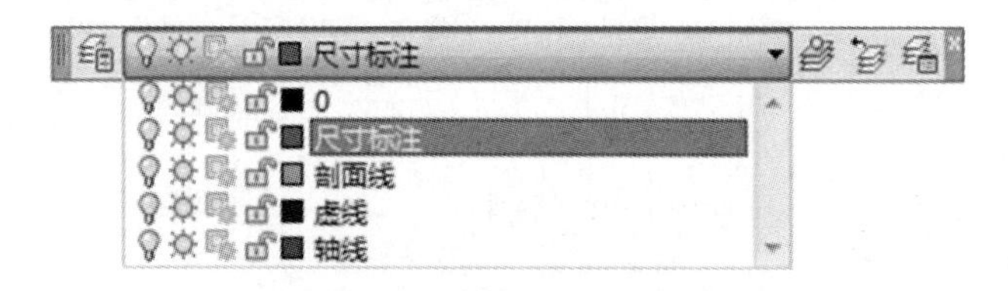

图2-32 “图层”工具栏下拉列表

(2) 选择欲设置成当前层的图层名。操作完成后,该下拉列表自动关闭。

注意:此种方法只能在当前没有对象被选择的情况下使用。切换当前图层也可在“图层特性管理器”对话框中完成。在该对话框中选择某一图层,然后单击对话框左上方“置为当前”按钮,则被选择图层变为当前层。

2. 修改图层状态

“图层控制”下拉列表中也显示了图层状态图标,单击相应的图标可改变图层的打开/关闭、冻结/解冻、锁定/解锁等状态。

3. 修改已有对象的图层

如果想把某个图层上的对象放置到别的图层上，可先选择该对象，然后在“图层控制”下拉列表中选取要放置的图层名。操作完成后，列表框自动关闭，被选择的图形对象转移到新的图层上。

4. 把不同图层的对象修改到同一图层中

如果想把分散在不同图层上的几个对象放置到同一个图层上，可先选择这些对象，然后在“图层控制”下拉列表中选取要放置的图层名。操作完成后，列表框自动关闭，被选择的图形对象转移到新的图层上。

2.4.3.2　使对象所在的图层为当前层

单击对象特性工具栏中的“将对象的图层置为当前层”按钮，或单击功能区图层面板上相同的按钮。系统将提示选择对象：

命令：_laymcur

选择将使其图层成为当前图层的对象：

如果用户在此提示下选择某一对象，则该对象所在图层成为当前图层。

2.4.3.3　上一个图层

- 工具栏：单击对象特性工具栏中的按钮。
- 命令行：layerp。

该命令用于取消用户最后一次对图层设置的改变，并给出提示信息：

已恢复上一个图层状态。

用户可连续选择该图标进行多次操作，当所有改变都被恢复后，系统将提示：

没有上一个图层状态

该命令不能恢复以下几种操作。

(1) 如果改变了图层的名称和特性，则该命令只能恢复被改变的特性，而不能恢复原来的名称。

(2) 不能恢复被删除的图层。

(3) 不能恢复新建的图层。

2.4.3.4　删除图层

不用的图层可以删除，删除的方法是：在打开的“图层特性管理器”对话框中选择要删除的图层名，单击“删除图层”按钮，再单击“确定”按钮，该图层被删除掉。但要注意，0 层、当前层、包含图形对象的层、定义点层(defpoints)不能被删除。

2.4.4　图层工具

AutoCAD 2017 提供了一些图层管理和图层控制的专用工具，利用这些工具，也可以控制图层状态，切换图层，改变图层状态和删除图层等。执行下拉菜单【格式(O)】→【图层工具(O)】，在如图 2-33 所示的子菜单中选择具体的命令。也可在 AutoCAD 工作界面上，用鼠标右键点击任意工具栏，在弹出的工具栏菜单中调入“图层Ⅱ”工具栏，如图 2-34 所示。

主要图层工具的功能和使用前面已做了介绍，其他的图层工具用户可根据自己的需要选择使用。

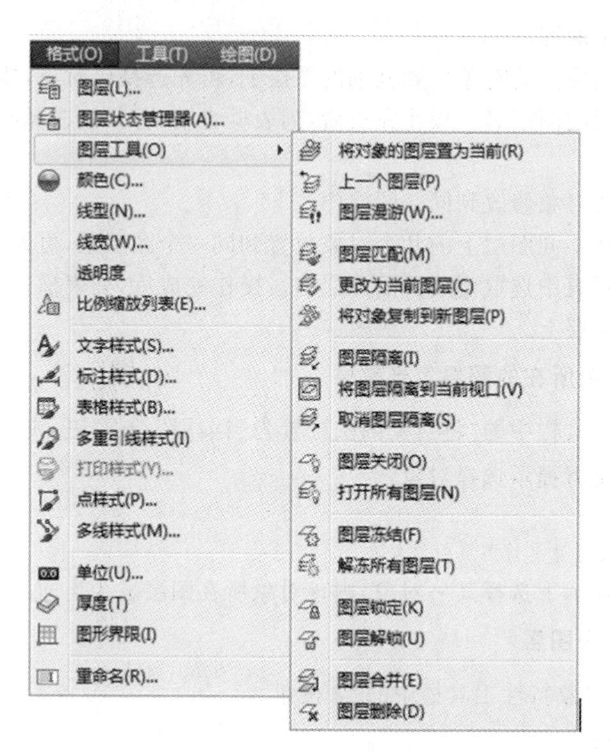

图 2-33 “图层工具”子菜单

图 2-34 “图层Ⅱ”工具栏

提示:将光标停留在图层工具栏的某一命令按钮上,待显示出扩展的文字提示标签后,可知该命令的使用功能。

2.4.5 改变对象颜色、线型及线宽

在特性工具栏中有“颜色控制”“线型控制”“线宽控制”下拉列表,缺省情况下,这些下拉列表中显示“ByLayer”,如图 2-35 所示。“ByLayer”的意思是所绘对象的颜色、线型、线宽等属性与当前层所设定的完全相同。一般情况下,最好在缺省状况下绘制图形,以便于图形管理。必要时,通过这些列表可以方便地改变对象的颜色、线型和线宽。

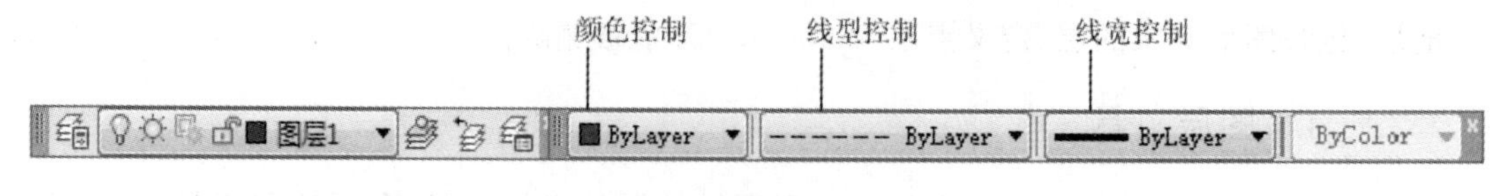

图 2-35 图层特性工具栏

2.4.6 控制非连续线型的外观

非连续线型是指点画线、虚线等间断图线。这些图线中长、短线的长度和间隔大小是由线型比例来控制的。用户绘图时可能会遇到这样一种情况,本来想画一条点画线或虚线,但绘制出的线型看上去却和连续线(实线)一样。出现这种现象的原因是线型比例不合适,需要修改线型比例因子。

2.4.6.1 改变全局线型比例因子

如果一张图中全部的点画线和虚线的线型比例都需要修改，可改变全局线型比例因子。

全局线型比例因子由 AutoCAD 的系统变量“Ltscale”控制，它将影响图样中全部非连续线型的外观。当用户修改了全局线型比例因子后，AutoCAD 将重新生成图形，并使全部非连续线型发生变化。图 2-36 显示了使用不同比例因子时非连续线型的外观的变化。

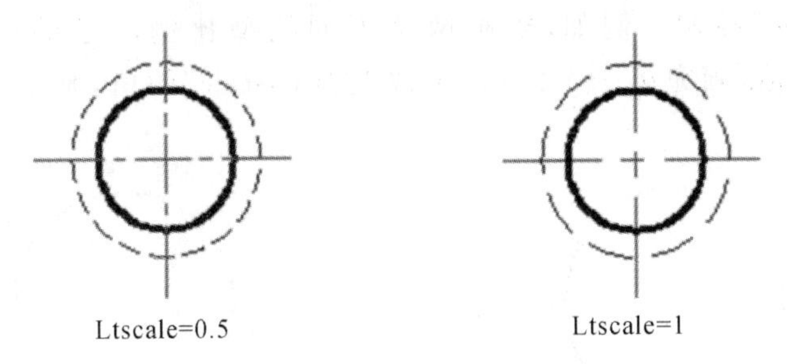

图 2-36 不同线型比例绘制的图形

改变全局线型比例因子的方法如下。

(1) 打开对象特性工具栏上的“线型控制”下拉列表，如图 2-37 所示。

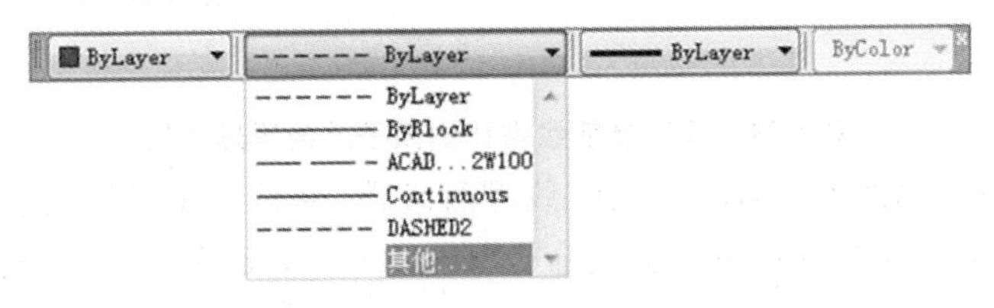

图 2-37 “线型控制”下拉列表

(2) 在下拉列表中选择“其他”选项，弹出“线型管理器”对话框，再单击“显示细节”按钮，该对话框底部出现“详细信息”区域，如图 2-38 所示。

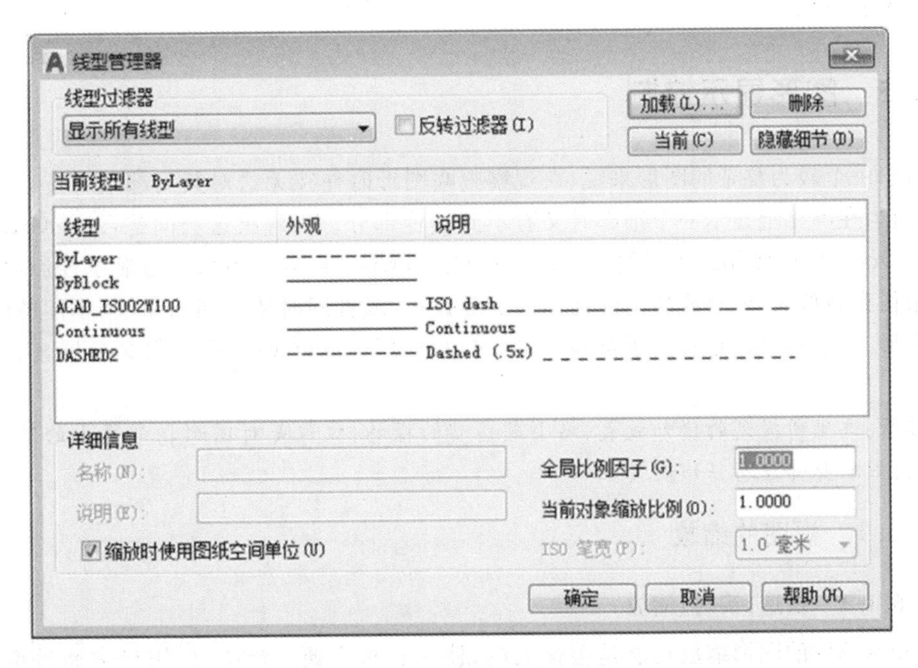

图 2-38 “线型管理器”对话框

(3) 在“详细信息”区域的“全局比例因子”栏中输入新的比例值。

注意:改变全局线型比例因子也可以在命令行输入命令“Ltscale”后回车,再按照提示输入新的比例因子。

2.4.6.2 改变当前对象线型比例

在同一张图纸上,有时需要为不同的对象设置不同的线型比例,这种比例的改变由系统变量“Celtscale”控制。例如,要画两个不同线型比例因子的虚线圆,可先设置“Celtscale”为某一值,画完第一个圆后,再改变“Celtscale”的值,画第二个圆,如图 2-39 所示。

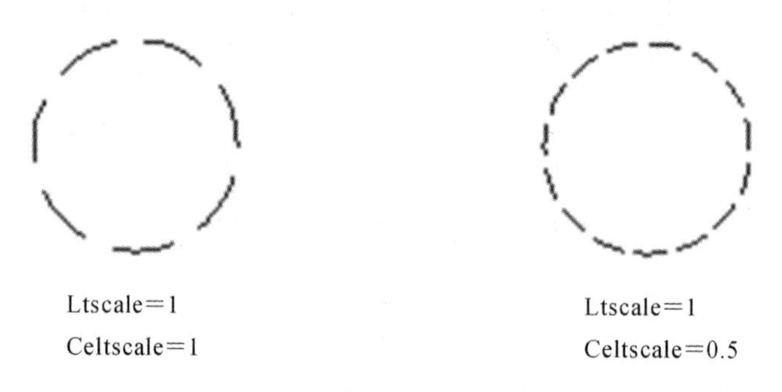

图 2-39 改变当前线型比例因子后的图形比较

要改变当前线型比例因子,用户可在“线型管理器”对话框中的“当前对象缩放比例”栏中输入新比例值;也可在命令行窗口输入命令“Celtscale”后回车,再按照提示输入新的比例因子。

提示:用以下操作改变当前线型比例因子可能更加方便。选择要改变线型比例因子的对象,执行下拉菜单【修改(M)】→【特性(P)】命令,在弹出的“特性”对话框中的“线型比例”栏中输入新的比例值。

2.5 图形显示控制

对于一个较为复杂的图形来说,在观察整幅图形时往往无法对其局部细节进行查看和操作,而当在屏幕上显示一个细部时又看不到其他部分。为解决这类问题,AutoCAD 提供了缩放(zoom)、平移(pan)、视图(view)和视口(viewports)等一系列图形显示控制命令,可以用来任意地放大、缩小或移动屏幕上的图形显示,或者同时从不同的角度、不同的部位来显示图形。AutoCAD 还提供了重画(redraw)和重新生成(regen)命令来刷新屏幕、重新生成图形。

提示:这里所提到的诸如放大、缩小或移动的操作,仅仅是对图形在屏幕上的显示进行控制,图形本身并没有任何改变。

2.5.1 视图的缩放

2.5.1.1 快速(实时)缩放

AutoCAD 的图形缩放功能是很强大的,使用也很方便。绘图时,用户常通过单击“标准”工具栏上的按钮快速缩放图形。调用该命令后，系统提示如下。

按 Esc 或 Enter 键退出，或单击右键显示快捷菜单。

按住鼠标左键向上移动，可以放大图形；按住鼠标左键向下移动，可以缩小图形。退出此命令可按 Esc 键，或 Enter 键，或单击右键显示快捷菜单，在快捷菜单中选择“退出”。

2.5.1.2 缩放命令

在 AutoCAD 中执行缩放命令有以下几种方式。

（1）单击如图 2-40 所示的“标准”工具栏的缩放工具上的相应图标。

（2）执行下拉菜单【视图(V)】→【缩放(Z)】命令，在如图 2-41 所示的子菜单中选择具体的命令。

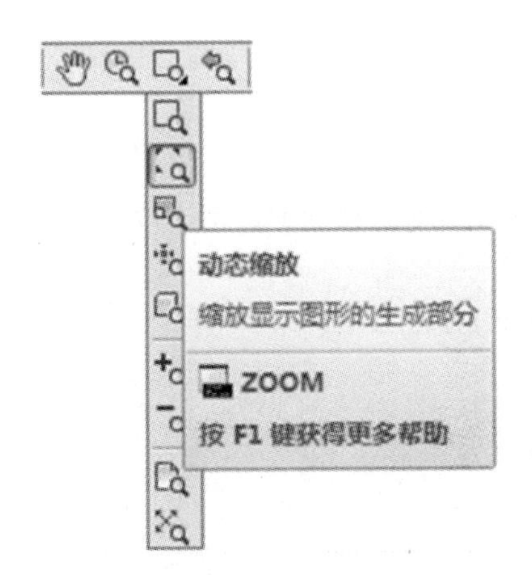

图 2-40 “标准”工具栏的缩放工具

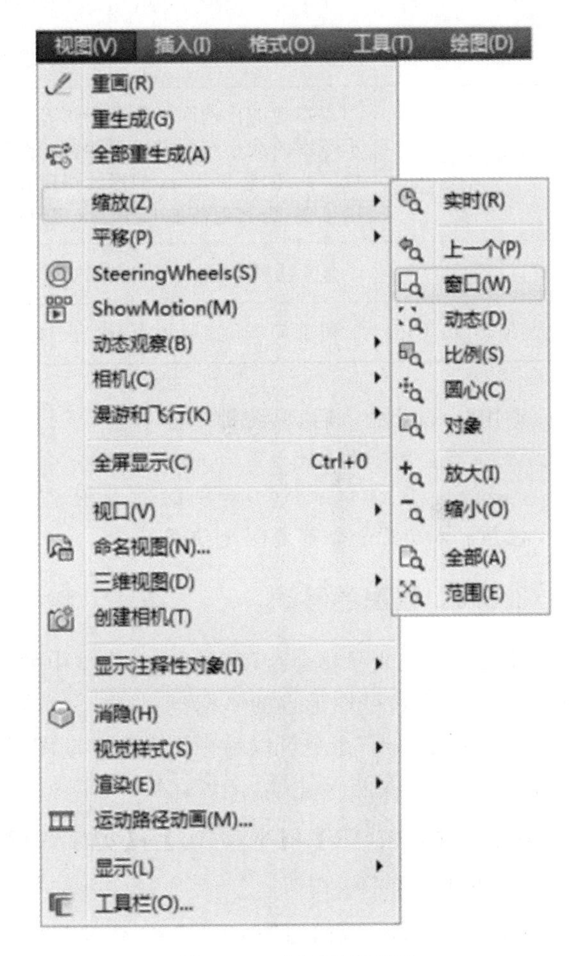

图 2-41 “缩放”子菜单

（3）在命令行窗口输入“zoom”命令，再按回车键。

“zoom”类似于照相机的镜头，可以放大或缩小屏幕所显示的范围，但对象的实际尺寸并不发生变化。该命令的用法非常灵活，具有多个选项来提供不同的功能，详细内容如表 2-3 所示。

表 2-3 "zoom"命令选项说明

选项类型	说　明
实时(Realtime)	默认选项，根据鼠标移动的方向和距离确定显示比例。按住鼠标左键向上移动显示放大，向下移动显示缩小
全部(All)	显示图形界限区域和整个图形范围
中心点(Center)	显示由中心点和高度(或缩放比例)所定义的范围
动态(Dynamic)	缩放显示在视图框中的部分图形。在屏幕上动态地显示一个视图框，将其拖动到所需位置并单击鼠标，以确定显示范围
范围(Extents)	显示整个图形范围并使所有对象最大显示
上一个(Previous)	显示前一个视图，最多可恢复此前的十个视图
比例(Scale)	以指定的比例因子显示图形范围，比例因子为 1 时，则屏幕保持中心点不变，显示范围的大小与图形界限相同；比例因子为其他值，如 0.5、2 等，则在此基础上缩放。此外，还可用 *n*x 的形式指定比例因子，当比例因子为 1x，表示保持当前显示范围不变，为其他值如 0.5x、2x 等，则在当前范围的基础上进行缩放
窗口(Window)	显示由两个角点所定义的矩形窗口内的部分
放大/缩小(In/Out)	用于菜单和工具栏中，相当于指定比例因子为 2x/0.5x

调用"zoom"命令后，系统提示如下：

指定窗口角点，输入比例因子(nx 或 nxP)或者

zoom[全部(A)/中心点(C)/动态(D)/范围(E)/上一个(P)/比例(S)/窗口(W)]〈实时〉：

注意："zoom"命令可透明地使用。

2.5.2 视图的移动

通过滑动条或平移命令可以对当前窗口中的图形进行移动。视图的移动不改变图形显示的大小，也不改变图形点的坐标。

使用平移"pan"命令可以沿任何方向移动图形，其调用方法如下。

- 工具栏："标准(Standard)"→ 。
- 菜单：【视图(V)】→【平移(P)】→【实时(T)】。
- 导航栏上的 按钮。
- 命令行：pan(或简写为 p)。

任选以上四种方式之一，AutoCAD 提示如下。

按 Esc 或 Enter 键退出，或单击右键显示快捷菜单。

按 Esc 键或 Enter 键可以退出实时平移命令，或单击右键从快捷菜单中选择"退出"选项。除此之外，从快捷菜单中还可以选择其他与缩放和平移命令有关的选项。

注意："pan"命令可以透明地使用。

2.5.3 视图的重画和重生成

“重画”与“重生成”命令可将屏幕刷新显示，使得反复放大与缩小后在屏幕上看起来变形的图形恢复原形，也用来消除绘图过程中屏幕上出现的残留的光标点。其调用方法如下。

- 菜单：【视图(V)】→【重画(R)】或【重生成(G)】。
- 命令行：redraw 或 regen。

“重生成”命令不仅刷新显示，而且会更新图形数据库中所有图形对象的屏幕坐标。

2.5.4 视图

2.5.4.1 命名视图

在绘制一些比较复杂的图形时，用户往往需要在图形的不同部分频繁地进行转换。例如，有时候要观察图形的整体效果，有时候又需要察看各个局部细节，如果将各个局部细节的视图分别保存为命名视图，会使在视图中来回转换的工作更加便捷。

1. 创建命名视图

创建“命名视图”的步骤如下。

(1) 打开“视图管理器”对话框。

- 菜单：【视图(V)】→【命名视图(N)】。
- 功能区：视图选项卡→模型视口面板→“视口配置”下拉按钮，选择子选项。
- 命令行：view(或简写为 v)。

任选以上方式之一，AutoCAD 将弹出“视图管理器”对话框，如图 2-42 所示。

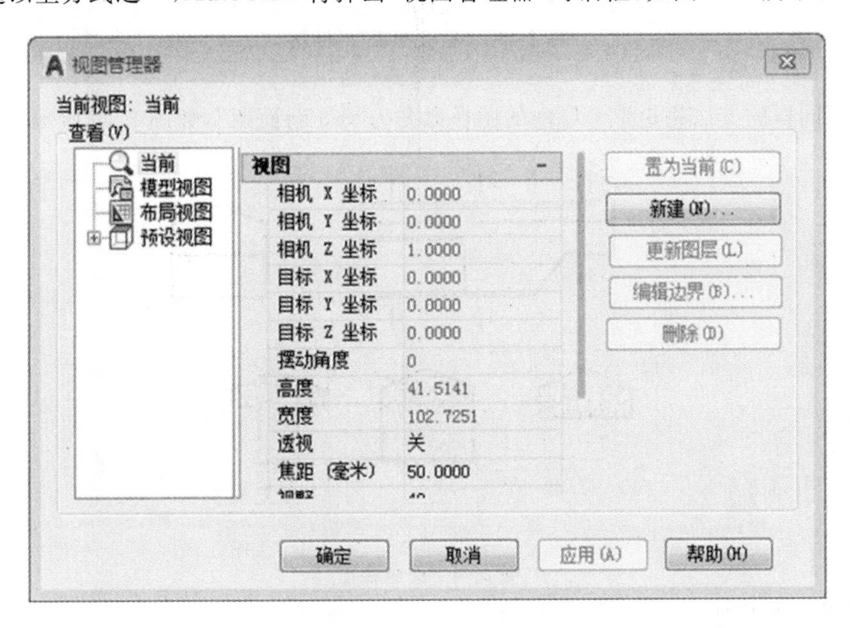

图 2-42 “视图管理器”对话框

(2) 单击“新建”按钮，打开“新建视图”对话框，在“视图名称”框中输入“1-1 断面图”，如图 2-43 所示。

(3) 选择“定义窗口”选项，然后单击按钮，则系统提示如下。

```
指定第一个角点：拾取点 A            //在点 A 处单击一点
```

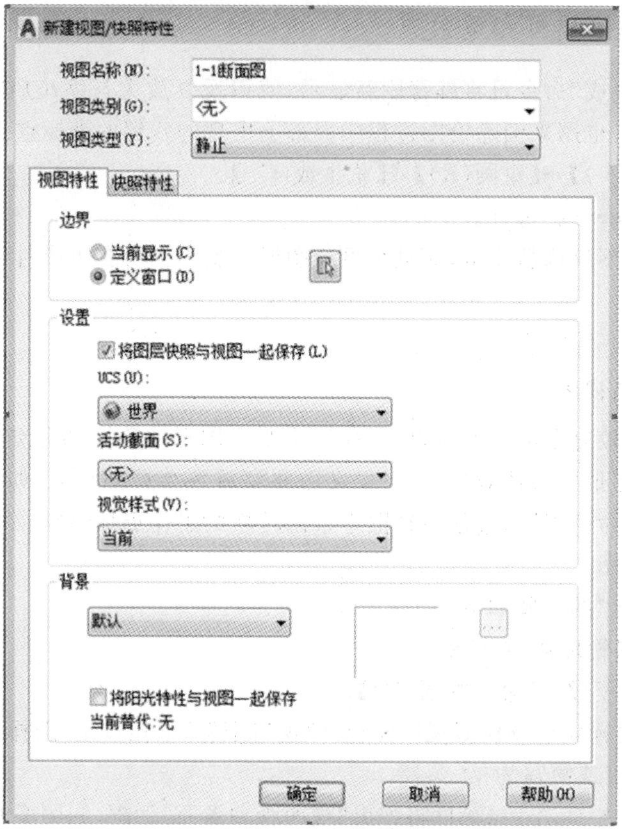

图 2-43　"新建视图"对话框

指定对角点：拾取点 B　　　　　　　//在点 B 处单击一点

(4) 用同样的方法将矩形 CD 内的图形命名为"3-3 断面图"，如图 2-44 所示。

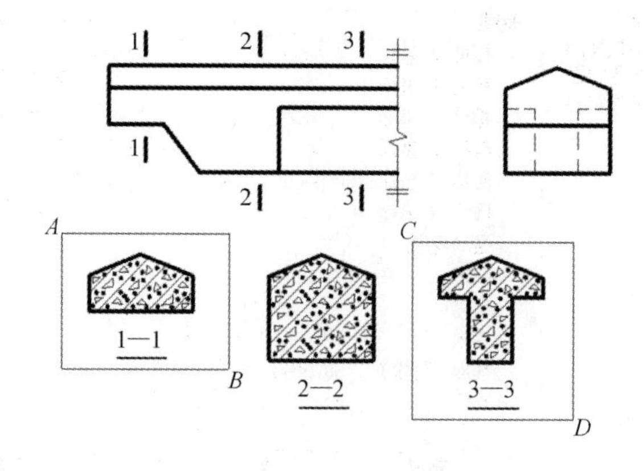

图 2-44　命名视图

2. 调用命名视图

打开"视图管理器"对话框，如图 2-45 所示，选择"1-1 断面图"，然后单击"置为当前"按钮，则屏幕显示 1-1 断面的图形。

注意：调用命名视图时，AutoCAD 不再生成新的图形。它是保存屏幕部分图形的好方法，在绘制大型复杂图样时特别有用。

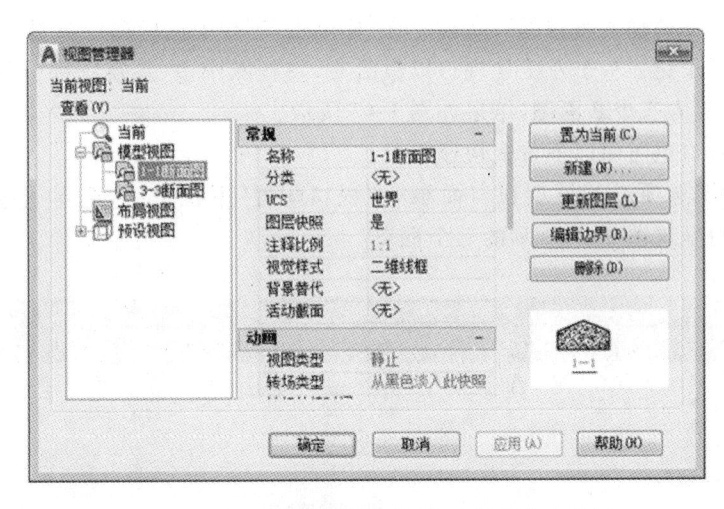

图 2-45　从“视图管理器”对话框中调用命名视图

2.5.4.2　视口

视口是显示图形的窗口区域，我们通常都是在一个充满整个屏幕的单视口中工作，但有时需要对某一图形同时进行多角度、多侧面的观察，这样单视口是不能满足要求的。此时可以将作图区域划分成几个部分，使屏幕上出现多个视口以便同时显示同一图形的不同部分，而每一个视口都能进行以下操作。

(1) 平移、缩放、设置栅格、建立用户坐标等。

(2) 在 AutoCAD 执行命令的过程中，能随时单击任一视口，使其成为当前视口，从而进入这个激活的视口中继续绘图。

调用视口命令的方式如下。

- 菜单：【视图(V)】→【视口(V)】→【新建视口(E)】。
- 命令行：viewports 或 vports。

调用该命令后，AutoCAD 弹出“视口”对话框，如图 2-46 所示。

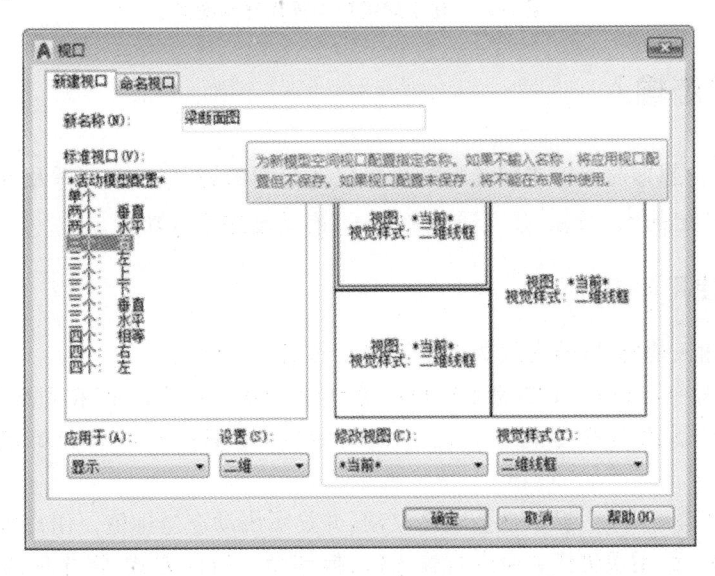

图 2-46　“视口”对话框

在“新名称”一栏输入新建视口名称。在“标准视口”栏中选择视口布置形式(三个-右)，然后单击“确定”按钮。单击左上角视口以激活它，将视图中主、左视图部分放大，再激活左下角视口，然后放大三个断面图，结果如图 2-47 所示。

建立多个视口也可用以下方式快速完成。

功能区：视图选项卡→模型视口面板→“视口配置”下拉按钮，选择子选项(如：三个-右)，绘图区也将呈现图 2-47 所示的三个视口。

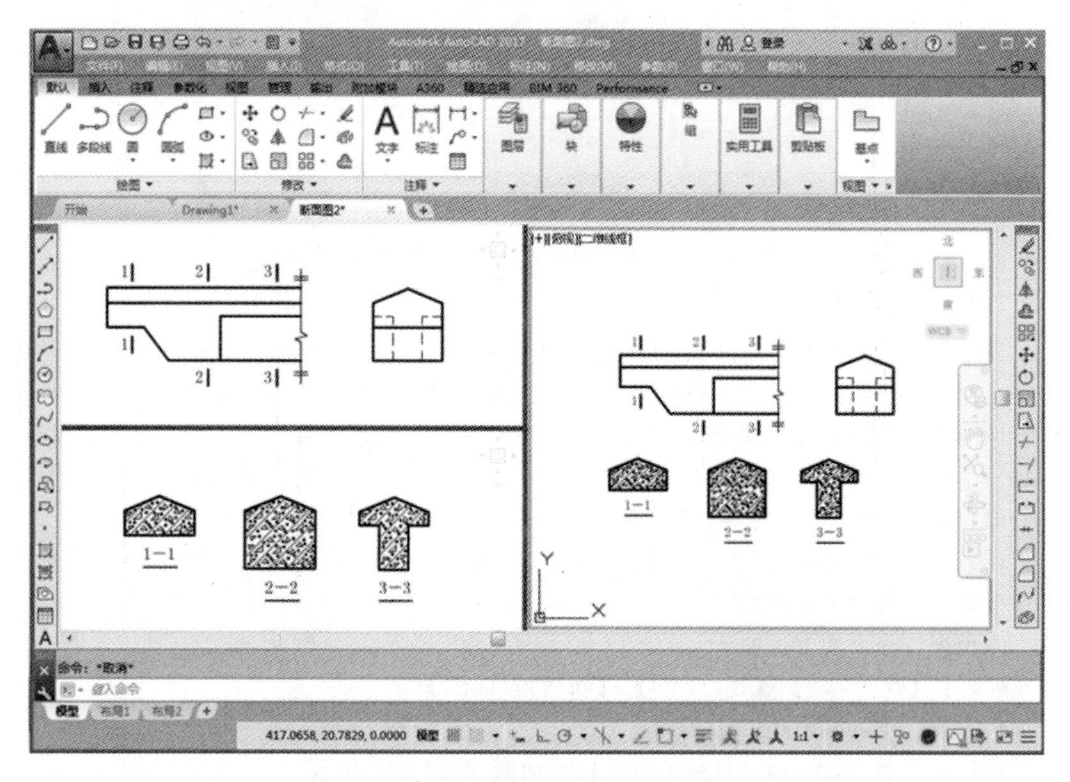

图 2-47　在不同视口中操作显示图形

2.6　动态输入

绘图时，用户想即时了解当前光标的坐标以及绘图的提示状态，可采用动态输入。单击屏幕下方状态栏上的 按钮，使其呈蓝色显示，启动动态输入功能。

2.6.1　使用动态输入

启动动态输入功能，以绘直线为例来说明动态输入的使用。

执行“line”命令，AutoCAD 在命令行窗口提示“指定第一点：”，同时在光标附近显示出“工具栏提示”框，显示出与命令行窗口对应的提示“指定第一点：”和光标的当前坐标值，如图 2-48 所示。

此时光标移动，工具栏提示也会随之移动，并显示出动态坐标值。用户可在工具栏提示中输入点的坐标，而无须切换到命令行输入(切换到命令行的方式：将光标放到命令行窗口中的“命令：”提示后面，单击鼠标左键)。

图 2-48　动态显示工具栏提示

指定直线的第一点后，AutoCAD会继续显示出相应的动态提示，此时用户可以直接在工具栏提示中输入极坐标来确定新端点。在图2-49中，输入极坐标15，按Tab键后输入极角22，按回车键后，所画直线长15、与X轴成22°角。

提示:在确定第一点后显示的工具栏提示中，通过Tab键切换可以显示先输入的坐标值是极径或是极轴(可先输入极径以确定直线段的长度，也可先输入极角以确定直线段与X轴的倾斜角度)。

如果绘制第三条直线段时，在键盘上按一下指向下方的箭头，在工具栏提示下方会显示出与当前操作有关的选项，如图2-50所示。此时可以单击某一选项的方式执行该命令。

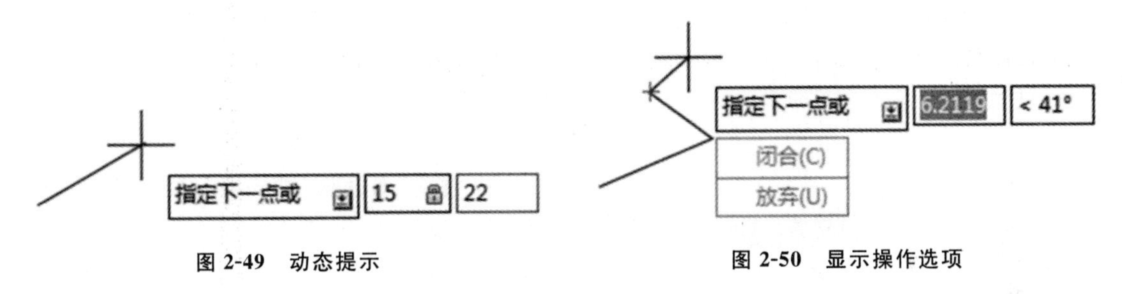

图 2-49　动态提示　　　图 2-50　显示操作选项

2.6.2　动态输入设置

动态输入的设置不同，动态输入显示也会不一样。

动态输入设置步骤如下。

1. 打开“草图设置”对话框

菜单:【工具(T)】→【绘图设置(F)】。

2. 动态输入设置

在“草图设置”对话框中，选择“动态输入”选项卡，如图2-51所示。

(1) 指针输入设置。

在图2-51所示对话框中确定启用指针输入后，在工具栏提示中会动态显示光标坐标值(见图2-48至图2-50)，当工具栏提示中提示输入点时，可在工具栏提示中输入坐标值，不必由命令行输入。

单击“指针输入”选项下方的“设置”按钮，系统弹出“指针输入设置”对话框，如图2-52所示。用户在此对话框设置工具栏提示中点的显示格式以及何时显示工具栏提示，初学者可用缺省模式。

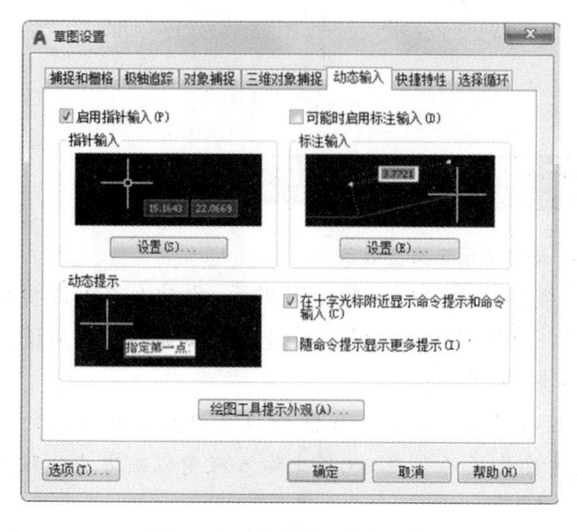

图 2-51　“动态输入”选项卡

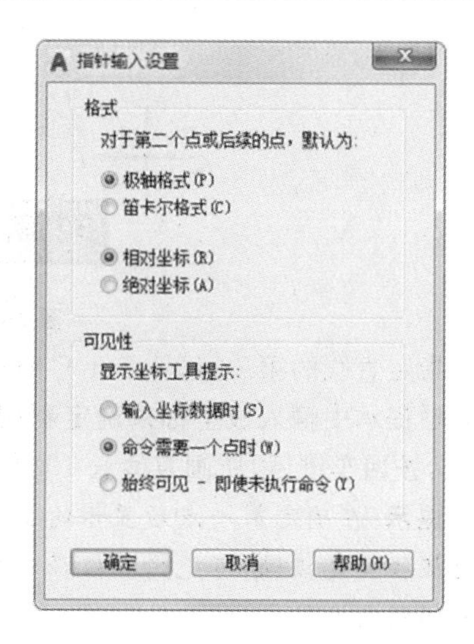

图 2-52　“指针输入设置”对话框

(2) 标注输入设置。

如果在图 2-51 所示对话框中确定启用“可能时启用标注输入”，那么当系统提示输入第二个点或距离时，会分别动态显示出标注提示、角度值和距离值的工具栏提示，如图 2-53 所示。此时可以在工具栏提示中输入相应的数值或角度值(用 Tab 键切换)，不必由命令行输入。

注意:如果同时启用指针输入和标注输入，则标注输入有效时会取代指针输入。

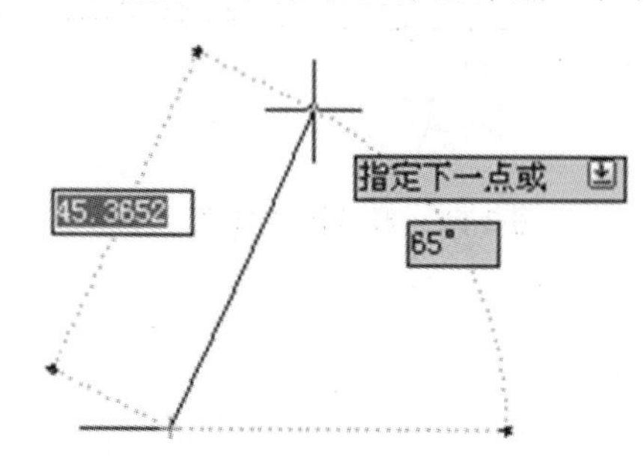

图 2-53　启用标注输入的工具栏提示

单击“标注输入”选项下方的“设置”按钮，系统弹出“标注输入设置”对话框，如图 2-54 所示。用户在此对话框进行相关设置。

“动态输入”选项卡中，点击“绘图工具提示外观”按钮，打开如图 2-55 所示的对话框，用户可设计工具栏提示的外观，如工具栏提示的大小、颜色等。

图 2-54 与图 2-55 中的设置，初学者用缺省模式为好。

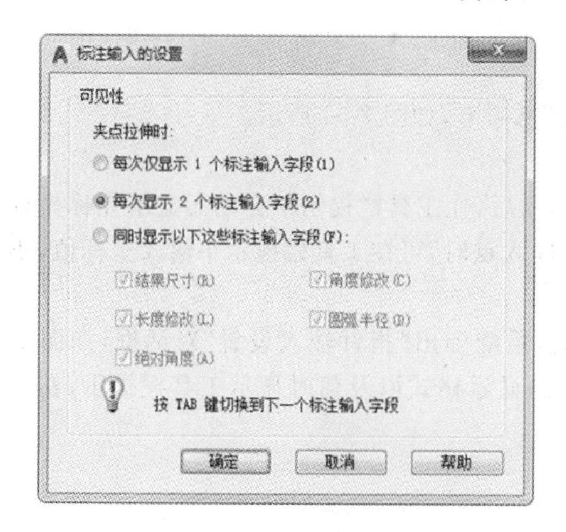

图 2-54　“标注输入设置”对话框

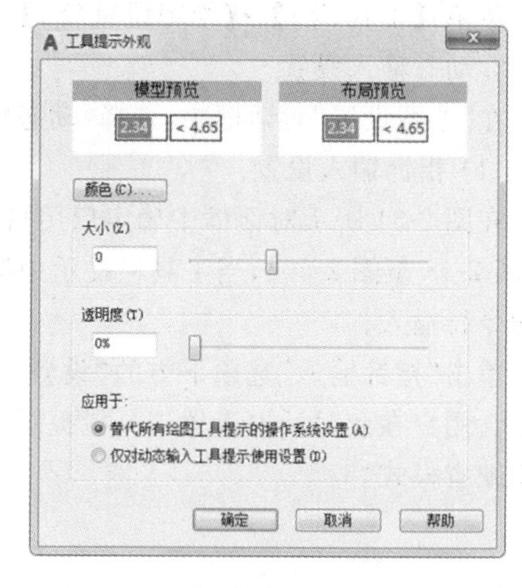

图 2-55　“工具提示外观”对话框

思考与练习

1. 可用哪几种方式调用 AutoCAD 命令?

2. 怎样快速执行上一个命令?

3. 如何取消正在执行的命令?

4. AutoCAD 提供了几种定位点的方法?

5. 要绘制一段长 100 mm 的水平线,怎样输入这段水平线的两端点坐标? 要绘制一段长 100 mm 且与水平成 35°角的线段,怎样输入这段线的两端点的坐标?

6. 利用捕捉和栅格绘制一个长 150 mm、宽 100 mm 的矩形,绘制直径为 40 mm 的圆。

7. AutoCAD 2017 中的对象捕捉可以捕捉对象的哪些特征点?

8. 如何进行单点对象捕捉?

9. 设置 A2 图幅,并将设置好的图幅放入屏幕绘图区显示出来。

10. 在 AutoCAD 绘图中使用图层有什么优点?

11. 创建以下图层:

	名称	颜色	线型	线宽
(1)	轴线	绿色	Center	0.13
(2)	墙体	白色	Continuous	0.5
(3)	门	红色	Continuous	0.25
(4)	窗	红色	Continuous	0.13
(5)	台阶花坛	洋红	Continuous	0.13
(6)	尺寸标注	蓝色	Continuous	默认
(7)	汉字注写	白色	Continuous	默认
(8)	标题栏	白色	Continuous	默认
(9)	地坪线	白色	Continuous	0.7

12. 线型比例起什么作用?

13. 视图的缩放有哪几种方法? 它们各自的特点是什么?

14. 如何将当前视图划分为多个视口?

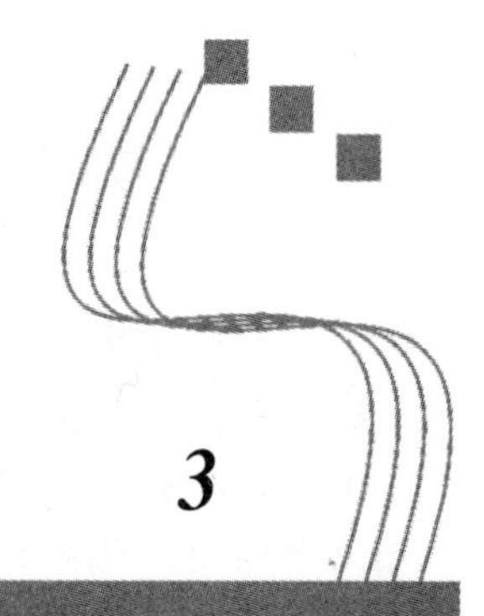

绘制与编辑基本图形

3

无论图形如何复杂，都是由点、线、圆、圆弧、椭圆等最基本的图形要素组成的。AutoCAD 提供了绘制基本图形要素的一系列命令，通过这些命令的组合使用及编辑命令的调整、修改，可以绘制出各种复杂的工程图样。能否灵活、快速、准确地绘制图形，关键在于是否熟练掌握绘图和编辑命令的使用方法和技巧。本章主要介绍 AutoCAD 提供的绘制基本图形的命令以及初级的编辑方法与技巧。

3.1 基本图形绘制

3.1.1 直线、射线和构造线的绘制

直线是最常见、最简单的一类图形对象，在 AutoCAD 中，用户只要给定其起点和终点即可绘制直线。如果直线只有起点没有终点（或者说其终点在无穷远处），这类直线被称为射线。如果直线既没有起点也没有终点，这类直线被称为构造线。实际上，射线和构造线并不作为图形的一部分，作图时仅将它们作为辅助线使用。

3.1.1.1 直线的绘制

- 工具栏：“绘图(Draw)”→ 。
- 菜单：【绘图(D)】→【直线(L)】。
- 功能区：默认选项卡→绘图面板→“直线”按钮。
- 命令行：line（或简写为 l）。

任选以上方式之一，系统提示如下。

指定第一点： //指定起点

指定下一点或[放弃(U)]： //指定一点，如果只绘一条直线段，在此时可按 Enter 键结束命令，若要绘制多条线段应继续指定下一端点坐标

指定下一点或[闭合(C)/放弃(U)]：//继续指定下一点或选择其他选项

“line”命令用于在两点之间绘制直线。用户通过鼠标或键盘来确定线段的起点和终点。当用户以一点作起点绘了一条线段后，AutoCAD 允许以这一条线段的终点为起点，另外确定一点为线段的终点，这样一直作下去，直到按 Enter 键或 Esc 键终止命令。下面分别介绍命令行各选项功能。

1. 闭合(C)

如果绘制多条线段,最后要形成一个封闭图形时,应在命令行中输入"C",则最后一个端点与第一条线段的起点重合形成封闭图形。

2. 放弃(U)

撤销刚绘的线段:在命令行中输入"U"并按回车键,则最后绘制的线段将被删除。

当绘制水平线或垂直线时,可按下 F8 键或单击状态栏上"正交"按钮打开正交模式。

注意:

(1) 用"直线(line)"命令绘制的多条线段中,每一条线段都是一个独立的对象,即可以对每一条直线段进行单独编辑。

(2) 在"指定第一点和指定下一点或[放弃(U)]:"提示下,输入三维坐标,则可以绘制三维直线段。

(3) 执行"line"命令,在提示输入点的坐标时,如果直接按回车键,则以前面所绘线段的终点作为新线段的起始点,继续绘制新的线段。

(4) 在使用"line"命令绘制连续线段的过程中,一直可以调用"undo"命令。在中止"line"命令后调用"undo"命令,则取消了刚才使用"line"命令所绘制的全部图形。

(5) 用"line"命令绘制的直线在默认状态下是随层的,通过修改直线所属图层的线宽和颜色,在最后打印输出时,就可以打印出粗细不同的线型。不建议单独指定直线的特性如线宽、线型、颜色等,让其随层以便整体控制。

3.1.1.2　射线的绘制

射线为一只有起始点,并延伸到无穷远的直线,主要用于绘制辅助参考线。

- 菜单:【绘图(D)】→【射线(R)】。
- 功能区:默认选项卡→绘图展开面板→"射线"按钮。
- 命令行:ray(或简写为 r)。

任选以上方式之一,系统提示:

```
指定起点:                //指定射线起点
指定通过点:              //指定射线穿过点(用于定义射线方向)
指定通过点:              //指定第二条射线的穿过点
```

3.1.1.3　构造线的绘制

构造线用于绘制没有起点和终点的无限长直线,通常作为辅助绘图线使用。在绘制三视图中,作为长对正、宽相等和高平齐的辅助作图线。

- 工具栏:" 绘图(Draw)"→。
- 菜单:【绘图(D)】→【构造线(X L)】。
- 功能区:默认选项卡→绘图展开面板→"构造线"按钮。
- 命令行:xline(或简写为 xl)。

任选以上方式之一,系统提示:

```
指定点或[水平(H)/垂直(V)/角度(A)/二等分(B)/偏移(O)]:    //指定点或选择其他选项
```

各选项功能如下。

(1) 指定点:指定一点,即可用无限长直线所通过的两点定义构造线的位置。

(2) 水平(H):创建一条通过选定点的水平参照线。

(3) 垂直(V):创建一条通过选定点的垂直参照线。

(4) 角度(A):以指定的角度创建一条参照线。执行该选项后,系统将提示"输入参照线角度(O)或[参照(R)]:",这时可指定一个角度或输入 R 选择参照选项,如图 3-1 所示。

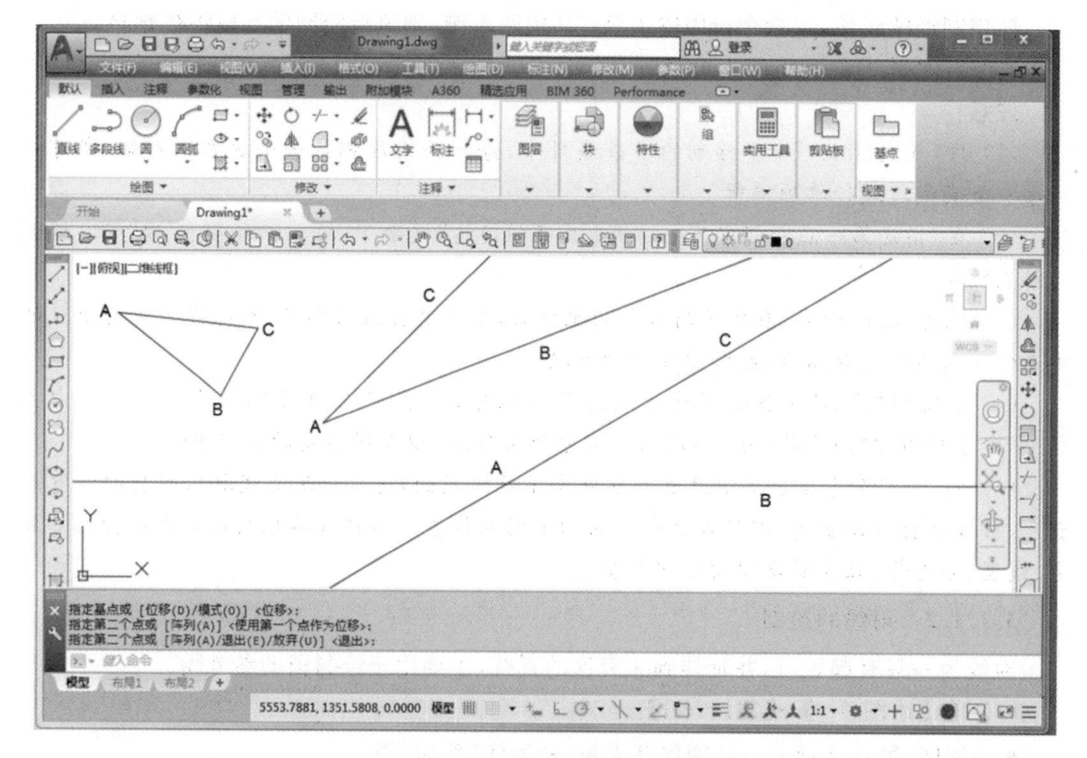

图 3-1 直线、射线和构造线的绘制

① 参照线角度(O):系统初始角度是 0°,即所绘制的参照线相对于水平线具有一定放置角度。在这种情况下,参照线的方向已知,所以系统提示"指定通过点",则 AutoCAD 将创建通过指定点的参照线,并使用指定角度。

② 参照(R):指定与选定直线之间的夹角,从而绘制出与选定直线成一定角度的参照线。执行该选项后,系统提示"选择直线对象",这时用户应选择一条直线、多段线、射线或参照线,系统将继续提示"输入参照线角度和指定通过点"。

(5) 二等分(B):绘制角平分线。执行该选项后,系统提示"指定角的顶点、角的起点、角的端点",从而绘制出该角的角平分线。

(6) 偏移(O):创建平行于另一个对象的参照线。执行该选项后,系统提示"指定偏移距离或[通过(T)]〈当前值〉"。

① 指定偏移距离:用户输入偏移距离后,系统继续提示"选择直线对象",此时用户应选择一条直线、多段线、射线或参照线,最后系统提示"指定要偏移的边",用户可以指定一点并按 Enter 键终止命令。

② 通过(T):创建从一条直线偏移并通过指定点的参照线。执行该选项后,系统提示"选择直线对象和指定通过点",此时用户应指定参照线要经过的点并按 Enter 键终止命令。

注意:

(1) 构造线具有普通 AutoCAD 图形对象的各种属性,如图层、颜色、线型等,它还可以被修剪成为射线或直线。用“trim”命令进行修剪时，仅修剪构造线的一边，构造线变为射线，修剪两端才能将构造线变为直线。当需要将辅助线变为线段时，这个方法很有用。

(2) 构造线仅作为绘图辅助线时，图形绘制完成后，应记住将其删除，以免影响图形的效果，同时也不会输出到图纸上；也可将这些构造线集中绘在某一图层上，将来输出图形时将该图层关闭，这样辅助线就不会被输出。

3.1.2　圆和圆弧的绘制

圆和圆弧是基本图形要素，和直线相比，绘制圆和圆弧的方法要多一些，如图 3-2 所示。

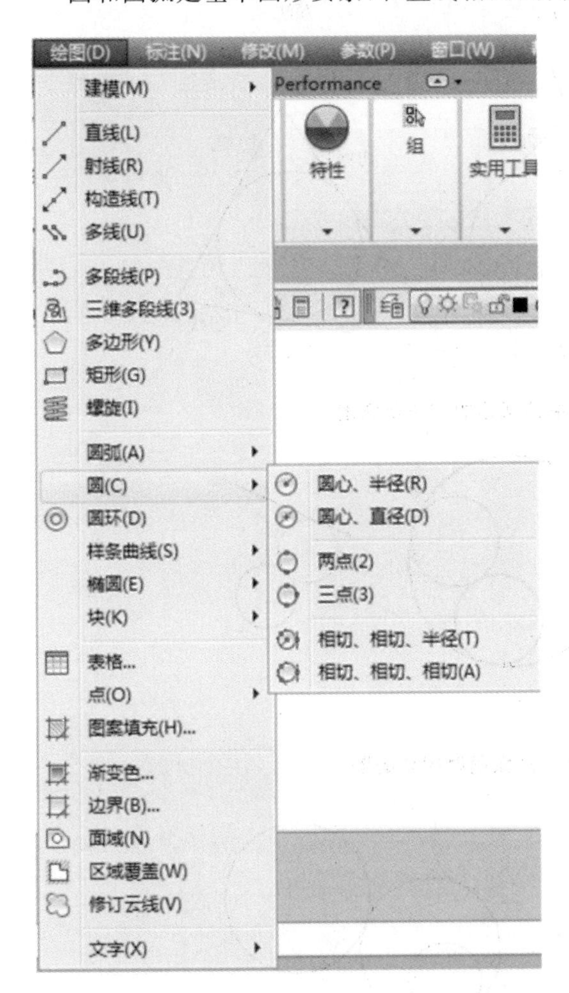

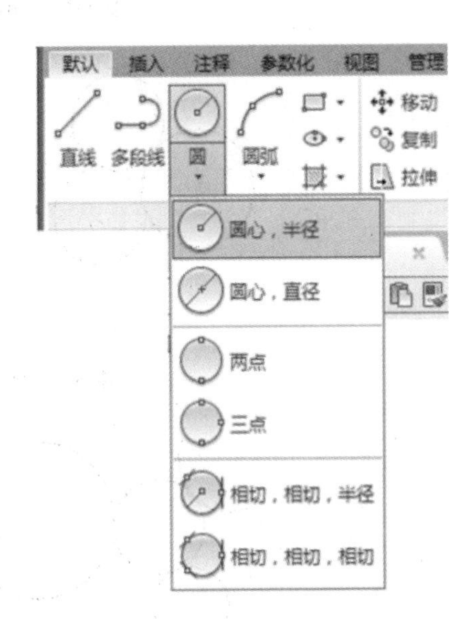

图 3-2　绘制圆的方法

3.1.2.1　圆的绘制

- 工具栏：“绘图(Draw)”→ 。
- 菜单：【绘图(D)】→【圆(C)】。
- 功能区：默认选项卡→绘图面板→“圆”按钮。
- 命令行：circle(或简写为 c)。

任选以上方式之一，系统提示如下。

指定圆的圆心或[三点(3P)/两点(2P)/相切、相切、半径(T)]：//指定圆心或选择一个绘图方式

指定圆的半径或[直径(D)]〈当前值〉： //指定半径或选择“D”以直径绘圆

AutoCAD 提供了 6 种绘制圆的方法，如图 3-3、图 3-4、图 3-5 所示，各选项含义如下。

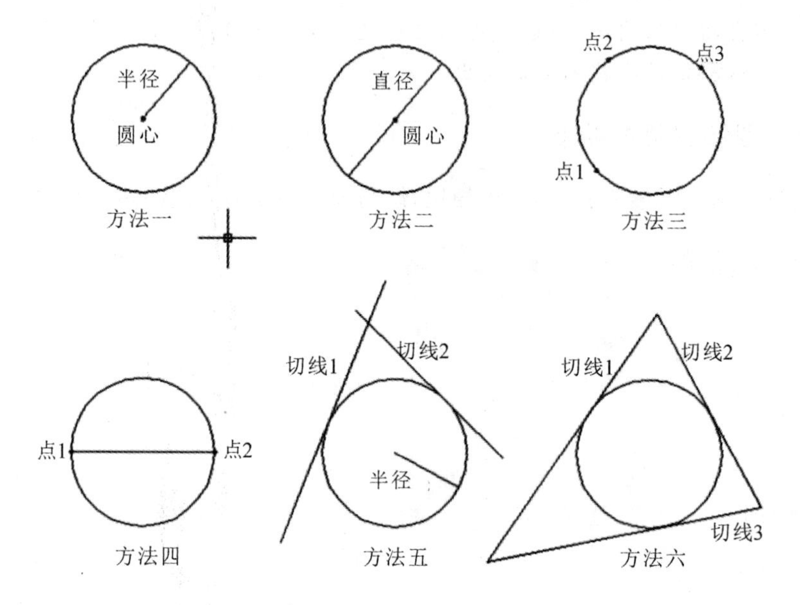

图 3-3 AutoCAD 中绘制圆的方法示意图

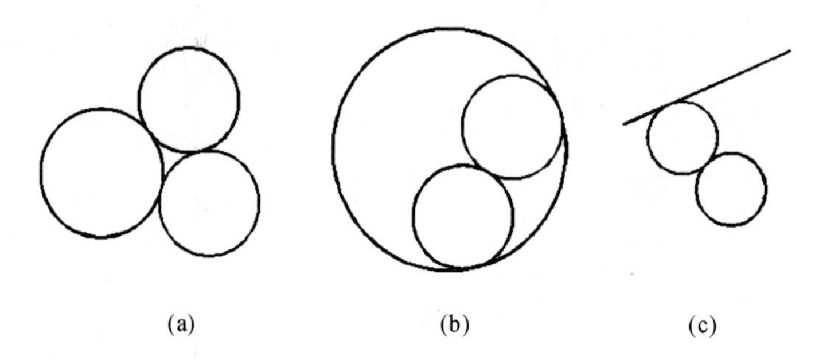

图 3-4 创建与两个对象同时相切的圆

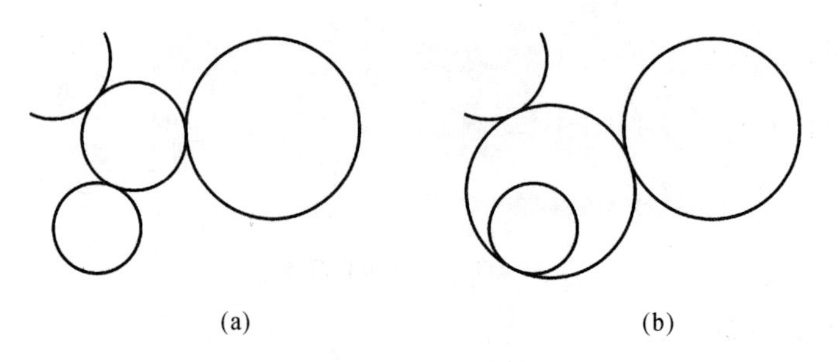

图 3-5 创建与三个对象同时相切的圆

(1) 圆心、半径(R)：指定圆心坐标和圆的半径即可确定一个圆。

(2) 圆心、直径(D)：指定圆心坐标和圆的直径即可确定一个圆。

(3) 三点(3)：指定圆上任意三个点即可确定一个圆。

(4) 两点(2)：指定圆的任意一条直径的两个端点即可确定一个圆。

(5) 相切、相切、半径(T)：先选择两个与圆相切的图形对象，再指定圆的半径，从而确定一个圆。

(6) 相切、相切、相切(A):选择三个与圆相切的图形对象来确定一个圆。

注意:

(1) 在用“相切、相切、半径”绘制圆时,最终获得的相切圆的位置与选取相切对象时的单击点和所设置的半径有关。

(2) 要创建与三个对象相切的圆,可选择“相切、相切、相切”选项,选定的定位点不同,所获得的相切圆也不相同。

(3) “circle”命令绘制的是没有线宽的单线圆,有宽度的圆环可用“dunut”命令。

3.1.2.2 圆弧的绘制

不像圆只有圆心和半径,圆弧的绘制要复杂一些。除了圆心和半径之外,圆弧还需要起点和终点才能完全定义,如图 3-6、图 3-7 所示。

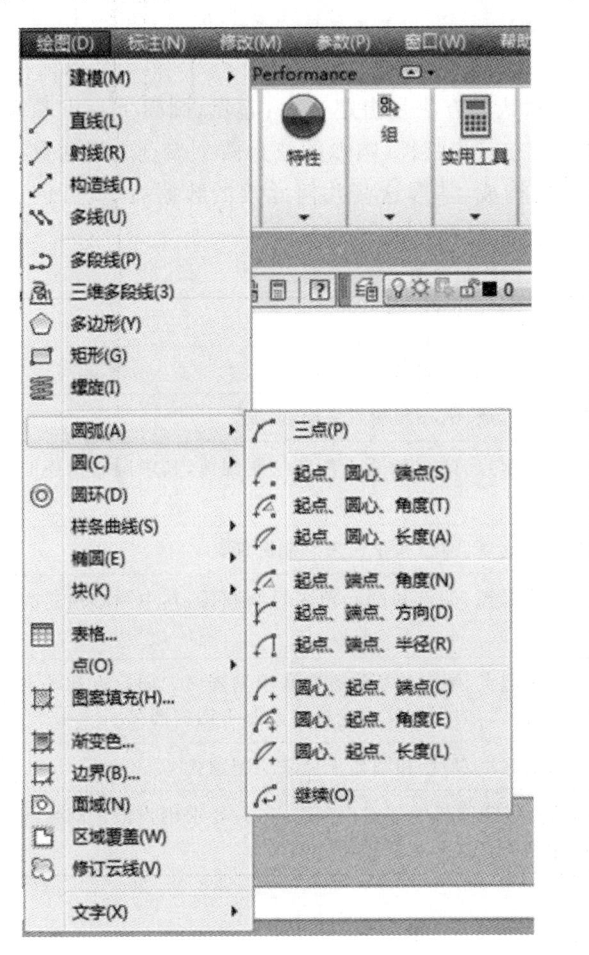

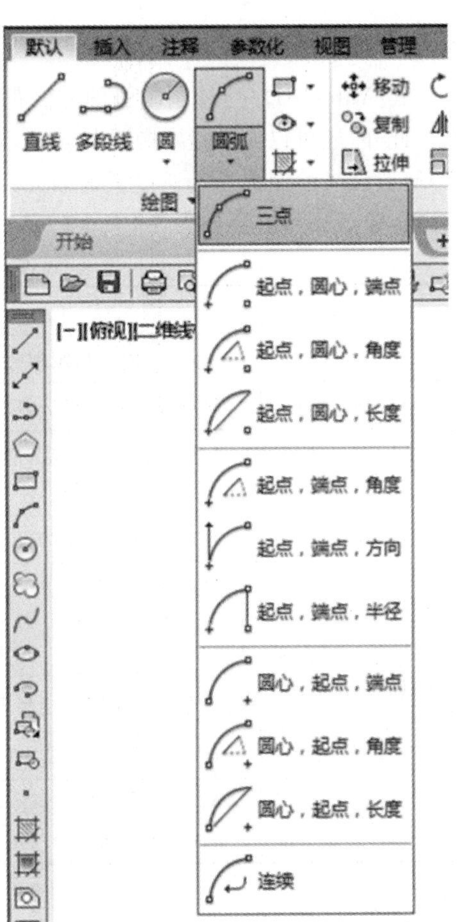

图 3-6 绘制圆弧的方法

- 工具栏:“绘图(Draw)”→ 。
- 菜单:【绘图(D)】→【圆弧(A)】。
- 功能区:默认选项卡→绘图面板→“圆弧”按钮。
- 命令行:arc(或简写为 a)。

任选以上方式之一,系统提示如下。

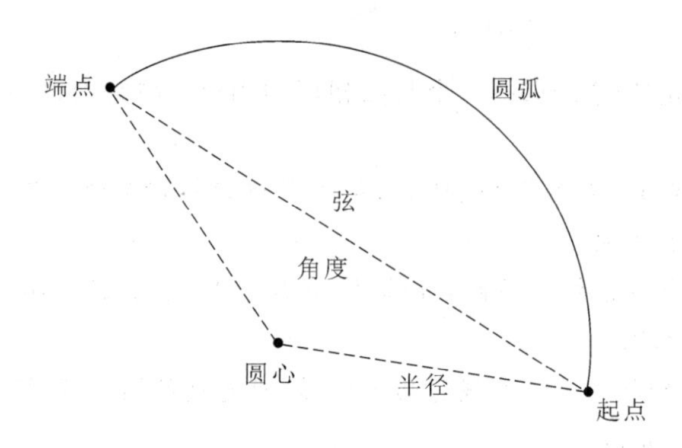

图 3-7 圆弧的几何元素

指定圆弧的起点或[圆心(C)]: //指定起点或输入 C 选择“圆心”选项
指定圆弧的第二点或[圆心(C)/端点(E)]〈当前值〉:
//指定第二点或输入 E 选择“端点”选项
指定圆弧的端点: //指定圆弧端点,结束命令

在 AutoCAD 中,绘制圆弧的方法很多,默认的方法是指定三点:起点、圆弧上一点和端点。此外,还可以通过指定圆弧的角度、半径、方向和弦长(圆弧的弦是两个端点之间的直线段)等方法来绘制圆弧。通过了解圆弧的几何构成,掌握这些几何元素的数据后,就可创建圆弧对象。具体方法如表 3-1 所示。

表 3-1 圆弧的绘制方法

方 式	说 明
三点	三点法,依次指定起点、圆弧上一点和端点来绘制圆弧
起点、圆心、端点	起点、圆心、端点法,依次指定起点、圆心和端点来绘制圆弧
起点、圆心、角度	起点、圆心、角度法,依次指定起点、圆心和圆心角来绘制圆弧,其中圆心角逆时针方向为正(缺省)
起点、圆心、长度	起点、圆心、长度法,依次指定起点、圆心和弦长来绘制圆弧
起点、端点、角度	起点、端点、角度法,依次指定起点、端点和圆心角来绘制圆弧,其中圆心角逆时针方向为正(缺省)
起点、端点、方向	起点、端点、方向法,依次指定起点、端点和切线方向来绘制圆弧。向起点和端点的上方移动光标将绘制上凸的圆弧,向下方移动光标将绘制下凹的圆弧
起点、端点、半径	起点、端点、半径法,依次指定起点、端点和圆弧半径来绘制圆弧
继续	AutoCAD 将把最后绘制的直线或圆弧的端点作为起点,并要求用户指定圆弧的端点,由此创建一条与最后绘制的直线或圆弧相切的圆弧

注意:

(1) 圆弧的角度与半径值均有正、负之分,当半径为正值时,系统沿顺时针方向绘制圆弧,当半径为负值时,则沿逆时针方向绘制圆弧;当角度为正值时,系统沿逆时针方向绘制圆弧,当角度为负值时,则沿顺时针方向绘制圆弧;以弦长方式绘制圆弧时,通过给定负弦长,可以强制绘制大圆弧。

(2) 选择使用“继续”方法绘制圆弧时,表示新绘制的圆弧将与前面绘制的直线或圆弧相切。

3.1.3　矩形和正多边形

在AutoCAD中，除了使用“line”“pline”命令定点绘制矩形和多边形外，还可以用“polygon”“rectang”命令绘制矩形和正多边形，如图3-8所示。

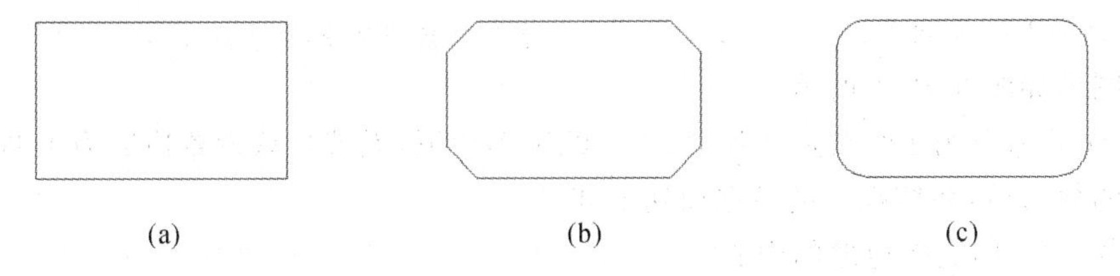

(a)　(b)　(c)

图3-8　绘制矩形

(a) 倒角、圆角为零的直角矩形　(b) 倒角矩形　(c) 圆角矩形

3.1.3.1　矩形

- 工具栏：“绘图(Draw)”→[icon]。
- 菜单：【绘图(D)】→【矩形(REC)】。
- 功能区：默认选项卡→绘图面板→[icon]下拉按钮，选择“矩形”子选项。
- 命令行：rectang(或简写为rec)。

任选以上方式之一，系统提示如下。

指定第一个角点或[倒角(C)/标高(E)/圆角(F)/厚度(T)/宽度(W)]：

//指定矩形第一点或选择一个选项

指定另一个角点：//指定矩形第二个角点(最好用键盘输入相对坐标，以控制矩形大小)

“rectang”命令以指定两个对角点的方式绘制矩形，当两对角点形成的边长相同时则生成正四边形。系统提示的各选项功能如下。

(1) 倒角(C)：设定矩形的倒角距离，从而生成倒角矩形。

(2) 标高(E)：设定矩形在三维空间中的基面高度。

(3) 圆角(F)：设定矩形的倒圆半径，从而生成圆角矩形。

(4) 厚度(T)：设定矩形的厚度，即三维空间 Z 轴方向的高度。

(5) 宽度(W)：设置矩形的线条宽度。注意该宽度不是矩形的宽。

注意：

(1) 选择对角点时，没有方向限制，可以从左到右，也可以从右到左。

(2) 用“rectang”命令绘制出的矩形是一条封闭的多段线，可以用“pedit”进行编辑，或者用“explode”命令分解成单一线段后分别进行编辑。

(3) “rectang”命令具有继承性，即当用户绘制矩形时设置的各项参数始终起作用，直至修改该参数或重新启动AutoCAD。

3.1.3.2　正多边形

- 工具栏：“绘图(Draw)”→[icon]。
- 菜单：【绘图(D)】→【正多边形(POL)】。
- 功能区：默认选项卡→绘图面板→[icon]下拉按钮，选择“正多边形”子选项。
- 命令行：polygon(或简写为pol)。

任选以上方式之一,系统提示如下。

输入侧面数〈4〉:5 //指定多边形边数,侧面数在二维图形中指的是正多边形的边数

指定正多边形的中心点或[边(E)]:拾取点 1 //指定多边形的中心点

输入选项[内接于圆(I)/外切于圆(C)]〈I〉: //选择外接圆方式定义多边形

指定圆的半径:拾取点 2 //指定外接圆半径,也可输入半径值

绘制图形如图 3-9(a) 所示。

"polygon"命令用于绘制从 3 到 1024 边的正多边形,系统默认设置边数为 4,即正方形。当输入边的数目后,系统提示的各选项功能如下。

(1) 中心点:确定多边形的中心。

内接于圆(I):用外接圆方式来定义多边形。

外切于圆(C):用内切圆的方式来定义多边形,如图 3-9(b)所示。

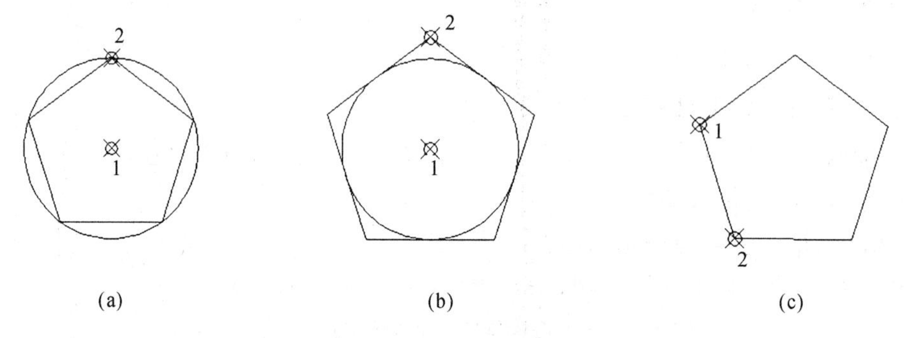

图 3-9 正多边形的绘制

(a) 使用外接圆方式绘制正五边形 (b) 使用内切圆方式绘制正五边形 (c) 使用指定边方式绘制正五边形

指定圆的半径:输入圆的半径即绘制正多边形。

(2) 边(E):确定多边形的一条边来绘制正多边形,它由边数和边长确定。输入"E"后,系统提示如下。

指定边的第一个端点:拾取点 1 //确定多边形的第一条边的起始点

指定边的第二个端点:拾取点 2 //确定多边形的第一条边的终点

所绘图形如图 3-9(c)所示。

注意:

(1) "polygon"命令绘制的正多边形是封闭的多段线,可用"pedit"命令对其进行编辑,用"explode"分解后将成为一条一条的直线段。

(2) 外接圆方式绘制多边形是由中心、中心点到多边形端点的距离确定,而内切圆方式绘制多边形则是由中心、中心点到多边形各边垂直距离确定。因此,同样的半径,内切方式比外接方式绘制的正多边形要大。

3.1.4 椭圆和椭圆弧

- 工具栏:"绘图(Draw)"→[图标]或[图标]。
- 菜单:【绘图(D)】→【椭圆(EL)】。
- 功能区:默认选项卡→绘图面板→[图标]下拉按钮,选择"椭圆"或"椭圆弧"子选项。
- 命令行:ellipse(或简写为 el)。

任选以上方式之一，系统提示如下。

指定椭圆的轴端点或[圆弧(A)/中心点(C)]：拾取点 1　　//指定一点或选择一个选项
指定轴的另一个端点：拾取点 2　　//指定另一点，两点决定椭圆的一个轴
指定另一条半轴长度或[旋转(R)]：20　　//输入长度值或指定第三点，确定另一条半轴的长度

所绘椭圆如图 3-10 所示。

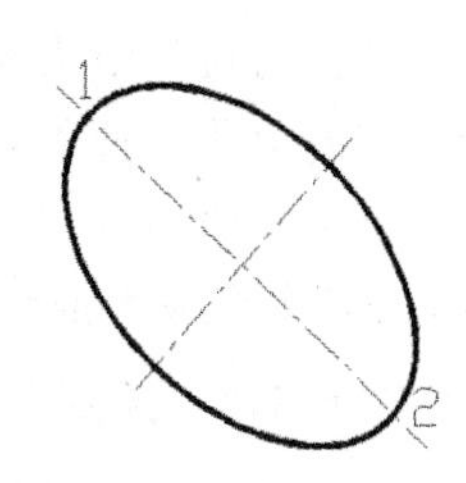

图 3-10　椭圆的绘制

"ellipse"命令用于绘制椭圆或椭圆弧，但绘制椭圆或椭圆弧时选择的工具图标并不相同。若要绘制椭圆，应选择工具；若要绘制椭圆弧，应选择工具。绘制椭圆弧可被作为"ellipse"命令的一个选项。

绘制椭圆有三种方法。

(1) 指定一个轴的两个端点及另一个轴的半轴长度。

(2) 指定中心点及两个轴的端点。

(3) 指定一个旋转角来绘制，该旋转角决定了椭圆的长、短轴比例，其中输入 0 可绘制圆。

系统提示的各选项功能如下。

(1) 圆弧(A)：用于绘制椭圆弧。首先提示用户构造椭圆弧的母体椭圆，其方法与画椭圆相同。构造母体椭圆后，输入椭圆弧的起始角和终止角等参数，即可绘制出椭圆弧。

(2) 中心点(C)：以指定一个圆心的方式来绘制椭圆。

(3) 旋转(R)：以椭圆的短轴和长轴的比值把一个圆绕定义的第一轴旋转成椭圆。

注意：

(1) 当采用旋转的方法生成椭圆时，此时第一条轴将被当作长轴，亦即圆的直径。输入绕长轴的旋转角，其角度的有效范围是 0°～89.4°，椭圆就是由那个圆在三维空间旋转指定角度后投影而成的。

(2) "ellipse"命令绘制的椭圆同圆一样，不能用"explode""pedit"等命令修改。

3.1.5　点

根据不同的需要，AutoCAD 提供了点的不同样式和大小，可以通过"ddptype"命令来设置；同时也提供了"单点""多点""定数等分""定距等分"4 种放置点的方法。

3.1.5.1　设置点的样式和大小

调用设置点属性的命令方式如下。

- 菜单：【格式(O)】→【点样式(P)】。
- 功能区：默认选项卡→实用工具展开面板→"点样式"按钮。
- 命令行：ddptype。

任选以上方式之一，系统弹出"点样式"对话框，如图 3-11 所示。该对话框中提供了 20 种点样式。此时，可以直接点取一种点的样式，也可以用图标菜单来改变系统变量"Pdmode"的值(缺省值为 0)，从而改变点样式。如果"Pdmode"的值被改变，所有以前的点样式仍不变；但如果刷新图形，则所有的点都以最后指定的"Pdmode"的值确定点的样式。

同时，还可以在对话框中通过改变系统变量“Pdsize”的值（缺省值为 0）来设置点的大小。当“Pdsize”的值为正值时，它的值为点形的绝对大小（实际大小）；当“Pdsize”的值为负值时，则表示点形大小为相对视图大小的百分比，因此，视图的放大缩小都不影响点的大小；当“Pdsize”的值为 0 时，所生成点的大小为绘图区域高度的 5%。

在图 3-11 所示的对话框中“相对于屏幕设置大小(R)”与“按绝对单位设置大小(A)”两个单选框可设置点大小的单位定义方式，它将影响“点大小(S)”输入框中的单位，也会影响绘出点的大小。此外，相对于屏幕设置点的大小，当用“缩放(zoom)”命令后，先要用“重生成(regen)”命令重生成图样才能看出结果；而以绝对单位设置点的大小，并用“缩放(zoom)”命令放大或缩小图样时，点也会放大或缩小。

3.1.5.2　绘制点

- 工具栏：“绘图(Draw)”→ ▪ 。
- 菜单：【绘图(D)】→【点(PO)】→【单点】/【多点】。
- 功能区：默认选项卡→绘图展开面板→“多点”按钮。
- 命令行：point(或简写为 po)。

任选以上方式之一，系统提示如下。

```
当前点模式:PDMODE=0 PDSIZE=－5.0000          //系统提示
指定点:                                       //指定点的位置
…
按 Esc 键结束命令
```

绘制点的方法如图 3-12 所示。“point”命令可生成单个点或多个点，这些点可用作标记点、标注点等。

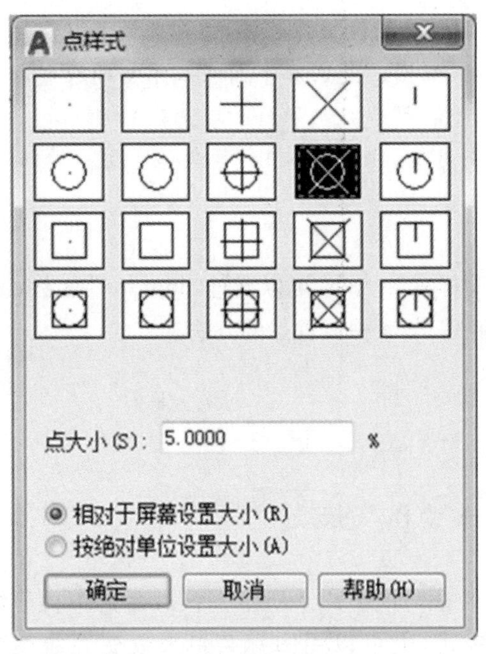

图 3-11　“点样式”对话框

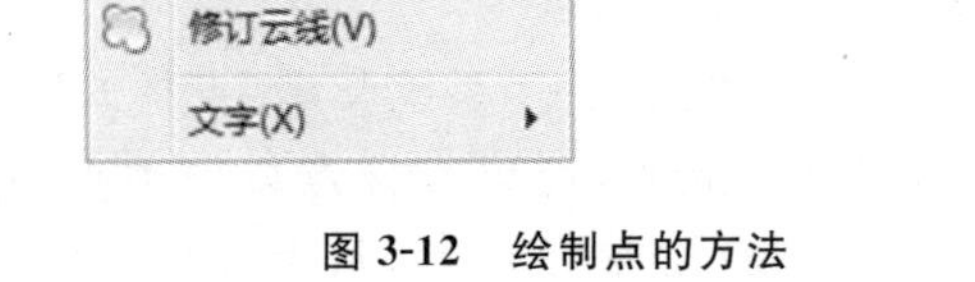

图 3-12　绘制点的方法

3.1.5.3　定数等分

- 菜单：【绘图(D)】→【点(PO)】→【定数等分】。

● 功能区：默认选项卡→绘图展开面板→“定数等分”按钮。

● 命令行：divide(或简写为 div)。

任选以上方式之一，系统提示如下。

```
选择要定数等分的对象：            //选择要等分的对象
输入线段数目或[块(B)]：           //输入等分的数目，按 Enter 键结束命令
```

“divide”命令是以等分长度放置点或图块，被等分的对象可以是直线、圆、圆弧、多段线等，等分点只是按要求在等分对象上作出点标记。系统提示的各选项功能如下。

(1) 输入线段数目：输入线段的等分段数，系统自动将所选实体分为给定段数，并在分段处放置点对象。

(2) 块(B)：选择该选项，以给定段数将所选实体分段，并放置给定图块。

用块标记时，必须预先定义块。块被插入后又分为是否与选取的实体对齐，所谓对齐，对直线来说就是定义块时的 X 方向与选取的直线方向一致；对圆弧来说就是定义块时的 X 方向与圆弧等分点处逆时针切线方向一致；系统默认为对齐。

注意：

(1) 输入的是等分数，而不是放置点的个数，所以，如果用户将所选对象分成 4 份，则实际上只生成 3 个点。

(2) 每次只能对一个对象操作，而不能对一组对象操作。

(3) “divide”命令生成的点对象可作为“Node”对象的捕捉点，其点标记并没把实体断开。

(4) 用“divide”命令等分插入点时，点的形式应预定义。

3.1.5.4 定距等分

● 菜单：【绘图(D)】→【点(PO)】→【定距等分】。

● 功能区：默认选项卡→绘图展开面板→“定距等分”按钮。

● 命令行：measure(或简写为 me)。

任选以上方式之一，系统提示如下。

```
选择要定距等分的对象：            //选择要定距插入的对象
指定线段长度或[块(B)]：           //输入定距插入的数目，按 Enter 键结束命令
```

“measure”命令用于在选择对象上用给定的距离放置点或图块。系统提示的各选项功能如下。

(1) 指定线段长度：给定单元段长度，系统自动测量实体，并以给定单元段长度等距绘制辅助点。

(2) 块(B)：选择该选项，以给定单元段长度等距插入给定图块。

注意：

(1) 放置点的起始位置从离对象选取点较近的端点开始。

(2) 如果对象总长不能被所选长度整除，则最后放置点到对象端点的距离将不等于所选长度。

等分线段如图 3-13 所示。

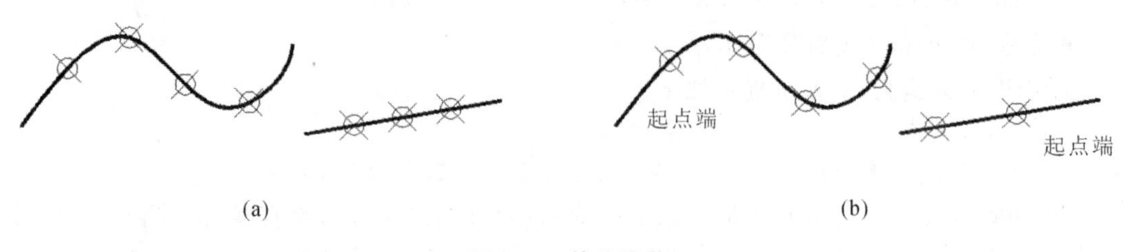

图 3-13　等分线段

(a) 定数等分　(b) 定距等分

3.2　图形编辑初步

本节着重讲述一些图形编辑的基本操作，这些基本操作主要包括对象选择、放弃和删除等。

3.2.1　选择对象的简单方法

选择对象是整个绘图工作的基础。进行对象复制、删除、移动或编辑时，首先应该选择该对象。选择对象有以下两种情况。

(1) 未执行任何命令时选择对象，可以直接单击该对象。此时，对象上将显示若干蓝色小方框(称夹点)。

(2) 执行要求选择对象的命令时，光标变成拾取小方框，单击对象即可选择。此时，对象变粗以高亮显示。

当选择的对象较多时，常采用默认窗口选择，即用鼠标在图形外面单击一点，按住鼠标左键拖出一矩形框，使该矩形框包含要选择的对象，松开鼠标左键，即可一次选中多个对象。

AutoCAD 提供了多种方法来选择对象，详见第 5 章。

3.2.2　放弃选中的对象

在图形编辑过程中，想要取消或放弃误选对象，按 Esc 键即可。

3.2.3　删除与恢复

3.2.3.1　删除

- 工具栏：“修改(Modify)”→ 。
- 菜单：【修改(M)】→【删除(E)】。
- 功能区：默认选项卡→修改面板→“删除”按钮 。
- 命令行：erase(或简写为 e)。

“erase”命令用于删除绘图区选中的实体。这些实体只是临时性被删除，只要不退出当前图形，可用“oops”或“undo”命令将删除的实体恢复。

3.2.3.2　恢复

- 命令行：oops。

“oops”命令用于恢复最近一次由“erase”“block”或“wblock”等命令从图中移去的对象，

该命令仅恢复刚移去的对象。

3.2.3.3 放弃

- 工具栏:“标准(Standard Toolbar)”→ 。
- 菜单:【编辑(E)】→【放弃(U)】。
- 单击快速访问工具栏上的“放弃”按钮。
- 命令行:undo(或简写为 u)。

“undo”命令用于取消前一个命令或前几个命令操作。按钮上的下拉箭头列表显示前一段的操作,在此可以选择要放弃的操作项。任何已执行的命令都可以用“undo”命令来取消,并在命令行显示取消的命令名,但“undo”命令不能取消“save”“save as”及其本身。连续的“undo”命令只能返回到最近一次的存图为止。

3.2.3.4 重做

- 工具栏:“标准(Standard Toolbar)”→ 。
- 菜单:【编辑(E)】→【重做】。
- 单击快速访问工具栏上的“重做”按钮。
- 命令行:redo。

“redo”命令是“undo”命令的逆操作,用于恢复“undo”命令取消的操作。按钮上的下拉箭头列表显示前一段放弃的操作,在此可以选择要重做恢复的操作项。“redo”命令必须紧跟着“undo”命令执行,即在“redo”命令和“undo”命令之间不能进行其他的命令操作,否则无法恢复。

3.2.4 使用帮助

在 AutoCAD 中,用户可以随时随地获取帮助信息。AutoCAD 提供了如下 4 种存取帮助功能的方法。

(1) 从“帮助”菜单中选择适当选项。

(2) 单击标准工具栏中的 ? 按钮。

(3) 在任意时刻按 F1 键,输入“help”或“?”。若在命令执行中间进行此操作,则可获取专项帮助。

(4) 在各种对话框中单击“?”按钮。

3.2.5 图形修剪

- 工具栏:“修改(Modify)”→ 。
- 菜单:【修改(M)】→【修剪(TR)】。
- 功能区:默认选项卡→修改面板→ 修剪 下拉按钮,选择“修剪”子选项。
- 命令行:trim(或简写为 tr)。

“trim”命令用于修剪目标,如图 3-14(a) 所示,待修剪的目标沿一个或多个实体所限定的切割边处被剪掉,被修剪的对象可以是直线、圆、弧、多段线、样条线、射线等。使用时首先要选择切割边或边界,然后选择要剪裁的对象。

调用该命令后，系统首先显示“trim”命令的当前设置，并提示用户选择修剪边界。

当前设置：投影＝UCS，边＝无　　　　//系统提示

选择剪切边…

选择对象或〈全部选择〉：　　　　//选择用作修剪的边

用户确定了用作修剪边的对象后，如图 3-14(b)所示，系统继续提示：

选择要修剪的对象，或按住 Shift 键选择要延伸的对象，或

［栏选(F)/窗交(C)/投影(P)/边(E)/删除(R)/放弃(U)］　　　　//按剪切要求选择

默认选项，指定修剪对象。如果选择的修剪对象为两剪切边的中间部分，则修剪结果如图 3-14(c)所示，如果选择的修剪对象为两剪切边的两边部分，则修剪结果如图 3-14(d)所示。

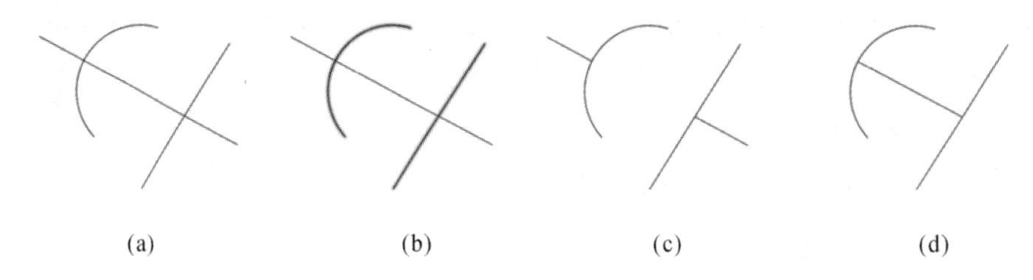

(a)　(b)　(c)　(d)

图 3-14　修剪对象

(a) 修剪前的图形　(b) 选择剪切边　(c) 剪切中间线段　(d) 剪切两边线段

系统提示的各选项功能如下。

(1) 直接用鼠标选择被修剪的对象。

(2) 按 Shift 键的同时来选择对象，这种情况还可作为“extent”(延伸)命令使用，用户所确定的修剪边界即为延伸的边界。

(3) 栏选(F)：以栏选的方式(见 5.1 节)确定被修剪的对象并进行修剪。

(4) 窗交(C)：以窗交方式(见 5.1 节)使与矩形选择窗口边界相交的对象作为被修剪的对象并进行剪切。

(5) 投影(P)：指定修剪对象时是否使用投影模式。例如，三维空间中两条线段为交叉关系，用户可利用该选项假想将其投影到某一平面上执行修剪操作。

(6) 边(E)：指定修剪对象是否使用延伸模式，执行该选项，系统提示如下。

输入隐含边延伸模式［延伸(E)/不延伸(N)］〈延伸〉：

其中，“延伸”选项可以在修剪边界与被修剪对象不相交的情况下，假定修剪边界延伸至被修剪对象并进行修剪。而在同样的情况下，使用“不延伸”模式则无法进行修剪。两种模式的比较如图 3-15 所示。

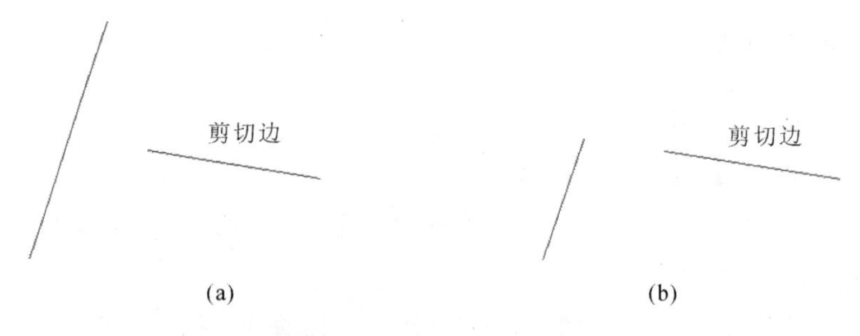

(a)　(b)

图 3-15　修剪模式的比较

(a) 剪切边不延伸　(b) 剪切边延伸

(7) 放弃(U):放弃由"trim"命令所做的最近一次修改。

注意:使用"trim"命令时必须先启动命令,后选择要编辑的对象;启动该命令时已选择的对象将自动取消选择状态。

技巧:当剪切边较多时,调用"trim"命令后,单击鼠标右键,或按空格键,或按 Enter 键,此时图形的各边将互为剪切边,然后用鼠标左键一一点击需要修剪的边。

3.2.6 分解对象

分解命令可将多段线、块、标注、面域等复杂的对象分解成基本图形,如将用矩形命令、正多边形命令绘制的图形分解成由一条条直线组成的图形,如图 3-16 所示。

调用命令的方式如下。

- 工具栏:"修改(Modify)"→ 。
- 菜单:【修改(M)】→【分解(X)】。
- 功能区:默认选项卡→修改面板→ 。
- 命令行:explode(或简写为 x)。

调用该命令后,系统提示如下。

选择对象: //选中对象,回车

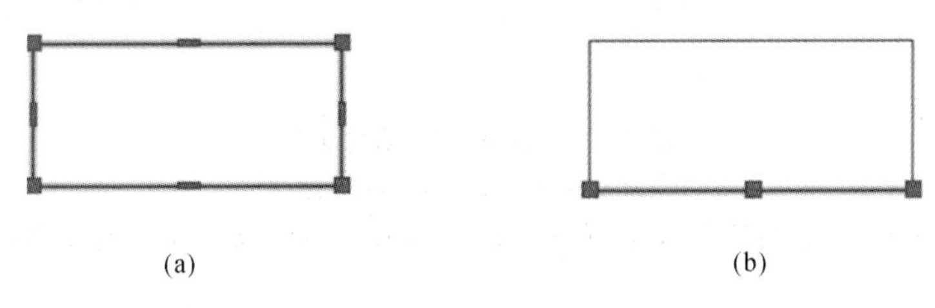

图 3-16 分解对象

3.2.7 偏移复制

在用户绘图时,很多图形对象是相互关联的,当需绘制与选择对象相似的另一个平行对象时,可用偏移复制方法非常方便地生成与选定对象类似的新对象。它可以平行复制直线、圆弧、圆、多段线、椭圆、椭圆弧、构造线、射线和样条曲线等。该命令常用于创建同心圆、平行直线和平行曲线等。

用户可以通过两种方法来偏移复制对象:一种是指定偏移距离;一种是指定新对象通过的点。

- 工具栏:" 修改(Modify)"→ 。
- 菜单:【修改(M)】→【偏移(O)】。
- 功能区:默认选项卡→修改面板→ 。
- 命令行:offset(或简写为 o)。

任选以上方式之一,系统首先要求用户指定偏移的距离或选择"通过"选项指定"通过点"方式。系统提示如下。

当前设置:删除源=否 图层=源 OFFSETGAPTYPE=0

指定偏移距离或[通过(T)/删除(E)/图层(L)]〈通过〉: //指定距离,回车

选择要偏移的对象,或[退出(E)/放弃(U)]〈退出〉:　　//选择对象

指定要偏移的那一侧上的点,或[退出(E)/多个(M)/放弃(U)]〈退出〉:

//在需要偏移的一侧点取一点,则按指定距离偏移复制对象

选择要偏移的对象,或[退出(E)/放弃(U)]〈退出〉:　　//可以继续选择,也可回车结束偏移

偏移结果如图 3-17(a) 所示。

系统提示的其他各选项功能如下。

(1) 通过(T):使偏移对象按指定点的方式偏移复制。执行该选项,系统提示如下。

选择要偏移的对象,或[退出(E)/放弃(U)]〈退出〉:　　//选择对象

指定通过的点,或[退出(E)/放弃(U)]〈退出〉:　　//在需要偏移的一侧点取一点,则通过点偏移复制对象

选择要偏移的对象,或[退出(E)/放弃(U)]〈退出〉:　　//可以继续选择,也可回车结束偏移

偏移结果如图 3-17(b)所示,偏移的距离由通过的点控制。

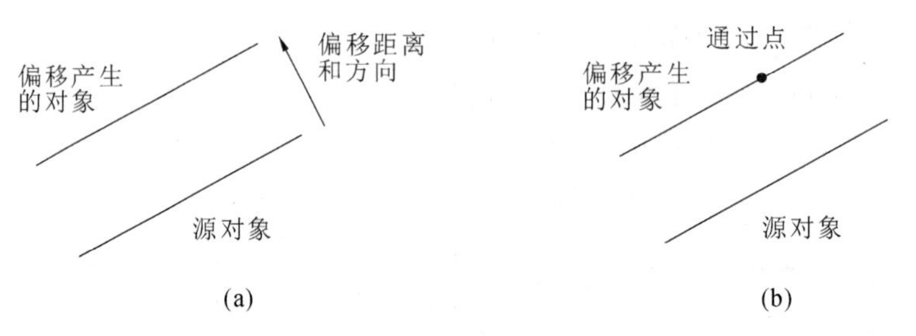

图 3-17　偏移操作方式的比较

(a) 指定偏移距离方式　(b) 指定通过点方式

(2) 删除(E):确定偏移后是否删除源对象(图 3-18 所示实例中,偏移后保留源对象)。

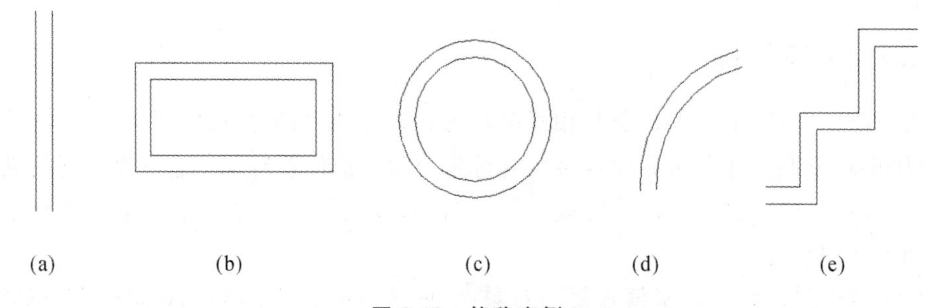

图 3-18　偏移实例

(3) 图层(L):确定将偏移后得到的对象创建在当前图层还是源对象所在的图层。

3.3　绘制平面图形实例

例 3-1　绘制如图 3-19 所示的矩形浴盆平面图形,不标注尺寸。

知识要点:【矩形】【偏移】【分解】【圆弧】【修剪】和【圆】等命令的综合运用。

操作要点:运用【矩形】命令绘制矩形浴盆的外轮廓线;运用【偏移】命令偏移矩形浴盆内轮廓线;运用【圆】命令绘制矩形浴盆内半圆轮廓线;运用【修剪】命令编辑修剪矩形浴盆内轮廓线;运用【圆】命令绘制矩形浴盆出水孔。

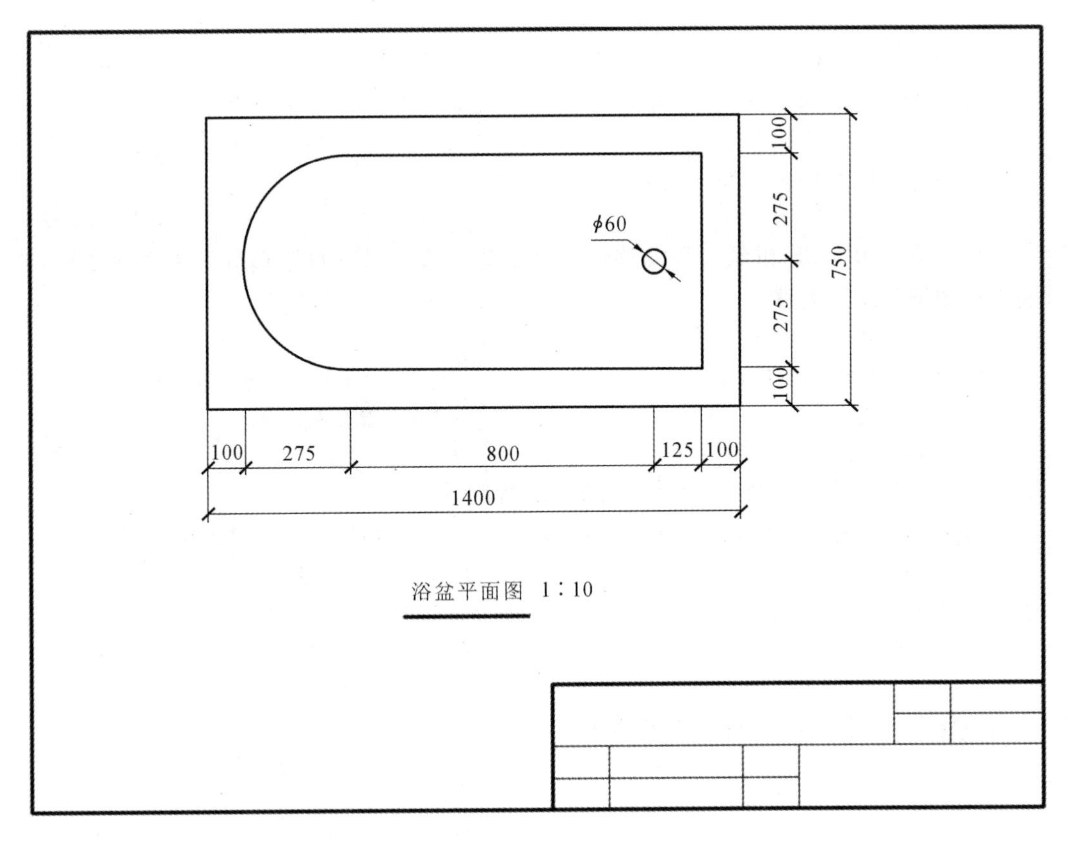

图 3-19 矩形浴盆平面图

操作步骤：

1. 绘制 A4 图幅的图框

(1) 设置图层。图幅、图框、标题栏有两种线型(细实线、粗实线)，浴缸平面图形也应用粗实线绘制。创建图层如表 3-2 所示。

表 3-2 图层设置

名称	颜色	线型	线宽
0 层	缺省色	Continuous	0.5
细线层	红色	Continuous	0.13
标注层	蓝色	Continuous	0.13
中心线层	洋红	Center	0.13

(2) 绘制图幅线。将细线层置换为当前层。

命令：_rectang

指定第一个角点或[倒角(C)/标高(E)/圆角(F)/厚度(T)/宽度(W)]：//指定第一角点，在绘图区拾取一点

指定另一个角点或[面积(A)/尺寸(D)/旋转(R)]：@297,210 〈Enter〉 //指定第二角点

(3) 绘制图框线。运用偏移复制、分解的命令绘制图框线。

命令：_offset

当前设置：删除源＝否 图层＝源 OFFSETGAPTYPE＝0

指定偏移距离或[通过(T)/删除(E)/图层(L)]〈通过〉:5 〈Enter〉 //指定偏移距离

选择要偏移的对象,或[退出(E)/放弃(U)]〈退出〉:〈Enter〉 //选择矩形为偏移对象

指定要偏移的那一侧上的点,或[退出(E)/多个(M)/放弃(U)]〈退出〉:〈Enter〉

//在矩形内取一点确定偏移方向

选择要偏移的对象,或[退出(E)/放弃(U)]〈退出〉:〈Enter〉

//结束偏移命令

图框的装订边为25,继续运用偏移命令绘制装订边。只有将矩形分解成直线段后,才能将左边图框线继续偏移。

命令:_explode

选择对象:找到 1 个 〈Enter〉 //选择偏移后的矩形为分解对象

选择对象:〈Enter〉 //结束分解命令

命令:_offset

当前设置:删除源=否 图层=源 OFFSETGAPTYPE=0

指定偏移距离或[通过(T)/删除(E)/图层(L)]〈5.0000〉:20 〈Enter〉 //指定偏移距离

选择要偏移的对象,或[退出(E)/放弃(U)]〈退出〉:〈Enter〉 //选择左边为偏移对象

指定要偏移的那一侧上的点,或[退出(E)/多个(M)/放弃(U)]〈退出〉:〈Enter〉

//取右边任一点确定偏移方向

选择要偏移的对象,或[退出(E)/放弃(U)]〈退出〉:〈Enter〉 //结束偏移命令

运用修剪、删除命令,去除多余的线条。

命令:_trim 〈Enter〉 //激活修剪命令

当前设置:投影=UCS,边=无

选择剪切边...

选择对象或〈全部选择〉:找到 1 个 〈Enter〉 //选择剪切边

选择要修剪的对象,或按住 Shift 键选择要延伸的对象,

或[栏选(F)/窗交(C)/投影(P)/边(E)/删除(R)/放弃(U)]:〈Enter〉//选择要剪切的对象

选择要修剪的对象,或按住 Shift 键选择要延伸的对象,

或[栏选(F)/窗交(C)/投影(P)/边(E)/删除(R)/放弃(U)]:〈Enter〉//结束修剪命令

命令:_erase

选择对象:找到 1 个 〈Enter〉 //选择要擦除的线条,回车结束命令

(4) 绘制图纸标题栏。继续运用偏移、修剪、删除命令绘制标题栏,最后按国标要求通过修改图框和标题栏外框线的图层,完成图纸标题栏的绘制。

(5) 将绘制好的图框以“A4. dwt”格式保存在系统的“Template”子目录里,作为样板文件(关于样板文件,详见 9.4 节),以便后续绘图时使用。

2. 绘制矩形浴盆的平面图形

(1) 新建一幅图形。打开“选择样板”对话框,调入“A4. dwt”样板文件,并放大 10 倍。在 AutoCAD 中绘制工程图样时,一般以 1∶1 绘制,出图时再按比例放大或缩小。矩形浴盆按所给尺寸 1∶1 绘图,再按 1∶10 用 A4 幅面打印出图。所以要将调入的 A4 图框放大 10 倍。比例缩放命令详见第 5 章。

(2) 在给定的图幅内绘制矩形浴盆。

① 运用【矩形】命令绘制矩形浴盆的外轮廓线,如图 3-20 所示。

命令:_rectang

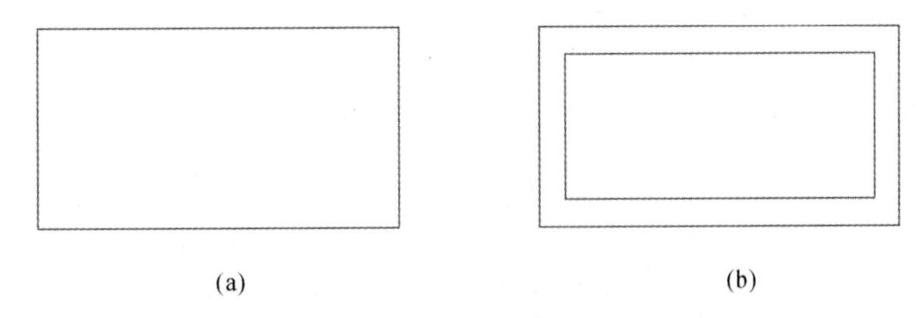

(a)　　(b)

图 3-20　绘制轮廓线

(a) 矩形命令绘制外轮廓线　(b) 偏移命令绘制内轮廓线

指定第一个角点或[倒角(C)/标高(E)/圆角(F)/厚度(T)/宽度(W)]:

//在绘图区合适位置拾取第 一角点

指定另一个角点或[尺寸(D)]:@1400,750 〈Enter〉　//拾取另一角点

② 运用【偏移】命令偏移矩形浴盆内轮廓线。

命令:_offset

当前设置:删除源=否 图层=源 OFFSETGAPTYPE=0

指定偏移距离或[通过(T)/删除(E)/图层(L)]〈8.0000〉:100 〈Enter〉//指定偏移距离

选择要偏移的对象,或[退出(E)/放弃(U)]〈退出〉:〈Enter〉//选择矩形为偏移对象

指定要偏移的那一侧上的点,或[退出(E)/多个(M)/放弃(U)]〈退出〉:〈Enter〉

//选择矩形内侧为偏移方向

③ 运用【圆】命令绘制矩形浴盆内轮廓圆弧线,如图 3-21(a) 所示。

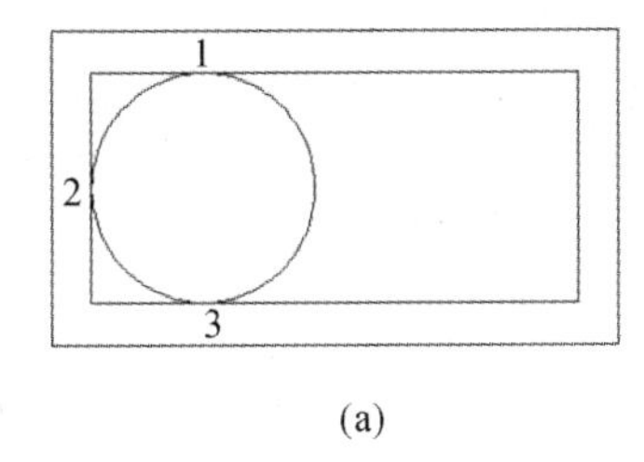

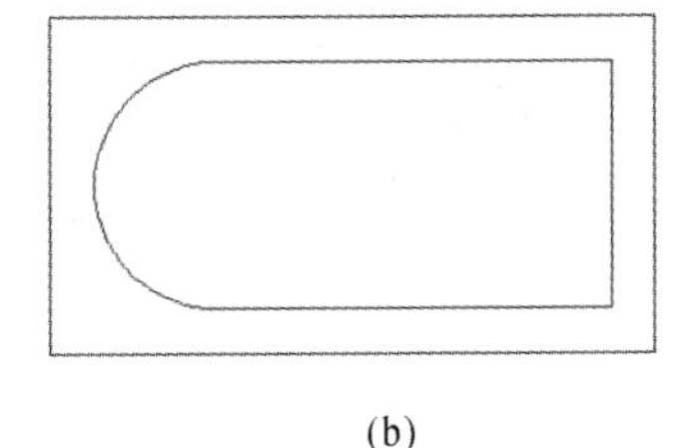

(a)　　(b)

图 3-21　编辑修剪内轮廓线

(a) 绘制圆轮廓线　(b) 修剪内轮廓线

命令:_circle

指定圆的圆心或[三点(3P)/两点(2P)/相切、相切、半径(T)]:_3p

//选择"相切、相切、相切"绘圆

指定圆上的第一个点:_tan 到 拾取点 1 〈Enter〉　//点击内框矩形上边一点

指定圆上的第二个点:_tan 到 拾取点 2 〈Enter〉　//点击内框矩形左边一点

指定圆上的第三个点:_tan 到 拾取点 3 〈Enter〉　//点击内框矩形下边一点

④ 运用【修剪】命令编辑修剪矩形浴盆内轮廓线。

调用"剪切"命令后,单击鼠标右键,以所有的边作为剪切边,修剪内轮廓线,再擦去多余线条,结果如图 3-21(b)所示。

⑤ 运用【圆】命令绘制出矩形浴盆水孔,如图 3-22 所示。

命令:_circle 〈Enter〉　//激活画圆命令

指定圆的圆心或[三点(3P)/两点(2P)/相切、相切、半径(T)]:from

//此命令是为确定圆心找一个参考点

基点:　//捕捉内轮廓右边直线的中点

基点:〈偏移〉:@-125,0〈Enter〉 //输入相对坐标指定出水孔圆心位置
指定圆的半径或[直径(D)]〈50.0000〉:d〈Enter〉 //采用直径绘圆
指定圆的直径〈100.0000〉:60〈Enter〉 //回车结束绘圆命令

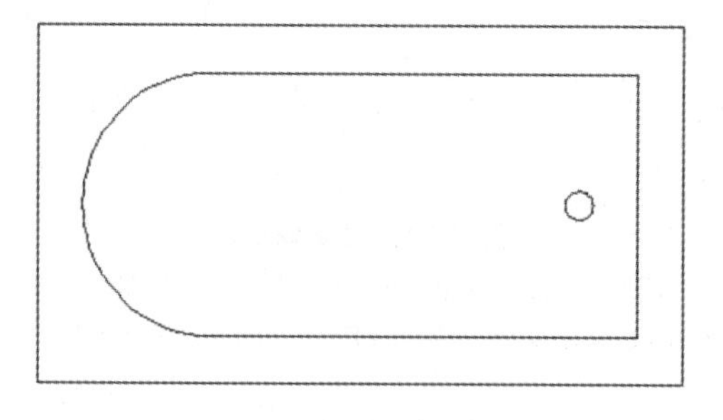

图 3-22　绘制矩形浴盆出水孔

将所绘图形以图名“浴盆.dwg”保存,待学习尺寸标注后,继续完成全图。

例 3-2　绘制如图 3-23 所示的五角星平面图形。

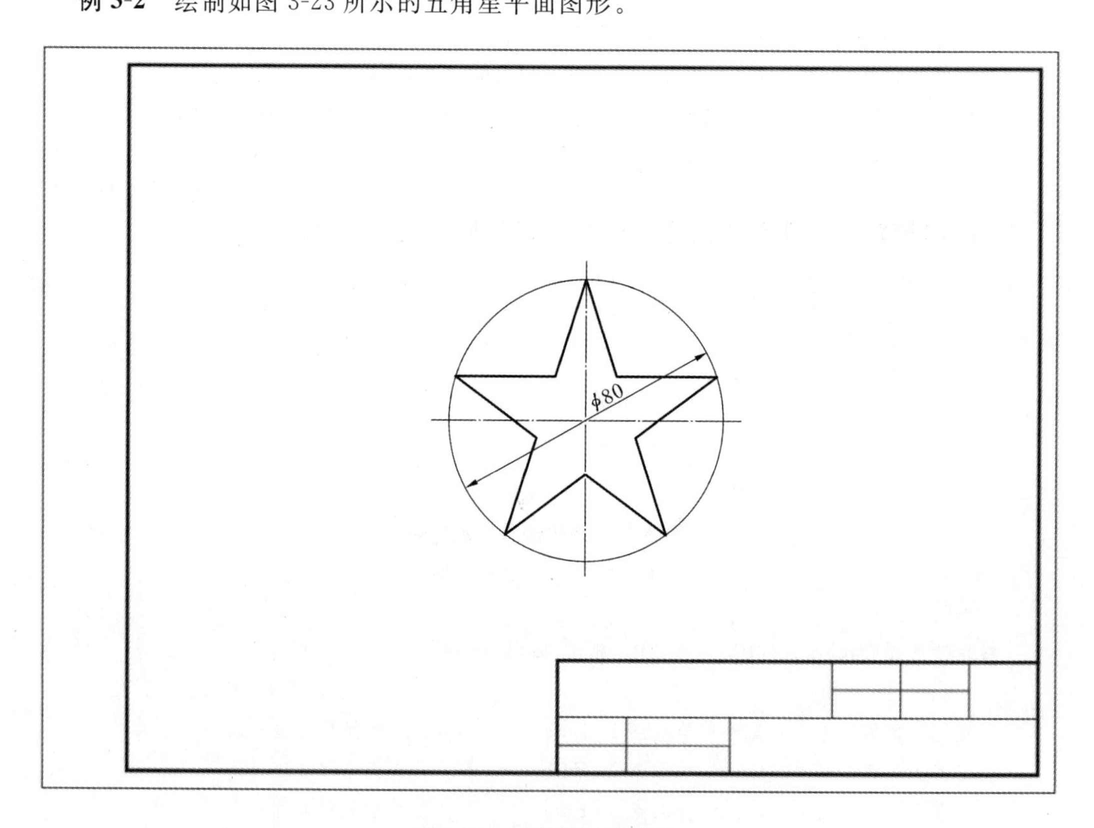

图 3-23　五角星平面图形

知识要点:【直线】【圆】【正多边形】和【修剪】等命令的综合运用。

操作要点:运用【直线】命令绘制正五边形外接圆的中心线;运用【圆】命令绘制五角星的外接圆的轮廓线;运用【正多边形】命令绘制圆内接五边形;运用【直线】命令绘制五角星;运用【修剪】命令编辑五角星的轮廓线。

操作步骤:

1. 设置图幅

新建一幅图形:打开“选择样板”对话框,调入“A4.dwt”样板文件。

2. 绘图(步骤如图 3-24 所示)

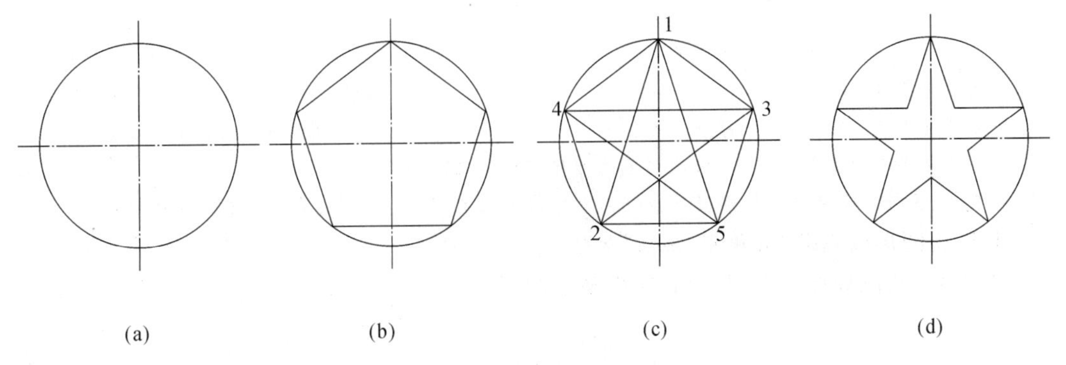

图 3-24 绘制五角星图形的步骤

(1) 绘制中心线,将中心线层置换到当前层。

命令:_line
指定第一点:160,60 //输入第一个点的坐标(绝对坐标)
指定下一点或[放弃(U)]:160,150 〈Enter〉 //输入第二点的坐标(绝对坐标)
指定下一点或[放弃(U)]:〈Enter〉 //回车确认(结束画直线命令)
命令 〈Enter〉 //直接回车重复上次命令
指定第一点:115,105 //输入第一个点的坐标(绝对坐标)
指定下一点或[放弃(U)]:205,105 〈Enter〉 //输入第二点的坐标(绝对坐标)
指定下一点或[放弃(U)]:〈Enter〉 //回车确认(结束画直线命令)

(2) 画圆,将细实线层置换为当前层,绘制直径为 80 的圆。

命令:_circle
指定圆的圆心或[三点(3P)/两点(2P)/相切、相切、半径(T)]:
//捕捉交点确定圆的圆心
指定圆的半径或[直径(D)]:40 〈Enter〉 //输入圆的半径,回车确认

(3) 绘制圆内接五边形,将 0 层置换为当前层。

命令:_polygon
输入边的数目 〈4〉:5〈Enter〉 //确定正五边形的边数
指定正多边形的中心点或[边(E)]:〈Enter〉 //捕捉圆心作为正五边形的中心点
输入选项[内接于圆(I)/外切于圆(C)]〈I〉:〈Enter〉 //选择内接于圆绘制正五边形
指定圆的半径:40 〈Enter〉 //输入圆的半径,回车确认

(4) 继续在 0 层绘制五角星,将正五边形的五个顶点每间隔一个点相连,得到五角星。

命令:_line
指定第一点:拾取点 1 //捕捉 1 点
指定下一点或[放弃(U)]:拾取点 2 //捕捉 2 点
指定下一点或[放弃(U)]:拾取点 3 //捕捉 3 点
指定下一点或[闭合(C)/放弃(U)]:拾取点 4 //捕捉 4 点
指定下一点或[闭合(C)/放弃(U)]:拾取点 5 //捕捉 5 点
指定下一点或[闭合(C)/放弃(U)]:拾取点 1 //捕捉 1 点(回到第一个点)
指定下一点或[闭合(C)/放弃(U)]:〈Enter〉 //回车确认(结束画直线命令)

(5) 编辑图形,擦去正五边形。

命令:_erase
选择对象:找到 1 个 〈Enter〉 //回车或单击鼠标右键,擦去图形,结束命令

(6) 利用修剪的命令,剪去多余的线条。

命令:trim
当前设置:投影=UCS,边=无
选择剪切边...
选择对象或〈全部选择〉:单击鼠标右键　　//图形的各边全部为剪切边
选择要修剪的对象,或按住 Shift 键选择要延伸的对象,
或[栏选(F)/窗交(C)/投影(P)/边(E)/删除(R)/放弃(U)]:　//依次选择要剪去的线条

将所绘图形以图名"五角星.dwg"保存。

例 3-3　绘制如图 3-25 所示的底板平面图形。

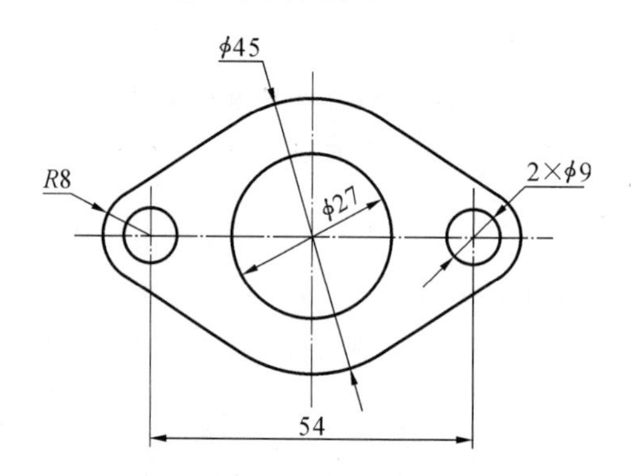

图 3-25　底板平面图形

知识要点:【圆】【直线】【对象捕捉】和【修剪】等命令的综合运用。

操作要点:运用【直线】命令绘制图形的对称中心线;运用【圆】命令绘制 Φ45 和 R8 的圆;运用【对象捕捉】命令相切捕捉绘制两圆的切线;运用【圆】命令绘制其余的圆;运用【修剪】命令编辑完成平面图形的轮廓线。

操作步骤:

1. 设置图层

设置图样需要的三个图层:中心线层,细实线层,粗实线层。

2. 绘图(步骤如图 3-26 所示)。

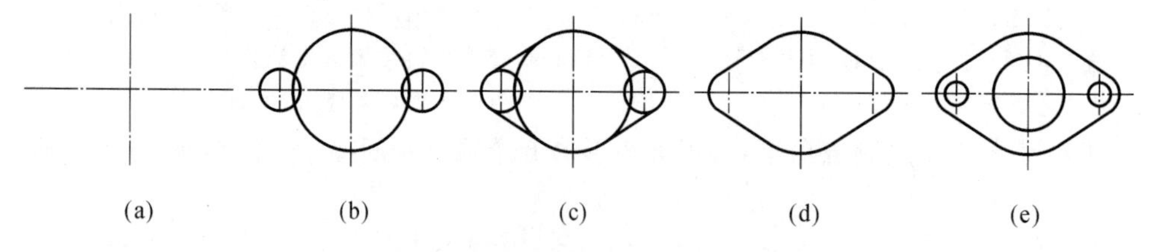

图 3-26　绘制底板平面图形的步骤

(1) 绘制中心线,将中心线层置换到当前层。

命令:_line
指定第一个点:　　//绘图区域任意位置作为中心线的起点
指定下一点或[放弃(U)]:80〈Enter〉　//输入第二点的坐标,画水平中心线(相对坐标)
指定下一点或[放弃(U)]:〈Enter〉　　//回车确定,完成水平中心线的绘制(结束画直线命令)
命令:_line
指定第一个点:30〈Enter〉　　//利用中点捕捉,画竖直的中心线的起点
指定下一点或[放弃(U)]:60〈Enter〉　//输入第二点的坐标,确定竖直的中心线的终点

指定下一点或[放弃(U)]:〈Enter〉　//回车确定,完成竖直中心线的绘制(结束画直线命令)

(2) 画圆,将粗实线层置换为当前层,绘制直径为45的圆和半径为8的圆弧。

命令:_circle

指定圆的圆心或[三点(3P)/两点(2P)/相切、相切、半径(T)]:
//捕捉交点确定圆的圆心

指定圆的半径或[直径(D)]:d〈Enter〉　//指定输入圆的直径绘制圆

指定圆的直径:45〈Enter〉　//输入圆的直径,回车确认,结束画圆命令

命令:_offset

当前设置:删除源=否　图层=源　OFFSETGAPTYPE=0

指定偏移距离或[通过(T)/删除(E)/图层(L)]〈通过〉:27〈Enter〉
//确定半径为8的圆弧的圆心的位置

选择要偏移的对象,或[退出(E)/放弃(U)]〈退出〉:〈Enter〉　//选择上图绘制的竖直中心线

指定要偏移的那一侧上的点,或[退出(E)/多个(M)/放弃(U)]〈退出〉:指定中心线的左侧

选择要偏移的对象,或[退出(E)/放弃(U)]〈退出〉:〈Enter〉　//选择上图绘制的竖直中心线

指定要偏移的那一侧上的点,或[退出(E)/多个(M)/放弃(U)]〈退出〉:指定中心线的右侧

选择要偏移的对象,或[退出(E)/放弃(U)]〈退出〉:〈Enter〉　//结束偏移的命令

命令:_circle

指定圆的圆心或[三点(3P)/两点(2P)/相切、相切、半径(T)]:　//捕捉交点确定圆的圆心

指定圆的半径或[直径(D)]〈22.5000〉:8〈Enter〉　//输入圆弧的半径,绘制左圆

命令:_circle

指定圆的圆心或[三点(3P)/两点(2P)/相切、相切、半径(T)]:　//捕捉交点确定圆的圆心

指定圆的半径或[直径(D)]〈8.0000〉:8〈Enter〉　//输入圆弧的半径,绘制左圆,回车确认

(3) 画切线,将粗实线层置换为当前层,绘制直径为45的圆和半径为8的圆弧的切线。

调出工具菜单栏→工具栏→AutoCAD→对象捕捉工具条,利用工具条上"捕捉到切点"按钮,捕捉圆上的切点绘制切线。

命令:_line

指定第一个点:_tan 到〈Enter〉　//点击"捕捉到切点"按钮,捕捉半径为8的圆弧的切点

指定下一点或[放弃(U)]:_tan 到〈Enter〉　//点击"捕捉到切点"按钮,捕捉直径为45的圆的切点

指定下一点或[放弃(U)]:〈Enter〉　//回车确定,完成切线的绘制(结束画直线命令)

同样的方法画出其余三条切线。

(4) 修剪多余的图线。

命令:_trim

当前设置:投影=UCS,边=无

选择剪切边...

选择对象或〈全部选择〉:共计4个〈Enter〉　//选择4条切线为剪切边

选择要修剪的对象,或按住Shift键选择要延伸的对象,或

[栏选(F)/窗交(C)/投影(P)/边(E)/删除(R)/放弃(U)]:〈Enter〉　//逐段选择需要删掉的圆弧段,直至完成修剪命令

(5) 画圆,绘制直径为27和直径为9的圆,完成全图。

命令:_circle

指定圆的圆心或[三点(3P)/两点(2P)/相切、相切、半径(T)]: //捕捉中心线交点确定圆的圆心

指定圆的半径或[直径(D)]〈8.0000〉:d 〈Enter〉 //指定输入圆的直径绘制圆

指定圆的直径〈16.0000〉:27 〈Enter〉 //输入圆的直径,回车确认,结束画圆的命令

同样的方法绘制直径为9的两个圆。

整理,通过拉长命令调节中心线的长度,完成全图。

命令:_lengthen

选择要测量的对象或[增量(DE)/百分比(P)/总计(T)/动态(DY)]〈总计(T)〉:dy 〈Enter〉
//选择动态自由调节中心线的长度

选择要修改的对象或[放弃(U)]:〈Enter〉 //选择需要调节长度的中心线的一端

指定新端点:〈Enter〉 //将中心线的长度调整到合适的位置

作图方法小结

本章例题主要采用基本的绘图与编辑命令绘制图形,绘图过程是一种创作过程,绘图的方法也可多种多样,本章各例题中的绘图步骤和方法只是其中一种,学习者可根据自己的理解采用不同的步骤与方法绘制图形。

思考与练习

1. AutoCAD中基本的线性对象有哪三种?这些对象一般分别用于何种情况?
2. 如何绘制圆和圆弧?
3. 利用矩形命令绘制的矩形与用直线命令绘制的矩形有何不同?
4. 能否用"中心点"捕捉方式来捕捉正多边形的中心?
5. 绘制圆弧时输入负的弦长代表何种意义?
6. 定数等分点和定距等分点各有何特点?
7. 绘制倾斜方向的图形时,一般采取怎样的作图方法更方便一些?
8. 绘制如图3-27所示的图形,不注尺寸。

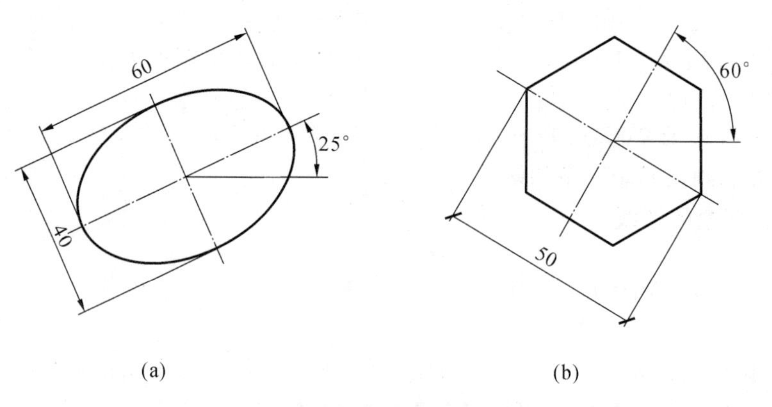

图 3-27

9. 按图3-28所注尺寸绘制花饰图案,不注尺寸。
10. 按本章介绍的知识,绘制如图3-29所示的窗户图形,不注尺寸。

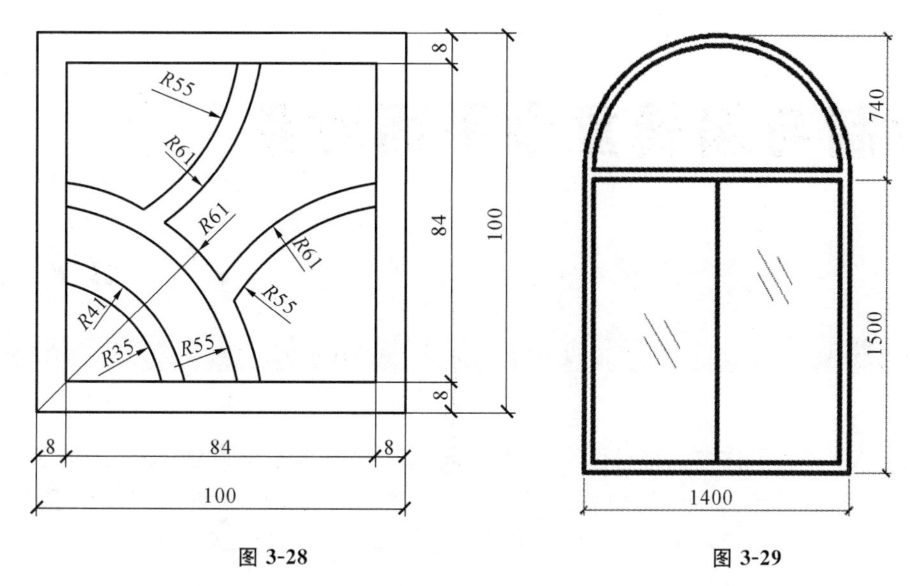

图 3-28　　图 3-29

11. 按本章介绍的知识,绘制如图 3-30 所示的手柄图形,不注尺寸。

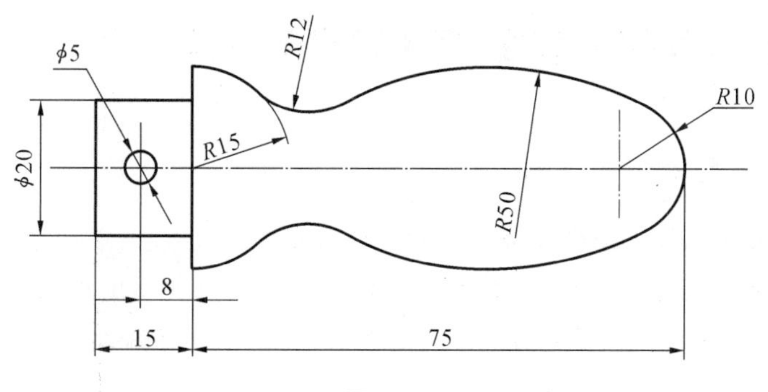

图 3-30

12. 按照图 3-31 所注尺寸绘制平面图形,不注尺寸。

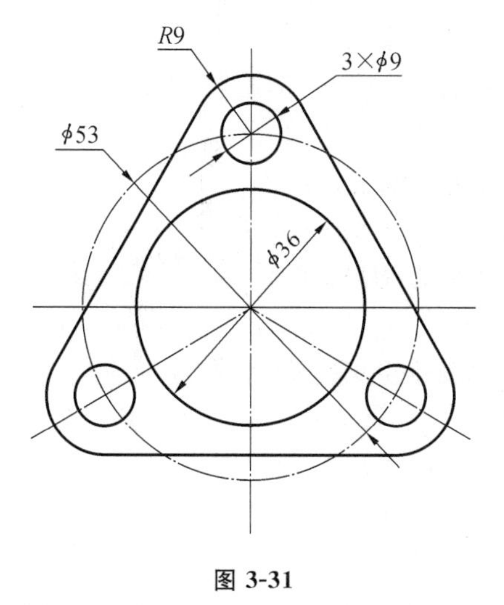

图 3-31

绘制与编辑复杂平面对象

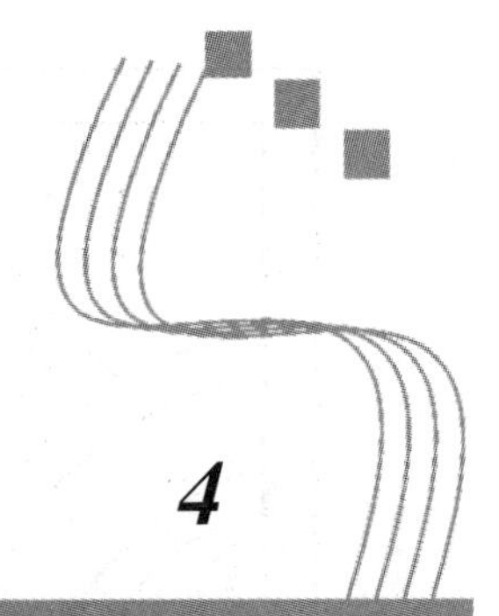

4

AutoCAD 提供了许多二维绘图命令，除了前面介绍的基本绘图命令外，还包括其他较为复杂平面图形的绘制命令，例如多段线、多线、样条曲线、圆环、图案填充和徒手绘图等。本章将向读者介绍多段线、多线、样条曲线、图案填充等复杂平面对象的创建方法及这些特殊对象的编辑等。

4.1 绘制与编辑多段线、多线和样条曲线

4.1.1 绘制与编辑多段线

多段线是 AutoCAD 绘图中比较常见的一种由相连的直线段或弧线段组成的实体。用户可为其不同线段设置不同的宽度，甚至每个线段的开始点和结束点的宽度都可不同。同时，由于整条多段线是一个实体，因此，可方便地对其进行统一编辑。

4.1.1.1 多段线的绘制方法

- 工具栏："绘图(Draw)"→ 。
- 菜单：【绘图(D)】→【多段线(P)】。
- 功能区：默认选项卡→绘图面板→"多段线"按钮。
- 命令行：pline(或简写为 pl)。

任选以上方式之一，系统提示如下。

指定起点：(要求用户指定多段线的起始点)

指定下一个点或[圆弧(A)/半宽(H)/长度(L)/放弃(U)/宽度(W)]：(要求用户指定多段线的第二点)

指定下一点或[圆弧(A)/闭合(C)/半宽(H)/长度(L)/放弃(U)/宽度(W)]：

下面分别介绍这些选项。

1. 圆弧(A)

用于从直多段线切换到圆弧多段线。

2. 闭合(C)

用于封闭多段线(用直线或圆弧)并且结束"pline"命令，该选项到指定第 3 点时才开始出现。

3. 半宽(H)

设置多段线的半宽。

4. 长度(L)

用于设定新多段线的长度。如果前一段是直线,延长方向与该线相同;如果前一段是弧,延长方向为端点处弧的切线方向。

5. 放弃(U)

用于取消刚画的一段多段线。

6. 宽度(W)

用于设置多段线线宽,其默认值为 0,多段线初始宽度和结束宽度可以不同且可分段设置,非常灵活。它可改变多段线的宽度,绘制粗线条、箭头等。

如果选择“圆弧(A)”选项后,系统提供众多的选项供用户选择,其提示如下。

指定圆弧的端点或[角度(A)/圆心(CE)/方向(D)/半宽(H)/直线(L)/半径(R)/第二个点(S)/放弃(U)/宽度(W)]:

(1) 角度(A):提示用户给定夹角(顺时针方向为负)。

(2) 圆心(CE):提示指定圆弧中心。

(3) 闭合(C):用圆弧封闭多段线,退出“pline”命令。该选项到指定第 3 点时才开始出现。

(4) 方向(D):提示用户确定重定切线方向。

(5) 半宽(H)和宽度(W):设定多段线半宽和全宽。

(6) 直线(L):切换回直线模式。

(7) 半径(R):提示输入圆弧半径。

(8) 第二个点(S):选择三点画弧中的第二点。

(9) 放弃(U):取消上一次选项的操作。

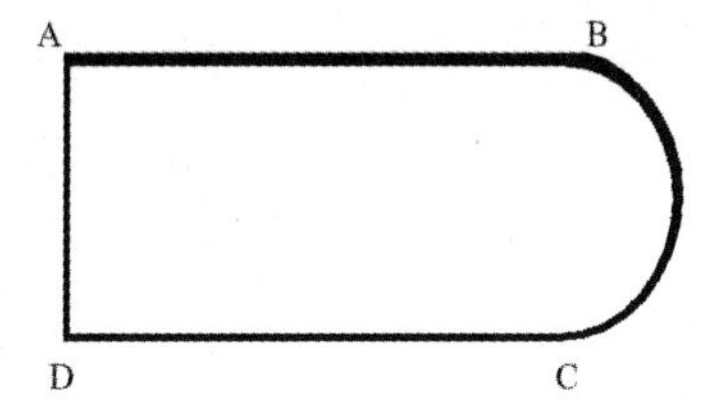

图 4-1 多段线绘制示例

下面通过绘制如图 4-1 所示图形,说明多段线的绘制方法。

```
命令:_pline 〈Enter〉                          //绘制多段线的命令
指定起点:拾取点 A                              //指定多段线起始点
当前线宽为 0.0000                              //提示当前线宽
指定下一点或[圆弧(A)/闭合(C)/半宽(H)/长度(L)/放弃(U)/宽度(W)]:w
                                               //指定线宽
指定起点宽度 〈0.0000〉:3 〈Enter〉              //指定起始线宽
指定端点宽度 〈3.0000〉:〈Enter〉                //默认起始线宽
指定下一点或[圆弧(A)/闭合(C)/半宽(H)/长度(L)/放弃(U)/宽度(W)]:拾取点 B
                                               //指定直线结束点
指定下一点或[圆弧(A)/闭合(C)/半宽(H)/长度(L)/放弃(U)/宽度(W)]:A 〈Enter〉
                                               //绘制圆弧
指定圆弧的端点或[角度(A)/圆心(CE)/闭合(C)/方向(D)/半宽
(H)/直线(L)/半径(R)/第二点(S)/放弃(U)/宽度(W)]:w 〈Enter〉
                                               //指定圆弧宽度
指定起点宽度 〈3.0000〉:〈Enter〉                //指定圆弧起始线宽
指定端点宽度 〈3.0000〉:1 〈Enter〉              //指定圆弧结束线宽
指定圆弧的端点或[角度(A)/圆心(CE)/闭合(C)/方向(D)/半宽(H)/直线(L)/半径(R)/第二
点(S)/放弃(U)/宽度(W)]:拾取点 C
                                               //指定圆弧结束点
指定圆弧的端点或[角度(A)/圆心(CE)/闭合(C)/方向(D)/半宽(H)/直线(L)/半径(R)/第二
```

点(S)/放弃(U)/宽度(W)]:L 〈Enter〉 //绘制直线

指定下一点或[圆弧(A)/闭合(C)/半宽(H)/长度(L)/放弃(U)/宽度(W)]:拾取点 D

指定下一点或[圆弧(A)/闭合(C)/半宽(H)/长度(L)/放弃(U)/宽度(W)]:C 〈Enter〉 //封闭图形,结束命令

4.1.1.2 编辑多段线

多段线是 AutoCAD 中一种特殊的线条,作为一种图形实体,它同样可以使用移动、复制对象等基本编辑命令进行编辑,但这些命令无法编辑多段线本身所独有的内部特性。AutoCAD 专门为编辑多段线提供了一个命令,即多段线编辑,它可以对多段线本身的特性进行修改。使用“pedit”命令,可以闭合或打开多段线,也可以移动、添加或删除单个顶点;可以在任何两个顶点之间拉直多段线,也可以切换线型以便在每个顶点前或后显示虚线;可以为整个多段线设置统一的宽度,也可以分别设置各个线段的宽度,还可以通过多段线编辑创建样条曲线。为方便编辑,可调用“修改Ⅱ”工具条,如图 4-2 所示(在 AutoCAD 工作界面上,鼠标右键点击任意工具栏,即可在弹出的工具栏菜单中调入“修改Ⅱ”工具栏。也可通过下拉菜单【工具】→【工具栏】→【AutoCAD】调出“修改Ⅱ”工具栏)。

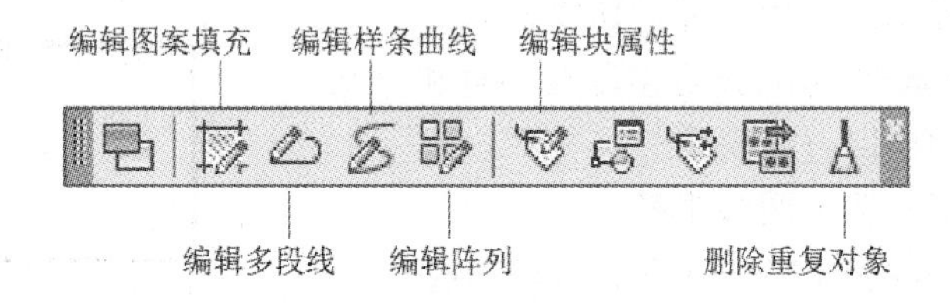

图 4-2 “修改Ⅱ”工具栏

注意:二维和三维多段线、矩形、正多边形和三维多边形网格都是多段线的变形,并且都可用相同的方法进行编辑。

调用“pedit”命令的方式如下。

- 工具栏:“修改Ⅱ(Modify)”→ 。
- 菜单:【修改(M)】→【对象(O)】→【多段线(P)】。
- 功能区:默认选项卡→修改展开面板→“多段线”按钮;视图选项卡→选项板面板→“工具选项板”按钮,选择“编辑多段线”。
- 命令行:pedit(或简写为 pe)。

调用该命令后,系统提示如下信息。

选择多段线或[多条(M)]:

在此提示符下,用户可选取编辑对象,它可以是一条多段线、直线或圆弧,如果选取的是多段线,系统将继续显示如下提示。

输入选项[闭合(C)/合并(J)/宽度(W)/编辑顶点(E)/拟合(F)/样条曲线(S)/非曲线化(D)/线型生成(L)/放弃(U)]:

在此提示下,用户可根据需要调用相应的选项。下面分别介绍这些选项。

1. 闭合(C)

此选项可使用户正在编辑的非闭合多段线闭合。如果所选多段线为闭合多段线,则此处将出现“打开(O)”选项,使用“打开”选项可以打开闭合的多段线。

注意:如果打开一条使用“pline”命令的“闭合”选项绘制出的多段线,AutoCAD 将删除多段线中最后绘出的一段。“pedit”命令中的“闭合”与“打开”是相对的一组选项,二者不会

同时出现在提示符中。如果打开由“多边形”和“矩形”命令绘出的多边形或者矩形，AutoCAD将删除拾取点所在的一段，以打开多边形或矩形。

2. 合并(J)

此选项可将与多段线相连的直线、圆弧或多段线添加到多段线中，使之成为一个对象，以便统一对其处理。

注意：有时，有些实体和多段线端点看上去像是重合的，事实上并未重合，这样的实体不能被连接。为了避免产生这种情况，在绘图中应多使用目标捕捉方式以提高精度。

技巧：使用“合并”选项连接实体和多段线时，有时要选择的实体非常多而且杂乱，选择起来很麻烦，这时可以用交叉方式把所有这些实体与原多段线都选择下来，AutoCAD会自动把可以连接到多段线上的实体分辨出来。因此在连接多段线时，交叉方式是一个常用且非常好用的选择方式。

3. 宽度(W)

此选项可为多段线统一设置宽度。它只能使一条多段线具有统一的宽度，而不能分段设置。

4. 编辑顶点(E)

当输入“E”选择编辑顶点时，系统将在当前顶点处显示一个“X”标记，并给出如下选项提示。

[下一个(N)/上一个(P)/打断(B)/插入(I)/移动(M)/重生成(R)/拉直(S)/切向(T)/宽度(W)/退出(X)]〈N〉：

注意：按回车键，可以把顶点标记“X”移至下一顶点，重复按回车键，可以把“X”移至所需任意位置的顶点上。“X”所在的顶点是被激活的当前顶点，所有的操作都是针对当前顶点进行的。

5. 拟合(F)

此选项可将多段线转换为拟合曲线。对多段线进行曲线拟合，就是通过多段线的每一个顶点建立一些连续的圆弧，这些圆弧彼此在连接点相切。“拟合”选项下面没有起控制作用的子选项，用户不能直接控制多段线的曲线拟合方式，但可以使用“编辑顶点”中的“移动”和“切向”选项，通过移动多段线的顶点和控制个别顶点的切线方向，从而达到调整拟合曲线的目的。

6. 样条曲线(S)

此选项可将多段线转换为样条曲线。以原多段线的顶点为控制点，AutoCAD可由多段线生成样条曲线。

7. 非曲线化(D)

此选项可将转换为拟合曲线或样条曲线的多段线恢复为其基本形状。

8. 线型生成(L)

此选项用来控制多段线为非实线状态时的显示方式，即控制虚线或中心线等非实线型的多段线角点的连续性。当多段线的线型为非连续线型时，通过打开该功能可使每个顶点处的线型为连续线型。

选择该选项，系统给出如下提示。

输入多段线线型生成选项[打开(ON)，关(OFF)]〈当前选项〉：

在该提示符下选择“ON”，将使多段线角点封闭，反之，选择“OFF”，则角点处是否封闭完全依赖于线型比例的控制。

9. 放弃(U)

此选项用于放弃上一个选项。

通过选择不同的选项,可以移动顶点标记、打断多段线(删除当前顶点与选定顶点之间的线段,或者在当前顶点处断开多段线)、插入新顶点、移动当前顶点的位置、重生成多段线、拉直多段线(删除当前顶点与指定顶点之间的线段,代之以一条直线段)、改变当前顶点的切向以及改变当前顶点处的宽度等。

例 4-1　将图 4-1 所示多段线进行编辑举例,如图 4-3 所示。

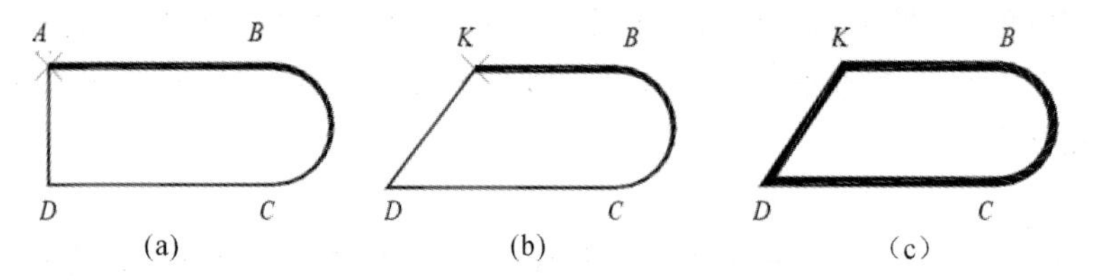

图 4-3　多段线的编辑

操作步骤如下。

命令:_pedit 〈Enter〉　　//编辑多段线的命令

选择多段线:选择要编辑的多段线　　//选择多段线

输入选项[打开(O)/合并(J)/宽度(W)/编辑顶点(E)/拟合(F)/样条曲线(S)/非曲线化(D)/线型生成(L)/反转(R)/放弃(U)]:E 〈Enter〉　　//编辑顶点(见图 4-3(a))

输入顶点编辑选项[下一个(N)/上一个(P)/打断(B)/插入(I)/移动(M)/重生成(R)/拉直(S)/切向(T)/宽度(W)/退出(X)]〈N〉:M 〈Enter〉

//移动标记的顶点

为标记顶点指定新位置:拾取点 K　　//移动顶点的新位置(见图 4-3(b))

输入顶点编辑选项

[下一个(N)/上一个(P)/打断(B)/插入(I)/移动(M)/重生成(R)/拉直(S)/切向(T)/宽度(W)/退出(X)]〈N〉:X 〈Enter〉　　//退出顶点编辑

输入选项[打开(O)/合并(J)/宽度(W)/编辑顶点(E)/拟合(F)/样条曲线(S)/非曲线化(D)/线型生成(L)/反转(R)/放弃(U)]:W　　//编辑线宽

指定所有线段的新宽度:4　　//指定多段线的新宽度(见图 4-3(c))

输入选项[打开(O)/合并(J)/宽度(W)/编辑顶点(E)/拟合(F)/样条曲线(S)/非曲线化(D)/线型生成(L)/反转(R)/放弃(U)]:〈Enter〉　　//结束多段线的编辑

注意:启动编辑多段线命令后,如果选择的线不是多段线,AutoCAD 将出现提示符"是否将其转换为多段线?〈Y〉",如果使用缺省项 Y,则将把选定的直线或圆弧转变成多段线,然后继续出现上述的编辑多段线下属的各选项。

4.1.2　绘制与编辑多线

多线是由若干(可以包含 1～16 条)称为元素的平行线组成的复合线,这些平行线间的距离可以通过元素由其到中心的偏移来确定,每个元素是一个单一对象,多线是一个整体,用户可以自己创建和保存多线样式。默认的样式包含两条平行线,每条平行线的颜色、线型等都可以单独设置,多线主要用于绘制建筑平面图,还可用于绘制街道和道路的布置图等。

4.1.2.1　创建多线样式

在绘制多线之前,通常先设置多线样式,以便使绘制的多线符合预想的效果。多线样式可以设定多线元素的数量、每个元素的特性、多线区域的背景颜色填充和末端封口类型，创建的多线样式可以命名并保存下来。

1. 启动命令

- 菜单：【格式(O)】→【多线样式(M)】。
- 命令行：mlstyle。

任选以上方式之一，系统弹出如图 4-4 所示的“多线样式”对话框。

图 4-4 “多线样式”对话框

2. “多线样式”对话框中各选项含义

(1) 样式列表框：显示当前已有多线样式名称。系统只有一种 STANDARD 样式，用户根据需要新建多线样式。

(2) 说明框：显示选定多线样式的说明，包括空格在内，最多可有 255 个字符。

(3) 预览框：显示选定多线样式的名称和图像。

(4) “置为当前”按钮：在“样式”列表中选择需要使用的多线样式后，单击该按钮，可以将其设置为当前样式。

(5) “新建”按钮：单击该按钮，弹出“创建新的多线样式”对话框(见图 4-5)。单击“继续”按钮，弹出“新建多线样式”对话框，如图 4-6 所示。

图 4-5 “创建新的多线样式”对话框

(6)“修改”按钮:单击该按钮,弹出“修改多线样式”对话框,其形式与图4-6所示的“新建多线样式”对话框相同,在此可以修改重新定义创建的多线样式。

(7)“重命名”按钮:重新命名已有的多线样式,但不能重命名标准样式。

(8)“删除”按钮:删除“样式”列表中选中的多线样式。

(9)“加载”按钮:加载已有的多线样式。

(10)“保存”按钮:保存当前新建的多线样式。可以将创建的多线样式保存在系统指定的文件夹里,也可以保存在用户自定的文件夹里,以方便在其他图形文件中使用。

图4-6 “新建多线样式”对话框

在“创建新的多线样式”对话框中的“新样式名”文本框内输入名称,单击“继续”按钮,系统弹出“新建多线样式”对话框(见图4-6)。该对话框用于定义新多线的具体样式,如线条数目、两线偏移距离、颜色、线型,线段连接的显示、起点和端点的封口类型以及封口的角度和多线区域填充颜色等。如果选择“显示连接”复选框,表示在多线端点处显示直线;如果选择“封口”选项,可设置封口类型;各封口形式如图4-7所示。

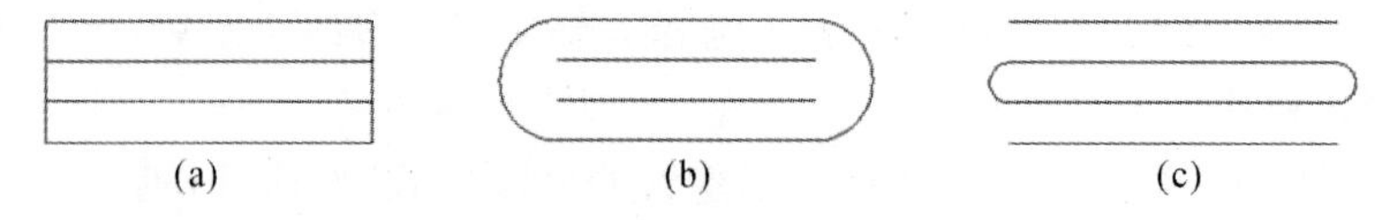

图4-7 多线特性示例

(a) 直线封口 (b) 外弧封口 (c) 内弧封口

3. 创建多线样式的步骤

(1) 从下拉菜单【格式(O)】→【多线样式(M)】调入设置多线样式命令。

(2) 在弹出的“多线样式”对话框(见图4-4)中,单击“新建”按钮,弹出“创建新的多线样式”对话框(见图4-5),输入新的样式名称。

(3) 单击“继续”按钮,系统将弹出如图4-6所示新建多线样式的对话框。

① 若需要说明,可在说明文本框中,为多线样式添加说明,最多可输入255个字符(包

括空格）。

② 若要显示多线封口，在“封口”下，为多线的每个端点选择直线或圆弧，并输入角度。“直线封口”通过整个多线的端点，“外弧封口”连接最外层平行线的端点，“内弧封口”连接成对的平行线，设置后单击“确定”按钮。

③ 若要控制多线的背景填充，在“填充颜色”下拉列表中，选择多线的背景填充色。

④ 若选择“显示连接”复选框，可在多线顶点处显示直线。

⑤ 要修改样式中的元素，单击列表中的元素，然后修改“偏移”“颜色”和“线型”。

⑥ 要添加元素，请选择“添加”按钮，然后修改“偏移”“颜色”和“线型”，再单击“确定”按钮；要删除元素，可在单击想要删除的元素后单击“删除”按钮，设置后单击“确定”按钮。

(4) 选择“保存”，将创建的多线样式保存到一个外部的多线样式文件(默认文件名是acad.mln)，也可以将多个多线样式保存到同一个文件。

4.1.2.2　绘制多线

在绘制多线之前，可以修改多线的对正和比例，“对正”用于控制多线上的哪条线要随光标移动，默认设置是上端，“比例”将控制多线的全局宽度。

调用绘制多线的命令方式如下。

- 菜单：【绘图(D)】→【多线(M)】。
- 命令行：mline(或简写为 ml)。

调用该命令后，系统提示如下。

当前设置：对正＝上，比例＝20，样式＝STANDARD

指定起点或[对正(J)/比例(S)/样式(ST)]：

(1) 对正(J)：该选项控制绘制多线时，用于确定多线上的哪条线要随光标移动。执行该选项，系统提示如下。

输入对正类型[上(T)/无(Z)/下(B)]〈上〉：

① 上(T)。表示从左向右绘多线时，多线最上一条线随光标移动。

② 无(Z)。表示绘多线时，多线的中心随光标移动。

③ 下(B)。表示从左向右绘多线时，多线最下一条线随光标移动。

(2) 比例(S)：确定所绘多线的宽度相对于多线定义宽度的比例。AutoCAD 用此比例系数乘以偏移得到新偏移。

提示：多线比例并不影响线型比例。如果改变多线比例，可能要对线型比例做相应的调整，以防止点或点画线不成比例。

(3) 样式(ST)：用于确定绘多线时采用的多线样式。执行该选项，系统提示如下。

输入多线样式名或[?]：

此时可直接输入已有的多线样式名，也可输入“?”后按 Enter 键来显示已有的多线样式。

绘制多线，可以使用默认样式，也可指定已创建的一个多线样式，指定起点、指定第二点、……指定第 n 点或输入“c”闭合多线，按 Enter 键或 Esc 键结束。

4.1.2.3　编辑多线

1. 编辑多线

以图 4-8 为例来说明怎样编辑多线。

(1) 调用编辑多线命令方式如下。

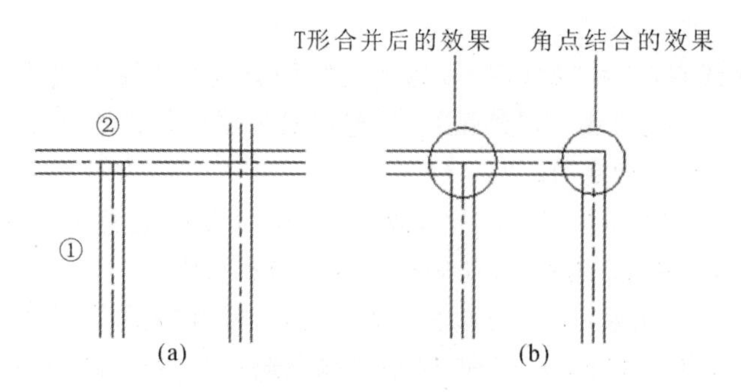

图 4-8 多线编辑

(a) 编辑前 (b) 编辑后

● 菜单:【修改(M)】→【对象(O)】→【多线(M)】。

● 命令行:mledit。

调用该命令后,系统将弹出“多线编辑工具”对话框如图 4-9 所示。这个对话框提供了 12 个基本编辑工具,可将它们分为 4 列,每列 3 个图标。第 1 列创建两条相交多线的十字形交点,第 2 列创建两条相交多线的 T 形交点,第 3 列、第 4 列剪切多线。

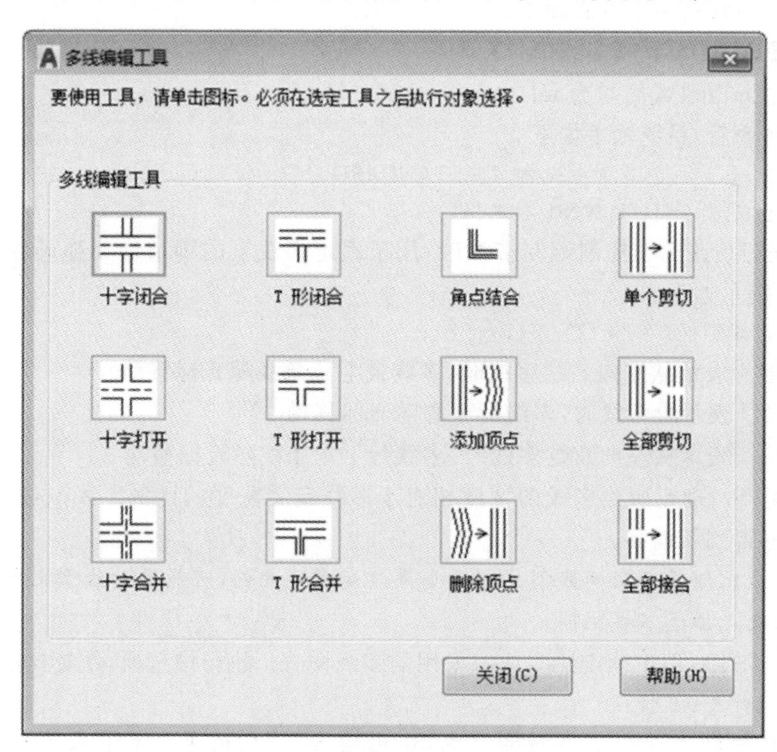

图 4-9 “多线编辑工具”对话框

(2) 选择编辑图标。选择“T 形合并”图标,如图 4-10 所示,回到绘图区,命令行窗口中提示如下。

命令:mledit

选择第一条多线: //点取第一条多线,选择“T”字脚①

选择第二条多线: //点取第二条多线,选择“T”字头②,按回车键,结束命令

(3) 按 Enter 键,重复以上命令,在“多线编辑工具”对话框中(见图 4-9)选择“角点结合”图标,回到绘图区,按命令行窗口中的提示,完成角点结合编辑。

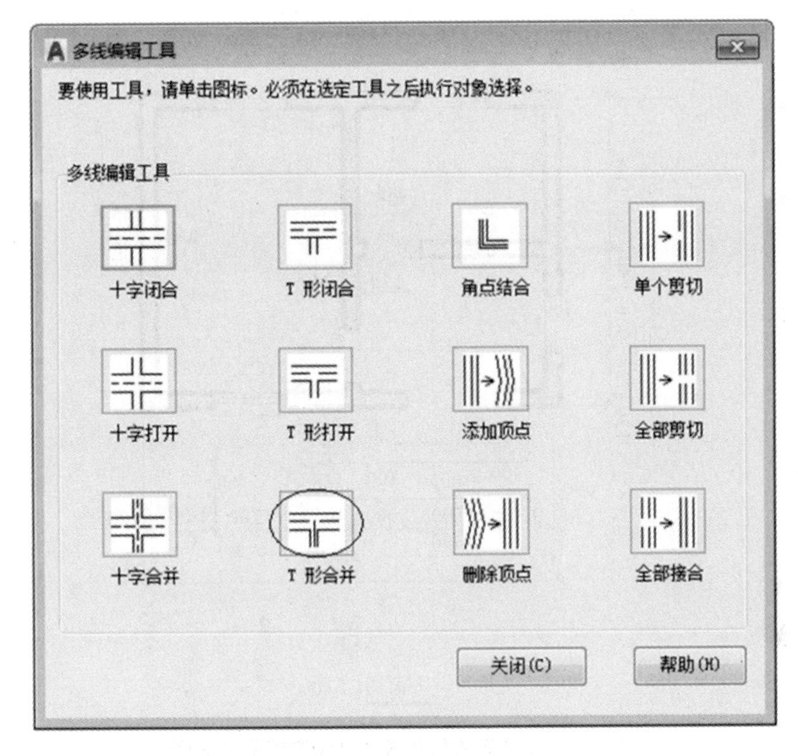

图 4-10　选择编辑图标

两条多线合并后的效果如图 4-8(b)所示。

其他图标的编辑方式与“T 形合并”的编辑方式类似，选择编辑图标后，按命令行窗口的提示操作即可完成对多线的编辑。

2. 编辑多线样式

多线样式可修改的内容包括平行线数目、颜色、线型、线宽以及每条平行线与多线起点之间的偏移量，还可以修改端点封口、背景填充和连接横线的显示。

编辑多线样式的操作与创建多线样式的操作基本一样，只不过编辑多线样式是对已创建好的多线样式进行修改处理。

注意：不可编辑 STANDARD 多线样式的元素和特性，也不能修改任何正在图形中使用的多线样式。若要编辑现有的多线样式，必须在用此样式绘制多线之前进行。

如果要创建多个多线样式，创建新样式之前必须保存当前样式，否则将丢失对当前样式所进行的修改。

4.1.2.4　多线在绘制建筑平面图中的应用

绘制如图 4-11 所示的建筑平面图中的墙体，作图步骤如下。

1. 创建多线样式

(1) 添加新样式。点击下拉菜单【格式】→【多线样式】，在弹出的“多线样式”对话框中，单击“新建”按钮，弹出 “创建新的多线样式”对话框，输入新样式的名称“24 墙线”，单击“继续”按钮。

(2) 设置元素特性。在新建多线样式对话框的“说明”文本框内输入“24 墙体样式”，单击“添加”按钮，在“图元”列表框内添加一条线；选取“图元”列表框中新增的一条线，单击“线型”按钮，在弹出的“选择线型”对话框中加载“Center”线型，单击“确定”按钮，返回新建多线样式的对话框。在以上的设置中，也可修改现有元素的颜色(根据需要可对封口类型等特性

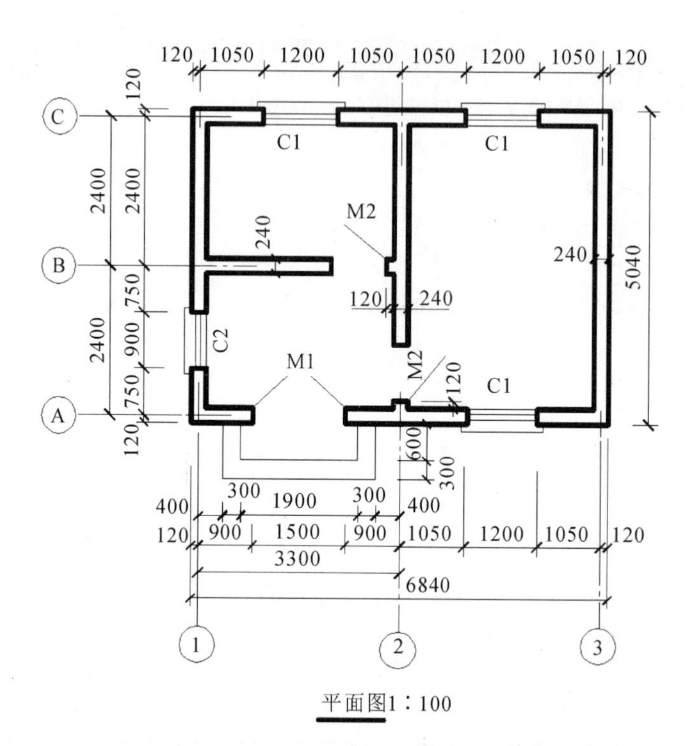

图 4-11　多线在绘制建筑平面图中的应用实例

进行设置)。单击“确定”按钮,返回“多线样式”对话框。

(3) 将新建的“24 墙线”置为当前,单击“确定”按钮,完成多线样式的设置。

2. 设置图幅和图层

点击下拉菜单【格式】→【图形界限】,左下角坐标默认为原点,右上角坐标为(8000,7000),点击下拉菜单【视图】→【缩放】→【全部(A)】,使图幅全部在绘图区显示。

设置图层如表 4-1 所示。

表 4-1　图层设置

名　　称	颜　　色	线　　型	线　　宽
0 层(画墙体)	白色	Continuous	0.5
门窗层	红色	Continuous	0.13
其他层	蓝色	Continuous	0.13

3. 捕捉与追踪

在状态栏打开极轴追踪、对象捕捉追踪及对象捕捉功能。设置极轴追踪角度增量为 90°;设置对象捕捉方式为“端点”“交点”和“中点”;设置仅沿正交方向进行捕捉。

4. 绘制墙体

(1) 用绘制多线命令(mline)绘制墙线。样式选择“24 墙线”,比例选择 240(也可将“24 墙线”多线样式定义为上下两图元偏移+120,-120,那么此时比例改为 1)。

绘外墙,默认当前设置:对正=上,即从左向右绘多线时,多线最上一条线随光标移动。利用极轴追踪功能,输入各段线的长度分别是:7000,5040,6840,6000。

绘内墙,设置:对正=无,利用 A、B 两处“中点”捕捉辅助定位。

绘制图形如图 4-12(a) 所示。

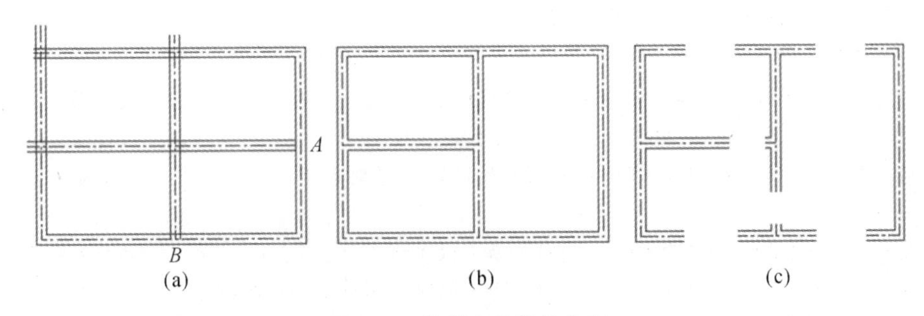

图 4-12 绘制与编辑墙体线

(a) 多线绘制墙体 (b) T 形合并、角点结合 (c) 用全部剪切开门窗洞口

(2) 用多线编辑命令编辑墙体的接头形式。用“多线编辑”对话框中的 T 形合并和角点结合编辑墙体接头,如图 4-12(b)所示。

(3) 用多线编辑命令编辑门窗洞口。方法①:先用直线定出门窗洞口的位置,用剪切命令剪切开门窗洞口。方法②:用“多线编辑”对话框中的全部剪切编辑命令后,键盘输入“From”命令,根据命令行的提示,利用“端点”“交点”捕捉来找基点,键盘输入偏移值(即门洞或窗洞距轴线的尺寸,输入相对坐标),键盘输入窗洞或门洞值(相对坐标),即可开出门窗洞口,如图 4-12(c)所示。

5. 绘制门窗线

将门窗层置为当前层。用绘直线以及偏移命令绘制门、窗图线。

注意:灵活运用相对极坐标绘制 45°门线。

6. 切换图层

将其他层置为当前层。用绘直线以及偏移命令绘制台阶图线。

4.1.3 绘制与编辑样条曲线

样条曲线是通过一系列给定点的光滑曲线。样条曲线适用于创建形状不规则的曲线,如地理图形中的等高线、视图中的断开界线(波浪线)等均可以用样条曲线绘制。

4.1.3.1 绘制样条曲线

有两种方法绘制样条曲线:一是直接用“spline”命令绘制样条曲线;另一种是用“pedit”命令对多段线进行平滑处理(略),以创建近似于样条曲线的线条,再用“spline”命令把此平滑处理过的多段线转换为样条曲线。

调用绘制样条曲线命令的方式有如下四种。

- 工具栏:“绘图(Draw)”→[图标]。
- 菜单:【绘图(D)】→【样条曲线(S)】→【拟合点(F)】或【控制点(C)】。
- 功能区:默认选项卡→绘图展开面板→“样条曲线拟合”按钮[图标]或“样条曲线控制点”按钮[图标]。
- 命令行:spline(或简写为 spl)。

执行绘制样条曲线命令后,按照命令行提示依次操作,即可完成样条曲线的绘制。

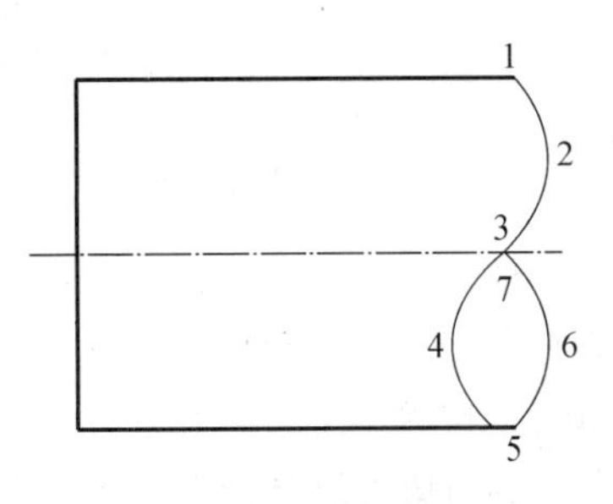

图 4-13 样条曲线

绘制图 4-13 所示的样条曲线的操作如下。

调用绘制“样条曲线”命令，系统提示：

当前设置：方式＝拟合 节点＝弦

指定第一个点或[方式(M)/节点(K)/对象(O)]：拾取点 1 //指定第一点

输入下一个点或[起点切向(T)/公差(L)]：拾取点 2 //指定第二点

输入下一个点或[端点相切(T)/公差(L)/放弃(U)]：拾取点 3 //指定第三点

……

输入下一个点或[端点相切(T)/公差(L)/放弃(U)/闭合(C)]：拾取点 7 //指定第七点

输入下一个点或[端点相切(T)/公差(L)/放弃(U)/闭合(C)]：〈Enter〉 //按回车键

执行样条曲线命令的过程中，各主要选项的含义如下。

(1) 对象(O)：可将普通多段线转换为样条曲线。样条曲线拟合多段线是指使用“pedit”命令中的“样条曲线”选项，将普通多段线转换为样条曲线的对象。

(2) 公差(L)：可定义曲线的偏差值。值越大，离控制点越远；值越小，离控制点越近。

(3) 闭合(C)：将样条曲线的端点与起点进行闭合，从而绘制出闭合的样条曲线。

(4) 起点切向(T)：可定义样条曲线的起点和结束点的切线方向。

4.1.3.2 编辑样条曲线

编辑样条曲线可以删除、添加或移动拟合点，也可以打开或闭合样条曲线；编辑起点切向和终点切向，还可以改变拟合点的公差等。参照多段线的编辑，读者可自行理解样条曲线编辑。

编辑样条曲线命令的方式有如下四种。

- 工具栏：“修改Ⅱ(Modify)”→ 。
- 菜单：【修改(M)】→【对象(O)】→【样条曲线(S)】。
- 功能区：默认选项卡→修改展开面板→“编辑样条曲线”按钮 。
- 命令行：splinedit(或简写为 spe)。

调用该命令后，系统提示如下。

选择样条曲线：

输入选项[闭合(C)/合并(J)/拟合数据(F)/编辑顶点(E)/转换为多段线(P)/反转(R)/放弃(U)/退出(X)]：

用户可按需要对样条曲线进行编辑。

4.2 填充圆环、多边形

在 AutoCAD 中，多段线、填充圆环、填充直线和二维图形的填充状态由系统变量“fill”控制。输入模式“开(ON)”，图形填充，输入模式“关(OFF)”，图形不填充。

4.2.1 填充圆环

填充圆环实际上是由具有一定宽度的带弧段的多段线封闭形成的，创建圆环的主要参数有内、外直径和圆心。若内直径为 0，则为填充圆，若内、外直径相同，则为普通圆，如图 4-14 所示。

调用填充圆环命令的方式如下。

- 菜单：【绘图(D)】→【圆环(D)】。

- 功能区：默认选项卡→绘图展开面板→“圆环”按钮 。
- 命令行：donut(或简写为 do)。

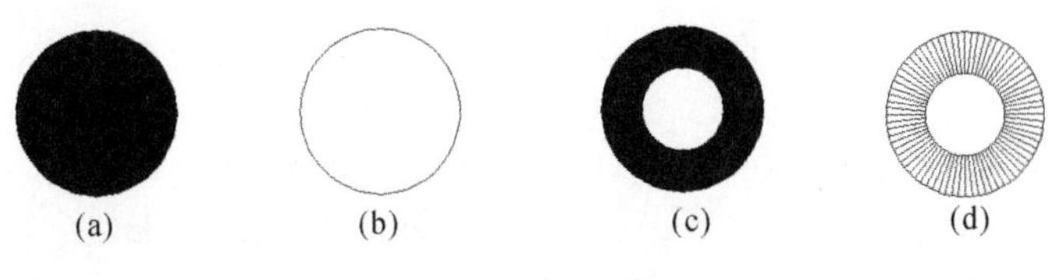

图 4-14　填充圆环

(a) 内径=0　(b) 内径=外径　(c) 内径≠外径　(d) 变量“fill”为 off 状态

调用该命令后，系统提示如下。

指定圆环的内径〈当前值〉:(指定一个内径)

指定圆环的外径〈当前值〉:(指定一个外径)

指定圆环的中心点或〈退出〉:(输入坐标或直接用鼠标单击确定圆环的中心)

指定圆环的中心点或〈退出〉:(给出下一个圆环的中心或按回车键结束命令)

注意：填充图形的填充效果由“fill”命令控制，“fill”设置为“ON”(缺省)和“OFF”的填充效果不同，读者可自行操作比较。

4.2.2　填充多边形

命令行：solid(或简写为 so)。

调用该命令后，系统提示如下。

指定第一点：拾取点 A

指定第二点：拾取点 B

指定第三点：拾取点 C

指定第四点或〈退出〉:拾取点 D

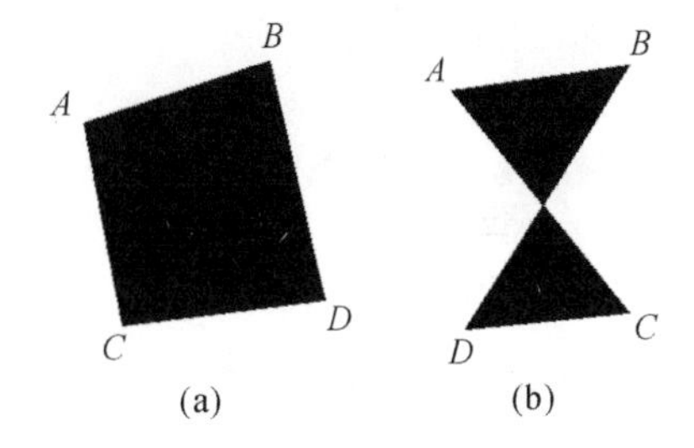

图 4-15　填充多边形

若绘制填充四边形，要选择四个点，这四个点的位置顺序很重要，尤其是第三点和第四点的顺序决定着它的形状。

比较图 4-15(a)、(b)两图，两图中点 C、点 D 的位置不同，所绘图形不同。

例 4-2　绘制如图 4-16 所示的图形。

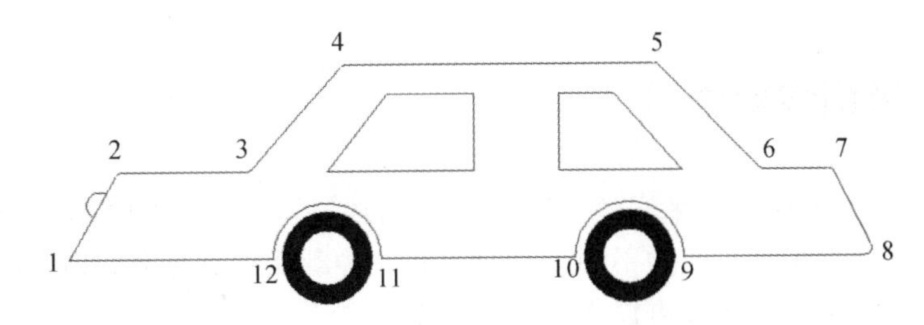

图 4-16　用多段线和填充圆环绘制图形

命令：pline〈Enter〉　　//绘制多段线的命令

指定起点：拾取点 1　　//指定起点为 1

指定下一个点或[圆弧(A)/半宽(H)/长度(L)/放弃(U)/宽度(W)]:拾取点 2

//指定点 2

指定下一点或[圆弧(A)/闭合(C)/半宽(H)/长度(L)/放弃(U)/宽度(W)]:拾取点 3
　　　　　　　　　　　　　　　　　　　　//指定点 3

……

指定下一点或[圆弧(A)/闭合(C)/半宽(H)/长度(L)/放弃(U)/宽度(W)]:拾取点 9
　　　　　　　　　　　　　　　　　　　　//指定点 9

指定下一点或[圆弧(A)/闭合(C)/半宽(H)/长度(L)/放弃(U)/宽度(W)]:A 〈Enter〉
　　　　　　　　　　　　　　　　　　　　//转画圆弧,按回车键

指定圆弧的端点或[角度(A)/圆心(CE)/闭合(C)/方向(D)/半宽(H)/直线(L)/半径(R)/第二点(S)/放弃(U)/宽度(W)]:CE 〈Enter〉
　　　　　　　　　　　　　　　　　　　　//确定圆心画圆弧,按回车键

指定圆弧的圆心:@－15,0 〈Enter〉　　　　//键盘输入相对坐标,按回车键

指定圆弧的端点或[角度(A)/长度(L)]:@－15,0 〈Enter〉
　　　　　　　　　　　　　　　　　　　　//键盘输入相对坐标,按回车键出现 9、10 段圆弧

指定圆弧的端点或[角度(A)/圆心(CE)/闭合(C)/方向(D)/半宽(H)/直线(L)/半径(R)/第二点(S)/

放弃(U)/宽度(W)]:L〈Enter〉　　　　　　//转画直线,按回车键

指定下一点或[圆弧(A)/闭合(C)/半宽(H)/长度(L)/放弃(U)/宽度(W)]:拾取点 11
　　　　　　　　　　　　　　　　　　　　//指定点 11

指定下一点或[圆弧(A)/闭合(C)/半宽(H)/长度(L)/放弃(U)/宽度(W)]:A 〈Enter〉
　　　　　　　　　　　　　　　　　　　　//转画圆弧,按回车键重复以上画圆弧、画直线的操作步骤,结束绘多线命令

命令:fillet 〈Enter〉　　　　　　　　　　//倒圆角的命令(见 5.2.5)

当前设置:模式＝修剪,半径＝0.0000

选择第一个对象或[放弃(U)/多段线(P)/半径(R)/修剪(T)/多个(M)]:r
　　　　　　　　　　　　　　　　　　　　//设置圆角半径,按回车键

输入圆角半径〈0.0000〉:2　　　　　　　　//圆角半径为 2,按回车键

选择第一个对象或[放弃(U)/多段线(P)/半径(R)/修剪(T)/多个(M)]:p
　　　　　　　　　　　　　　　　　　　　//选择多段线

命令:donut 〈Enter〉　　　　　　　　　　//绘制填充圆环的命令

按照命令行的提示,指定圆环的内径 15,指定圆环的外径 25,捕捉多段线上圆弧的圆心,放置填充圆环,完成图形。

4.3　创建和编辑面域

面域是封闭区所形成的二维实体对象。尽管前述 AutoCAD 可用矩形、圆等命令生成封闭图形,但它们与面域有本质的不同。用户需要一种既能绘制复杂的图形,操作又简便的绘图方法,创建面域和布尔运算可以满足这一需要。

4.3.1　创建面域

面域是具有物理特性(例如面积、周长、质心、惯性矩等)的二维封闭区域。可由任意封闭的平面图形来创建面域。

调用面域命令的方式如下。

- 工具栏："绘图(Draw)"→[icon]。
- 菜单：【绘图(D)】→【面域(N)】。
- 功能区：默认选项卡→绘图展开面板→"面域"按钮[icon]。
- 命令行：region(或简写为 reg)。

调用面域命令后，根据提示其操作如下。

(1) 选择对象：在窗口选择要定义成面域的对象，或将光标放在要定义成面域的对象上并单击，即可选中该对象。

(2) 按 Enter 键，完成多个面域的创建，系统将提示创建面域的数量。

4.3.2　创建边界

使用边界命令可以将封闭区域创建成面域或多段线，指定的点用于标志周围的对象并创建单独的区域或多段线。

调用边界命令的方式如下。

- 菜单：【绘图(D)】→【边界(B)】。
- 功能区：默认选项卡→绘图面板→[icon]下拉按钮，选择"边界"子选项。
- 命令行：boundary(或简写为 bo)。

任选以上方式之一，系统弹出"边界创建"对话框，如图 4-17 所示。对封闭区域才可创建边界，默认情况下，创建的边界是多段线，也可以用创建面域的方法将其转化为面域。

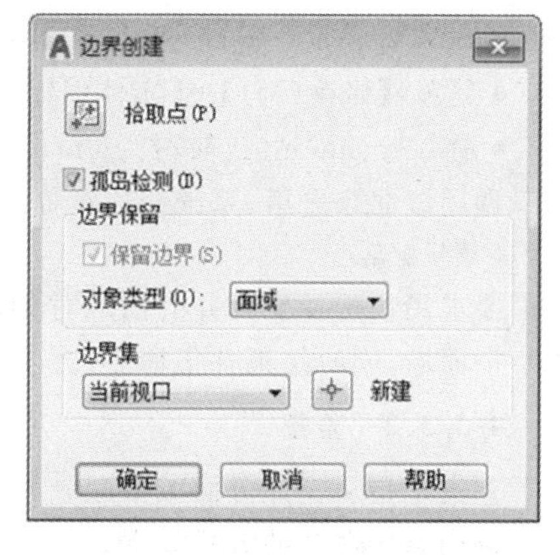

图 4-17　"边界创建"对话框

用边界创建面域的步骤如下。

(1) 菜单【绘图(D)】→【边界(B)】。

(2) 在"边界创建"对话框的"对象类型"栏中，选择"面域"。

(3) 在使用"拾取点"创建边界时，如果想限制分析对象的数目，请选择"边界集"栏中的"新建"按钮。在"选择对象"提示下选择需要分析的对象，然后按回车键。

(4) 选择"拾取点"。

(5) 在每个要定义为面域的区域中指定图形中的一点，然后按回车键。

定义对象类型、边界集和孤岛检测方式，根据指定点定义边界时将用到这些设定。"边界创建"对话框是"边界图案填充"对话框的一部分。对话框中有很多选项变成灰色，不可使用。要想使用这些选项，必须用"bhatch"命令调出"图案填充和渐变色"对话框。

4.3.3　布尔运算

布尔运算的对象是面域，通过对面域进行布尔运算来创建组合新面域。系统运用数学集合中的并集(union)、差集(subtract)和交集(intersect)三种常用的运算方式，将面域当成集合来处理，其效果如图 4-18 所示。为方便编辑，可调用"实体编辑"工具条，如图 4-19 所示(在 AutoCAD 工作界面上，鼠标右键点击任意工具栏，可在弹出的工具栏菜单中调入"实体编辑"

工具栏；也可从下拉菜单【工具】→【工具栏】→【AutoCAD】调出“实体编辑”工具栏）。

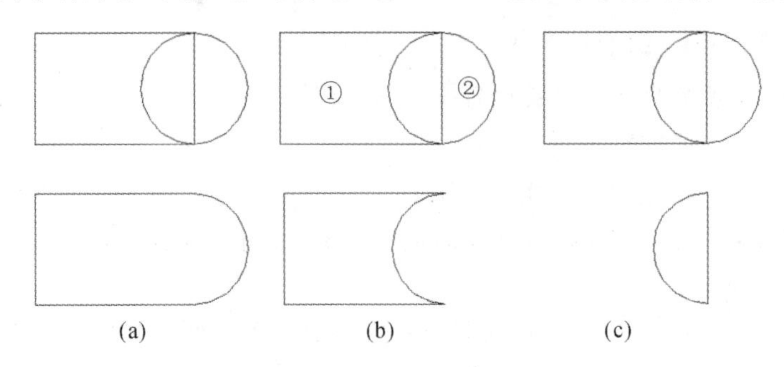

图 4-18 布尔运算

(a) 并集 (b) 差集 (c) 交集

图 4-19 “实体编辑”工具栏

4.3.3.1 并集

并集是指将两个或多个面域相加，合并成为一个面域，即求出面域的和集。

调用并集命令的方式如下。

- 工具栏：“实体编辑(Solid Editing)”→ 。
- 菜单：【修改(M)】→【实体编辑(N)】→【并集(U)】。
- 命令行：union(或简写为 uni)。

调用该命令之后，系统会连续提示如下。

选择对象：

要求用户选择要合并的面域对象，完成选择后回车，AutoCAD 将选择的面域对象合并为一个面域，同时结束并集命令，图 4-18(a)所示为并集的前后比较。

4.3.3.2 差集

差集是指从一部分面域中减去另一部分面域，即求出面域的差集。

调用差集命令的方式如下。

- 工具栏：“实体编辑(Solid Editing)”→ 。
- 菜单：【修改(M)】→【实体编辑(N)】→【差集(S)】。
- 命令行：subtract(或简写为 su)。

调用差集命令之后，首先要选择被减去的面域，系统提示如下。

SUBTRACT 选择要从中减去的实体或面域 …

选择对象…〈Enter〉 //选择被减去的面域①部分，回车

要求用户选择被减去的面域，可以选择多个，选择完毕后回车，命令窗口会显示出选择面域的数量，并继续提示如下。

选择要减去的实体或面域…

选择对象： //选择要减去的面域②部分

要求用户选择要减去的面域，可以选择多个，选择完毕后回车，AutoCAD 自动生成由前面选择的面域减去后面选择的面域所形成的新面域，同时结束差集命令，图 4-18(b)所示为差集的前后比较。

4.3.3.3 交集

交集是指求出两个面域中的公共部分，即求出面域的公共集。

调用交集命令的方式如下。

- 工具栏："实体编辑(Solid Editing)"→。
- 菜单：【修改(M)】→【实体编辑(N)】→【交集(I)】。
- 命令行：intersect(或简写为 in)。

调用交集命令之后，系统连续提示如下。

选择对象：

要求用户选择要进行交集运算的面域对象，选择完毕后回车，AutoCAD 自动生成由所选择的面域的公共部分组成的新面域，图 4-18(c)所示为交集的前后比较。

4.4 图案填充

图案填充是指用某种图案充满图形中的指定区域，图案填充在绘制工程图样中经常应用，如加绘建筑形体的阴影、在剖视图中绘制剖面线等。在剖视图的剖切断面上绘制剖面线是最为常见的一种图案填充方法，根据国家标准的规定，不同的材料要采用不同的图案进行填充。AutoCAD 为用户提供了丰富的图案填充的图案文件，如果在图案库里找不到适合的图案，也可自定义简单填充图案。

4.4.1 选择图案填充

在 AutoCAD 2017 中，"图案填充"和"渐变色"可在"图案填充创建"选项板或"图案填充和渐变色"对话框中转换进行，打开该选项卡的方法有以下几种。

- 工具栏："绘图(Draw)"→。
- 菜单：【绘图(D)】→【图案填充(H)】。
- 功能区：默认选项卡→绘图面板→下拉按钮，选择"图案填充"子选项。
- 命令行：bhatch(或简写为 bh)。

任选以上方式之一，系统在功能区打开如图 4-20 所示的"图案填充创建"选项板，再点击图中方框所示处，系统会弹出如图 4-21 所示的"图案填充和渐变色"对话框(也可输入该命令后，在命令行提示下，输入 T，按回车键)，这两处中的选项是对应相同的。"图案填充和渐变色"对话框是传统的，用户只需按对话框上的提示选择和设置即可。

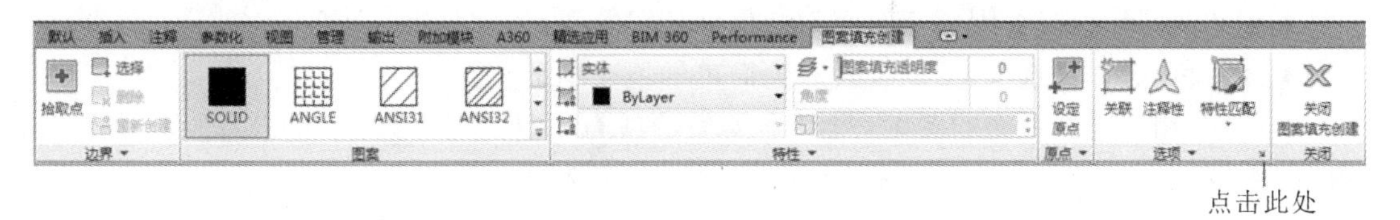

图 4-20 "图案填充创建"选项板

本书根据"图案填充创建"选项板来讨论图案填充选项的功能，该选项板包括以下功能。

(1) 设定图案填充的类型：创建图案填充，用户首先需要设置图案填充的类型。用户既可以使用系统预定义的图案样式进行图案填充，也可以自定义一个简单或创建一个更加复

图 4-21　“图案填充和渐变色”对话框

杂的图案样式进行图案填充。在“特性”选项板的“图案填充类型”下拉列表中提供了四种图案填充类型，如图 4-22 所示。

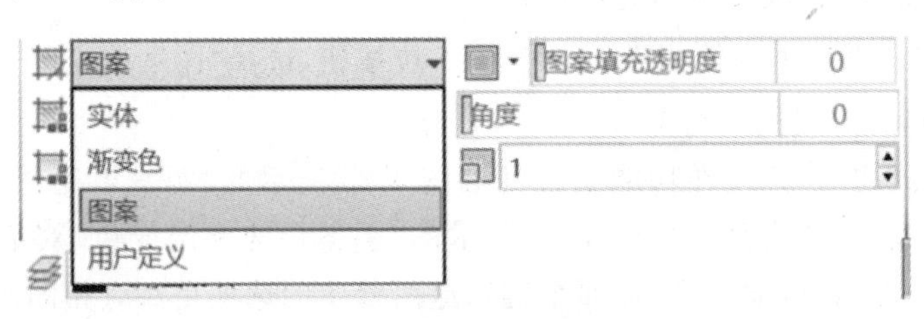

图 4-22　填充图案的四种类型

- 实体：选择该选项，则填充图案为纯色(solid)图案。
- 渐变色：选择该选项，可以设置双色简单的填充图案。
- 图案：用于设置填充的图案(只有当类型选项为预定义时有效)。点击“图案”面板右侧的下拉箭头，弹出图 4-23 所示的“图案填充图案”列表框。
- 用户自定义：点击“特性”展开面板，如图 4-24 所示，再点击 双 按钮，可以利用当前线型定义由一组平行线或相互垂直的两组平行线组成的图案。

(2) 设置图案填充的角度：用于设置图案填充的旋转角度。每种图案在定义时的旋转角为零。用户既可以在“特效”选项板的“填充图案角度”文本框中输入图案的角度数值，也可以拖动旁边的滑块来控制角度的大小，如图 4-25 所示。

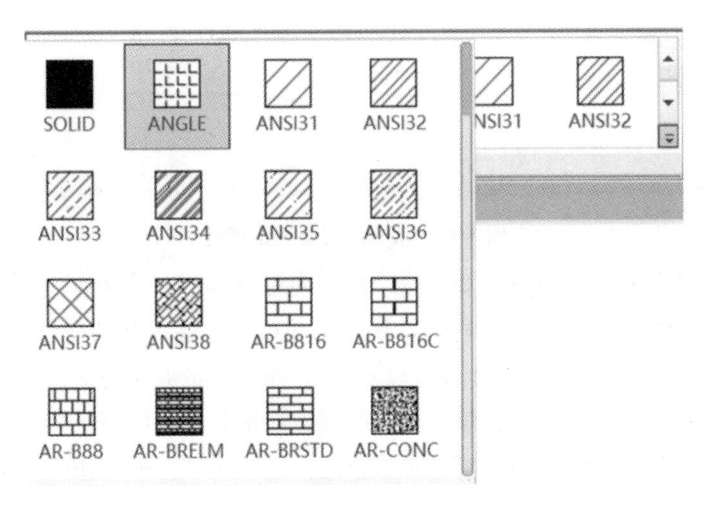

图 4-23　“图案填充图案”列表框

图 4-24　用户自定义选项框

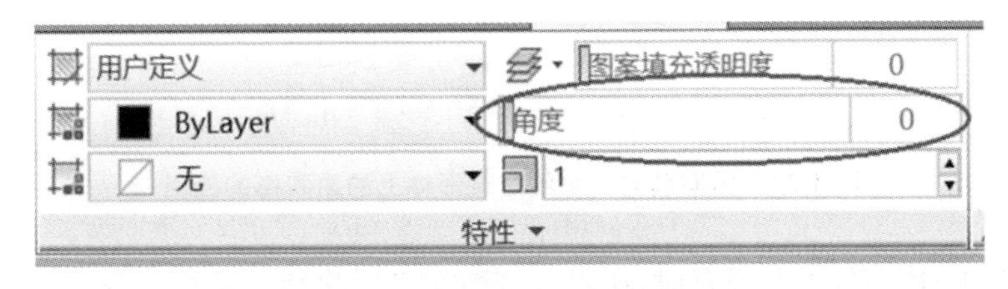

图 4-25　填充图案角度设置框

（3）设置图案填充的比例：用于设置图案填充时的缩放比例，可以控制图案的密度。用户可以在“特效”选项板的“填充图案比例”文本框中输入图案的比例值（见图 4-26）。在 AutoCAD 中，预定义剖面线图案的默认缩放比例是 1。若绘制剖面线时没有指定特殊值，系统将以默认比例值填充剖面线。图案比例选项的设置与视图缩放比例和打印输出的比例有关。本书为了简化因这两个比例对图形对象的影响而带来的复杂设置，将打印输出比例设置为 1∶1，因此剖面线应在视图缩放后再绘制，以免造成剖面线的间隔过大或过小。图案比例为 1 时，ANSI31 剖面线之间的间隔为 3.18 mm，因此，一般情况下可将图案比例设置为 1.25，即剖面线的间隔约为 4 mm。

（4）指定填充边界。在 AutoCAD 中，指定填充边界线主要有两种方法：在闭合区域中选取一点，系统将自动搜索闭合线的边界；通过选取对象来定义边界。

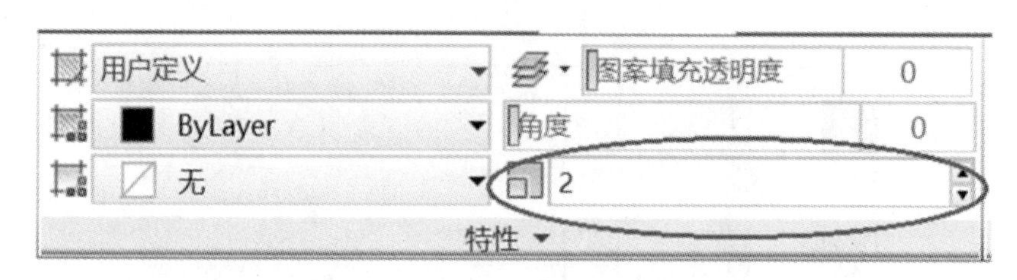

图 4-26　填充图案比例设置框

用户可以利用“图案填充创建”选项板→边界面板→“拾取点”按钮，以拾取点的方式来指定填充区域的边界。单击按钮后，用户选择填充区域内部的任意点，如果包围该点的轮廓线是封闭的，则该轮廓线会变为虚线显示，说明选择填充区域成功。如果包围该点的轮廓线不是封闭的，系统会提示边界定义错误，用户应重新选择填充区域。

用户也可以利用“图案填充创建”选项板→边界面板→ “选择”按钮 选择，以选择对象的方式来指定填充区域的边界。

下面以图 4-27 为例，说明图案填充在加绘建筑形体上的阴和影的应用。

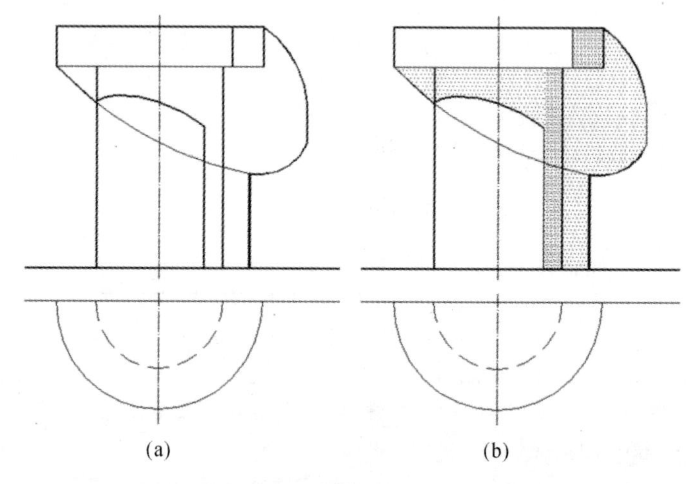

图 4-27　图案填充在加绘建筑形体上的阴和影的应用

(a) 加绘阴影前　(b) 加绘阴影后

为区分阴面和影面，图案填充前，在阴面与影面之间绘制一条辅助线，并做两次如下操作。图案填充完成后，擦除辅助线。

操作步骤如下。

(1) 从功能区绘图面板中单击按钮(从绘图工具栏中单击按钮)，弹出“图案填充创建”选项板。

(2) 在“图案填充创建”选项板中选择填充类型为“图案”，在“图案填充图案”列表中选择填充图案“DOTS”，如图 4-28 所示。

(3) 在“特性”选项板中，选取加绘阴和影的比例不同(阴的比例可小一点)，以示区别阴面和影面。单击按钮，指定填充区域的边界。

(4) 按 Enter 键确认，即可完成图案填充。

提示：填充图案也可选择颜色，以深浅色区分阴和影。

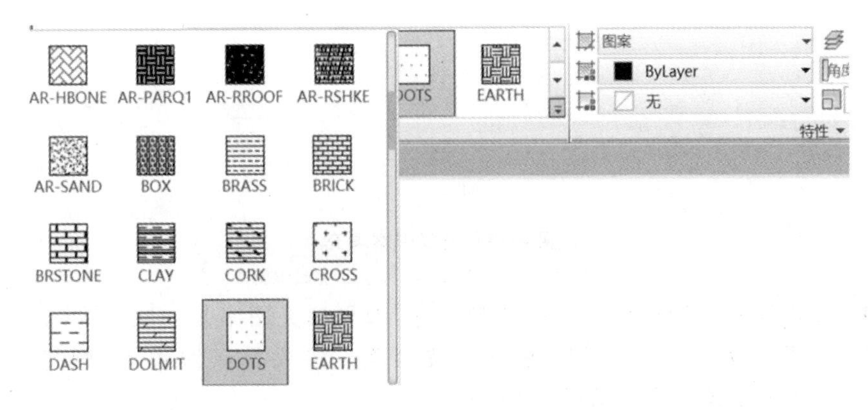

图 4-28　选择加绘阴影的图案

4.4.2　编辑图案填充

无论是关联还是非关联填充图案，都可以编辑填充边界和填充图案。如果编辑关联填充的边界，只要编辑结果位于有效边界内，则图案将会被更新。即使关联填充所处的图层已被关闭，它们也会进行更新。

调用编辑图案填充命令的方式如下。

- 工具栏："修改Ⅱ"→[图标]。
- 功能区：默认选项卡→修改展开面板→[图标]。
- 命令行：hatchedit(或简写为 he)。

调用该命令、选择对象后，弹出如图 4-29 所示的"图案填充编辑"对话框，通过该对话框，可以改变填充图案的比例、旋转角度和关联性，或者更换填充图案。对于关联图案，当用户调整用作图案边界的对象时，填充图案会随之调整。如果不关联，当用户调整用作图案边界的对象时，填充图案不会随之调整，编辑结果如图 4-30 所示。

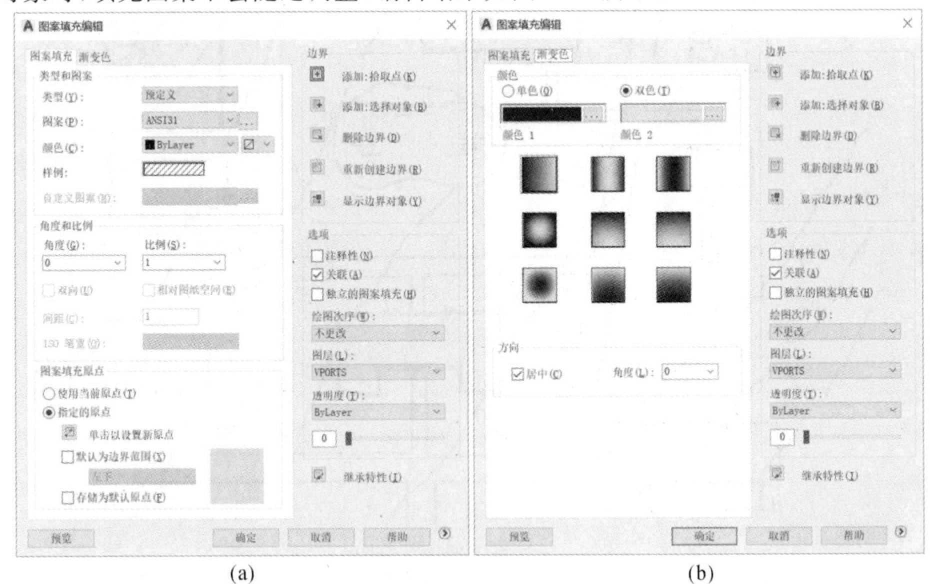

图 4-29　"图案填充编辑"对话框

(a) 图案填充　(b) 渐变色

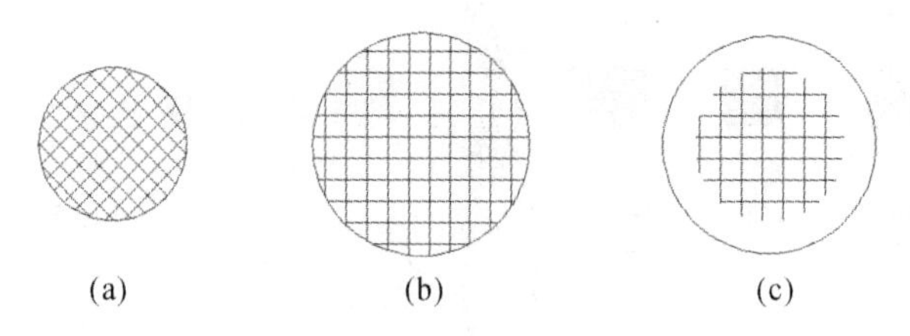

图 4-30　编辑图案填充

(a) 原图　(b) 关联编辑　(c) 不关联编辑

可用任意选择方法选择填充图案并删除它，如果填充图案是关联的，并且系统变量“Pickstyle”被设置为 2 或 3，则边界也将被删除。如果要保留边界，则将系统变量“Pickstyle”设置为 0 或 1，默认情况为 1。

4.4.3　分解填充图案

填充图案对象在图形中是一个单独的整体对象（类似于块）。可用“explode”命令或修改工具栏中的按钮，将填充图案分解为组成该图案的线条。分解后的图案不再是单一对象，自然也谈不上关联了，也无法使用“hatchedit”命令编辑。

4.5　徒手绘图

在建筑总平面图中，需要绘制如图 4-31 所示的等高线等不规则的曲线。这种曲线可用徒手绘图命令“sketch”来绘制，即可通过在屏幕上移动光标绘出任意形状的线条和图形，如同用笔在图纸上画线一样。

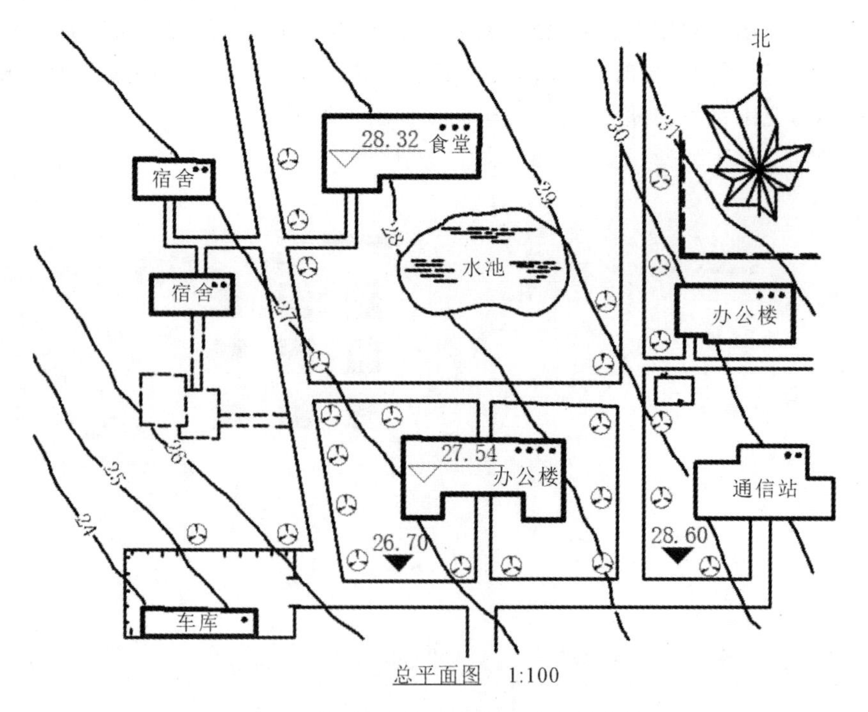

图 4-31　徒手绘图在建筑图中的应用实例

调用徒手画图命令的方式如下。

- 功能区：默认选项卡→绘图展开面板→下拉按钮[按钮图标]，选择“徒手画”子选项。
- 命令行：sketch。

调用该命令后，系统会给出如下提示。

类型=直线 增量=1.0000 公差=0.5000

指定草图或[类型(T)增量(I)公差(L)]：

若要改变当前画线的类型、增量值和公差值，可在命令行输入选项调整。

确定画图起点后，命令行给出如下提示。

指定草图：

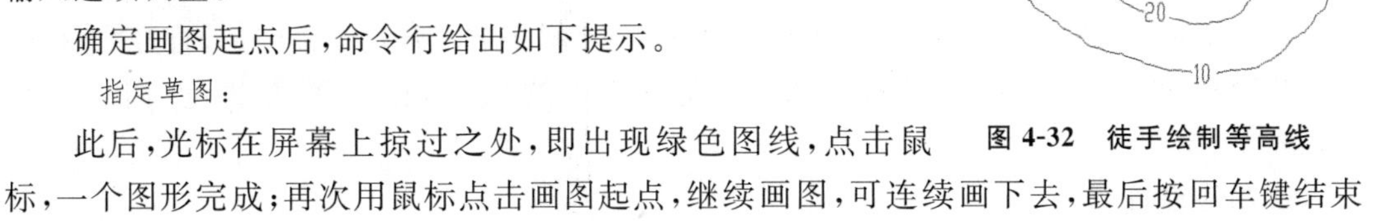

图 4-32　徒手绘制等高线

此后，光标在屏幕上掠过之处，即出现绿色图线，点击鼠标，一个图形完成；再次用鼠标点击画图起点，继续画图，可连续画下去，最后按回车键结束命令。

提示：类型选项是直线，画出的图线是按增量确定组成的一段段独立线条；类型选项为多段线，画出的图线是整段；类型选项是样条曲线，画出的图线是整段但像波浪线。

应用“徒手画”绘制的等高线如图 4-32 所示。

4.6　绘制组合体三视图

例 4-3　绘制如图 4-33 所示的组合体三视图。

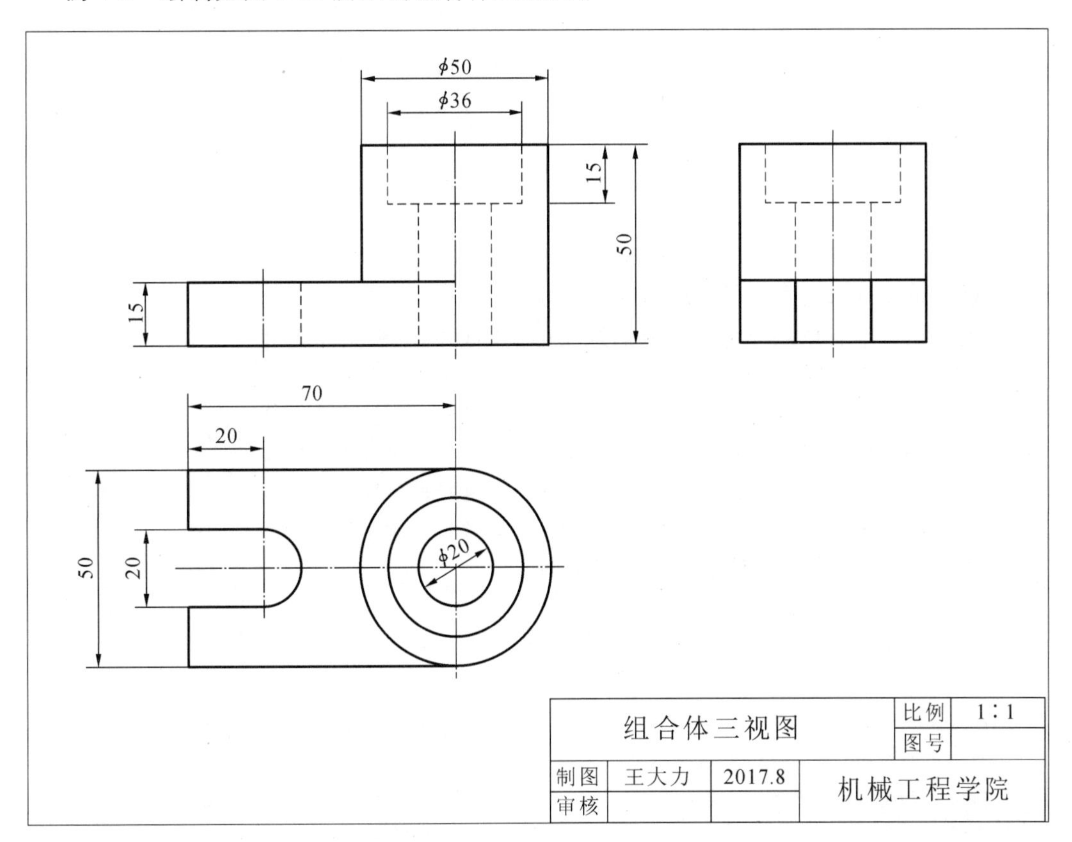

图 4-33　组合体三视图

知识要点:【直线】【圆】【偏移】和【修剪】等命令的综合运用。运用三视图的投影规律作图。

操作要点:运用【直线】命令绘制基准线;运用【圆】命令绘制图中的圆和圆弧轮廓;运用【偏移】命令绘制其他轮廓线;运用【修剪】命令编辑图形的轮廓线;运用【图层控制】下拉列表调整各图线的图层。

操作步骤:

1. 设置图幅

从图中尺寸分析,三视图可以1∶1尺寸画在A4幅面上。新建一幅图形,打开“选择样板”对话框,调入“A4. dwt”样板文件,增设一个虚线层,颜色设置为黄色,调入线型“Dashed”。

2. 功能设置

打开极轴追踪、对象捕捉追踪和对象捕捉功能,设定对象捕捉方式为:圆心、垂足、交点。

3. 绘图

(1) 画作图基准线。用“直线”命令分别在0层和虚线层画出三个视图中圆柱的轴线,在俯视图上画出图形的对称中心线,在主、左视图上画出组合体底边线,如图4-34所示。

(2) 画圆及圆柱的外轮廓线。

① 画圆。

```
命令:_circle
指定圆的圆心或[三点(3P)/两点(2P)/相切、相切、半径(T)]:拾取点A
                                            //捕捉交点A确定圆心
指定圆的半径或[直径(D)]:10 <Enter>          //输入圆的半径,按回车键确认
命令:circle                                  //按回车键重复命令
指定圆的圆心或[三点(3P)/两点(2P)/相切、相切、半径(T)]:
                                            //捕捉交点A
指定圆的半径或[直径(D)]:18 <Enter>          //输入圆的半径,按回车键确认
```

继续用重复画圆的命令画出直径为50的圆。

② 用“line”命令并结合对象捕捉追踪功能画圆柱的主视图外轮廓。

```
命令:_line 指定第一点:拾取点C               //从B点向上追踪至C点
指定下一点或[放弃(U)]:50                    //从C点向上追踪并输入距离50
指定下一点或[放弃(U)]:50                    //继续向右追踪并输入距离50
指定下一点或[闭合(C)/放弃(U)]:拾取点D       //捕捉垂点D
指定下一点或[闭合(C)/放弃(U)]:<Enter>       //按回车键确认结束命令
```

③ 用“offset”命令画圆柱的左视图外轮廓。

```
命令:_offset
指定偏移距离或[通过(T)]<8.0000>:25 <Enter> //指定偏移距离
选择要偏移的对象或<退出>:                   //选择轴线E
指定点以确定偏移所在一侧:                   //选择轴线E左边为偏移方向
选择要偏移的对象或<退出>:                   //选择轴线E
指定点以确定偏移所在一侧:                   //选择轴线E右边为偏移方向
选择要偏移的对象或<退出>:<Enter>            //按回车键确认结束命令
```

用“line”命令，并结合对象捕捉追踪功能画出上面一条直线，再修剪、擦除多余线条，绘制图形如图 4-35 所示。

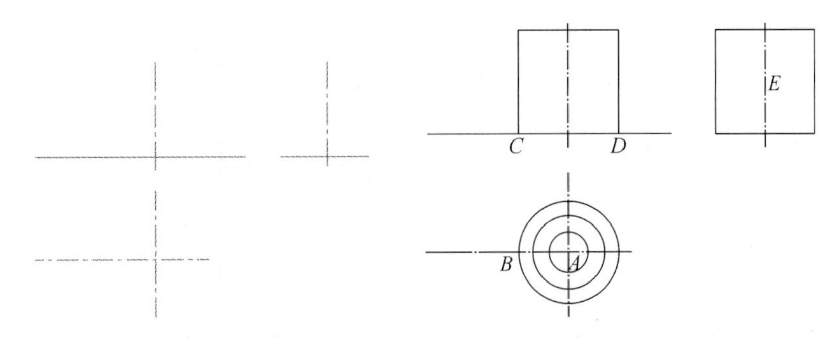

图 4-34　画作图基准线　　**图 4-35　画圆及圆柱外轮廓线**

(3) 画底板的外轮廓线。

用“line”命令并结合自动追踪功能画底板三视图外轮廓。

```
命令:_line 指定第一点:拾取点 1                    //捕捉交点 1
指定下一点或[放弃(U)]:70                         //从 1 点向左追踪并输入距离 70
指定下一点或[放弃(U)]:50                         //继续向上追踪并输入距离 50
指定下一点或[闭合(C)/放弃(U)]:拾取点 2            //捕捉交点 2
指定下一点或[闭合(C)/放弃(U)]:〈Enter〉           //按回车键确认结束命令
命令:LINE                                        //按回车键重复命令
指定第一点:拾取点 4                               //从 3 点向上追踪至 4 点
指定下一点或[放弃(U)]:15                         //继续向上追踪并输入距离 15
指定下一点或[放弃(U)]:拾取点 5                    //捕捉垂点
指定下一点或[闭合(C)/放弃(U)]:〈Enter〉           //按回车键确认结束命令
命令:LINE                                        //按回车键重复命令
指定第一点:拾取点 6                               //从 5 点向右追踪至 6 点
指定下一点或[放弃(U)]:拾取点 7                    //捕捉垂点
指定下一点或[闭合(C)/放弃(U)]:〈Enter〉           //按回车键确认结束命令
```

所绘图形如图 4-36 所示。

(4) 画圆柱的内轮廓线。用“line”“offset”命令并结合对象捕捉追踪功能画圆柱的内轮廓线，并运用“图层控制”下拉列表调整图线到虚线层，图形如图 4-37 所示。怎样安排画图，请读者参照上述画图步骤自行考虑。

(5) 画底板左边的 U 形槽。用“offset”“circle”“line”命令并结合对象捕捉追踪功能画底板左边的 U 形槽，再修剪、擦除多余线条。怎样安排画图，请读者参照上述画图步骤自行考虑，完成图形如图 4-38 所示。

将所绘图形以图名“组合体三视图.dwg”保存。待学习第 6 章后，继续完成全图。

作图方法小结

本章仍然采用基本的绘图与编辑命令绘制三视图，但在作图过程运用了 AutoCAD 的辅助绘图工具(如极轴追踪、对象捕捉追踪和对象捕捉功能等)，可见熟悉与灵活使用 AutoCAD 的辅助绘图工具对加快绘图速度、提高绘图质量有较大的帮助。

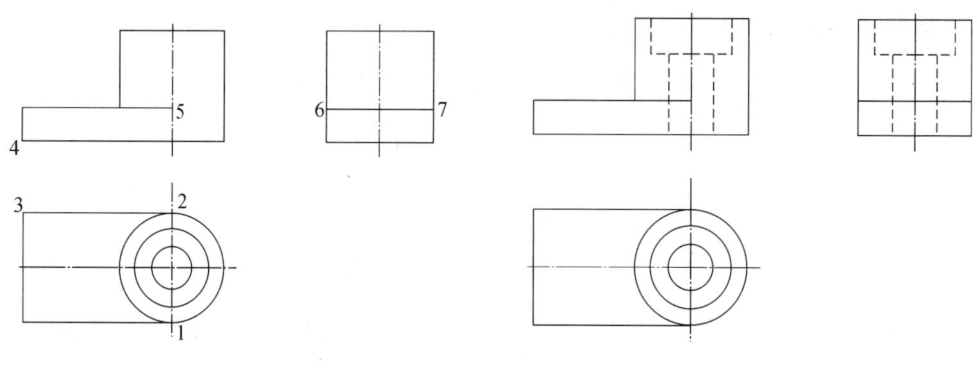

图 4-36　画底板外轮廓线　　　　图 4-37　画圆柱内轮廓线

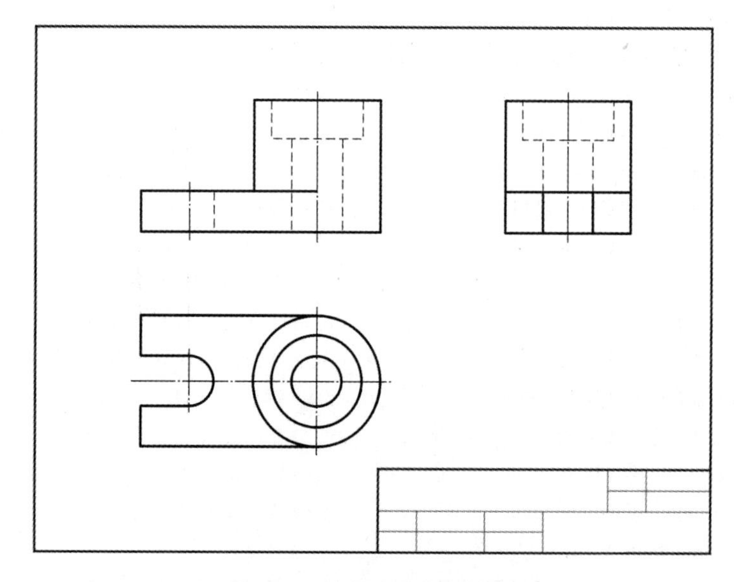

图 4-38　绘制完成的三视图

思考与练习

1. 如何创建多线样式？如何运用多线绘制建筑平面图？

2. 作等高线的方法有几种？

3. 上机练习：绘制图 4-12 所示的建筑墙体线。

4. 上机练习：绘制图 4-39 所示的三视图；试将主视图作全剖切，并绘制主视剖视图（不标注尺寸）。

5. 上机练习：绘制图 4-40 所示的三视图；试将主视图作局部剖切，并绘制主视局部剖视图（不标注尺寸）。

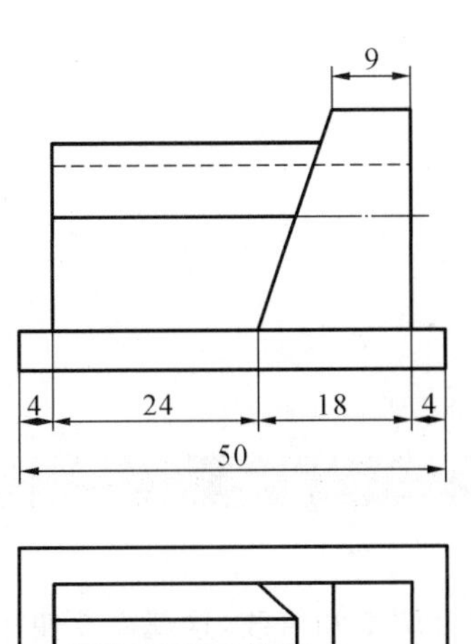

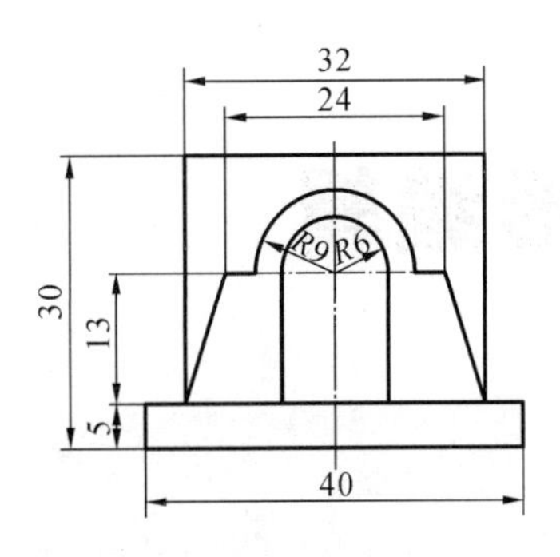

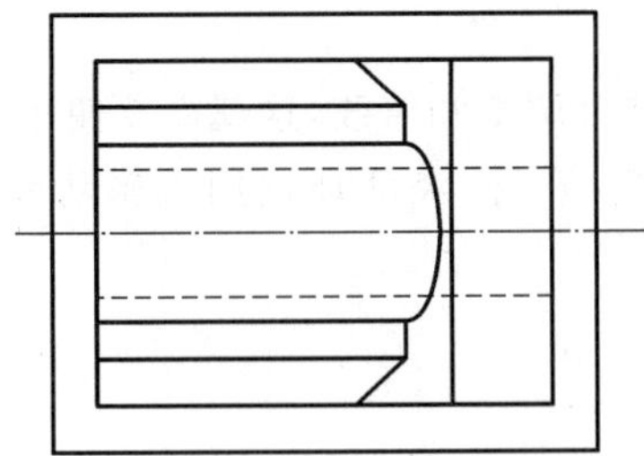

图 4-39　形体三视图(一)

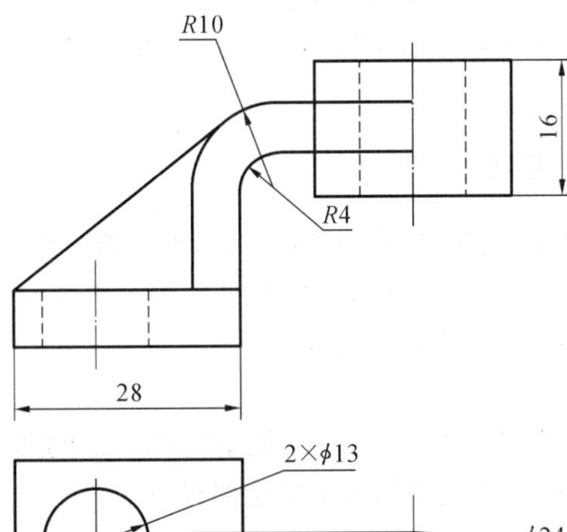

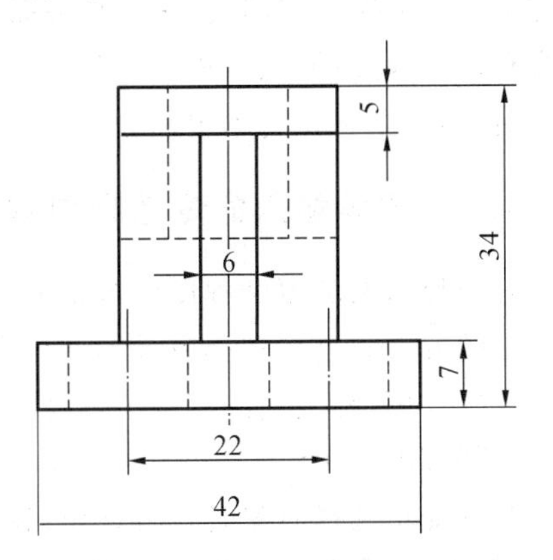

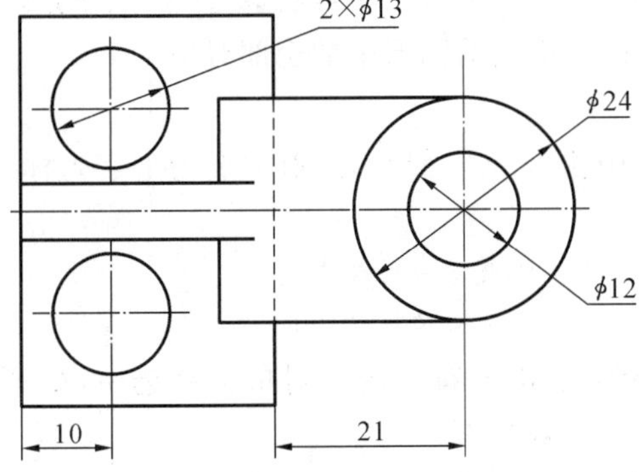

图 4-40　形体三视图(二)

图形编辑

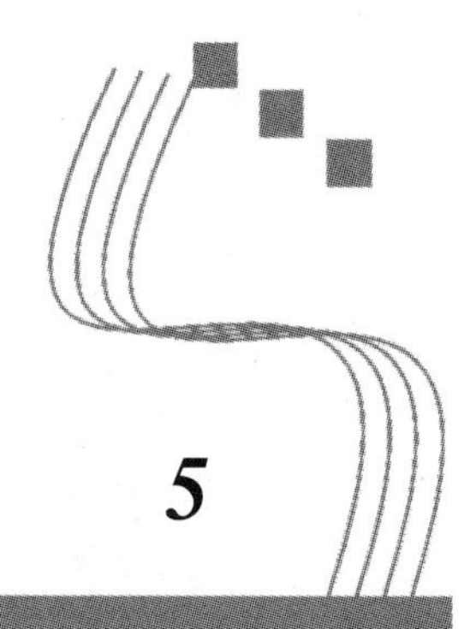

5

用户在绘图过程中，经常需要对图形对象进行调整和修改，这就需要使用系统提供的图形编辑功能。AutoCAD 提供了丰富的编辑功能，熟练、灵活地运用编辑功能，可以提高绘图的效率与质量。

5.1 选择对象的方法

在 AutoCAD 中，图形的编辑操作都是针对所选择的对象进行的。用户选择编辑对象时通常有两种操作顺序：一种是先发出编辑命令，后选择被编辑的对象；另一种是先选择被编辑的对象，然后再执行编辑命令。

5.1.1 键盘输入命令选择对象的方法

针对选择对象的复杂程度和数量的不同，有多种选择对象的方式，本节将介绍几种常用选择对象的方式。这些选择方式的调用方法是：执行某一命令时，系统提示选择对象，输入某种选择方式（名称前面的英文字母）然后回车，就调用了这种选择方式。

1. 全部(All)选择

当系统提示选择对象时，在命令行窗口中输入“all”，回车，或选择下拉菜单【编辑(E)】→【全部选择(L)】，还可用快捷键 Ctrl+A，即选中当前图形中的全部对象。

2. 窗口(Window)选择

当系统提示选择对象时，在命令行窗口中输入“w”，回车，拾取框变为十字光标，系统继续提示如下。

指定第一角点：拾取点 A　　　　//指定第一角点 A 点
指定对顶角点：拾取点 B　　　　//指定对顶角点 B 点

给定确定矩形窗口的两个对角点，整个位于矩形窗口内的对象会被选中，如图 5-1 所示。而只有一部分进入矩形窗口内的对象，不会被选中。

注意：在 3.2.1 节中提示过，选中的对象会变粗，图线看似有蓝色的光晕。

3. 交叉窗口(Crossing)选择

当系统提示选择对象时，在命令行窗口中输入“c”，回车，拾取框变为十字光标，系统继续提示如下。

指定第一角点：拾取点 A　　　　//指定第一角点 A 点
指定对顶角点：拾取点 B　　　　//指定对顶角点 B 点

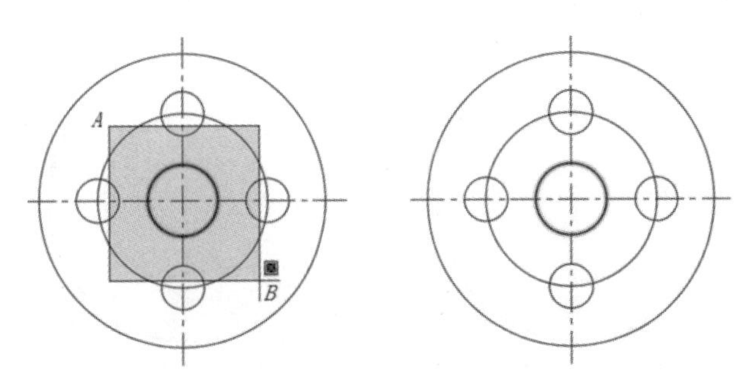

图 5-1 窗口选择

给定确定矩形窗口的两对角点,位于矩形窗口内的对象以及与交叉窗口的边界相交的对象都会被选中,如图 5-2 所示。

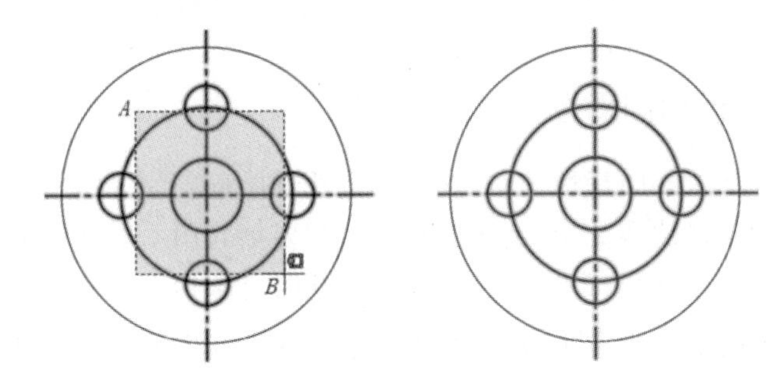

图 5-2 交叉窗口选择

注意:窗口选择、交叉窗口选择与默认窗口选择的区别在于:① 光标形状不同;② 当指定矩形窗口第一角点时,无论拾取的点是否在对象上,窗口选择和交叉窗口选择都不会选择该对象。

4. 不规则窗口(Wpolygon 或 CpoIygon)选择

当系统提示选择对象时,在命令行窗口中输入“wp”,回车,拾取框变为十字光标,按照提示依次指定若干点,被不规则形状区域包围的对象同时被选中。

当系统提示选择对象时,在命令行窗口中输入“cp”,回车,拾取框变为十字光标,按照提示依次指定若干点,被不规则形状区域包围的对象同时被选中,以及与交叉多边形窗口的边界相交的所有对象都被同时选中。

5. 栅选(Fence)方式

当系统提示选择对象时,在命令行窗口中输入“f ”,回车,这时系统提示如下。

```
第一栏选点:拾取点 A                    //指定选择线起点 A 点
指定直线的端点或[放弃(u)]:拾取点 B      //指定选择线端点 B 点
指定直线的端点或[放弃(u)]:
```

要求依次指定选择线的端点,直到按回车键或空格键结束,与选择线相交的所有对象都被选中了。用栅选方式可以显著提高绘图效率,如图 5-3 所示。

6. 最后(Last)选择

当系统提示选择对象时,在命令行窗口中输入“l”,回车,就选取了最后一次操作中选择的对象。

7. 撤销(Undo)选择

当系统提示选择对象时,在命令行窗口中输入“u”,回车,就撤销最后操作中选择的对象。连续输入“u”,并回车,就从后往前依次撤销前面操作中选择的对象。

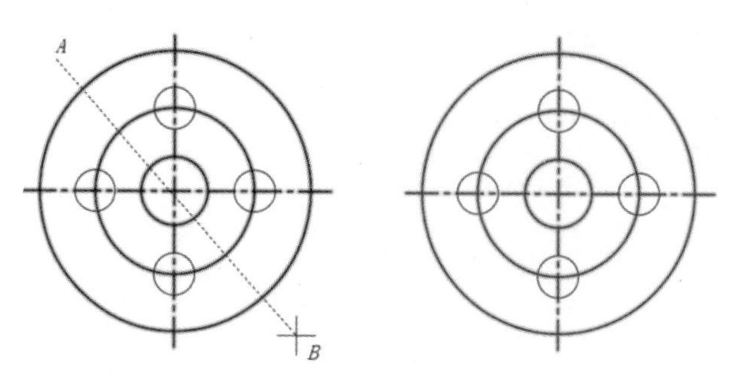

图 5-3　栅选

8. 上一次(Previous)选择

当系统提示选择对象时，在命令行窗口中输入“p”，回车，就选取了上一次操作中选择的对象。

5.1.2　快速选择相同对象

当需要选择具有某些共同特性的对象时，可利用“快速选择”对话框，根据对象的图层、线型、颜色、图案填充等特性和类型，创建选择集。如要擦除图 5-4 所示图形中的全部直线，一一选择每一条直线较为麻烦，也影响绘图速度。这时可选择下拉菜单【工具(T)】→【快速选择(K)】，打开“快速选择”对话框(亦可点击功能区实用工具面板上“快速选择”按钮，还可在图形旁边单击鼠标右键，在弹出的快捷菜单中点击“快速选择”命令，或者输入“Qselect”命令后按回车键)。在对话框中做如图 5-5 所示的选择，按“确定”键，图 5-4 中的全部直线都选中。然后发出“删除”命令，则图形中的直线都消失。

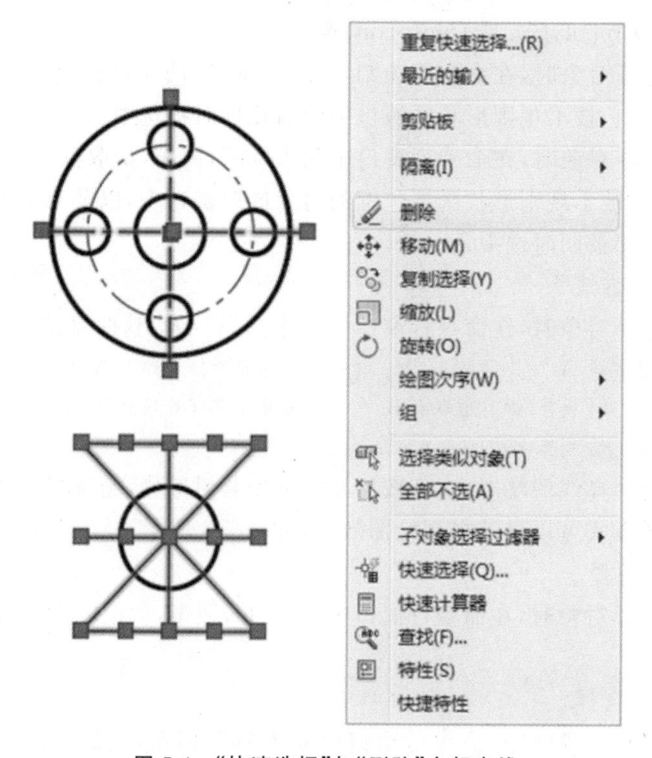

图 5-4　“快速选择”与“删除”全部直线

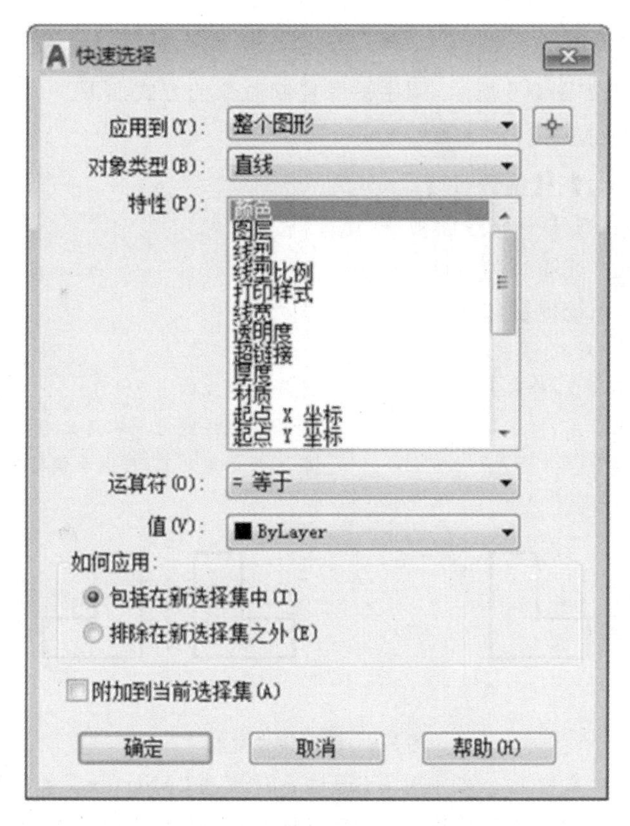

图 5-5　“快速选择”对话框

5.2　常用编辑命令

5.2.1　图形的复制

5.2.1.1　复制

在绘制相同结构时，复制命令可以一次或多次地将对象复制到指定位置，并保持原对象不变。调用复制命令的方式如下。

- 工具栏：“修改(Modify)”→ 。
- 菜单：【修改(M)】→【复制(Y)】。
- 功能区：默认选项卡→修改面板→“复制”按钮。
- 命令行：copy(或简写为 co、cp)。

调用该命令后，系统提示如下。

选择对象：　　//选择一个或者连续选择多个对象，选择完成后按回车键

当前设置：复制 模式＝多个

指定基点或[位移(D)/模式(O)]〈位移〉：　　//指定基点，按回车键

指定第二个点或〈使用第一个点作为位移〉：　　//指定位移的第二点

指定第二个点或[退出(E)/放弃(U)]〈退出〉：　　//如还需复制，则指定位移的第二点，否则按回车键结束命令

5.2.1.2　镜像复制

镜像复制的结果如图5-6所示，调用镜像复制命令的方式如下。

- 工具栏："修改(Modify)"→ 。
- 菜单：【修改(M)】→【镜像(I)】。
- 功能区：默认选项卡→修改面板→"镜像"按钮。
- 命令行：mirror(或简写为mi)。

调用该命令后，系统提示如下。

```
选择对象://选中对象,按回车键
指定镜像线的第一点:拾取1点            //选择镜像线的端点1
指定镜像线的第二点:拾取2点            //选择镜像线的另一端点2,按回车键
要删除源对象吗?[是(Y)/否(N)]<N>:   //默认保留源对象,按回车键结束命令
```

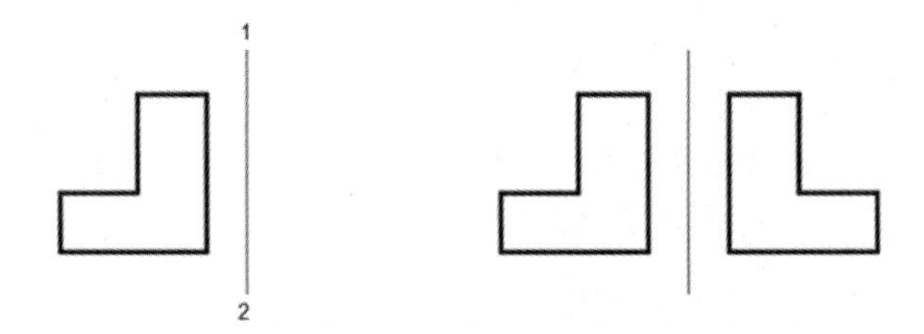

图5-6　图形镜像复制

注意：若镜像的对象中包含文字时，可通过系统变量"Mirrtext"来设置文字部分是否要做镜像。系统变量为0时，文字对称复制，不会镜像；系统变量为1时，文字对称复制同时也被镜像，如图5-7所示。

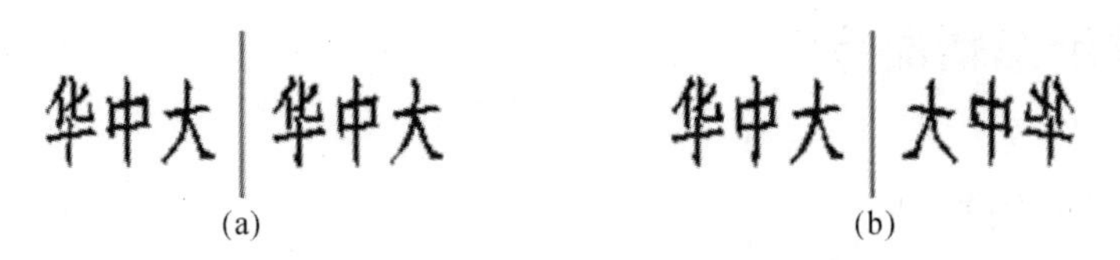

(a)　　(b)

图5-7　文字镜像

(a) Mirrtext=0　(b) Mirrtext=1

5.2.1.3　阵列复制

用阵列命令可以将对象按矩形排列、环形(极轴)排列、路径排列的方式同时复制。

调用该命令的方式如下。

- 工具栏："修改(Modify)"→下拉按钮 ，选择子选项。
- 菜单：【修改(M)】→【阵列(A)】，选择子选项。
- 功能区：默认选项卡→修改面板→下拉按钮 阵列 ，选择子选项。
- 命令行：array(或简写为ar)。

1. 矩形阵列复制

要将对象进行矩形阵列复制，首先调用"矩形阵列"命令，在绘图区选择要阵列复制的对象，如图5-8所示，按Enter键后，在功能区弹出"阵列创建"对话框，默认显示为3行4列，在该对话框中可修改行数和列数，设置列距和行距，如图5-10所示。完成矩形阵列复制操作的结果如图5-9所示。

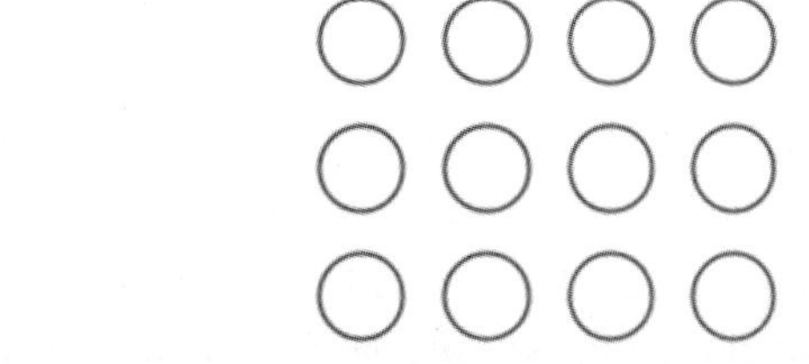

图 5-8　选择要“矩形阵列”的图形　　　　图 5-9　“矩形阵列”结果

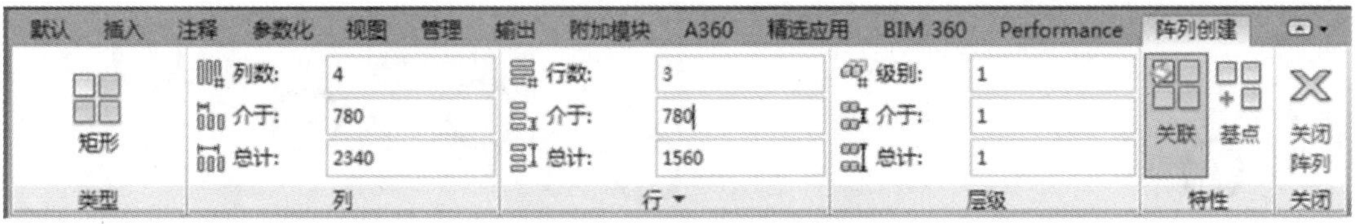

默认 插入 注释 参数化 视图 管理 输出 附加模块 A360 精选应用 BIM 360 Performance 阵列创建							
矩形	列数:	4	行数:	3	级别:	1	关联 基点 关闭阵列
	介于:	780	介于:	780	介于:	1	
	总计:	2340	总计:	1560	总计:	1	
类型	列		行 ▾		层级		特性 关闭

图 5-10　“矩形阵列”参数设置

确定执行“矩形阵列”后，亦可在命令行提示窗口中，按系统提示输入列数和行数，输入列距和行距。

在阵列预览中，拖动夹点可以调整行、列间距以及行数和列数。

2. 环形阵列复制

环形阵列是以某一点为环形阵列的中心，按指定的填充角度、项目数目、项目间的角度（介于）进行复制，将阵列对象按圆周或扇形均匀分布。要将对象进行环形阵列复制，首先要在“阵列”下拉按钮，选择子选项“环形阵列”，然后在绘图区选择要阵列复制的对象，如图 5-11所示，按 Enter 键，再选择阵列中心点 O 点，按 Enter 键。在功能区弹出“阵列创建”对话框，显示默认是 360°均匀分布 6 个对象的环形阵列。可在对话框中根据需要设置必要的选项，如图 5-13 所示。完成环形阵列复制操作的结果如图 5-12 所示。

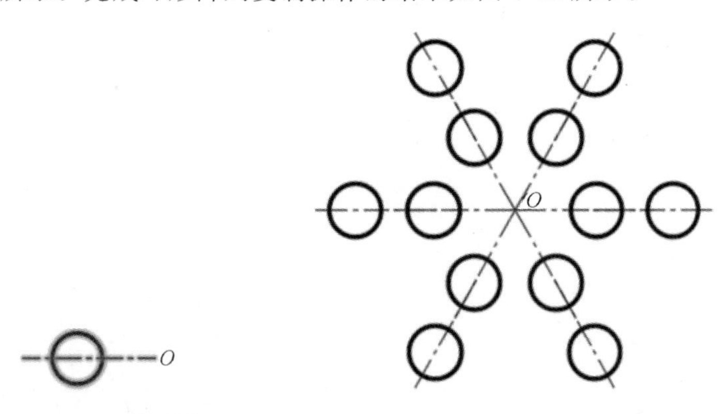

图 5-11　选择要“环形阵列”的图形　　　　图 5-12　“环形阵列”结果

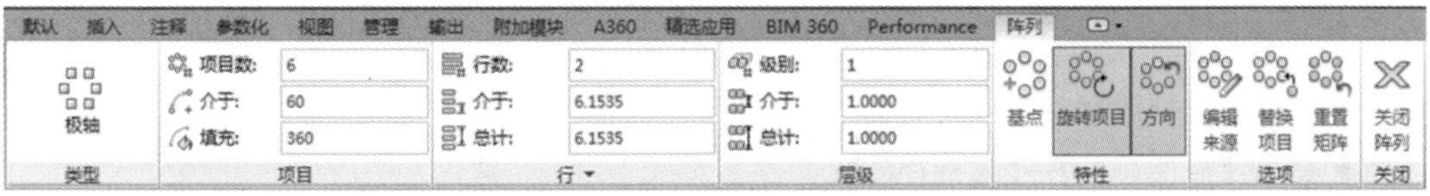

默认 插入 注释 参数化 视图 管理 输出 附加模块 A360 精选应用 BIM 360 Performance 阵列							
极轴	项目数:	6	行数:	2	级别:	1	基点 旋转项目 方向 编辑来源 替换项目 重置矩阵 关闭阵列
	介于:	60	介于:	6.1535	介于:	1.0000	
	填充:	360	总计:	6.1535	总计:	1.0000	
类型	项目		行 ▾		层级		特性 选项 关闭

图 5-13　“环形阵列”参数设置

确定执行“环形阵列”后，亦可在命令行提示窗口中，按系统提示输入阵列数、阵列角度等。

在阵列预览中,可拖动箭头夹点来调整填充角度和填充行数。

3. 路径阵列复制

路径阵列是将阵列对象均匀地按指定的路径或部分路径进行复制排列。要将对象进行路径阵列复制,首先要在“阵列”下拉按钮,选择子选项“路径阵列”,然后在绘图区选择要阵列复制的对象和路径,如图 5-14 所示,每次操作后按 Enter 键。在功能区弹出“阵列创建”对话框,显示默认的是均匀定数 6 等分的路径阵列。可在对话框中根据需要设置必要的选项,如图 5-16 所示。完成路径阵列复制操作的结果如图 5-15 所示。

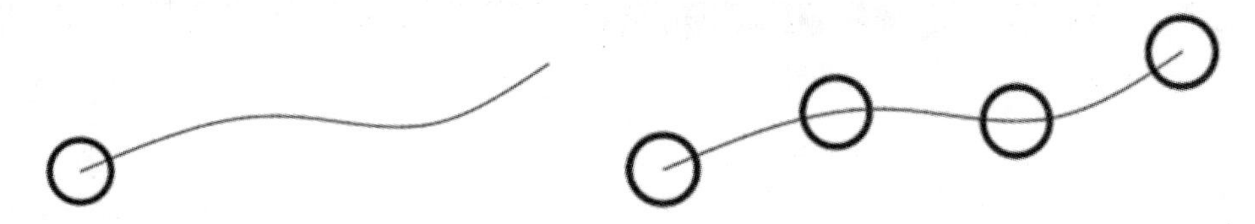

图 5-14 选择“路径阵列”图形和路径　　　图 5-15 “路径阵列”结果

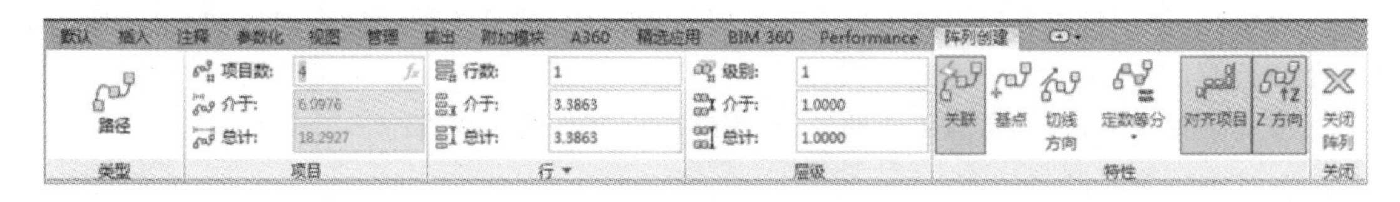

图 5-16 “路径阵列”参数设置

确定执行“路径阵列”后,亦可在命令行提示窗口中,按系统提示输入阵列个数、阵列路径等。

在阵列预览中,可以拖动控制点来调整阵列数量和行数。

5.2.2 移动、旋转、比例缩放

5.2.2.1 移动

移动命令用于调整图形的位置,可以同时选择一个或多个对象进行平移,如图 5-17 所示。

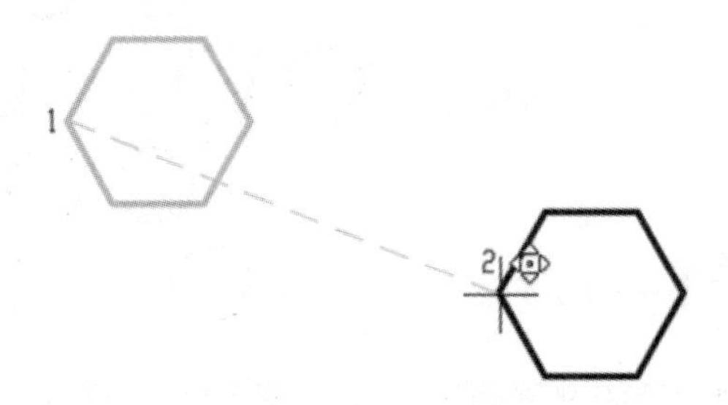

图 5-17 移动对象

调用移动命令的方式如下。

- 工具栏:“修改(Modify)”→ 。
- 菜单:【修改(M)】→【移动(V)】。
- 功能区:默认选项卡→修改面板→“移动”按钮。
- 命令行:move(或简写为 m)。

调用该命令后,系统提示如下。

选择对象： //选中对象，按回车键
指定基点或[位移(D)]〈位移〉：拾取 1 点 //指定基点 1，按回车键
指定第二个点或〈使用第一个点作为位移〉：拾取 2 点 //指定位移的第二点 2，按回车键结束命令

移动命令要求用户指定基点或位移量，如果指定了基点，则还需指定第二点作为位移的终点。如果指定位移量，则按位移量移动对象。

5.2.2.2 旋转

用旋转命令可将一个或多个对象绕指定的基点按给定的角度旋转，如图 5-18 所示。

调用旋转命令的方式如下。

- 工具栏："修改(Modify)"→。
- 菜单：【修改(M)】→【旋转(R)】。
- 功能区：默认选项卡→修改面板→"旋转"按钮。
- 命令行：rotate(或简写为 ro)。

调用该命令后，系统提示如下。

UCS 当前的正角方向：ANGDIR＝逆时针 ANGBASE＝0
选择对象： //选中对象，按回车键
指定基点：拾取 A 点 //指定基点 A，按回车键
指定旋转角度或[复制(C)/参照(R)]〈0〉：20 //指定旋转角度，按回车键结束命令

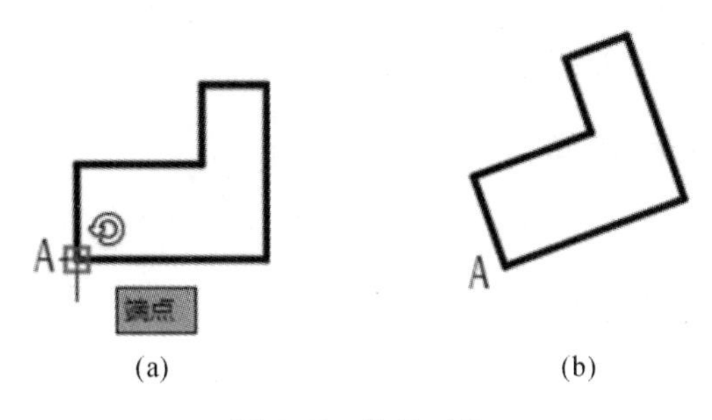

图 5-18 旋转对象
(a) 旋转前 (b) 旋转 20°

旋转命令指定了基点和旋转角度，则对象绕指定的基点按给定的角度旋转。如果输入"R"，系统提示如下。

选择参照角度：0 //指定参照角度，按回车键
选择新角度：20 //指定新角度，按回车键

实际旋转角度是新角度与参照角度之差，结果仍然同上。如果输入"C"，系统提示如下。

指定旋转角度或[复制(C)/参照(R)]〈0〉：20 //指定旋转角度，按回车键结束命令

完成旋转并复制。

5.2.2.3 比例缩放

用比例缩放命令可以将选定对象在指定基点按比例缩放，如图 5-19 所示。

调用比例缩放命令的方式如下。

- 工具栏："修改(Modify)"→。
- 菜单：【修改(M)】→【比例(L)】。
- 功能区：默认选项卡→修改面板→"缩放"按钮。

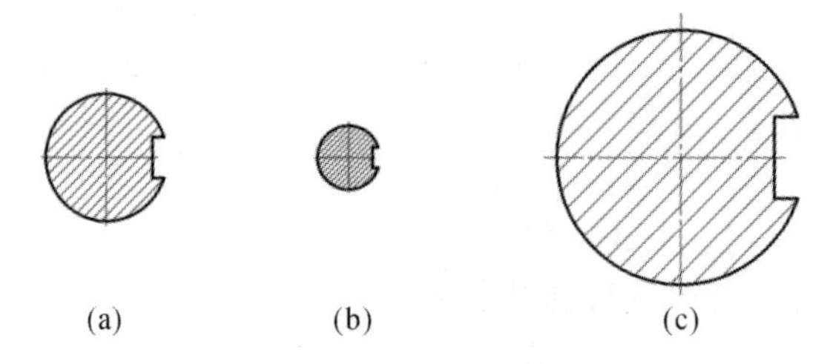

图 5-19　比例缩放

(a) 原图　(b) 比例因子＝0.5　(c) 比例因子＝2

- 命令行：scale（或简写为 sc）。

调用该命令后，系统提示如下。

```
选择对象：                                        //选中对象，按回车键
指定基点：捕捉圆心                                 //指定基点，按回车键
指定比例因子或[复制(C)/参照(R)]〈1.0000〉：2       //指定比例因子，按回车键结束命令
```

指定基点和比例因子后即可进行缩放。如果选择参照选项，系统提示如下。

```
指定参照长度〈1〉：
指定新长度：2
```

缩放的比例因子就是新长度与参照长度的比值。

如果输入"C"，系统提示如下。

```
指定比例因子或[复制(C)/参照(R)]〈1.0000〉：2       //指定比例因子，回车结束命令
```

保留原图形不变，创建出复制缩放的新图形。

5.2.3　拉伸、拉长和延伸

5.2.3.1　拉伸

拉伸命令可以拉伸或压缩图形，操作过程如图 5-20 和图 5-21 所示。

图 5-20　选择要拉伸对象

(a) 交叉窗口选择　(b) 选择的对象

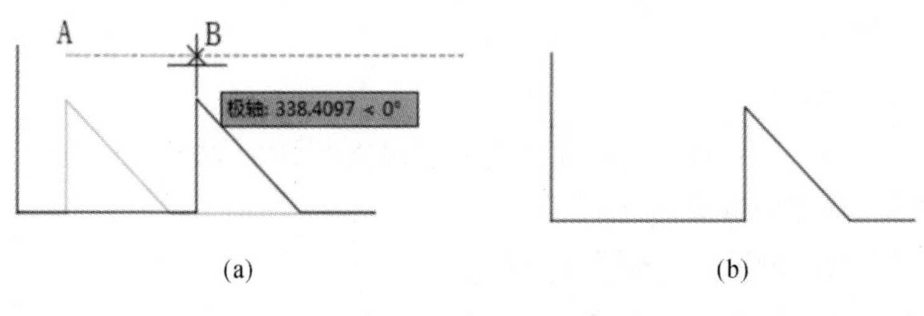

图 5-21　拉伸对象

(a) 指定拉伸点　(b) 拉伸结果

调用拉伸命令的方式如下。

- 工具栏:“修改(Modify)”→[图标]。
- 菜单:【修改(M)】→【拉伸(H)】。
- 功能区:默认选项卡→修改面板→“拉伸”按钮。
- 命令行:stretch(或简写为 s)。

调用该命令后,系统提示如下。

以交叉窗口或多边形交叉窗口选择拉伸对象:
选择对象:c //采用交叉窗口选择对象,按回车键
指定第一角点: //指定基点,按回车键
指定对角点: //交叉窗口
选择对象: //按回车键
指定基点或[位移(D)]〈位移〉:拾取点 A //指定 A 点为拉伸的基点
指定第二个点或〈使用第一个点作为位移〉:拾取点 B //指定 B 点作为第二点

执行结果:位于选择窗口之内的对象进行移动,与窗口边界相交的对象按规则拉伸、压缩或移动。

5.2.3.2 拉长

拉长命令可以改变直线、圆弧等非封闭曲线的长度,如图 5-22 所示。

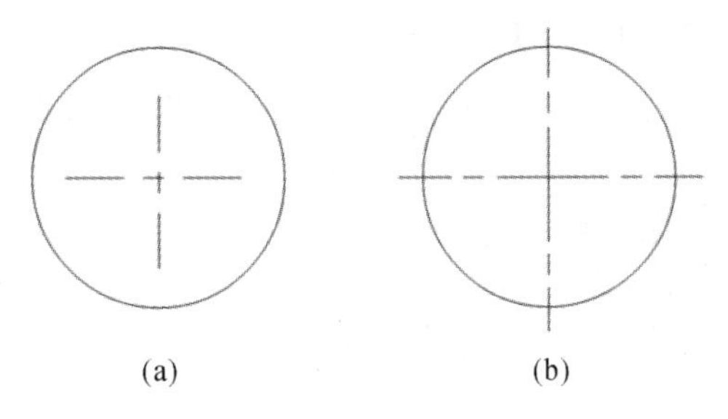

图 5-22 动态拉长中心线
(a) 原图 (b) 拉长中心线

调用拉长命令的方式如下。

- 菜单:【修改(M)】→【拉长(G)】。
- 功能区:默认选项卡→修改展开面板→“拉长”按钮[图标]。
- 命令行:lengthen(或简写为 len)。

调用该命令后,系统提示如下。

选择要测量的对象或[增量(DE)/百分数(P)/全部(T)/动态(DY)]〈总计(T)〉:

直接选择对象,则系统显示该对象的长度或包含角。系统继续提示如下。

选择对象或[增量(DE)/百分数(P)/全部(T)/动态(DY)]:dy
//选择动态拉长方式
选择要修改的对象或[放弃(U)]: //选中水平中心线
指定新端点: //移动光标将线拉长(或缩短)
选择要修改的对象或[放弃(U)]: //选中铅垂中心线
指定新端点: //移动光标将线拉长
选择要修改的对象或[放弃(U)]: //按回车键结束命令

其他各选项的功能如下。

(1) 增量(DE):以指定的增量修改对象的长度或圆弧的角度,该增量从距离选择点最近的端点处开始测量。正值拉长对象,负值缩短对象。

(2) 百分数(P):通过指定对象总长度的百分数设置对象长度。百分数也按照圆弧总包含角的指定百分比修改圆弧角度。

(3) 全部(T):通过指定从固定端点测量的总长度或角度的绝对值来设置选定对象的长度。

5.2.3.3 延伸

延伸命令将一个或多个对象延伸到指定的边界,如图 5-23 所示。

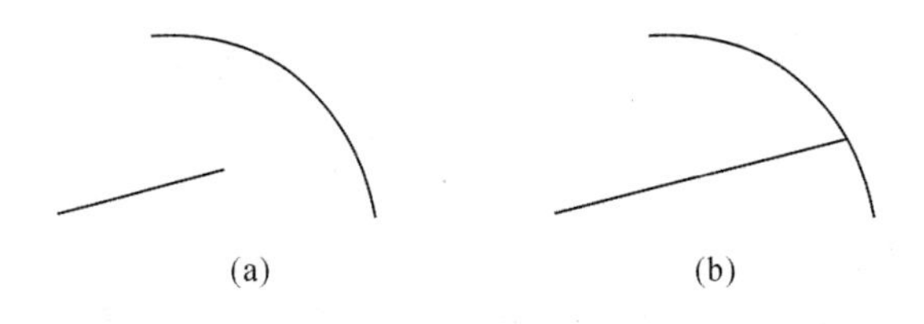

图 5-23 延伸直线

(a) 原图 (b) 延伸直线结果

调用延伸命令的方式如下。

- 工具栏:“修改(Modify)”→ 。
- 菜单:【修改(M)】→【延伸(D)】。
- 功能区:默认选项卡→修改面板→ 下拉按钮,选择“延伸”子选项。
- 命令行:extend(或简写为 ex)。

调用该命令后,系统提示如下。

```
当前设置:投影=UCS,边=无
选择边界的边…
选择对象或〈全部选择〉:                    //选圆弧,按回车键
选择要延伸的对象,或按住 shift 键选择要修剪的对象,或
[栏选(F)/窗交(C)/投影(P)/边(E)/放弃(U)]:
                                           //选择要延伸的直线,按回车键结束命令
```

如果直接用鼠标选择要延伸的对象(直线),按回车键,再按住 shift 键选择要修剪的对象(圆弧),则执行修剪命令(圆弧被剪切一段)。

其他各选项的功能如下。

(1) 栏选(F):指以栏选方式确定被延伸对象。例如有若干对象要延伸至同一边界,可采用这种方式选择被延伸对象。

(2) 窗交(C):指可以把与矩形选择窗口边界相交的对象进行延伸。

(3) 投影(P):指定延伸对象是否使用投影模式。例如,三维空间中两条线段为交叉关系,用户可利用该选项假想将其投影到某一平面上执行延伸操作。

(4) 延伸(E):指定延伸对象是否使用延伸模式,系统提示如下。

```
输入隐含边延伸模式[延伸(E)/不延伸(N)]〈延伸〉:
```

其中,“延伸”选项可以在边界与延伸对象不相交的情况下,假定边界延伸长,然后使延伸对象伸长到与边界相交的位置。而在同样的情况下,使用“不延伸”模式则无法延伸对象。

(5) 放弃(U):取消上一次的操作。

5.2.4 打断与合并线条

5.2.4.1 打断

利用打断命令可以在线条上指定位置将线条一分为二,也可以指定两个点,然后删除两点之间的部分。

调用打断命令的方式如下。

- 工具栏:“修改(Modify)”→(打断于点)或(打断)。
- 菜单:【修改(M)】→【打断(K)】。
- 功能区:默认选项卡→修改展开面板→或按钮。
- 命令行:break(或简写为 br)。

调用该命令后,系统提示如下。

```
选择对象:点取 AB 线段                  //选中对象,按回车键
指定第二个打断点或[第一点(F)]:f        //选择该方式,以便准确指定第一打断点
指定第一个打断点:拾取点 1              //捕捉交点 1 点为第一个打断点,按回车键
指定第二个打断点:拾取点 2              //捕捉交点 2 点为第二个打断点,按回车键
```

打断结果如图 5-24 所示。

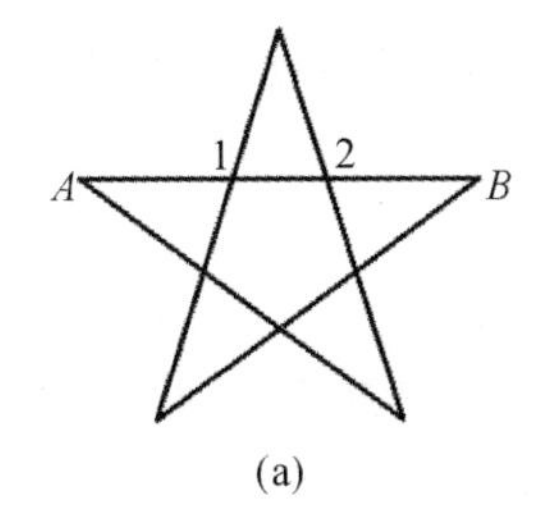

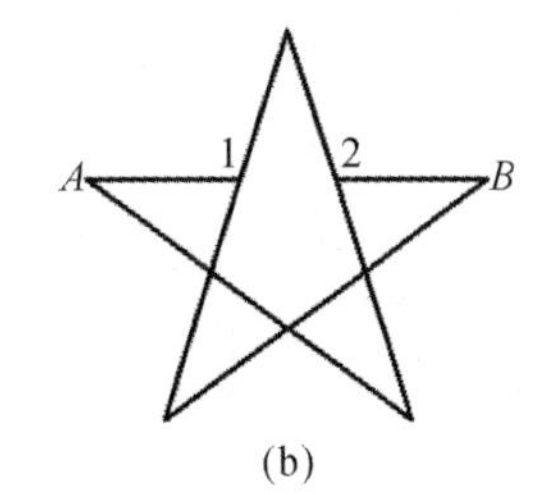

图 5-24 打断线条

(a) 原图 (b) 打断结果

注意:① 如果直接指定第二个断点,则第一个断点被认为是点选对象时的拾取点;② 如果键入“f”则要求用户指定第一个断点,再指定第二个断点,最后切除两点之间的部分,如图 5-24 所示;③ 如果要删除线条的一端,可在选择被打断的对象后,将第二打断点指定在欲删除部分那端的外面;④ 如果只是将对象从某个位置切开成两个对象,而不是切除其一部分,则可以在提示输入第二个断点时键入@,这时第二个断点与第一个断点相同,这个选项也可通过点击“修改”工具栏上的按钮完成。

5.2.4.2 合并

利用合并命令可以将执行打断命令成两段的线条合二为一,也可以合并首尾相连或首尾在同一线段上的两条线段。

调用合并命令的方式如下。

- 工具栏:“修改(Modify)”→。
- 菜单:【修改(M)】→【合并(J)】。
- 功能区:默认选项卡→修改展开面板→按钮。
- 命令行:join(或简写为 j)。

调用该命令后，系统提示如下。

选择源对象或要一次合并的多个对象：选取 AC 和 DB 线段　　//选中对象，按回车键

合并结果如图 5-25 所示。

A ________ C　D ________ B　　　　A ____________________ B

(a)　　　　　　　　　　(b)

图 5-25　合并图线

(a) 原图　(b) 合并结果

提示：合并圆弧和椭圆弧时，系统从源对象开始逆时针方向合并。

5.2.5　倒角和倒圆角

采用倒角和倒圆角的方法，可以方便地绘制工程图样中的斜角和圆角。

5.2.5.1　倒角

利用倒角命令可以将两条相交直线在转角处绘制成斜线连接。

调用倒角命令的方式如下。

- 工具栏："修改(Modify)"→ 。
- 菜单：【修改(M)】→【倒角(C)】。
- 功能区：默认选项卡→修改面板→  圆角 下拉按钮，选择"倒角"子选项。
- 命令行：chamfer(或简写为 cha)。

调用该命令后，系统提示如下。

("修剪"模式)当前倒角距离 1＝0.0000，距离 2＝0.0000

选择第一条直线或[放弃(U)/多段线(P)/距离(D)/角度(A)/修剪(T)/方式(E)/多个(M)]：d

　　　　　　　　　　//设置倒角距离，按回车键

指定第一个倒角距离〈0.0000〉：15　　//输入第一个边的倒角距离，按回车键

指定第二个倒角距离〈15.0000〉：20　　//输入第二个边的倒角距离，按回车键

选择第一条直线或[放弃(U)/多段线(P)/距离(D)/角度(A)/修剪(T)/方式(E)/多个(M)]：

　　　　　　　　　　//选择 1 直线

选择第二条直线或按住 shift 键选择要应用角点的直线：

　　　　　　　　　　//选择 2 直线

倒角结果如图 5-26(b)所示。

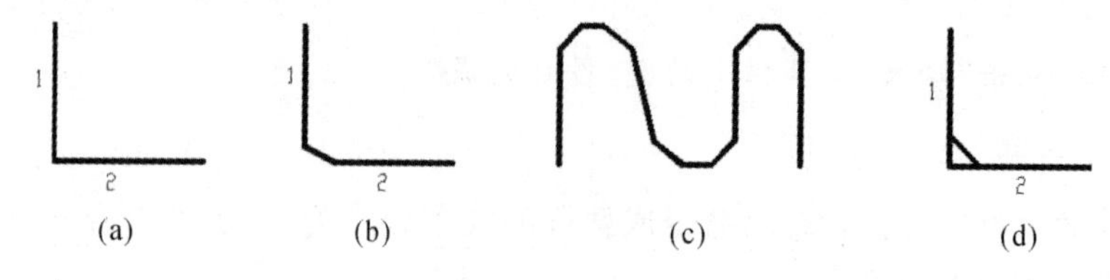

图 5-26　倒角

(a) 选择倒角边　(b) 倒角结果　(c) 多段线选项　(d) 倒角后不修剪对象

其他各选项的功能如下。

(1) 多段线(P)：选择多段线后，AutoCAD 对多段线的每个顶点执行倒角操作，如图 5-26(c)所示，本图中倒角距离相同。

(2) 角度(A)：指定倒角的角度。

(3) 修剪(T):指定倒角后是否修剪对象,如果指定倒角后不修剪,结果如图 5-26(d)所示,本图中倒角距离相同。

(4) 方式(E):设置是采用两个倒角距离还是采用一个距离、一个角度来创建倒角。

(5) 多个(M):可一次创建多个倒角。系统重复提示"选择第一条直线""选择第二条直线",按回车键结束命令。

5.2.5.2　倒圆角

利用倒圆角命令可以将两个选定的对象用圆弧光滑地连接。

调用倒圆角命令的方式如下。

- 工具栏:"修改(Modify)"→ 。
- 菜单:【修改(M)】→【倒圆角(F)】。
- 功能区:默认选项卡→修改面板→ 圆角 下拉按钮,选择"倒圆角"子选项。
- 命令行:fillet(或简写为 f)。

调用该命令后,系统提示如下。

```
当前设置:模式=修剪,半径=0.0000
选择第一个对象或〔放弃(U)/多段线(P)/半径(R)/修剪(T)/多个(M)〕:r
                                          //设置圆角半径,按回车键
输入圆角半径〈0.0000〉:12                   //圆角半径为 12,按回车键
选择第一个对象或〔放弃(U)/多段线(P)/半径(R)/修剪(T)/多个(M)〕:
                                          //选中第一个对象
选择第二个对象或按住 shift 键选择要应用角点的直线:  //选中第二个对象
```

倒圆角结果如图 5-27 所示。其他各选项的功能与倒直角相同。

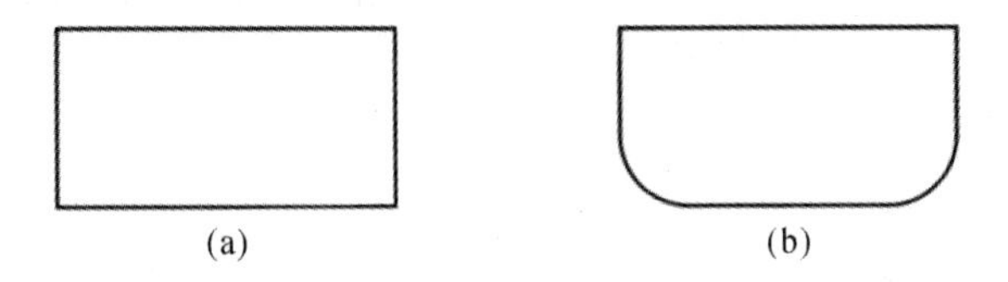

图 5-27　倒圆角

(a) 原图　(b) 倒圆角结果

5.2.6　编辑对象特性

对象特性指的是对象的几何属性(指对象尺寸和位置的属性)和对象属性(指对象的颜色、图层、线型、线型比例、线宽等属性)。通过如图 5-28 所示的"特性"对话框,观察和修改已有对象的特性,是常用的一种编辑方法。

5.2.6.1　用"特性"对话框观察和修改对象特性

以修改虚线当前线型比例因子来说明"特性"对话框的用法。点击要修改的虚线,采用下面任一种方式打开"特性"对话框。

- 工具栏:"标准(Standard)"→ 。
- 菜单:【修改(M)】→【特性(P)】。
- 功能区:默认选项卡→特性面板右侧→ ;视图选项卡→选项板上"特性"按钮。
- 命令行:properties(或简写为 props)。

调用该命令后，系统弹出“特性”对话框，在该对话框中输入新线型的比例值 2，关闭“特性”对话框，修改了线型比例的虚线如图 5-29 所示。

图 5-28 “特性”对话框

图 5-29 修改当前线型比例

在对话框内可以修改选定对象的几何参数和属性。对话框的具体内容由选定对象的多少、种类而定。选定一个对象时，特性窗口将显示选定对象的特性，选择多个对象时，特性窗口将只显示选定对象的共有特性，此时可在特性窗口顶部的下拉列表选定一个特定类型的对象。

5.2.6.2 对象特性匹配

“特性匹配(matchrop)”是 AutoCAD 中非常有用的编辑工具，此命令可将源对象的对象属性(颜色、图层、线型、线型比例等)传递给目标对象。

调用特性匹配命令的方式如下。

- 工具栏：“标准(Standard)”→ 。
- 菜单：【修改(M)】→【特性匹配(M)】。
- 功能区：默认选项卡→特性面板→“特性匹配”按钮。
- 命令行：matchprop(或简写为 ma)。

调用该命令后，系统提示如下。

```
选择源对象：                                    //选择源对象
当前活动设置：颜色 图层 线型 线型比例 线宽 透明度 厚度 打印样式 标注 文字 填充图案 多线段 视口 表格材质 多重引线中心对象
选择目标对象或[设置(S)]：                       //选择第一个目标对象
选择目标对象或[设置(S)]：                       //选择第二个目标对象
…
选择目标对象或[设置(S)]：                       //回车结束命令
```

选择源对象后，光标变成类似“刷子”形状，用此“刷子”来选取接受属性匹配的目标对象。缺省情况下，源对象的全部属性传递给目标对象。在选择源对象后，如果输入“S”，将弹出如图 5-30 所示的“特性设置”对话框，在该框中可选择其中部分源对象的属性传递给目标对象。

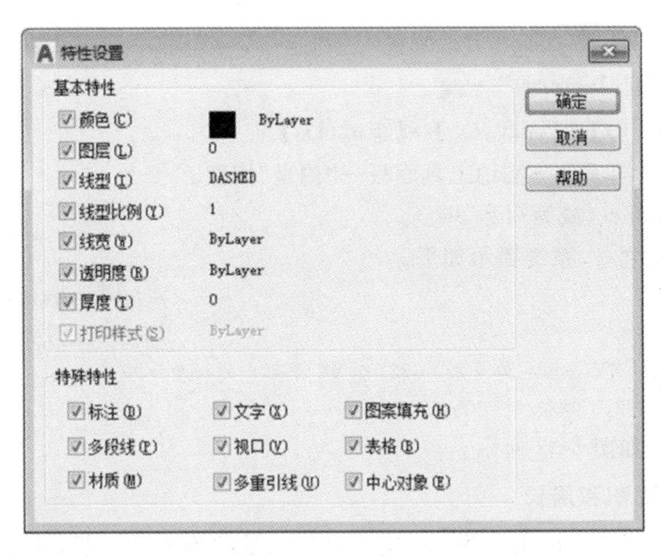

图 5-30　“特性设置”对话框

5.2.7　图形编辑中辅助工具的使用

用户在绘制比较复杂的工程图样时，难以一一记住图形的数据（如某一线段的距离和倾斜角度，或要求取某一平面图形的面积和周长等），AutoCAD 的查询命令可帮助用户完成这些工作。

查询命令用于查询已有对象或整个图形的参数。执行查询命令可以通过如图 5-31 所示的“查询”工具栏（在 AutoCAD 工作界面上，鼠标右键点击任意工具栏，在弹出的工具栏菜单中调入“查询”工具栏），也可点击如图 5-32 所示的下拉菜单【工具(T)】→【查询(Q)】→子菜单，或直接在命令行窗口中输入命令来实现。

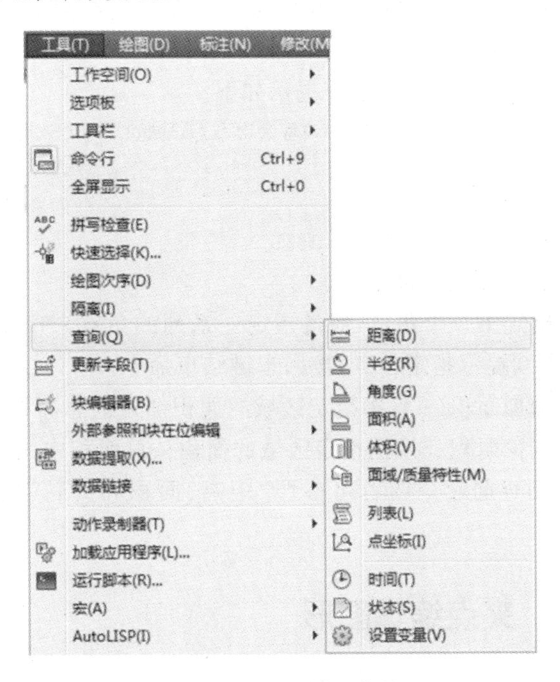

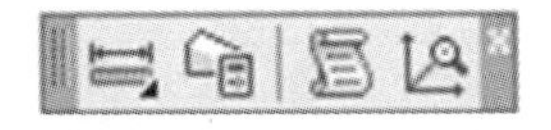

图 5-31　“查询”工具栏

图 5-32　“查询”子菜单

5.2.7.1 测量距离

- 工具栏:"查询(Inquiry)"→ 。
- 菜单:【工具(T)】→【查询(Q)】→【距离(D)】。
- 功能区:默认选项卡→实用工具面板→"测量"按钮。
- 命令行:distance(或简写为 dist)。

任选以上方式之一,系统提示如下。

```
指定第一个点:                                    //捕捉线段的一个端点 A
指定第二个点:                                    //捕捉线段的另一个端点 B
距离=15.8871,XY 平面中的倾角=332,与 XY 平面中的夹角=0
X 增量=13.9799,Y 增量=-705473,Z 增量=0
```

线段距离测量如图 5-33 所示。

5.2.7.2 求面积和周长

面积命令不仅可以查询由一些点确定的封闭区域的面积和周长,还可以对面积进行加减运算。查询如图 5-34 所示圆的面积和周长,可采用以下方式完成。

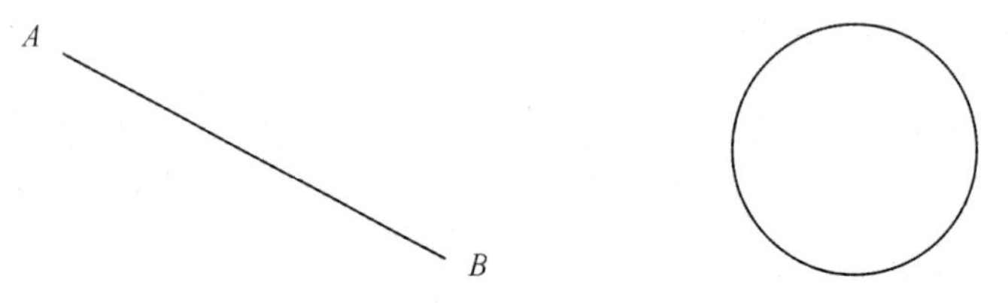

图 5-33 测量直线段距离图　　图 5-34 求圆的面积和周长

- 工具栏:"查询(Inquiry)"→距离下拉按钮 →子选项面积按钮 。
- 菜单:【工具(T)】→【查询(Q)】→【面积(A)】。
- 功能区:默认选项卡→实用工具面板→"测量"下拉按钮,选择"面积"子选项。
- 命令行:area(或简写为 ar)。

任选以上方式之一,系统提示如下。

```
指定第一个角点或[对象(O)增加面积(A)减少面积(S)退出(X)]〈对象(O)〉:o
                                          //选择对象方式,按回车键
选择对象:                                  //点取圆
面积=46.3425,周长=24.1321
```

其他各选项的功能如下。

(1) 指定第一个角点:通过指定一系列的角点来确定对象的面积和周长。承认默认方式,系统连续提示指定角点,按回车键结束命令。

(2) 增加面积(A):将指定区域的面积加入到总面积中。

(3) 减少面积(S):把指定区域的面积从总面积中减去。

其他的查询命令读者可参照"距离、面积和周长"的查询方法,按照系统的提示操作完成。

5.3 夹点编辑图形

"夹点(Grips)"也称作关键点,用"夹点"命令来编辑对象,能提高作图的准确性和加快作图速度。利用夹点标记选定对象上的控制点,可对对象进行复制、镜像、移动、旋转、缩放、拉伸等操作。

缺省情况下,AutoCAD的夹点编辑方式是开启的,当用户选择了一个对象后,在被选择的对象上会出现一些蓝色的小方格(按Esc键可以取消方格),这些小方格就是夹点,如图5-35所示。

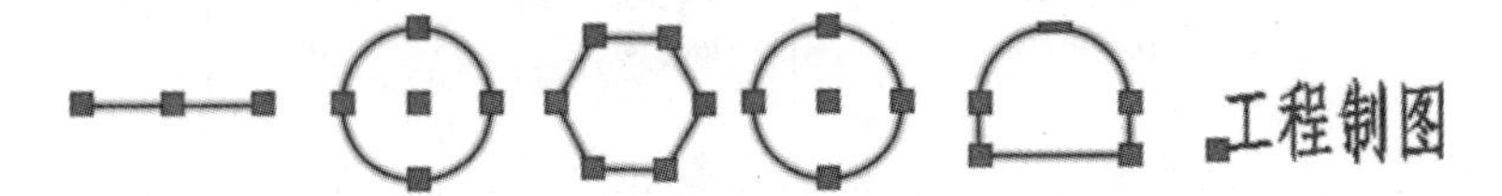

图5-35 常见对象的夹点位置

5.3.1 夹点的设置

关于夹点的各项设置可在如图5-36所示的“选项”对话框中的“选择集”选项卡调整,夹点颜色调整如图5-37所示。

打开“选项”对话框的方式如下。

- 菜单:【工具(T)】→【选项(N)】。
- 绘图区单击鼠标右键,在弹出的快捷菜单中选取“选项”。
- 命令行:matchprop(或简写为ma)。

图5-36 “选项”对话框中的“选择集”选项卡

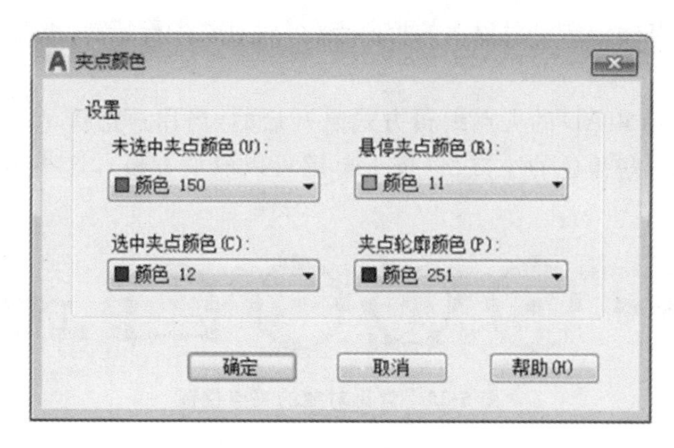

图 5-37　"夹点颜色"调整

5.3.2　用夹点编辑对象

在夹点状态下可以进行删除、复制、移动、缩放、镜像、拉伸等编辑操作。使用夹点进行编辑时，选择所需的对象，则这些对象上出现夹点，选取其中的一个点击一下，该夹点的小方格变成另一种颜色，这个点称为基点，同时，命令行窗口显示如下。

```
* * 拉伸 * *
指定拉伸点或[基点(B)/复制(C)/放弃(U)/退出(X)]:
```

该信息告诉用户可以使用夹点进行操作了，并且缺省的操作是拉伸。移动鼠标，光标会拖着基点将图形拉伸，到达合适位置后单击左键，拉伸即结束。图 5-38(b)所示的是夹点拉伸的图形。

如果要执行其他夹点编辑命令，可以按空格键或回车键循环切换，也可以直接在命令行窗口中键入命令的前两个字母来切换到相应的命令。

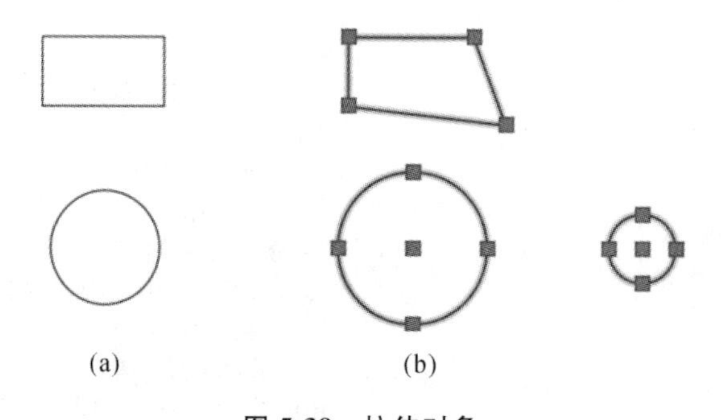

图 5-38　拉伸对象

(a) 原图　(b) 夹点拉伸的图形

5.3.3　夹点快捷键

如果要执行其他夹点编辑命令，但又不知道命令的字母，选择对象后，选择一个夹点为基点，再单击鼠标右键，系统弹出如图 5-39 所示的快捷菜单，从中选择适当的选项即可。

选择对象后，在空白处单击鼠标右键，系统也会弹出一个快捷菜单，如图 5-40 所示。比较两对话框，就会发现不同之处。

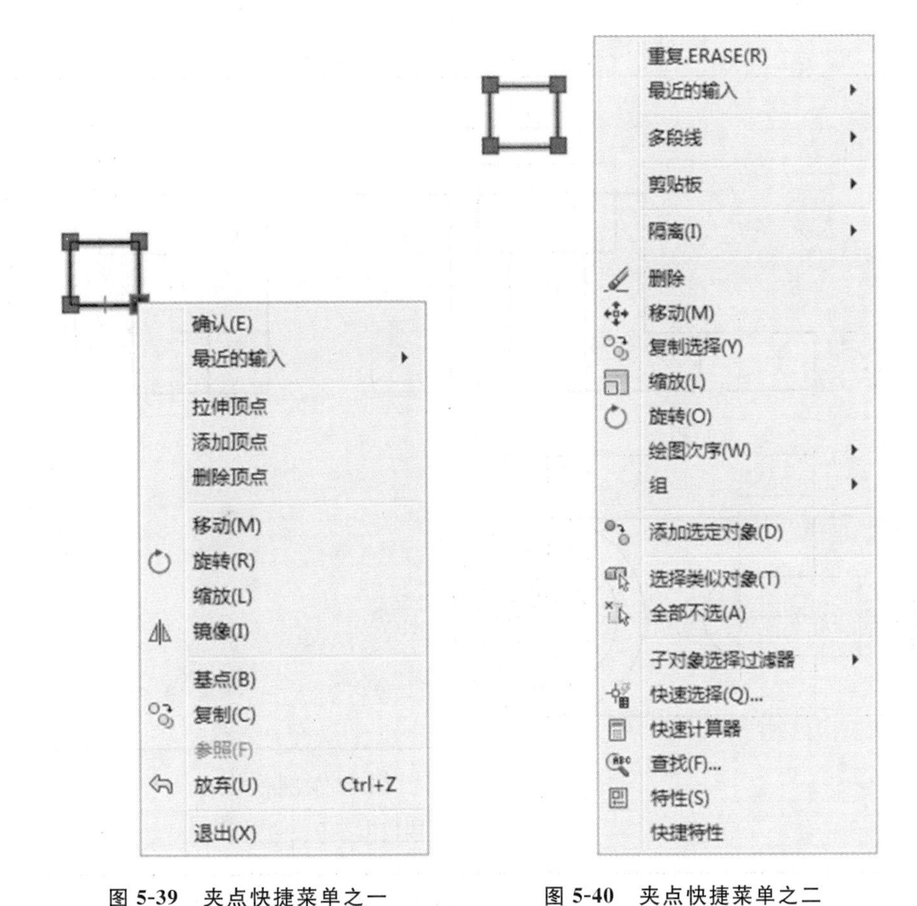

图 5-39　夹点快捷菜单之一　　　　**图 5-40　夹点快捷菜单之二**

5.4　绘制剖视图、断面图形实例

例 5-1　将 4.6 节绘制的三视图中的主视图和左视图改画成如图 5-41 所示的剖视图。

知识要点:【修剪】【删除】和【图案填充】等命令的综合运用。

操作要点:在主视图和左视图上运用【修剪】【删除】命令将剖切后不可见的轮廓线剪切和擦除;运用【删除】命令擦除左视图后半视图上的虚线;运用【特性匹配】命令将主视图与左视图前半视图中的虚线换成粗实线;运用【图案填充】命令画出材料图例。

操作步骤:

(1) 打开 4.6 节创建的文件“组合体三视图.dwg”,将该文件另存为“剖视图.dwg”。

(2) 剪切和擦除剖切后主视图与左视图中不可见的轮廓线,如图 5-42 所示。

(3) 用“特性匹配”将主、左视图中的虚线变换成粗实线,如图 5-43 所示。

```
命令:_matchprop
选择源对象:                              //选择图形的外轮廓线
选择目标对象或[设置(S)]:                 //选择图形中的虚线
选择目标对象或[设置(S)]:                 //选择图形中的虚线
…
选择目标对象或[设置(S)]:                 //按回车键结束命令
```

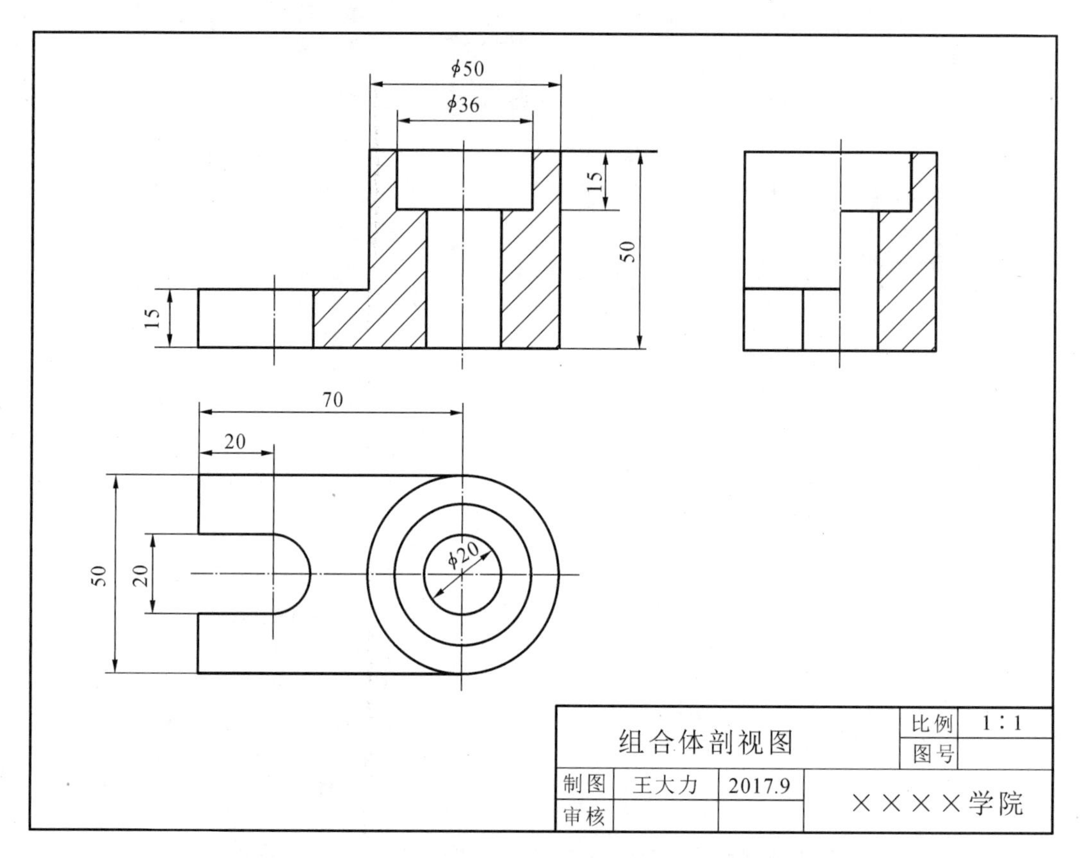

图 5-41　剖视图

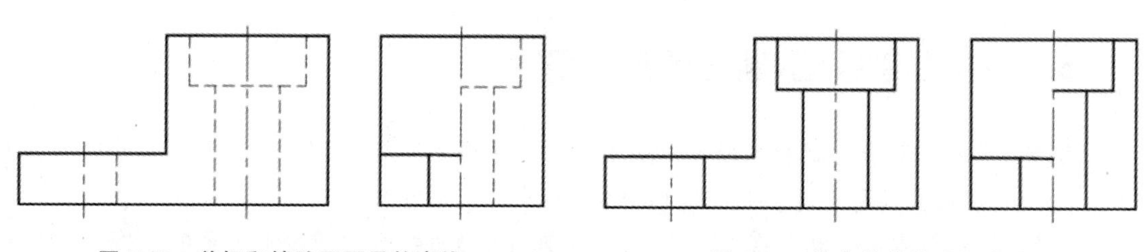
图 5-42　剪切和擦除不可见轮廓线　　　图 5-43　将虚线变换成粗实线

（4）在断面上绘制剖面线。

按 4.4 节所述打开“图案填充和渐变色”对话框，设置如图 5-44 所示。单击“拾取点”按钮，在返回的图形中点击要绘制剖面线的区域，按回车键，返回到“图案填充和渐变色”对话框，单击“确定”按钮，填充完成的剖视图如图 5-45 所示。

例 5-2　看懂图 5-46 所示的檩条视图，画出 1-1、2-2 断面图。

知识要点：【复制】【修剪】【图案填充】和【特性匹配】等命令的综合运用。

操作要点：运用【复制】命令得到断面的轮廓投影图；运用【修剪】【特性匹配】命令编辑断面图；运用【图案填充】命令画出材料图例。

操作步骤：

（1）新建一幅图形，设置绘图区域为“（0，0）～（3000，500）”。

（2）按图中线型设置图层如表 5-1 所示。

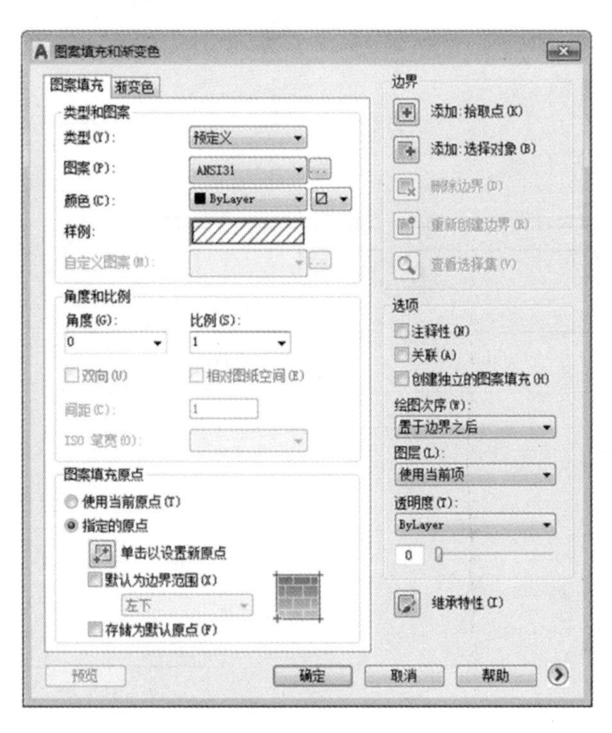

图 5-44 剖面线的设置

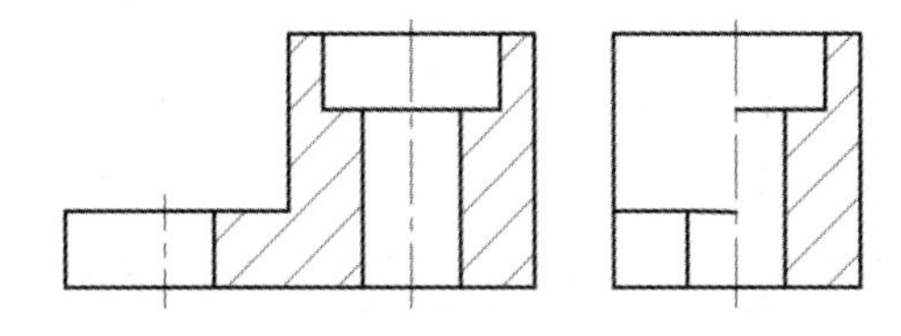

图 5-45 绘制完成的剖视图

表 5-1 线型图层设置

名　　称	颜　　色	线　　型	线　　宽
0 层	缺省	Continuous	0.5
虚线层	红色	Center	0.13
细线层	蓝色	Continuous	0.13
标注层	洋红	Continuous	0.13

(3) 根据图中尺寸，运用基本绘图命令，采用绘图辅助工具，再用适当的图形编辑命令绘制出檩条的两视图。

(4) 运用【复制】命令将左视图两次复制到主视图下方合适的位置，如图 5-47 所示。

(5) 运用【修剪】命令将多余的线条剪去，运用【特性匹配】把虚线转换至 0 层成粗实线，如图 5-48 所示。

(6) 运用【图案填充】命令在自选项中找出与钢筋混凝土图例相近的图案进行填充，在“图案填充和渐变色”对话框中的设置如图 5-49 所示。

在填充的图形中加画一些小三角形和填充小圆点，补充完成填充的钢筋混凝土图例。绘制完成的断面图如图 5-50 所示，将所绘图形以图名“檩条断面图.dwg”保存，待学习第 6 章后，标注尺寸、注写文字和调入图纸幅面，继续完成全图。

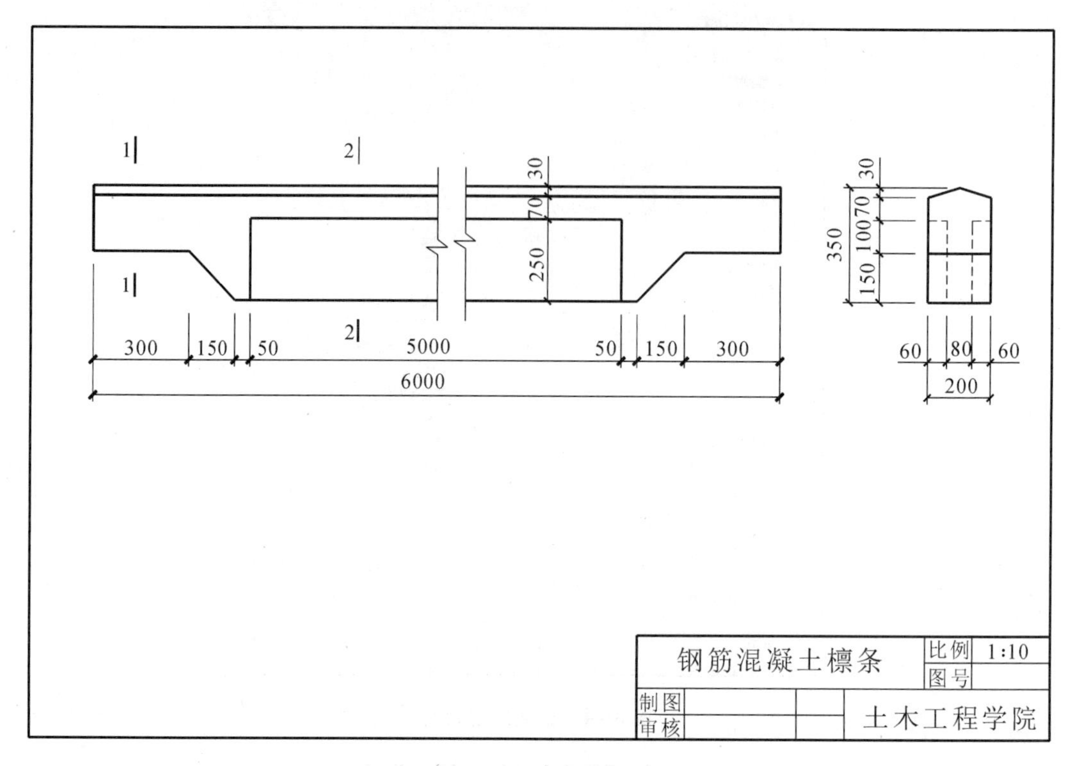

图 5-46　檩条视图

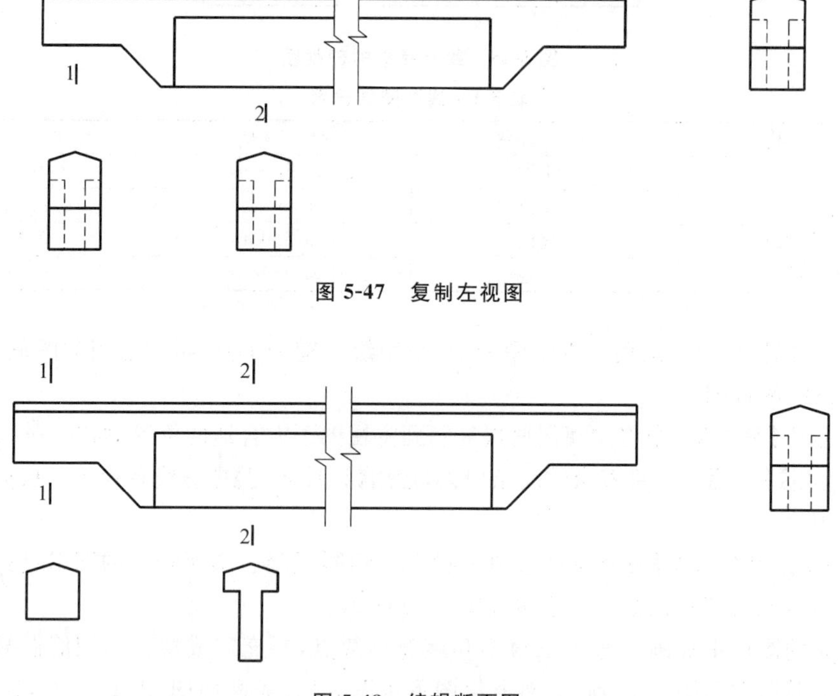

图 5-47　复制左视图

图 5-48　编辑断面图

图 5-49　断面填充图案设置

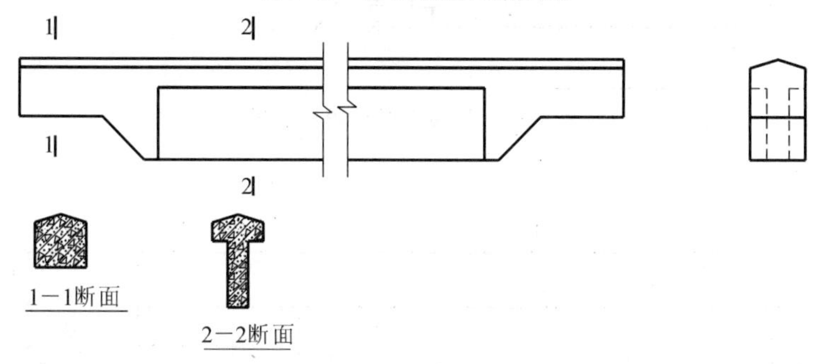

图 5-50　断面图

作图方法小结

本章例题主要采用图形编辑命令绘制完成，由此可见，绘制工程图不仅要使用基本的绘图命令，有时巧用图形编辑命令可使绘图更加高效和快捷。

思考与练习

1. 镜像图形后，不需要保存源对象，怎样操作设置？
2. 环形阵列图形时，不需要阵列对象旋转，怎样操作设置？
3. 使用 AutoCAD 的查询工具可以做哪些查询？
4. 以图 5-38 为例，练习其他几种夹点编辑操作。
5. 上机练习：画出图 5-51 所示的剖视图，不标注尺寸。

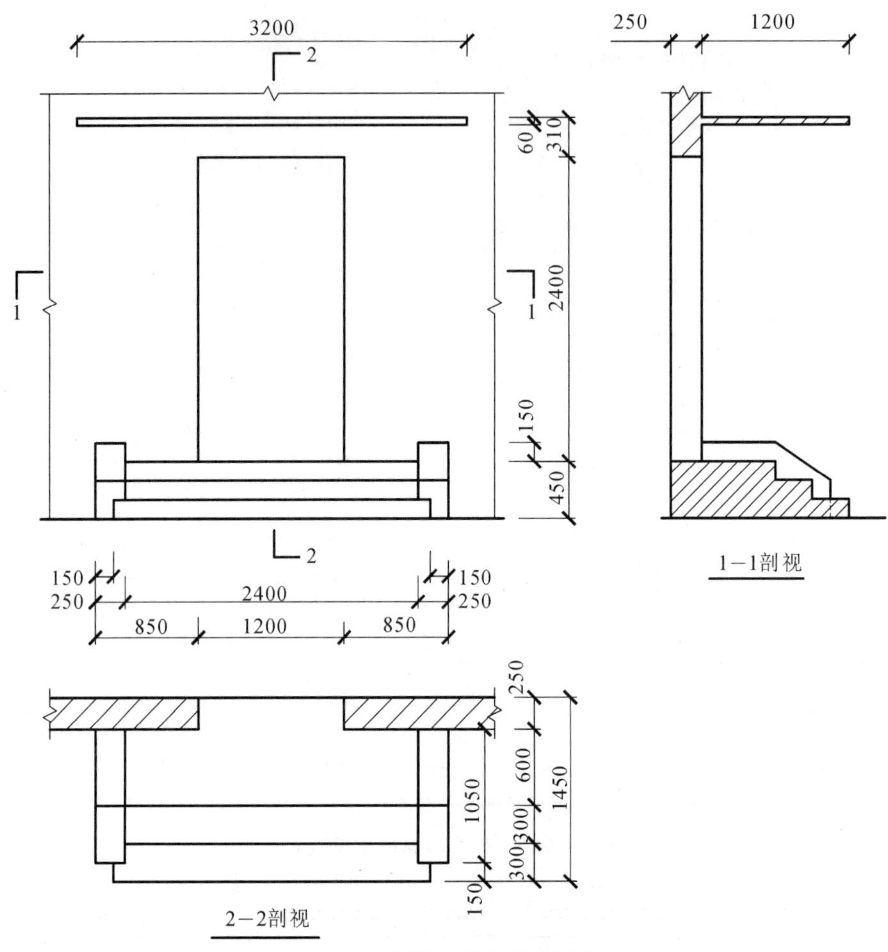

图 5-51　雨棚门洞台阶剖视图

6. 上机练习：画出图 5-52 所示的断面图，不需要标注尺寸。

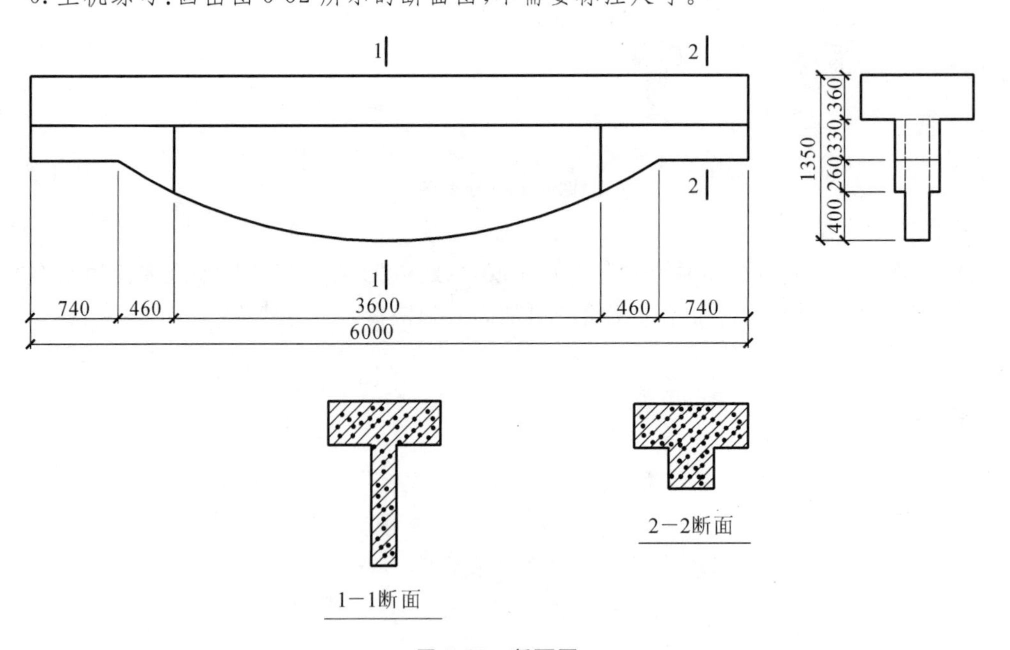

图 5-52　断面图

7. 上机练习：抄画图 5-53 所示的组合体剖视图，不需要标注尺寸。

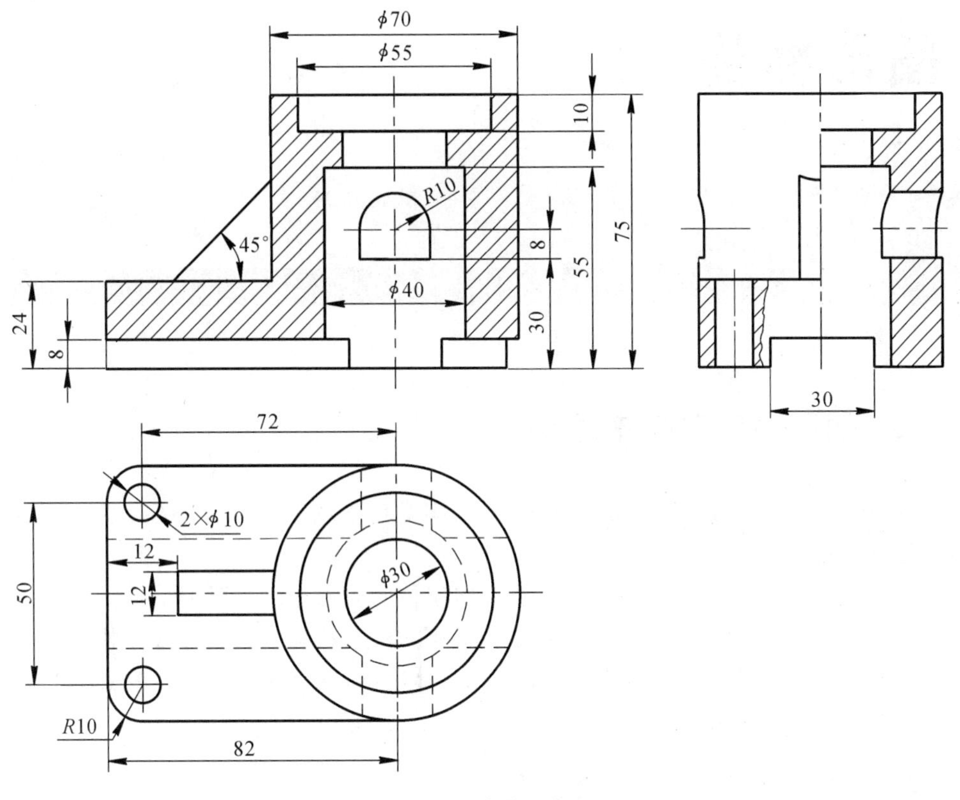

图 5-53　组合体剖视图

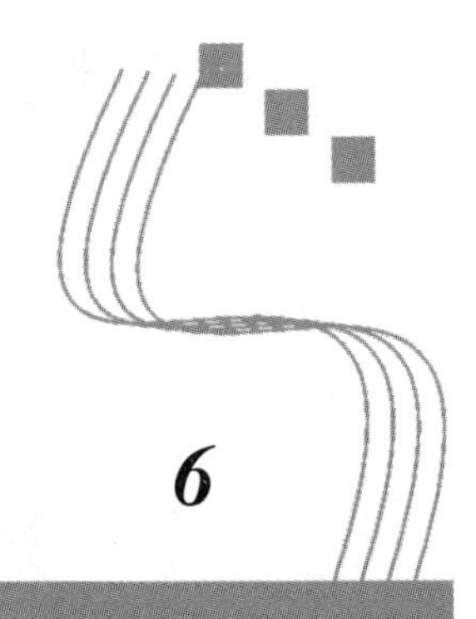

图形标注

6

6.1 图形中文字的注写

文字是图形中必不可少的重要组成部分，文字常用于图形中的标题栏、签字区、标记图形、表格、说明及要求等。

在计算机绘图国家标准中，对计算机绘图时字体的应用有以下要求：

GB/T 14665—2012《机械工程 CAD 制图规则》规定：机械工程的 CAD 制图中，数字一般应以正体输出；字母除表示变量外，一般应以正体输出；汉字在输出时一般采用正体，并采用国家正式公布和推行的简化字(2012 年 12 月 1 日实施)。

6.1.1 文字样式

文字样式是一组可随图形保存的文字设置的集合，这些设置包括字体、行距、对正、颜色及一些特殊效果等。在 AutoCAD 中，所有的文字，包括图块和标注中的文字，都是同一定的文字样式相关联的。通常，在 AutoCAD 中新建一个图形文件后，系统将自动建立一个缺省的文字样式“标准(Standard)”，并且该样式被文字命令、标注命令等缺省引用。

图 6-1 “文字”工具栏

在更多情况下，一个图形中需要使用不同的字体，即使同样的字体也可能需要不同的显示效果，因此仅有一个“标准(Standard)”样式是不够的，用户可以使用文字样式命令来创建或修改文字样式。为方便编辑，可调用“文字”工具栏，如图 6-1 所示(可从下拉菜单【工具】→【工具栏】→【AutoCAD】调出“文字”工具栏。在从低版本移植过来的“AutoCAD 经典”工作空间中，鼠标右键点击任意工具栏，可从弹出的工具栏菜单中调入“文字”工具栏)。

调用该命令的方式如下。

- 工具栏：“文字(Text)”→ 。
- 菜单：【格式(O)】→【文字样式(S)】。
- 功能区：默认选项卡→注释展开面板→ ；

或注释选项卡→文字面板右侧→ 。

- 命令行：style(或简写为 st)。

调用该命令后，系统弹出“文字样式”对话框，如图 6-2 所示，该对话框主要分为 4 个区域。

(1)“样式”栏：在该栏的下拉列表中包括了所有已建立的文字样式，并显示当前的文字样式。用户可单击“新建”按钮新建一个文字样式，也可选中一个样式右键单击，在其快捷菜单中选“置为当前”“重命名”或“删除”按钮，分别对当前的文字样式进行对应的操作。

在“样式”栏的下部是预览区，用来预览字体和效果设置，用户的改变(文字高度的改变除外)将会实时在预览区更新。

(2)“字体”栏：在“字体名”列表中显示所有 AutoCAD 可支持的字体。这些字体有两种类型：一种是带有图标、扩展名为“. shx”的字体，这种字体常用于工程图样中作尺寸标注等，该字体是利用形技术创建的，由 AutoCAD 系统所提供；另一种是带有图标、扩展名为“. TTF”的字体，这种字体常用于工程图样中的汉字书写等，该字体为 TrueType 字体，通常为 Windows 系统所提供。

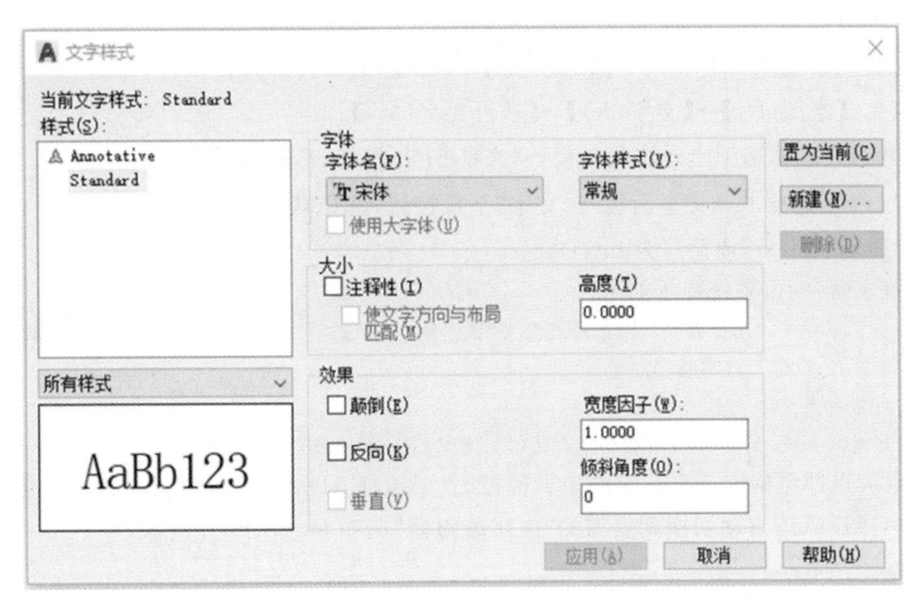

图 6-2　“文字样式”对话框

某些 TrueType 字体前如果带“@”符号，那就表示其字体是竖排的。如果字体选择了“. shx”字体，则“使用大字体”项将被激活。选中该项后，“字体样式”列表将变为“大字体”列表，可以下拉选择“大字体”。亚洲字母表包含数千个非 ASCII 字符。为支持这种文字，程序提供了一种称作大字体文件的特殊类型的形定义。用户可以将样式设定为同时使用常规文件和大字体文件。

(3)“大小”栏：勾选注释性，则指定文字为注释性。注释性对象和样式用于控制注释对象在模型空间或布局中显示的尺寸和比例。输入大于 0.0 的高度值，则将自动以该值为此样式设置文字高度。如果输入 0.0，则文字高度将默认为上次使用的文字高度，或使用存储在图形样板文件中的值。如果选择了注释性选项，则以输入的值设置图纸空间中的文字高度。如果一张图样上需要使用同一种字体，但字体的高度有所不同，应使此栏处于缺省状态，以方便在图样中使用该字体时可以任意确定字体的高度。

(4)“效果”栏：用来选择文字的不同效果。例如宽度比例因子、倾斜角度、颠倒、反向等。

根据国标对工程图中文字的要求，至少要设置两种字体样式。一种用于图中汉字书写，其设置如下：点击“新建”按钮，给样式命名(如“国标汉字”)，在“字体名”下拉列表中选取“仿宋_GB2312”字体(也可选取“仿宋”字),宽度因子取0.7左右,也可以选取“gbcbig.shx”字体。如果系统没有这两种字体,可先安装该字体。一种用于图中字母和数字书写,其设置如下:点击“新建”按钮,给样式命名(如“国标数字”),在“字体名”下拉列表中选取“txt.shx”,宽度因子取0.7左右,或“gbeitc.shx”字体(斜体)。当用户完成对文字样式的设置后,需要使用哪一种字体,可单击“置为当前”按钮,再单击“应用”按钮,将所做的修改应用到图形中使用当前样式的所有文字。

6.1.2　文字的创建

6.1.2.1　创建多行文字

在AutoCAD中有两种方法来创建文字对象,其中之一为创建多行文字命令,调用该命令的方式如下。

- 工具栏:“绘图(Draw)”→A;或“文字(Text)”工具栏→A。
- 菜单:【绘图(D)】→【文字(X)】→【多行文字(M)】。
- 功能区:默认选项卡→注释面板→“文字”下拉按钮,选择A子选项;

或“注释”选项卡→文字面板→“文字”下拉按钮,选择A子选项。

- 命令行:mtext(或简写为mt、t)。

调用该命令后,系统提示如下。

当前文字样式:“国标数字”(如果没有定义“国标数字”的文字样式,则为默认的“Standard”样式)
文字高度:2.5000　注释性:否
指定第一角点:
指定对角点或[高度(H)/对正(J)/行距(L)/旋转(R)/样式(S)/宽度(W)]:

指定两点即可确定一个写字的矩形区域,在AutoCAD 2017的“草图与注释”工作空间中,此时CAD系统自动切换到新增的“文字编辑器”选项卡,如图6-3所示。

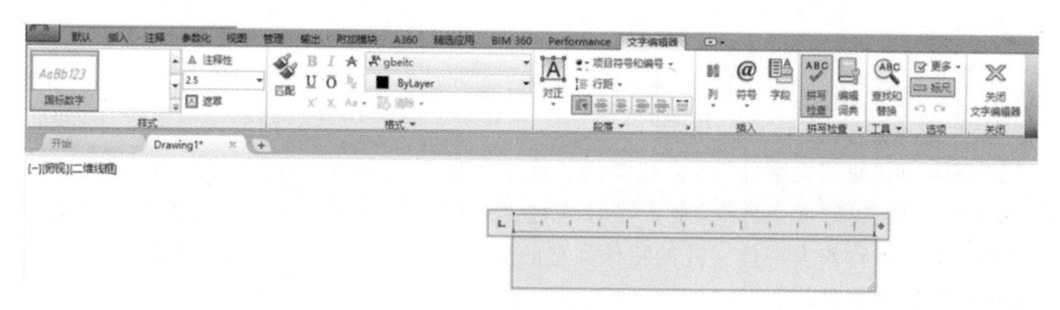

图6-3　“文字编辑器”选项卡

如果有低版本移植过来的“AutoCAD经典”的工作空间,此时会弹出“文字格式”对话框,如图6-4所示。在编辑器或对话框中可以对多行文字进行一些常规的设置,如字体、高度、颜色等,还包括其他一些特殊设置。下面重点介绍文字编辑器各区的内容。

(1)“样式”区:选择系统已有的文字样式、启用或禁用“注释性”、指定文字高度、是否“遮罩”(在文字后放不透明背景)。

(2)“格式”区:选择当前文字的一些格式,如加粗、斜体、下划线、字体、颜色、堆叠、上下标等。点击“格式”右边的三角形图标会展出其他一些格式选择。

(3)“段落”区:选择文字和段落的对正方式、行距、项目符号和编号的形式等。

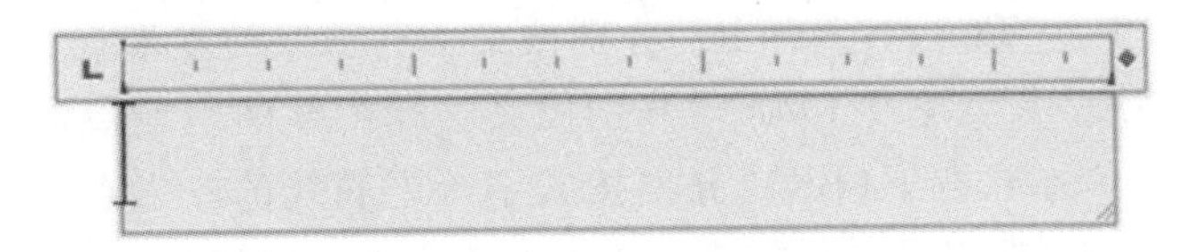

图 6-4 “文字格式”对话框

(4) “插入”区：插入一些常用的符号(如“直径”“正负号”等)或字段(如“创建日期”“作者”等)等。

(5) “拼写检查”区、“工具”区、“选项”区：这三个区功能比较清楚，此处省略。

(6) “关闭”区：在文本编辑框输入完文本后，单击“关闭文字编辑器”，退出多行文字命令。

6.1.2.2 创建单行文字

对于一些简短文字的创建，使用“mtext”命令往往过于烦琐，为此，AutoCAD 提供了创建单行文字的命令，该命令的调用方式如下。

- 工具栏：“文字(Text)”→：。
- 菜单：【绘图(D)】→【文字(X)】→【单行文字(S)】。
- 功能区：默认选项卡→注释面板→“文字”下拉按钮，选择子选项；

或“注释”选项卡→文字面板→“文字”下拉按钮，选择子选项。

- 命令行：text、dtext(或简写为 dt)。

调用该命令后，系统将在命令行中显示当前文字设置，并提示用户指定文字的起始点，提示信息如下。

命令：text 〈Enter〉

当前文字样式：“Standard” 文字高度：2.5000 注释性：否

指定文字的起点或[对正(J)/样式(S)]：

此时用户可以进行如下几种选择。

(1) 直接指定文字的起始点，系统进一步提示用户指定文字的旋转角度和文字内容。

指定文字的旋转角度〈0〉： 〈Enter〉

输入文字：

注意：只有在当前文字样式没有固定高度时系统才提示用户指定文字高度。此外，用户可以按回车键连续输入多行文字，每行文字将自动放置在上一行文字的下方。但这种情况下每行文字均是一个独立的对象，其效果等同于连续使用多次“dtext”命令。

(2) 如果用户选择“对正(J)”项(缺省方式是左对齐)，系统将给出如下选项。

输入选项[左(L)/居中(C)/右(R)/对齐(A)/中间(M)/布满(F)/左上(TL)/中上(TC)/右上(TR)/左中(ML)/正中(MC)/右中(MR)/左下(BL)/中下(BC)/右下(BR)]：

① “对齐(A)”：通过指定基线的两个端点来绘制文字。文字的方向与两点连线方向一致，文字的高度将自动调整，以使文字布满两点之间的部分，但文字的宽度比例保持不变。

② “布满(F)”：通过指定基线的两个端点来绘制文字。文字的方向与两点连线方向一致。文字的高度由用户指定，系统将自动调整文字的宽度比例，以使文字充满两点之间的部

分，但文字的高度保持不变。

③ “左(L)”“居中(C)”和“右(R)”：这三个选项均要求用户指定一点，并分别以该点作为基线左端点、基线水平中点或基线右端点，然后根据用户指定的文字高度和角度进行绘制。而“中间(M)”，则以指定点作为文字中央点来定位。

④ “左上(TL)、中上(TC)、右上(TR)”分别按文字行顶线的左端点、中心点、右端点定位。“左中(ML)、正中(MC)、右中(MR)”分别按文字行中线的左端点、中心点、右端点定位。“左下(BL)、中下(BC)、右下(BR)”分别按文字行下底线的左端点、中心点、右端点定位。一个文本的四条控制线以及单行文字以上各对正方式示例如图 6-5 和图 6-6 所示。

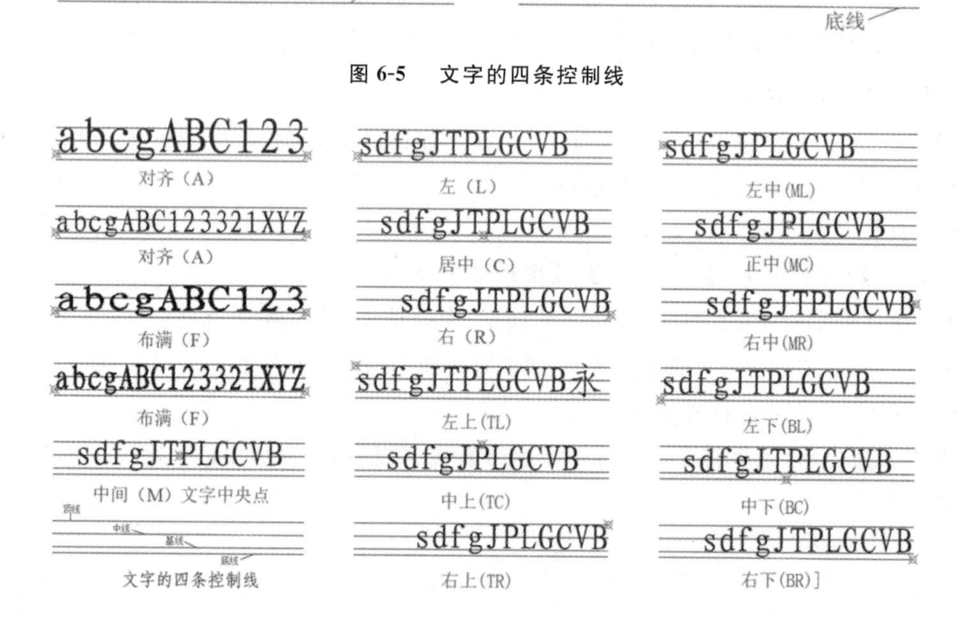

图 6-5　文字的四条控制线

图 6-6　单行文字对齐方式示例

(3) 如果用户选择“样式”项，系统将提示用户指定文字样式如下。

输入样式名或[?]〈Standard〉：

用户可选择“?”选项查看所有样式，并选择其中一种，然后将返回上一层提示。

6.1.2.3　特殊文字字符

工程绘图中经常用到一些特殊字符，如直径符号“ϕ”、角度符号“°”、加/减符号“±”等，这些特殊字符不能直接从键盘上输入，AutoCAD 系统为此提供了控制码，用户用键盘输入控制码，即可输入这些特殊字符，多用在创建单行文字的时候。创建多行文字时，在“文字编辑器”中也可以通过插入“符号”来输入特殊字符。

(1) 下划线(%%U)：用双百分号后跟字母 U 给文字对象加下划线。

(2) 直径符号(%%C)：双百分号后跟字母 C 将建立直径符号。

(3) 加/减符号(%%P)：双百分号后跟字母 P 建立加/减符号。

(4) 角度符号(%%D)：双百分号后跟字母 D 建立角度符号。

(5) 上划线(%%O)：与下划线相似，双百分号后跟字母 O 给文字对象加上划线。

6.1.3 文字编辑命令

对于图形中已有的文字对象,用户可使用各种编辑命令对其进行修改。

1. 文字编辑命令

该命令对多行文字、单行文字、属性以及尺寸标注中的文字均可适用,其调用方式如下。

- 工具栏:“文字(Text)”→ 。
- 菜单:【修改(M)】→【对象(O)】→【文字(T)】→【编辑(E)】。
- 命令行:textedit(或简写为 ed)。

调用该命令后,如果选择多行文字对象或标注中的文字,则出现“文字编辑器”选项卡或“文字格式”对话框如图 6-3 和图 6-4 所示。在此处可改变全部或部分文字的高度、字体、颜色和调整位置等。而对于单行的文字对象,则弹出如图 6-7 所示的修改单行文字框,在这里只能修改文字,而不支持字体、调整位置以及文字高度的修改。

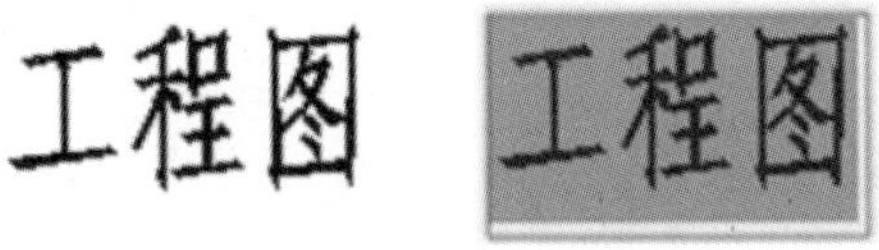

工程图 工程图

图 6-7 修改单行文字框

提示:修改编辑文字可以不用命令,直接用鼠标左键双击要修改编辑的文字,也会出现以上所述的状况,然后按要求编辑修改文字。

2. 对象特性命令

同其他对象一样,文字对象也可以通过“特性”窗口进行编辑操作,在其中可以更改文字内容、插入点、样式、对正、尺寸和其他特性。

6.1.4 AutoCAD 2017 中关于文字的一些较为复杂的命令

6.1.4.1 创建字段

字段是包含说明的文字,这些说明用于显示可能会在图形生命周期中修改的数据。可以将字段插入到任意文字对象中,在图形或图集中显示要更改的数据,字段更新时,系统将自动显示最新的数据。将字段用于某些信息,如图纸编号、日期、标题,可以通过点击“文字编辑器”选项卡中的“插入”区里的“字段”按钮来插入字段,也可在文本编辑区单击右键从快捷菜单中选“插入字段”,如图 6-8 所示。在“字段”对话框中可以选择各种字段,如图 6-9 所示,例如打印、日期和时间、对象和文档等。

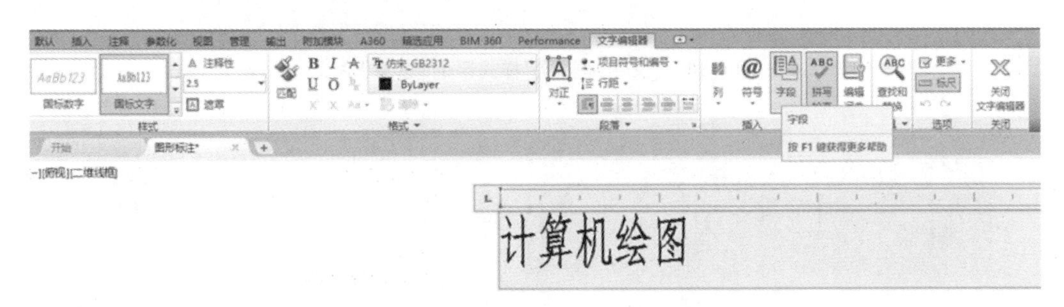

图 6-8 “文字编辑器”插入区的“字段”命令

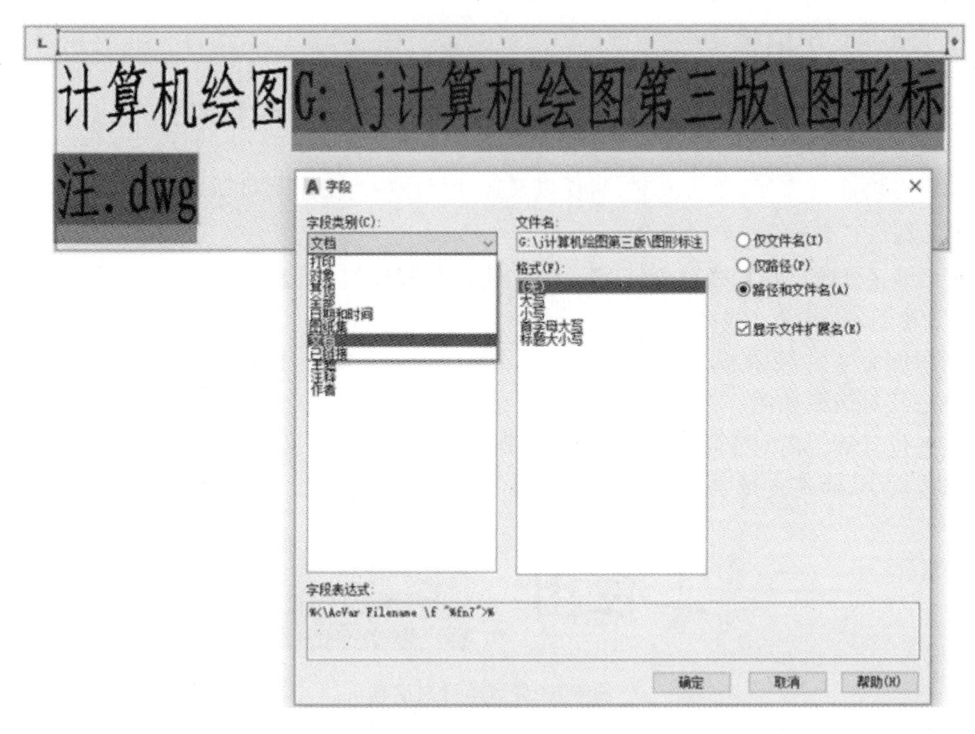

图 6-9　“字段”对话框

6.1.4.2　向多行文字添加背景

为了在较复杂的图形中突出文字，可以添加不透明填充或背景遮罩。此时单击“文字编辑器”选项卡的“样式”区的“遮罩”图标，或在文字编辑区单击右键从快捷菜单中选“背景遮罩”，如图 6-10 所示。这时将弹出“背景遮罩”对话框，如图 6-11 所示，进行选择即可。

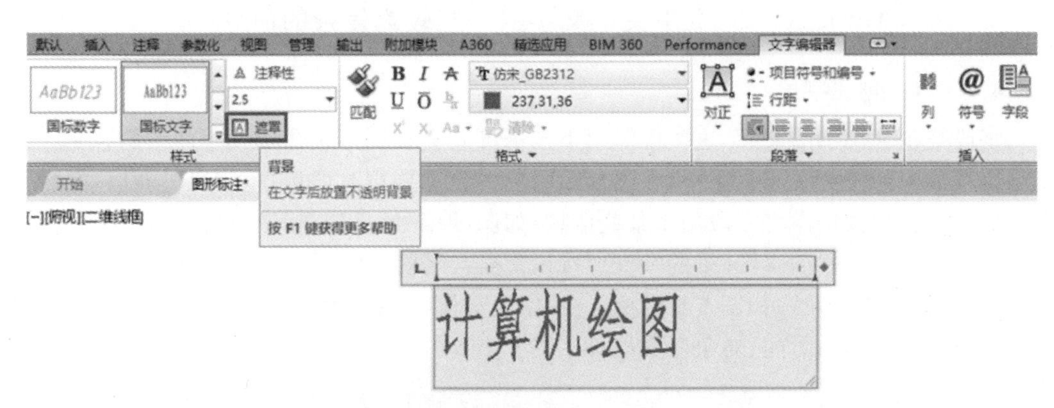

图 6-10　“文字编辑器”样式区的“遮罩”命令

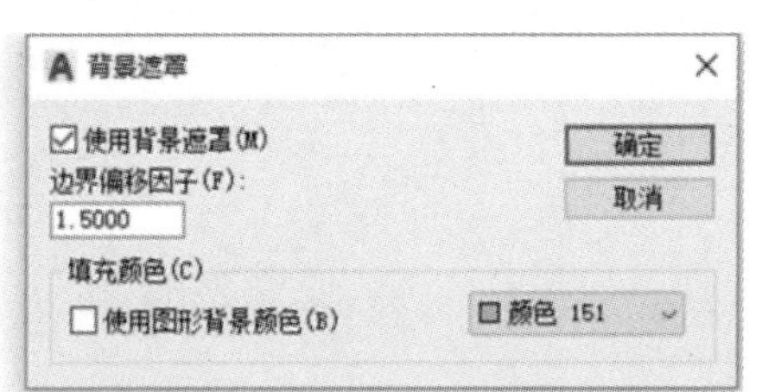

图 6-11　“背景遮罩”对话框

6.1.4.3 向多行文字中插入符号

在创建多行文字时，可以将一些常用符号插入到该文字中。与“字段”和“背景”一样，该命令的调入，同样可以通过“文字编辑器”选项卡中“插入”区的“符号”图标或者文字编辑区右键快捷菜单中“符号”命令来实现，如图 6-12 所示。

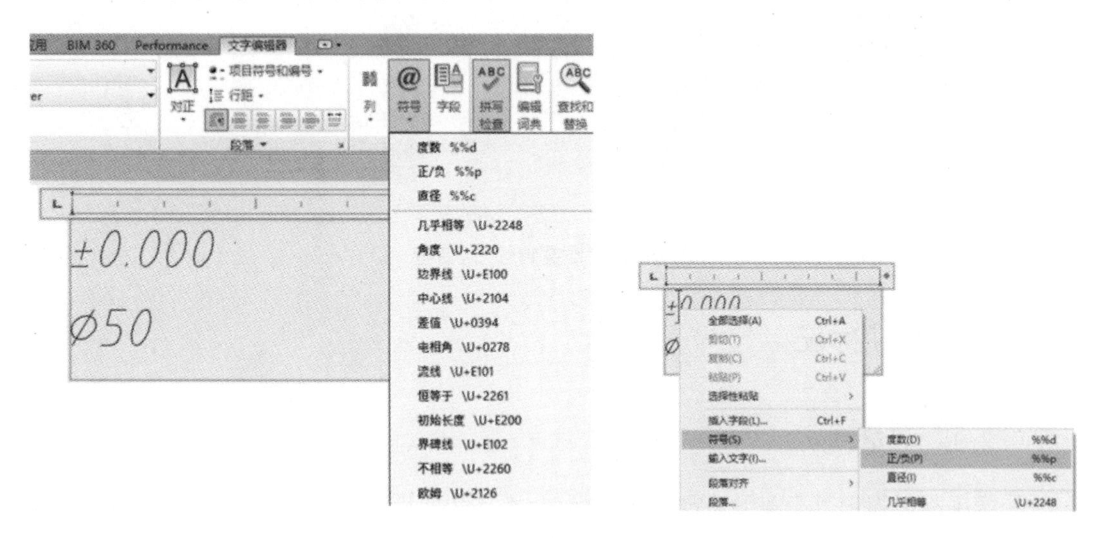

图 6-12 “文字编辑器”插入区和快捷菜单中的“符号”命令

6.1.4.4 堆叠命令

设置文字的重叠方式可通过“文字编辑器”选项卡中“格式”区的“堆叠”命令来实现，如图 6-13 所示。

此命令只对含有“^”“#”和“/”三种分隔符的文本适用。该命令将“/”左边的文本置为分子，右边的置为分母，由水平线分隔；该命令将“#”左边的文本置为分子，右边的置为分母，由对角线分隔；该命令将“^”左边的文本置为上标，右边的文本置为下标，也就是所谓的公差堆叠。先选中堆叠的文字包括分隔符，然后单击“堆叠”命令即可实现文字的堆叠，如图 6-13 所示。大家注意，在 6.2 节“尺寸标注”中尺寸公差的标注用这里的堆叠命令特别方便。

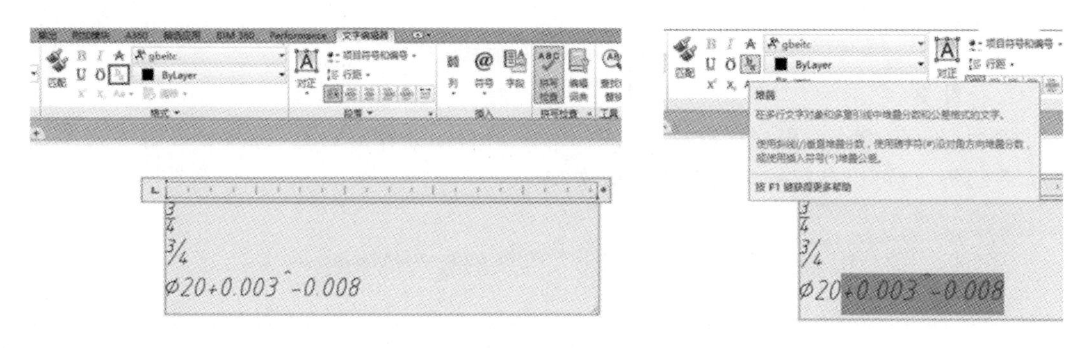

图 6-13 “文字编辑器”格式区“堆叠”命令

如果要更改堆叠文字的特性，只需双击多行文字对象，然后选择已堆叠的文字。单击显示在文字附近的闪电图标，在弹出的“堆叠特性”窗口进行编辑，如图 6-14 所示。

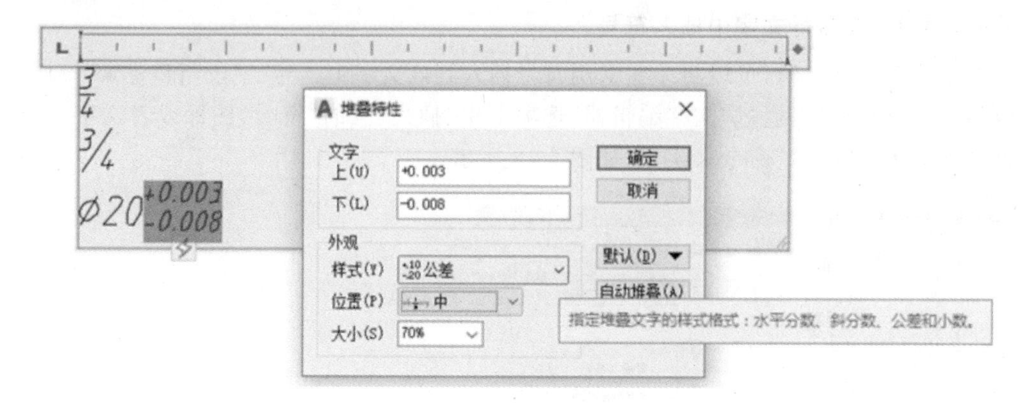

图 6-14 “堆叠特性”对话框

6.2 尺寸标注

6.2.1 概述

一张工程图如果只有图形而没有尺寸标注，则这张图纸是没有任何作用的，所以尺寸标注是图纸中的重要内容。AutoCAD 提供了多种标注样式和多种设置标注格式的方法，可以满足建筑、机械、电子等大多数应用领域的要求。

尽管尺寸标注的类型有很多种，但每一个尺寸的标注通常都是由几种基本元素所构成，如图 6-15 所示。

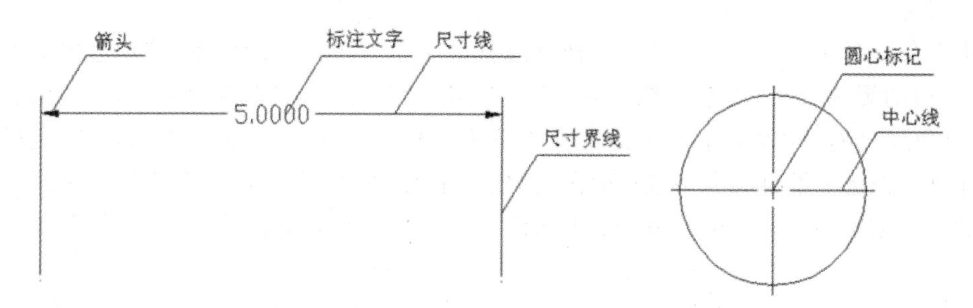

图 6-15 构成标注的基本元素

1. 标注文字

表明实际测量值。用户可以使用由 AutoCAD 自动计算出的测量值，并可附加公差、前缀和后缀等，也可以自行指定文字或取消文字。

2. 尺寸线

表明标注的范围，通常使用箭头来指出尺寸线的起点和端点。

3. 箭头

表明测量的开始和结束位置。AutoCAD 提供了多种符号可供选择，用户也可以创建自定义符号。

4. 尺寸界线

从被标注的对象延伸到尺寸线。尺寸界线一般与尺寸线垂直，但在特殊情况下也可以将尺寸界线倾斜。

5. 圆心标记和中心线

标记圆或圆弧的圆心、中心线。

6.2.2 尺寸标注类型

AutoCAD 提供了如表 6-1 所示的 14 种标注类型，用以测量设计对象的尺寸标注。

表 6-1 尺寸标注类型

标注类型	标注类型
线性标注	对齐标注
弧长标注	坐标标注
半径标注	折弯标注
直径标注	角度标注
基线标注	连续标注
等距标注	折断标注
公差标注	圆心标注

6.2.3 标注样式简述

标注样式用于控制标注的格式和外观，AutoCAD 中的标注均与一定的标注样式相关联。通过标注样式，用户可进行如下定义。

(1) 尺寸线、尺寸界线、箭头和圆心标记的格式和位置。

(2) 标注文字的外观、位置和行为。

(3) AutoCAD 放置文字和尺寸线的管理规则。

(4) 全局标注比例。

(5) 主单位、换算单位和角度标注单位的格式和精度。

(6) 公差值的格式和精度。

在 AutoCAD 中新建图形文件时，系统将根据样板文件来创建一个缺省的标注样式，如使用“acad. dwt”样板时缺省样式为“Standard”，使用“acadiso. dwg”样板时缺省样式为“ISO-25”。此外，DIN 和 JIS 系列图形样板分别提供了德国和日本工业标准样式。

在 AutoCAD 中用户可通过“标注样式管理器”来创建新的标注样式或对标注样式进行修改和管理。

6.2.4 标注样式

下面通过“标注样式管理器”对话框来详细介绍标注样式的组成元素及其作用。

“标注”工具栏如图 6-16 所示，可从下拉菜单【工具】→【工具栏】→【AutoCAD】调出“标注”工具栏。启动标注样式管理器的方式如下。

- 工具栏“标注(Dimension)”→ 。
- 菜单:【格式(O)】→【标注样式(D)】。
- 功能区:注释展开面板→“标注样式”按钮。
- 命令行:dimstyle(或简写为 d、dst、dimsty)。

调用该命令后，弹出如图 6-17 所示的“标注样式管理器”对话框，该对话框显示了当前

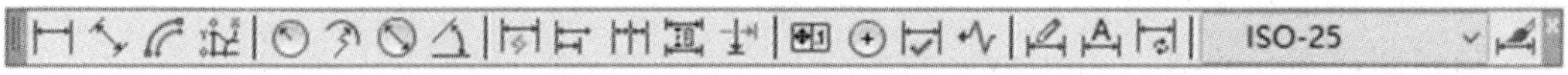

图 6-16　“标注”工具栏

的标注样式以及在样式列表中被选中项目的预览图和说明。单击“修改”按钮将弹出“修改标注样式”对话框，可详细了解标注样式的各个部分，如图 6-18 所示。

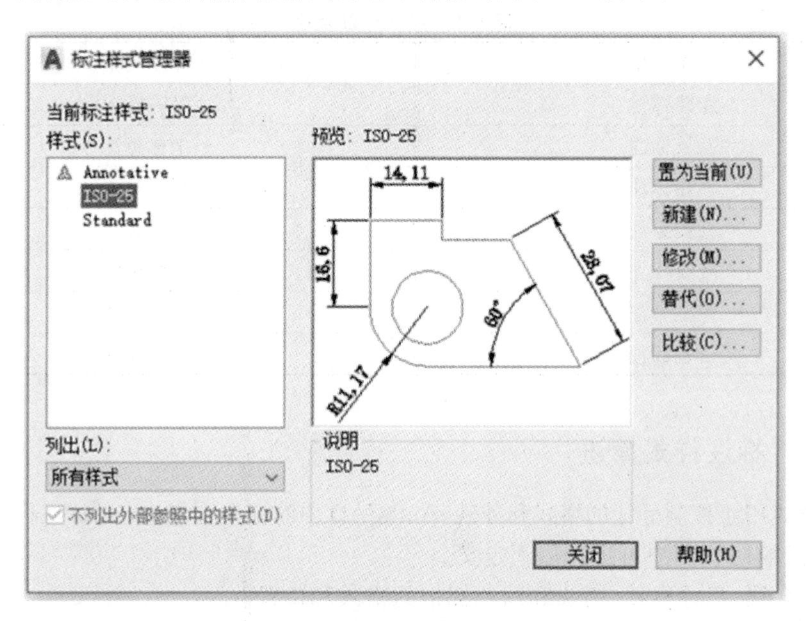

图 6-17　“标注样式管理器”对话框

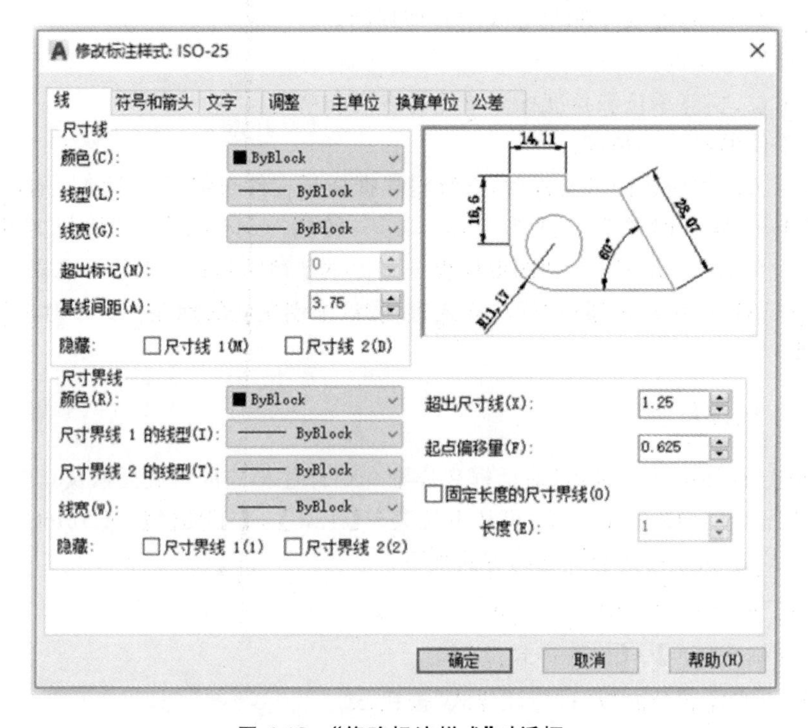

图 6-18　“修改标注样式”对话框

6.2.4.1　“线”“符号和箭头”选项卡

“线”“符号和箭头”选项卡用于设置尺寸线、尺寸界线、箭头和圆心标记的格式和特性，标注中各部分元素的含义如图 6-19 所示。

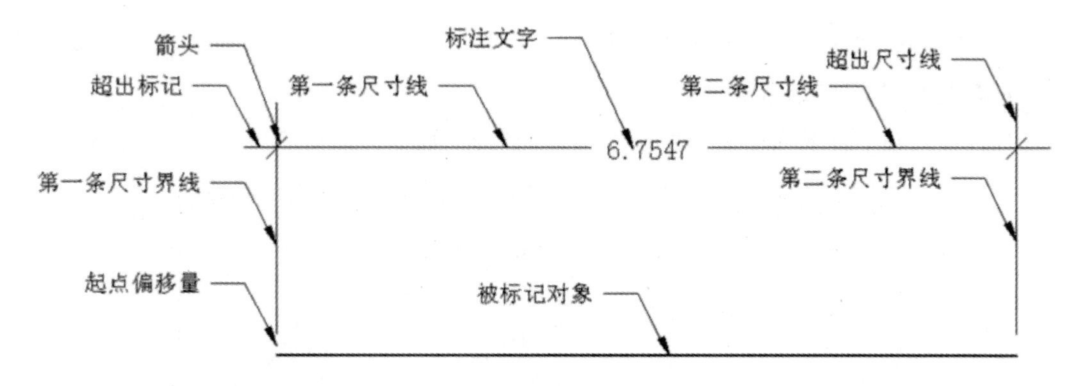

图 6-19　标注组成元素示意图

1.“尺寸线”栏

(1)“颜色”:设置尺寸线的颜色。

(2)“线型”:设置尺寸线的线型。

(3)“线宽”:设置尺寸线的线宽。

一般不建议另行设置(1)(2)(3)这几项，而让其保持“随块”的逻辑状态，以便于整体管理。

(4)“超出标记”:设置超出标记的长度。该项在箭头被设置为“倾斜”“建筑标记”“小点”“积分”和“无”等类型时才被激活。

(5)“基线间距”:设置基线标注中各尺寸线之间的距离。建议设为 6。

(6)“隐藏”:分别指定第一、二条尺寸线是否被隐藏。

2.“尺寸界线”栏

(1)“颜色”:设置尺寸界线的颜色。

(2)“线型”:设置尺寸界线 1、2 的线型。

(3)“线宽”:设置尺寸界线的线宽。

一般不建议另行设置(1)(2)(3)这几项，而让其保持“随块”的逻辑状态，以便于整体管理。

(4)“超出尺寸线”:指定尺寸界线在尺寸线上方伸出的距离。根据国标设置为 2。

(5)“起点偏移量”:指定尺寸界线到定义该标注的原点的偏移距离。根据国标，机械图可设置为 0，建筑图可设置为 2。

(6)“隐藏”:分别指定第一、二条尺寸界线是否被隐藏。

3.“箭头”栏

(1)“第一个”:设置第一条尺寸线的箭头类型。当改变第一个箭头的类型时，第二个箭头自动改变以匹配第一个箭头。机械图选“实心闭合”，建筑图选“建筑标记”。

(2)“第二个”:设置第二条尺寸线的箭头类型。改变第二个箭头的类型不影响第一个箭头的类型。

(3)“引线”:设置引线的箭头类型。

(4)“箭头大小”:设置箭头的大小。

4.“圆心标记”栏

(1)“类型”:设置圆心标记类型为“无”“标记”和“直线”三种情况之一,其中“直线”选项可创建中心线。

(2)“大小”:设置圆心标记或中心线的大小。

6.2.4.2 “文字”选项卡

“文字”选项卡设置标注文字的格式、放置和对齐,如图6-20所示。

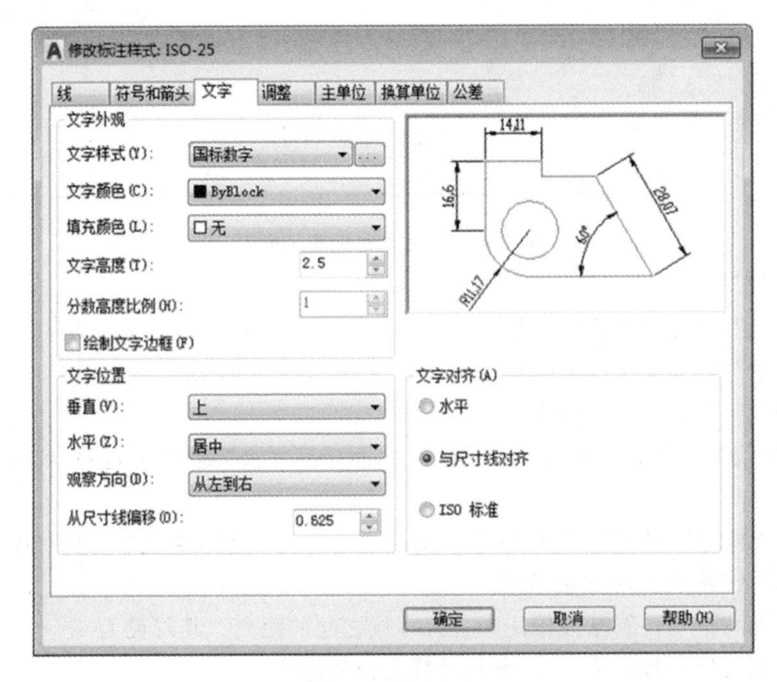

图6-20　“文字”选项卡

1.“文字外观”栏

(1)“文字样式”:点击下拉列表箭头,可以选择设置好的标注文字样式。如果没有设置,可以点击右边按钮[...],打开如图6-2所示的“文字样式”对话框,按需要设置标注文字样式。参考6.2节,建议选为已定义的“国标数字”样式,宽度因子取0.7左右,字体选“txt.shx”,或“gbeitc.shx”。

(2)“文字颜色”:设置标注文字样式的颜色。一般不要另设置文字颜色,随块的颜色方便管理。

(3)“填充颜色”:设置标注文字填充的颜色。一般选“无”。

(4)“文字高度”:设置当前标注文字样式的高度。注意,只有在选用的“文字样式”(如我们选的“国标数字”)中的文字高度设为0时,该项设置才有效。

(5)“分数高度比例”:设置与标注文字相关部分的比例。仅当在“主单位”选项卡上选择“分数”作为“单位格式”时,此选项才可用。

(6)“绘制文字边框”:在标注文字的周围绘制一个边框。

2.“文字位置”栏

(1)“垂直”:设置文字相对尺寸线的垂直位置,如表6-2所示。

表 6-2 文字相对尺寸线的垂直位置

垂直位置	具 体
居中	放在两条尺寸线中间
上	放在尺寸线的上面
外部	放在距离标注定义点最远的尺寸线一侧
JIS	按照日本工业标准放置
下	放在尺寸线的下面

(2)“水平”:设置文字相对于尺寸线和尺寸界线的水平位置,如表 6-3 所示。

表 6-3 文字相对于尺寸线和尺寸界线的水平位置

水平位置	具 体
居中	沿尺寸线放在两条尺寸界线中间
第一条尺寸界线	沿尺寸线与第一条尺寸界线左对齐
第二条尺寸界线	沿尺寸线与第二条尺寸界线右对齐
第一条尺寸界线上方	沿着第一条尺寸界线放置标注文字或放在第一条尺寸界线之上
第二条尺寸界线上方	沿着第二条尺寸界线放置标注文字或放在第二条尺寸界线之上

(3)“观察方向”:设置标注文字的观察方向。

(4)“从尺寸线偏移”:设置文字与尺寸线之间的距离。

3.“文字对齐”栏

(1)“水平”:水平放置文字,文字角度与尺寸线角度无关。

(2)“与尺寸线对齐”:文字角度与尺寸线角度保持一致。

(3)“ISO 标准”:当文字在尺寸界线内时,文字与尺寸线对齐;当文字在尺寸界线外时,文字水平排列。

6.2.4.3 “调整”选项卡

“调整”选项卡有“调整选项”“文字位置”“标注特征比例”和“优化”四个选项,如图 6-21 所示。

(1)“调整选项”:根据两条尺寸界线间的距离确定文字和箭头的位置,如果两条尺寸界线间的距离足够大,那么,AutoCAD 总是把文字和箭头放在尺寸界线之间,否则,按实际需要来设置。

(2)“文字位置”:设置标注文字非缺省的位置。

(3)“标注特征比例”:设置全局标注比例或图纸空间比例。

(4)“优化”:设置其他调整选项。

6.2.4.4 “主单位”选项卡

“主单位”选项卡用于设置主标注单位的格式和精度,设置标注文字的前缀和后缀,如图 6-22 所示。

(1)“线性标注”:设置线性标注的格式和精度。

(2)“测量单位比例”:建议默认。

(3)“消零”:控制是否禁止输出前导零和后续零以及零英尺和零英寸部分。

(4)“角度标注”:显示和设置角度标注的格式和精度。

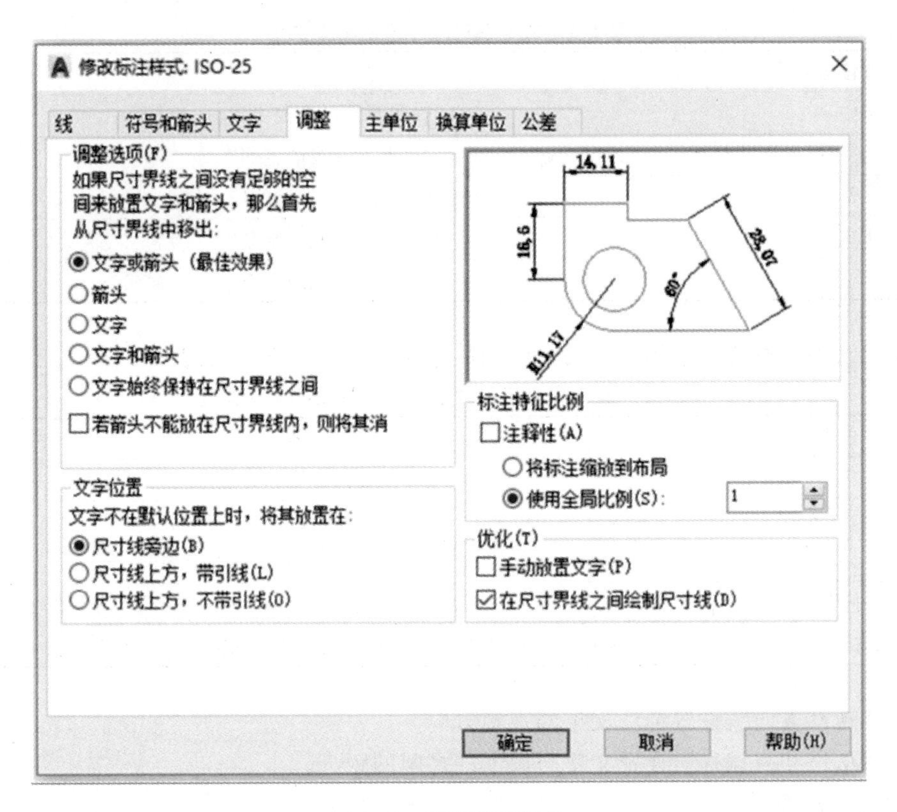

图 6-21 “调整”选项卡

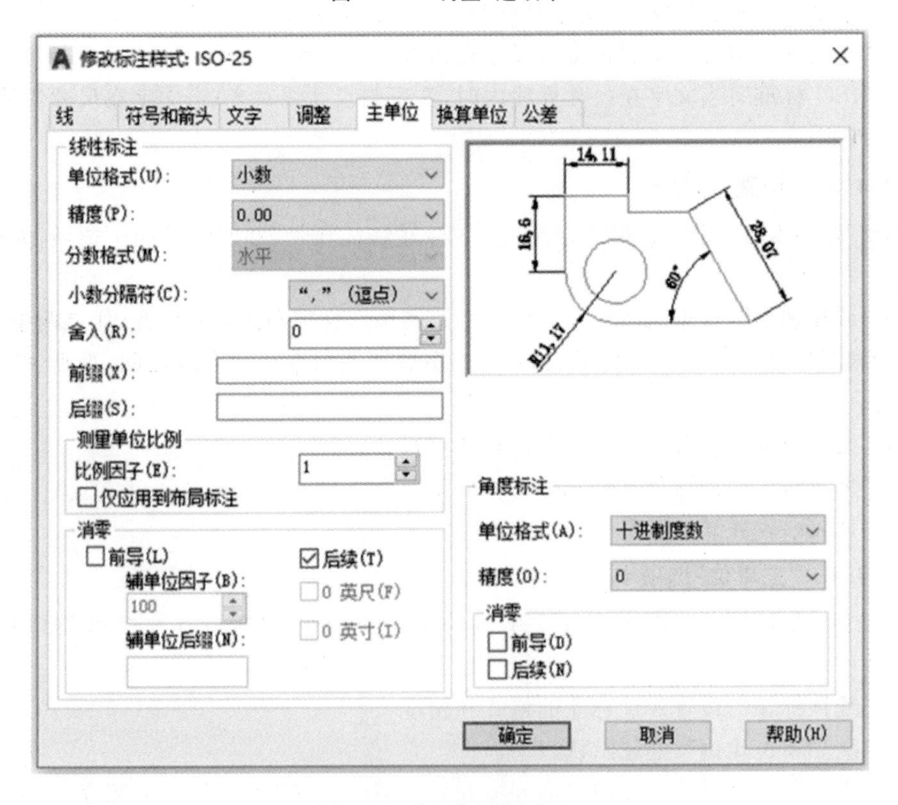

图 6-22 “主单位”选项卡

6.2.4.5 “换算单位”选项卡

“换算单位”选项卡用于设置换算测量单位的格式和比例。

6.2.4.6 “公差”选项卡

“公差”选项卡用于控制标注文字中公差的格式，主要用于机械工程图。比较方便的尺寸公差标注是这样的：在本选项卡中将“方式”选为“无”；然后发出标注命令，选中对象后，在命令行输入“M”；再在“文字编辑器”中的默认数字光标后输入“上下极限偏差”，如“+0.009^-0.02”；最后选中堆叠即可(见图 6-13 和图 6-14)。

6.2.5 标注样式管理器

在图 6-17 所示的“标注样式管理器”对话框中，可对标注样式进行各种操作，它包含以下几项。

1.“样式”列表

在“样式”列表中显示标注样式，可通过“列表”设置显示条件，可用的选项包括“所有样式”和“正在使用的样式”。

如果用户选择“不列出外部参照中的样式”，则在样式列表中不显示外部参照图形中的标注样式。

2.“预览”和“说明”栏

在“预览”和“说明”栏中显示指定标注样式的预览图像和说明文字。

3.重命名或删除

在样式列表中单击右键，可对指定样式进行重命名或删除操作。注意，以下样式不能被删除。

(1) 这种标注样式是当前标注样式。

(2) 当前图形中的标注使用这种标注样式。

(3) 与这种标注样式相关联的子样式。

4.“置为当前”功能

单击“置为当前”按钮可将指定的标注样式设置为当前样式，也可通过快捷菜单中的“置为当前”项完成此操作。

5.“新建”功能

单击“新建”按钮弹出如图 6-23 所示的“创建新标注样式”对话框。在该对话框中，各项意义如下。

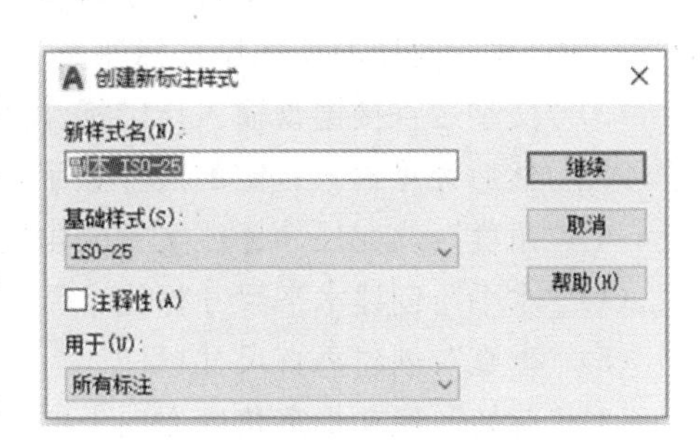

图 6-23 “创建新标注样式”对话框

(1) “新样式名”：指定新样式的名称。给新样式命名时最好说明其特点。

(2) “基础样式”：指定新样式是基于哪个样式创建的。新样式在基础样式的基础上做了局部的修改。

(3) “用于”：如果选择“所有标注”项，则创建一个与基础样式同级的独立的新样式。而如果下拉选择其他各项，则创建一个基础样式相应的子样式。此时“新样式名”失效变灰。子样式专门负责某一类尺寸标注，比如直径、半径、角度等。例如定义了“ISO-25”基础样式下的“直径”子样式，则在图中标注直径时会优先遵循“直径”子样式的规则。

(4) “继续”：单击“继续”按钮可弹出“新建标注样式”对话框，用于对新样式进行详细设置。

6. “修改”功能

单击“修改”按钮可修改指定的标注样式。

7. “替代”功能

单击“替代”按钮可为当前的样式创建样式替代。样式替代可以在不改变原样式设置的情况下，暂时采用新的设置来控制标注样式。如果删除了样式替代，则可继续使用原样式设置。

8. “比较”功能

单击“比较”按钮可弹出“比较标注样式”对话框。从中可以比较两个标注样式或列出一个标注样式的所有特性。

6.2.6　创建尺寸标注

1. 线性标注

线性标注命令用于标记两点之间连线在指定方向上的投影距离，如图 6-24 所示。调用该命令的方式如下。

- 工具栏：“标注(Dimension)”→⊢⊣。
- 菜单：【标注(N)】→【线性(L)】。
- 功能区：默认选项卡→注释面板→⊢⊣ 线性 ▾；

或注释选项卡→标注面板→⊢⊣ 线性 ▾。

- 命令：dimlinear(或简写为 dli、dimlin)。

调用该命令后，系统提示用户指定两点，或选择某个对象：

```
指定第一条延伸线原点或〈选择对象〉：        //选择要标注对象的端点
指定第二条延伸线原点                        //选择要标注对象的另一端点
```

然后给出如下选项。

[多行文字(M)/文字(T)/角度(A)/水平(H)/垂直(V)/旋转(R)]：

此时，用户可直接在指定标注的位置，或使用以下选项进一步设置。

(1) “多行文字”：利用多行文字编辑器来改变尺寸标注文字的字体、高度等。缺省文字为“〈 〉”码，表示度量的关联尺寸标注文字。

(2) “文字”：直接键盘输入指定标注文字。如果要改变系统自测的尺寸数字，键盘输入“t”，回车，然后键盘输入自定的尺寸数字，回车即可。

(3) “角度”：改变尺寸标注文字的角度。

(4) “水平”：创建水平尺寸标注。

(5) “垂直”：创建垂直尺寸标注。

(6) “旋转”：建立指定角度方向上的尺寸标注。

注意：如果不使用缺省尺寸标注，尺寸标注文字的尺寸关联性将不存在，且当对象缩放时系统不再重新计算尺寸。

2. 对齐标注

对齐标注命令用于标记两点之间的实际距离，两点之间的连线可以为任意方向，标注结果如图 6-25 所示。调用该命令的方式如下。

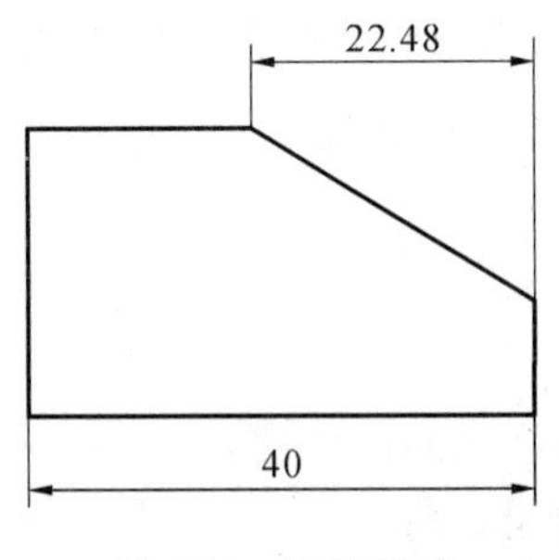

图 6-24 线性标注

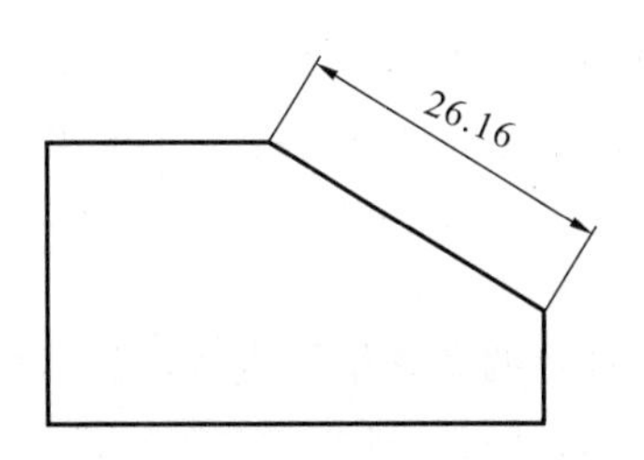

图 6-25 对齐标注

- 工具栏:“标注(Dimension)”→ 。
- 菜单:【标注(N)】→【对齐(G)】。
- 功能区:默认选项卡→注释面板→ 线性 下拉按钮,选择“对齐”子选项;

或注释选项卡→标注面板→ 线性 下拉按钮,选择“对齐”子选项。

- 命令:dimaligned(或简写为 dal、dimali)。

该命令用法与线性标注相同,但没有“水平”“垂直”和“旋转”选项。

3. 半径标注

半径标注命令用于标记圆或圆弧的半径,调用该命令的方式如下。

- 工具栏:“标注(Dimension)”→ 。
- 菜单:【标注(N)】→【半径(R)】。
- 功能区:默认选项卡→注释面板→ 线性 下拉按钮,选择“半径”子选项;

或注释选项卡→标注面板→ 线性 下拉按钮,选择“半径”子选项。

- 命令:dimradius(或简写为 dra、dimrad)。

调用该命令后,系统提示选择圆或圆弧对象,其他选项同线性标注命令。

```
选择圆弧或圆:
标注文字 =(系统测量值)
指定尺寸线位置或[多行文字(M)/文字(T)/角度(A)]:
```

生成的尺寸标注文字用 R 引导,以表示半径尺寸,圆或圆弧的圆心标记可自动绘出。

4. 直径标注

直径标注命令用于标记圆或圆弧的直径。调用该命令的方式如下。

- 工具栏:“标注(Dimension)”→ 。
- 菜单:【标注(N)】→【直径(D)】。
- 功能区:默认选项卡→注释面板→ 线性 下拉按钮,选择“直径”子选项;

或注释选项卡→标注面板→ 线性 下拉按钮,选择“直径”子选项。

- 命令:dimdiameter(或简写为 ddi、dimdia)。

该命令的用法与半径标注相同,生成的尺寸标注文字用 ϕ 引导,以表示直径尺寸。

5. 角度标注

角度标注命令用于标记角度值,调用该命令的方式如下。

- 工具栏:“标注(Dimension)”→ 。
- 菜单:【标注(N)】→【角度(A)】。

● 功能区：默认选项卡→注释面板→ 线性 下拉按钮，选择“角度”子选项；

或注释选项卡→标注面板→ 线性 下拉按钮，选择“角度”子选项。

● 命令：dimangular（或简写为 dan、dimang）。

调用该命令后，系统提示如下。

选择圆弧、圆、直线或〈指定顶点〉：

（1）如果选择两条非平行直线，则测量并标记直线之间的角度。

（2）如果选择圆弧，则测量并标记圆弧所包含的圆心角。

（3）如果选择圆，则以圆心作为角的顶点，测量并标记所选的第一个点和第二个点之间包含的圆心角。

（4）选择“指定顶点”项，则需分别指定角点、第一端点和第二端点来测量并标记该角度值。

6. 基线标注

基线标注命令用于以第一个标注的第一条界线为基准，连续标注多个线性尺寸的场合。每个新尺寸线会自动偏移一个距离以避免重叠。调用该命令的方式如下。

工具栏：“标注（Dimension）”→ 。

● 菜单：【标注（N）】→【基线（B）】。

● 功能区：注释选项卡→标注面板→ 线性 下拉按钮，选择“基线”子选项。

● 命令：dimbaseline（或简写为 dba、dimbase）。

调用该命令后，系统将自动以最后一次标注的第一条界线为基准来创建标注，并提示用户指定第二条界线。

指定第二条延伸线原点或[放弃(U)/选择(S)]〈选择〉：

此时，用户也可以选择“s（select object）”项，来重新指定基准界线。该命令可连续进行多个标注，系统会自动按间隔绘制。

标注图 6-26 所示的图形时，先用“线性标注”命令标注第一个长 20 的尺寸，再用“基线标注”命令标注另外两个尺寸。

注意：必须是线性坐标或角度关联尺寸标注，才可进行基线标注。

7. 连续标注

连续标注命令用于以前一个标注的第二条界线为基准，连续标注多个线性尺寸的场合。调用该命令的方式如下。

● 工具栏：“标注（Dimension）”→ 。

● 菜单：【标注（N）】→【连续（C）】。

● 功能区：注释选项卡→标注面板→ 连续 。

● 命令：dimcontinue（或简写为 dco、dimcont）。

该命令的用法与基线标注用法类似，区别之处在于该命令是从前一个尺寸的第二条尺寸界线开始标注，而不是固定于第一条界线。此外，各个标注的尺寸线将处于同一直线上，而不会自动偏移。

标注图 6-27 所示的图形时，先用“线性标注”命令标注第一个长 20 的尺寸，再用“连续标注”命令标注另外两个尺寸。

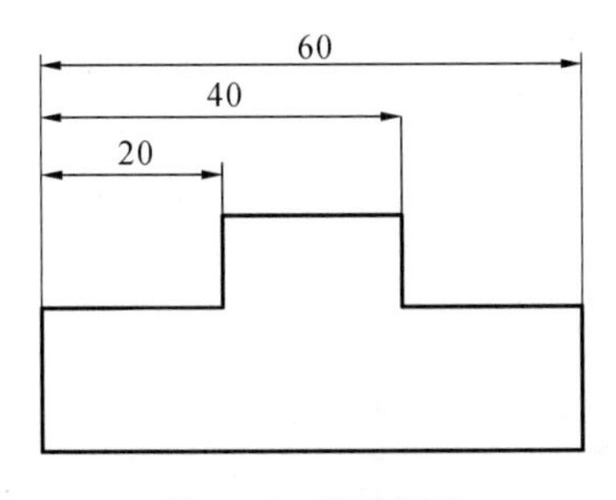

图 6-26 基线标注

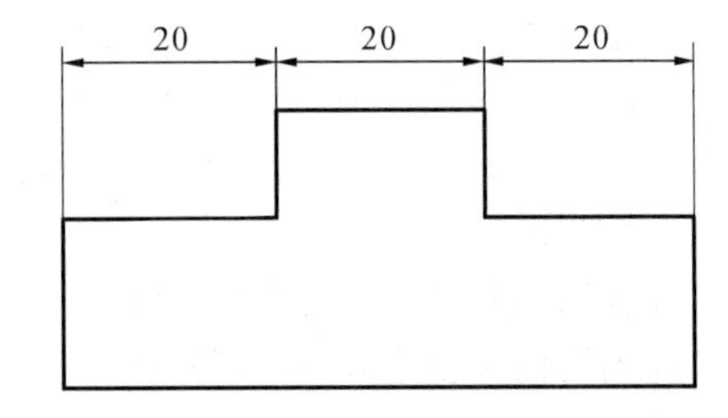

图 6-27 连续标注

注意：同基线标注一样，必须是线性坐标或角度关联尺寸标注，才可进行连续标注。

8. 圆心标记

圆心标记命令用于标记圆或椭圆的中心点，调用该命令的方式如下。

- 工具栏："标注(Dimension)"→ 。
- 菜单：【标注(N)】→【圆心标记(M)】。
- 命令：dimcenter(或简写为 dce)。

调用该命令后系统将提示用户选择圆或圆弧对象，并以"+"的形式来标记该圆心。

注意：该命令生成的圆心标记是与标注对象不相关的直线对象，而不是标注对象。

9. 坐标标注

坐标标注命令用于标记当前 UCS(用户坐标系)中的坐标点，调用该命令的方式如下。

- 工具栏："标注(Dimension)"→ 。
- 菜单：【标注(N)】→【坐标(O)】。
- 功能区：默认选项卡→注释面板→ 线性 下拉按钮，选择"坐标"子选项；

或注释选项卡→标注面板→ 线性 下拉按钮，选择"坐标"子选项。

- 命令：dimordinate(或简写为 dor、dimord)。

调用该命令后，系统提示用户指定一点。

指定点坐标：

系统将自动沿 *X* 轴或 *Y* 轴放置尺寸标注文字(*X* 或 *Y* 坐标)，并提示用户确定引线的端点。

指定引线端点或[X 基准(X)/Y 基准(Y)/多行文字(M)/文字(T)/角度(A)]：

在缺省情况下，系统自动计算指定点与引线端点之间的差。如果 *X* 方向差值较大，则标注 *Y* 坐标，否则将标注 *X* 坐标。用户也可以通过选择"Xdatum"或"Ydatum"明确地指定采用 *X* 坐标还是 *Y* 坐标来进行标注。

10. 快速标注

快速标注命令用于同时标注多个对象(标注系列圆的中心距时，该命令特别高效)，调用该命令的方式如下。

- 工具栏："标注(Dimension)"→ 。
- 菜单：【标注(N)】→【快速标注(Q)】。
- 功能区：注释选项卡→标注面板→ 快速 。
- 命令：qdim。

调用该命令后，系统提示用户选择对象。

选择要标注的几何图形：

用户可同时选择多个对象，确认后系统进一步提示如下。

指定尺寸线位置或[连续(C)/并列(S)/基线(B)/坐标(O)/半径(R)/直径(D)/基准点(P)/编辑(E)]〈连续〉：

各项意义如下。

(1)“连续”：同时创建多个连续标注。

(2)“并列”：同时创建多个并列标注。

(3)“基线”：同时创建多个基线标注。

(4)“坐标”：同时创建多个坐标标注。

(5)“半径”：同时创建多个半径标注。

(6)“直径”：同时创建多个直径标注。

(7)“基准点”：为基线和坐标标注设置新的基准点。

(8)“编辑”：从现有标注中添加或删除点。

11. 标注间距

标注间距命令用于调整线性标注或角度标注之间的间距。平行尺寸线之间的间距将设为相等。也可以通过使用间距值 0 使一系列线性标注或角度标注的尺寸线平齐。调用该命令的方式如下。

- 工具栏：“标注(Dimension)”→[图标]。
- 菜单：【标注(N)】→【标注间距(P)】。
- 功能区：注释选项卡→标注面板→[图标]。
- 命令：dimspace。

调用该命令后，系统提示用户选择基准标注如下。

选择基准标注：

选择基准标注后，系统进一步提示如下。

选择要产生间距的标注：

选择标注后，系统进一步提示如下。

输入值或[自动(A)]〈自动〉：

这样基准标注和选择的几个标注之间将会“等距”。

12. 形位公差标注

形位公差标注命令用于创建形位公差标注，这是机械图中需要用到的标注。调用该命令的方式如下。

- 工具栏：“标注(Dimension)”→[图标]。
- 菜单：【标注(N)】→【公差(T)】。
- 功能区：注释选项卡→标注面板→[图标]。
- 命令：tolerance。

调用该命令后，系统弹出“形位公差”对话框，如图 6-28 所示。

在“形位公差”对话框中填写需要标注的公差内容、基准代号(见图 6-28)，点击“符号”选项小黑框，在弹出的如图 6-29 所示的“特征符号”选项板上选择要标注的形位公差符号，确定后的形位公差标注如图 6-30 所示。需要注意的是，此时标注的形位公差，没有指引线，

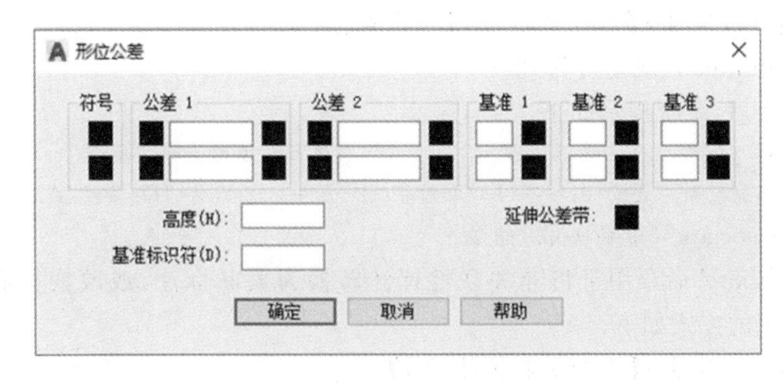

图 6-28　“形位公差”对话框

生成指引线还需用到“mleader”(多重引线)命令。关于多重引线,后面再详细介绍。

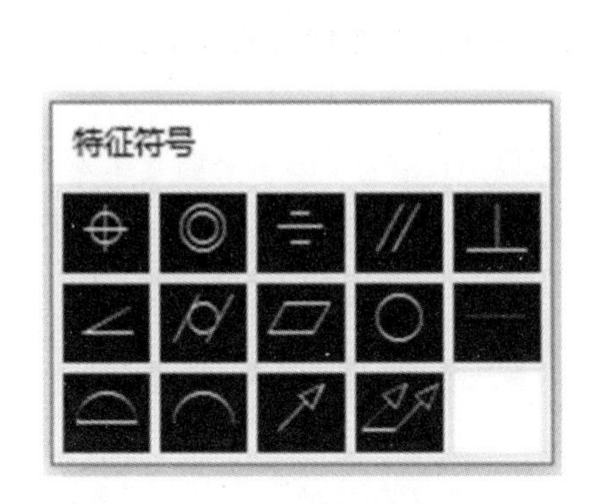

图 6-29　“特征符号”选项

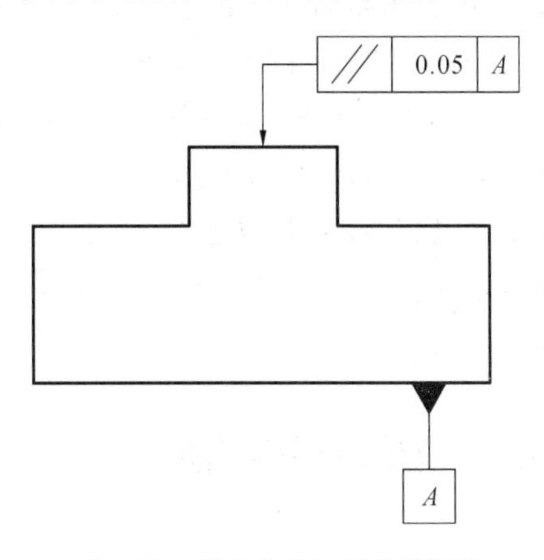

图 6-30　形位公差和指引线标注

6.2.7　编辑尺寸标注

AutoCAD 中提供了如下几种用于编辑标注的命令。

1.“dimedit”(编辑标注)命令

该命令可以同时改变多个标注对象的文字(即改变文字内容、文字的大小及旋转角度)和尺寸界线(即改变尺寸界线的倾斜角度),调用该命令的方式如下。

- 工具栏:“标注(Dimension)”→ 。
- 菜单:【标注(N)】→【倾斜(Q)】。
- 命令行:dimedit(或简写为 ded、dimed)。

调用该命令后,系统提示如下。

输入编辑标注类型[默认(H)/新建(N)/旋转(R)/倾斜(O)]〈默认〉:

各选项意义如下。

(1)“新建”:可改变标注文字的内容和大小。

(2)“旋转”:可改变标注文字的角度。

(3)“倾斜”:可改变尺寸界线的倾斜方向。

2.“dimtedit”(编辑标注文字)命令

该命令用于移动和旋转标注文字,调用该命令的方式如下。

- 工具栏:“标注(Dimension)”→ 。

- 菜单:【标注(N)】→【对齐文字(X)】→其他选项。
- 命令行:dimtedit(或简写为 dimted)。

调用该命令后,系统提示如下。

```
选择标注:                                   //选择要编辑的标注尺寸
为标注文字指定新位置或[左对齐(L)/右对齐(O)/居中(C)/默认(H)/角度(A)]:
```

3."dimreassociate"(重新关联)命令

"dimreassociate"命令用于将非关联性标注转换为关联标注,或改变关联标注的定义点。调用该命令的方式如下。

- 菜单:【标注(N)】→【重新关联标注(N)】。
- 功能区:注释选项卡→标注面板→[图标]。
- 命令行:dimreassociate。

4."dimstyle"(标注更新)命令

"dimstyle"命令用当前标注样式更新标注对象。调用该命令的方式如下。

- 工具栏:"标注(Dimension)"→[图标]。
- 菜单:【标注(N)】→【更新(U)】。
- 功能区:注释选项卡→标注面板→[图标]。
- 命令行:dimstyle。

6.3 图形标注实例

6.3.1 设置文字样式、标注样式

标注中除了有数字外还会有文字,不同专业图中的标注执行的国标也会不同,本节介绍的实例是基于建筑图的相关标准,因此,进行图形标注之前首先要进行相应的文字、标注样式设置。

6.3.1.1 设置字体字样

创建命名为"国标汉字"的文字样式,选"仿宋_GB 2312"字体,设置宽度因子为 0.7;创建命名为"国标数字"的文字样式,选"gbeitc. shx"字体。

6.3.1.2 设置标注样式

由于设置标注样式的步骤较多,为便于操作,以图为主进行说明。

(1) 以 ISO-25 为基础创建新标注样式并命名"建筑",如图 6-31 所示。

(2) 单击"继续"打开"新建标注样式:建筑"对话框,在"线"选项卡中,按图 6-32 所示进行设置(基线间距设为 6,超出尺寸线设为 2,起点偏移量设为 2)。

(3) 在"符号和箭头"选项卡中,按图 6-33 所示进行设置(箭头选建筑标记,箭头大小选 2,圆心标记选 2)。

(4) 在"文字"选项卡中,按图 6-34 所示进行设置(选已定义好的文字样式,文字高度选 3.5)。

(5) "主单位"选项卡中"精度"选小数点后三位,其他选项卡采用默认设置,单击"确定"。

(6) 创建标注子样式。以"建筑"标注样式为基础样式,点击"新建"按钮。在如图 6-35 所示的"创建新标注样式"对话框中,点开"用于"下拉列表,选取"直径标注",创建基于"建

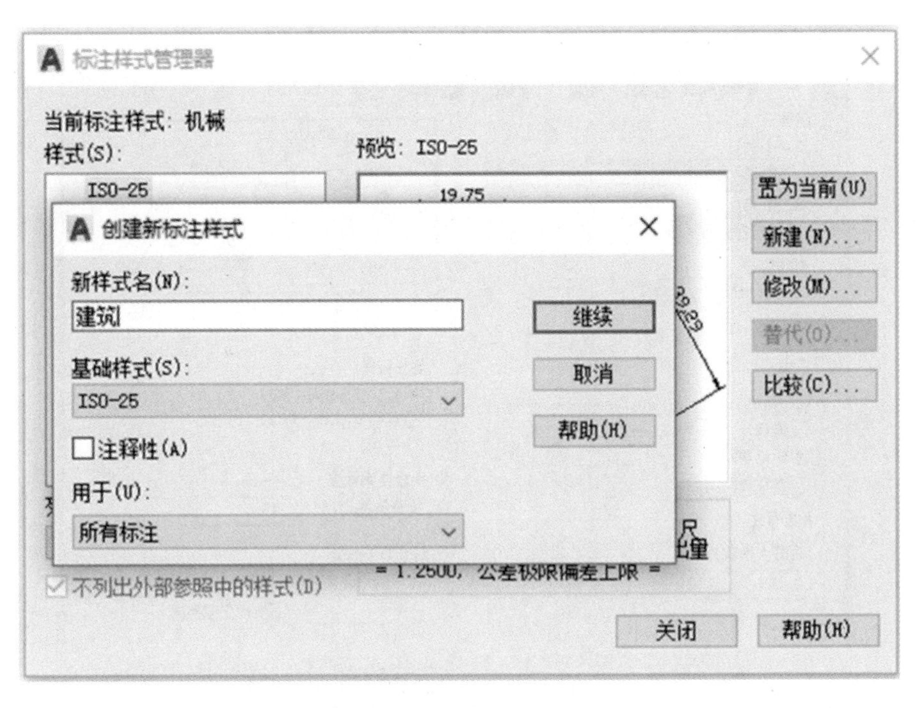

图 6-31 “创建新标注样式”对话框

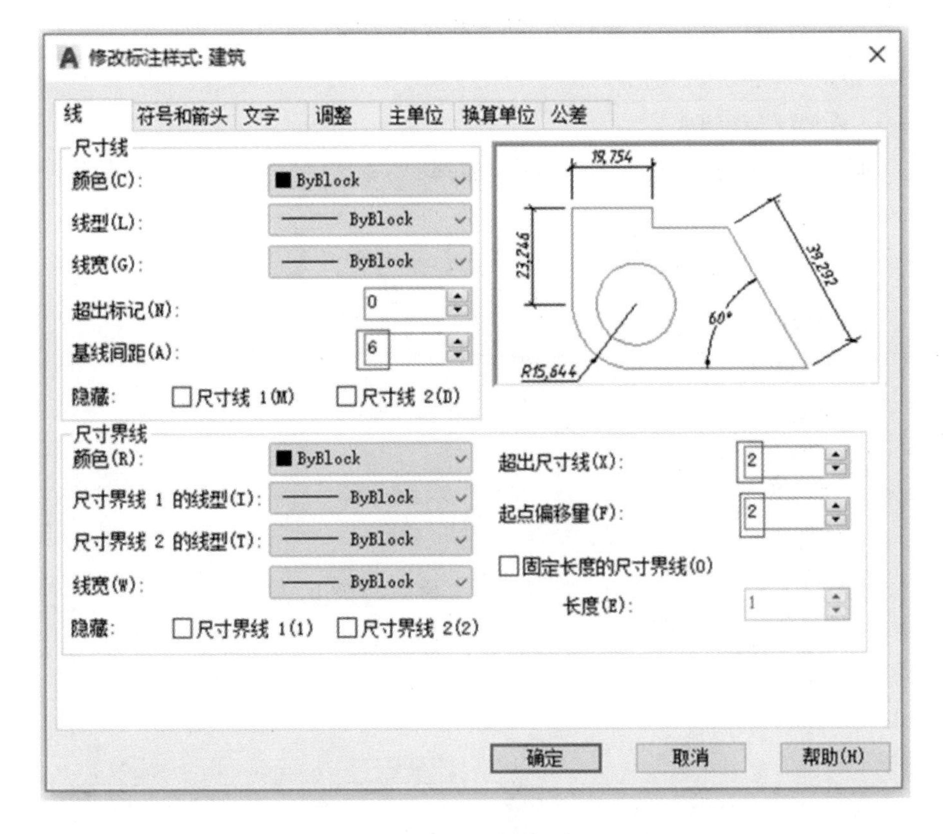

图 6-32 “线”选项卡

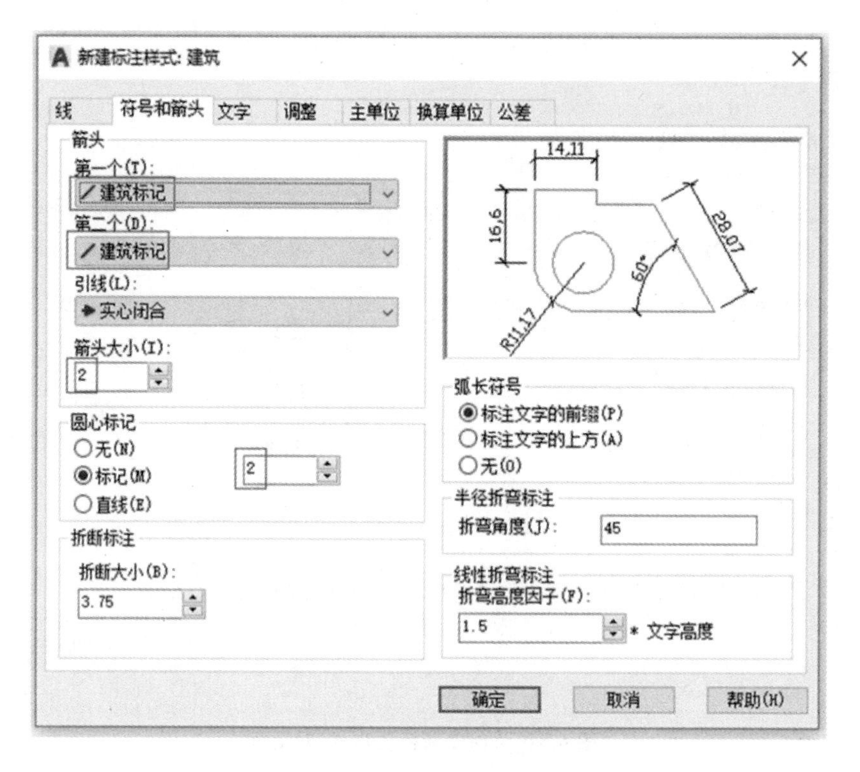

图 6-33 “符号和箭头”选项卡

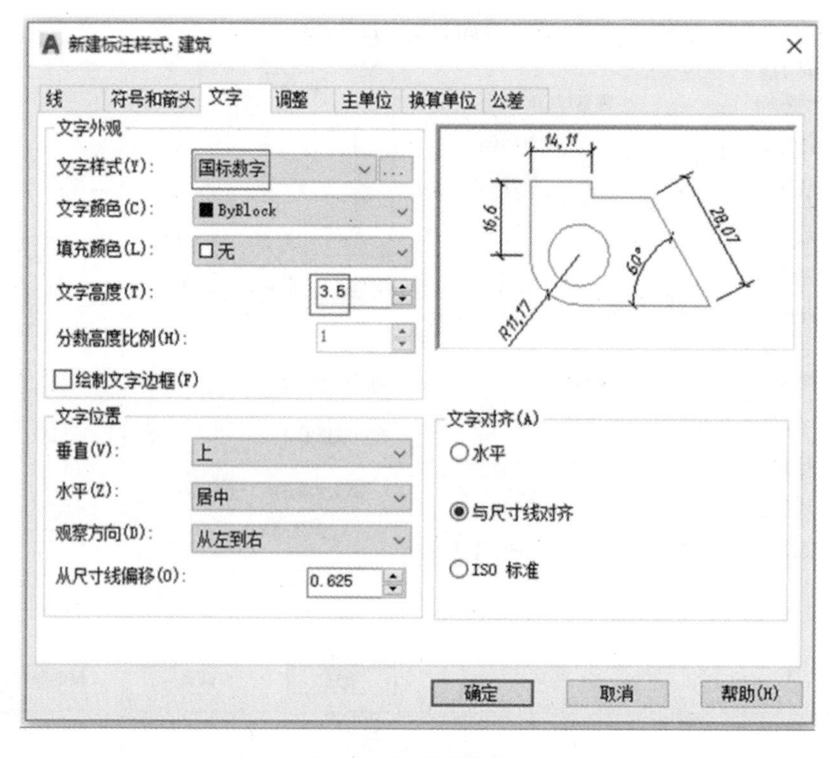

图 6-34 “文字”选项卡

筑”标注样式的“直径”标注子样式。

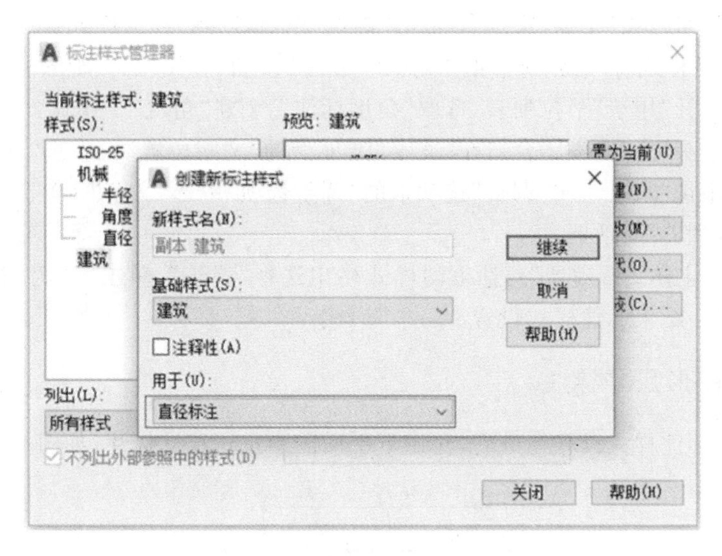

图 6-35　创建“直径标注”子样式

(7) 单击“继续”,在“符号和箭头”选项卡中,选“箭头”为“实心闭合”;在“文字”选项卡的“文字对齐”栏中选“ISO 标准”;在“调整”选项卡的“调整选项”中选“文字和箭头”,如图 6-36 所示。单击“确定”按钮,回到“标注样式管理器”对话框。

图 6-36　“直径”子样式中的“调整”选项卡

以“建筑”标注样式为基础,继续新建“半径”“角度”子样式。

(8) 在“标注样式管理器”对话框中,点击“新建”按钮,在图 6-35 所示的“创建新标注样式”对话框中,点开“用于”下拉列表,选取“半径标注”,创建“半径”子样式。在“符号和箭头”

选项卡中,选“箭头”为“实心闭合”;在“文字”选项卡的“文字对齐”栏中选“ISO标准”,在“调整”选项卡的“调整选项”中选“文字”。单击“确定”按钮,回到“标注样式管理器”对话框。

(9) 在“标注样式管理器”对话框中,点击“新建”按钮,在图6-35所示的“创建新标注样式”对话框中,点开“用于”下拉列表,选取“角度标注”,创建“角度”子样式。在“符号和箭头”选项卡中,选“箭头”为“实心闭合”;在“文字”选项卡的“文字位置”栏中选“居中”“居中”;在“文字对齐”栏中选“水平”,在“调整”选项卡的“调整选项”中选“文字”。单击“确定”按钮,回到“标注样式管理器”对话框。

(10) 在“标注样式管理器”对话框的样式栏中选择“建筑”,单击“置为当前”按钮,然后单击“关闭”按钮,结束标注样式设置。

6.3.2 图形尺寸标注

文字样式、标注样式设置完成后,对以下平面图形进行尺寸标注,如图6-37所示。

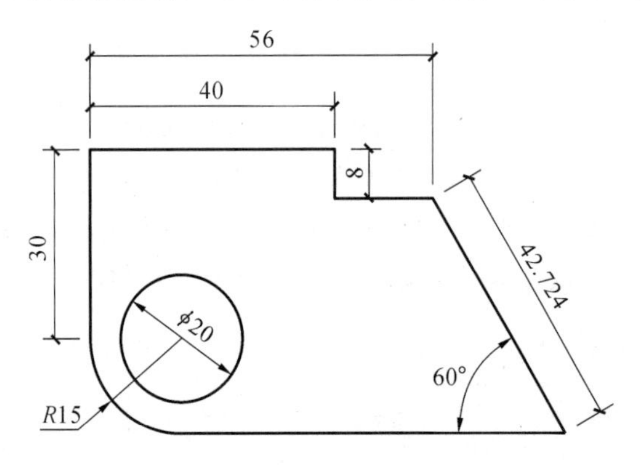

图6-37 标注示例

提示:标注设置并不是一成不变的,应根据图形大小,调整尺寸数字和箭头的大小,以使得图形协调、美观。

6.4 多重引线

多重引线命令用于通过引线将注释与对象连接起来。在图纸中经常会遇到需要“注释”的情况,如薄板的板厚的标注,再如前面所说的“形位公差”的标注都要用到多重引线。

6.4.1 多重引线样式

在AutoCAD以前的版本里,多重引线只是尺寸标注诸多类型中的一种,在较新的版本中,这个命令被单独列出来,这样对其进行设置、使用就比较方便了。因此系统也对“多重引线”定义了默认的样式,我们可以对其进行修改或新建以达到我们的使用要求。

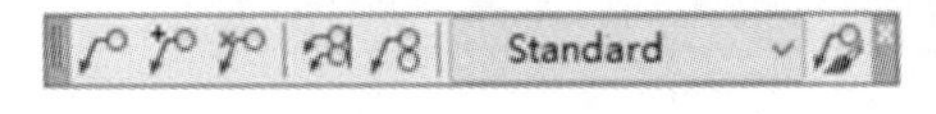

图6-38 “多重引线”工具栏

用户可以使用“多重引线样式”命令来创建或修改引线样式。“多重引线”工具栏(【工具】→【工具栏】→【AutoCAD】→【多重引线】)如图6-38所示。调用该命令的方式如下。

● 工具栏:“多重引线(MleaderStyle)”→[图标]。

- 菜单:【格式(O)】→【多重引线样式(I)】。
- 功能区:默认选项卡→注释展开面板→ ;

或注释选项卡→引线面板右侧→ 。

- 命令行:MleaderStyle。

调用该命令后,弹出如图 6-39 所示的"多重引线管理器"对话框。该对话框显示了当前的引线样式以及在样式列表中被选中项目的预览图和说明。单击"修改"按钮将弹出"修改标注样式"对话框,可详细了解引线样式的各个部分,如图 6-40 所示。

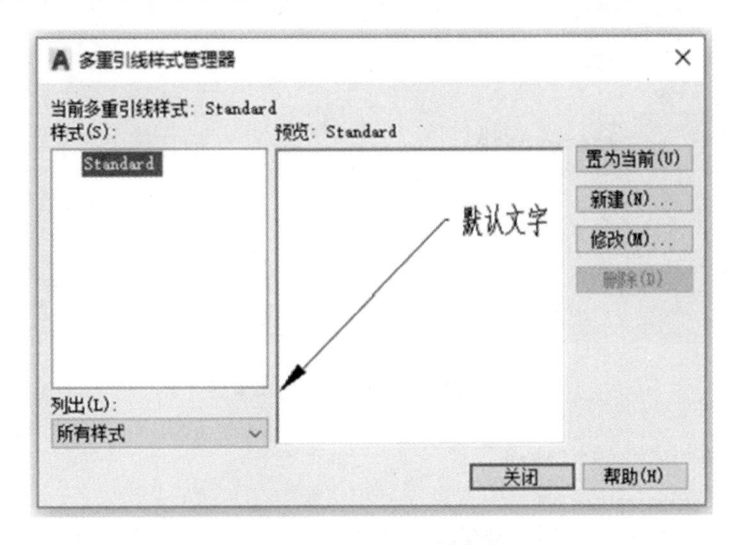

图 6-39　"多重引线样式管理器"对话框

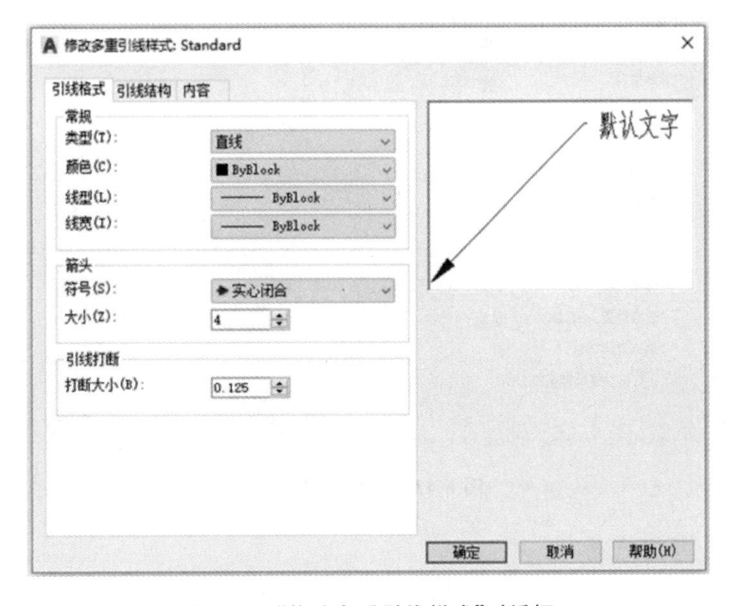

图 6-40　"修改多重引线样式"对话框

第一个选项卡是"引线格式",主要选择直线形式(包括直线、样条曲线和无三种)和箭头形式(包括实心闭合、点、建筑标记、积分、无等)。第二个选项卡是"引线结构",有时需要将最大引线点数由默认的"2"改为"3",如图 6-41 所示。第三个选项卡是"内容",建议"文字样式"选我们已经定义了的"国标文字";"引线连接"选"最后一行加下划线",如图 6-42 所示。

最后点击“确定”,在“多重引线样式管理器”中将修改好的引线样式置为当前。

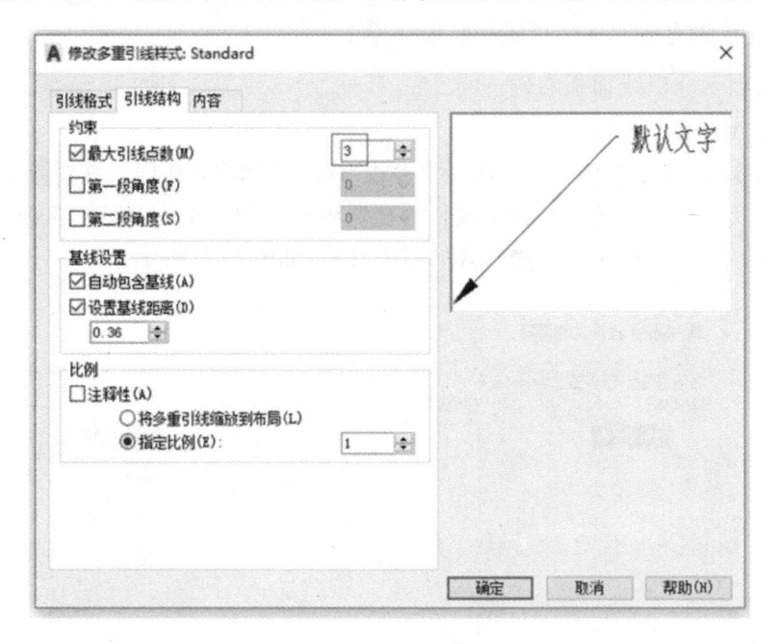

图 6-41　“引线结构”选项卡

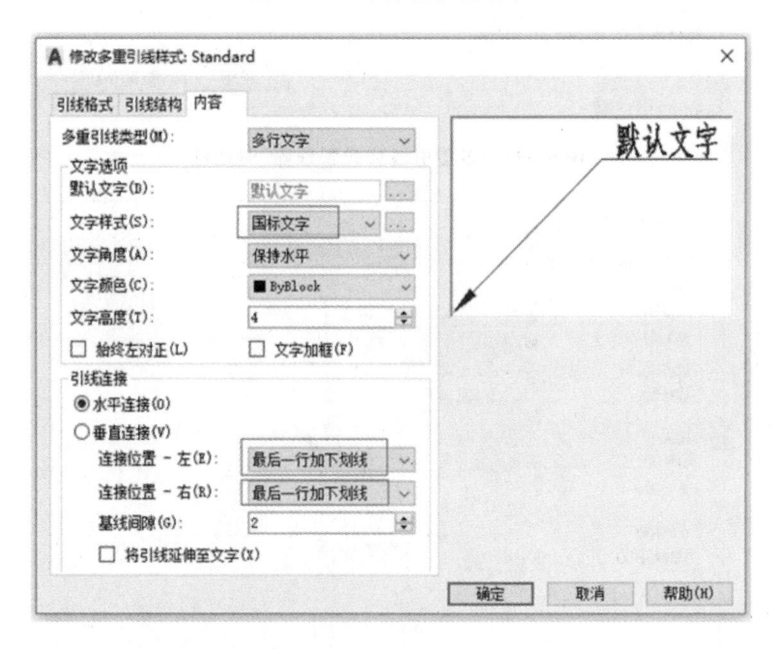

图 6-42　“内容”选项卡

6.4.2　多重引线标注

定义好了多重引线样式后,就可以使用“多重引线”命令来对对象进行注释。调用该命令的方式如下。

- 工具栏:“多重引线(MleaderStyle)”→ 。
- 菜单:【标注(N)】→【多重引线(E)】。

● 功能区：默认选项卡→注释展开面板→[引线]；

或注释选项卡→引线面板→“多重引线”按钮。

● 命令行：Mleader。

调用该命令后，系统提示如下。

指定引线箭头的位置或[引线基线优先(L)/内容优先(C)/选项(O)]〈选项〉：

指定下一点：

指定引线基线的位置：

指定位置后完成多重引线标注。多重引线标注示例如图 6-43 所示。

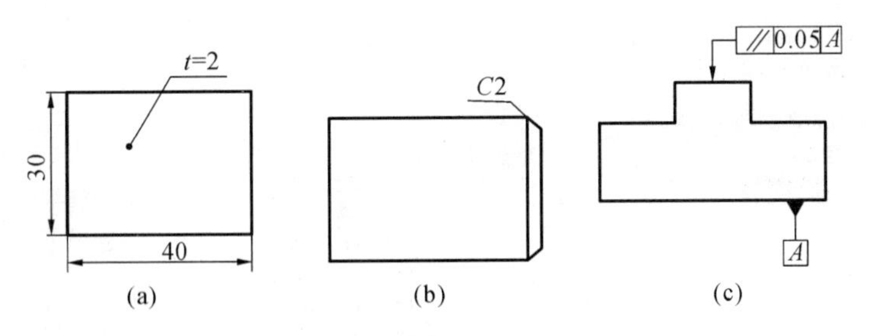

图 6-43　多重引线标注示例

(a) 薄板板厚　(b) 倒角　(c) 形位公差

其中形位公差的标注可以用多重引线命令加形位公差命令来实现。当然也可以用“qleader”命令一次来实现。调用该命令的方式如下。

● 命令行：qleader(或简写为 le)。

调用该命令后，系统提示用户指定引线的起点。

指定第一个引线点或[设置(S)]〈设置〉：

如果用户选择“设置”选项，则弹出如图 6-44 所示的“引线设置”对话框，在该对话框中可对引线进行设置。

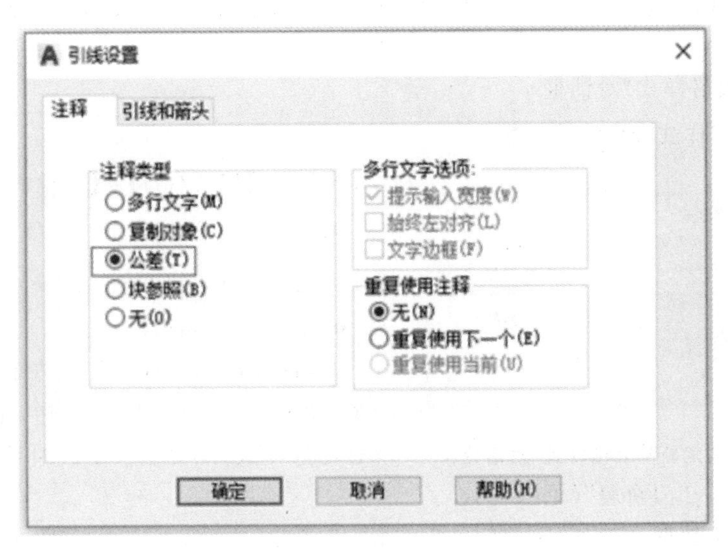

图 6-44　“引线设置”对话框

在“注释”选项卡中选择公差。点击“确定”。然后就是引线位置的指定与公差具体内容的指定。最后点击“确定”完成形位公差的标注。

6.5 图形中的表格

在图样上，有时需要插入表格，用户可以制定和插入表格。

6.5.1 表格样式

要新建和修改“表格样式”，需要打开“表格样式”对话框（见图 6-45）。下面通过一个例子来了解怎样新建表格样式。

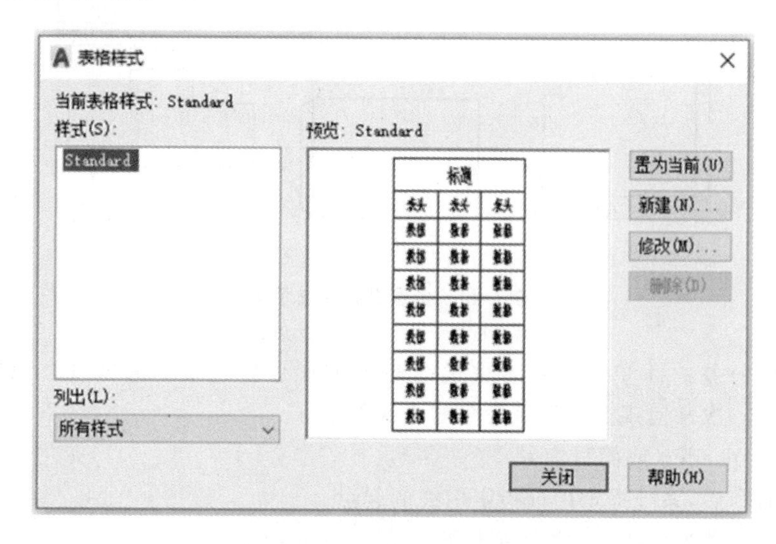

图 6-45 “表格样式”对话框

例 6-1 创建新表格样式。其中，表格样式名为“门窗表”，表格的标题、表头和数据单元格的设置均相同，文字样式采用前面定义的样式“国标汉字”，单元格数据居中。

操作步骤：

1. 打开“表格样式”对话框

● 工具栏：“样式(Style)”→ 。

● 菜单：【格式(O)】→【表格样式(B)】。

● 功能区：默认选项卡→注释展开面板→ ；或注释选项卡→表格面板右侧→ 。

● 命令行：tablestyle。

调用该命令后，打开如图 6-45 所示的“表格样式”对话框。点击“新建”按钮，系统弹出“创建新的表格样式”对话框，在该对话框的“新样式名”文本框中输入“门窗表”（见图 6-46）。

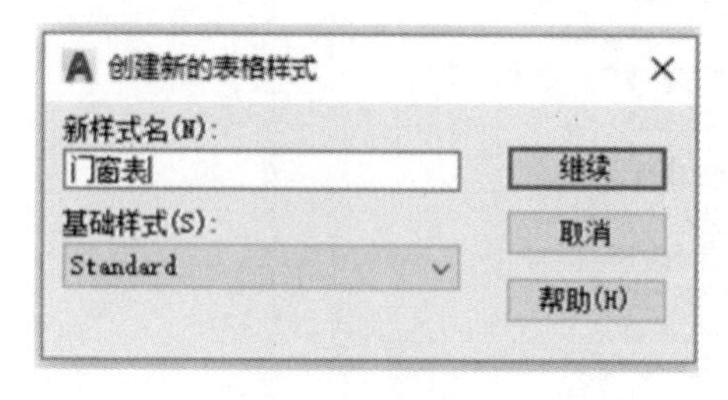

图 6-46 “创建新的表格样式”对话框

2. 设置表格数据

单击“创建新的表格样式”对话框中的“继续”按钮，在弹出的“新建表格样式”对话框中进行相应的设置。

“单元样式”下拉列表中有“标题”“表头”和“数据”三项选择，这三项都可以作“常规”“文字”和“边框”的设置。本例中“数据”的这三项设置分别如图 6-47、图 6-48 和图 6-49 所示。

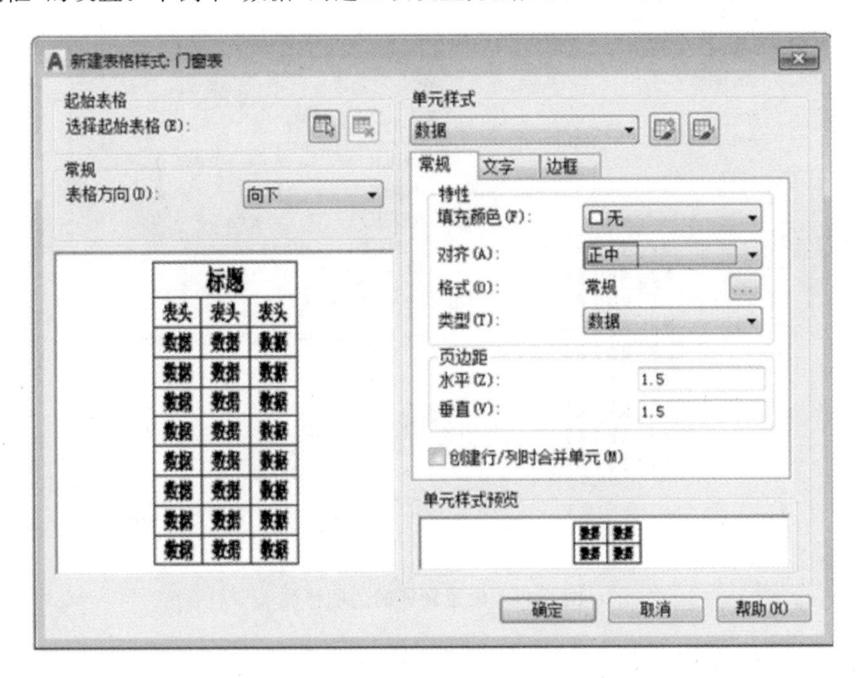

图 6-47 设置表格的常规特性

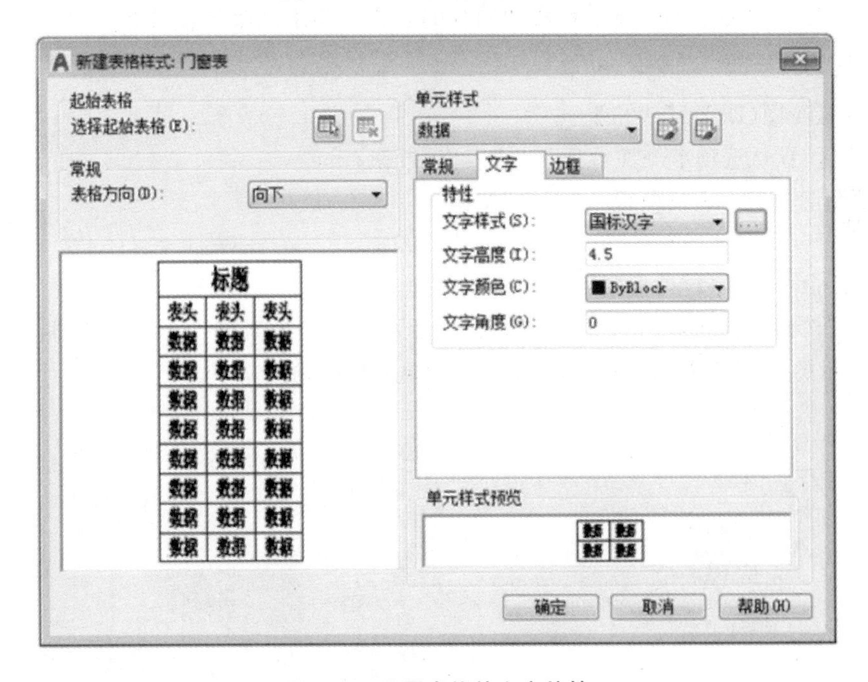

图 6-48 设置表格的文字特性

对“标题”进行同样的设置，改变文字的高度为 8，对“表头”进行同样的设置，改变文字的高度为 6。

单击对话框中的“确定”按钮返回“表格样式”对话框，单击该对话框中的“关闭”按钮，完成“门窗表”表格样式的创建。

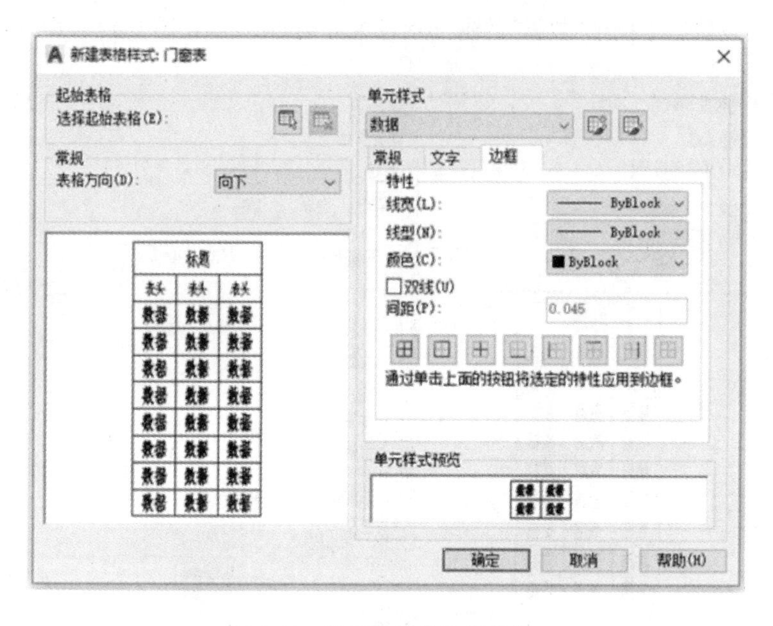

图 6-49　设置表格的边框特性

6.5.2　创建表格

用户可以在图形中创建指定行数和列数的表格。调用该命令有以下几种方式。

● 工具栏："绘图(Draw)"→ 。

●菜单：【绘图(D)】→【表格】。

●功能区：默认选项卡→注释面板→"表格"按钮；

或注释选项卡→表格面板→"表格"按钮。

●命令行：table。

调用该命令后，系统弹出"插入表格"对话框，在其中进行相应的设置，如图 6-50 所示。单击"确定"按钮，回到绘图界面，确定插入点，即可将表格插入到图形中。随即系统弹出如图 6-51 所示的"文字编辑器"选项卡，即可在各单元格中输入文字。

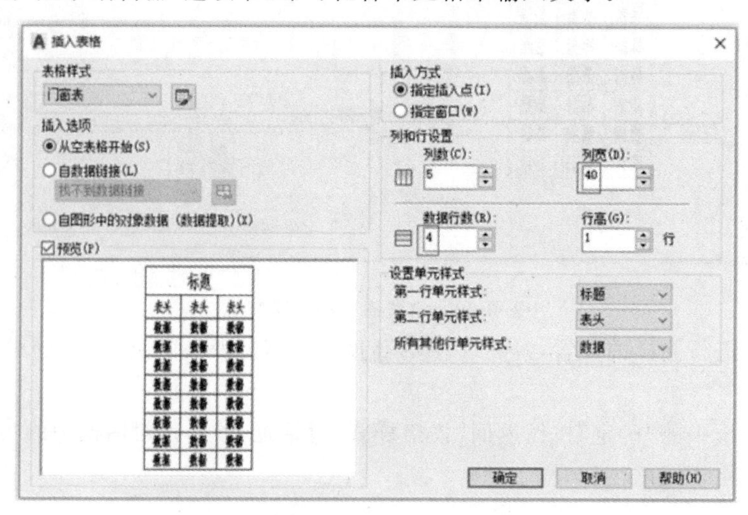

图 6-50　表格设置

图 6-51 在“文字编辑器”中输入表格文字

利用 Tab 键与箭头键在各单元格之间切换，以便在各单元格中输入文字。待全部文字输入完成后，单击“文字编辑器”关闭区中的“关闭文字编辑器”按钮，或在绘图屏幕上任意一点点击鼠标左键，则关闭“文字编辑器”对话框。完成文字的输入，完成门窗表的填写。完成的门窗表如图 6-52 所示。

门 窗 表				
设计号	洞口尺寸	总计	图集号	备注
M1	1500×2400	1	98ZJ681-P5	实木门
M2	900×210	4	98ZJ681-P26	夹板门
C1	2900×1900	5	看样订货	塑料推拉窗
C2	1200×1500	2	看样订货	塑料推拉窗

图 6-52 输入文字的表格

6.5.3 编辑和修改表格

6.5.3.1 编辑表格数据

双击绘图屏幕中已有的表格的某一单元格，系统弹出如图 6-51 所示的“文字编辑器”选项卡，并显示成编辑模式。在编辑模式修改表格中的各数据后，单击“关闭文字编辑器”，即可完成表格数据的修改。

6.5.3.2 修改表格

利用夹点功能修改已有表格的行高和列宽。

(1) 单击某一单元格中的文字，该单元格 4 条边上各显示出一个夹点，如图 6-53 所示。

(2) 点击并拖动夹点，就能够改变对应行的高度或对应列的宽度。

在表格的左边或上边的“分区”单元格内右键单击，在弹出的快捷菜单中可以对表格进行各种编辑，如插入行、列，删除行、列以及合并单元格等。

	A	B	C	D	E
1	门窗表				
2	设计号	洞口尺寸	总计	图集号	备注
3	M1	1500×2400	1	98ZJ681-P5	实木门
4		900×210	4	98ZJ681-P26	夹板门
5		2900×1900	5	看样订货	塑料推拉窗
6		1200×1500	2	看样订货	塑料推拉窗

在上方插入行
在下方插入行
删除行
最近的输入 >
单元样式 >

图 6-53　编辑表格

思考与练习

1. 文字样式有什么作用？
2. AutoCAD 标注文字有哪两种方式？
3. AutoCAD 默认的字体是什么？
4. AutoCAD 默认的样式是什么？试着创建自己需要的样式。
5. 文本对齐有哪些方式？它们有什么区别？
6. 分别用多行文字和单行文字输入文本“ϕ30；±0.000”。
7. 如何插入字段？字段有什么用处？
8. 如何编辑文本背景？
9. 如何插入新符号？
10. 如何编辑单行文字、多行文字？
11. 标注的要素有哪些？
12. AutoCAD 中有哪些标注类型？
13. 如何基于默认样式新建所需的标注样式？
14. 如何修改新建的标注样式？
15. 如何给选定的标注样式创建其子样式？如直径、半径、角度子样式。
16. 线性标注与对齐标注有什么区别？
17. 基线标注与连续标注有什么区别？
18. 如何确定坐标标注的 X、Y 坐标值？
19. 如何进行引线标注？试着用引线标注标注薄板的厚度“$T8$”。
20. 如何修改尺寸标注？
21. 如果编辑修改已标注尺寸的图形，其标注将如何变化？
22. 为第 3 章、第 4 章、第 5 章的“思考与练习”中绘制的图形标注尺寸。

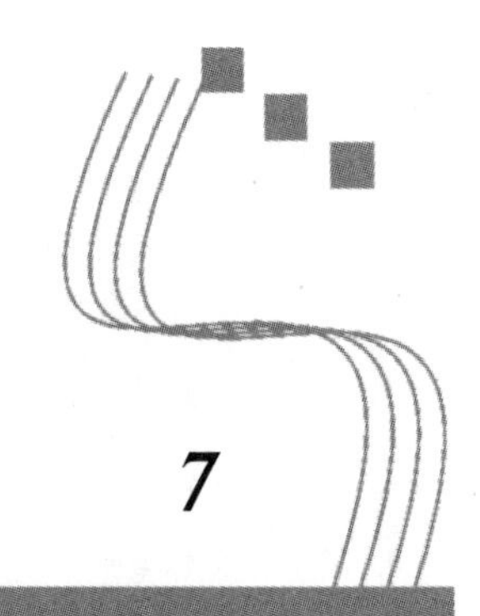

图块与属性

7

7.1 图块的概念与创建

7.1.1 图块的概念

工程图上常用到一些图例和符号，如建筑图中的门、窗、楼梯、烟道等图例，室内外标高符号、定位轴线的编号圆、索引圆、指北针等符号；如机械图中的螺栓、螺母、键、销等图例，粗糙度、几何公差等符号。这些图形的画法在一张或一类图中又完全相同（或者大部分相同，区别仅限于比例、倾斜角度等），针对这种情况，为了省去大量不必要的重复性工作、提高作图效率、节省磁盘空间，AutoCAD提出了图块的概念。图块是将图形中一个或几个实体组合成一个整体，并命名储存，以后就可随时将它插入到图形中而不必重新绘制，并且使用块时是将其作为一个对象来进行整体操作。同时，系统只保存该图块的特征参数，而不是保存该图块的每个实例，这样对于复杂图形，使用块可大大节省磁盘空间。

7.1.2 创建图块

创建块命令的调用方式如下。

- 工具栏："绘图(Draw)"→[图标]。
- 菜单：【绘图(D)】→【块(K)】→【创建(M)】。
- 功能区：默认选项卡→块面板→[创建]；

或插入选项卡→块定义面板→"创建块"按钮。

- 命令行：block(或简写为b)。

调用该命令后，系统弹出"块定义"对话框，如图7-1所示，该对话框各选项说明如下。

1."名称"栏

为块命名，下拉列表显示已定义过的图块名称。

2."基点"栏

指定块的基点，插入块时基点将对齐目标点。用户可在对话框中指定其坐标值，或单击[图标]按钮返回绘图区，在绘图窗口中拾取选择插入基点。

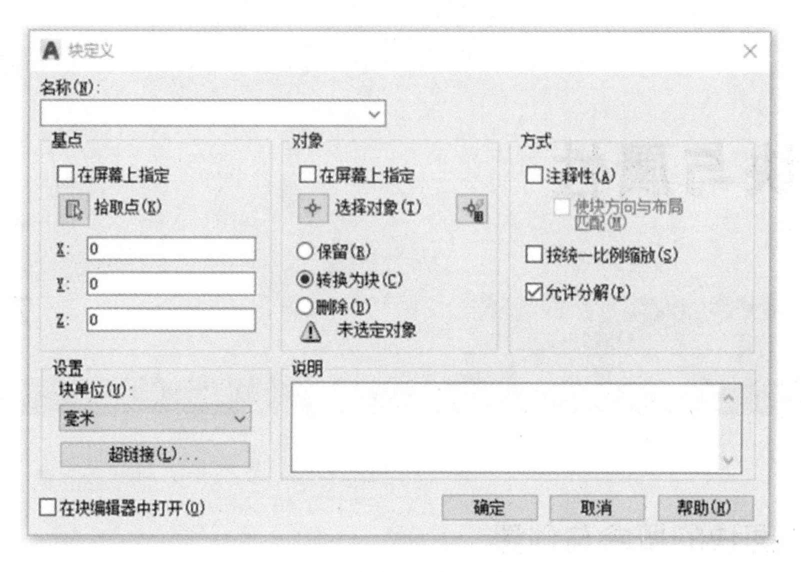

图 7-1　“块定义”对话框

3.“对象”栏

用于选择块中的具体组成图元，用户可单击按钮返回绘图区选择对象，或单击按钮弹出“快速选择”对话框来构造选择集。各单选栏含义如下。

(1)“保留”：创建块以后，将选定对象保留其原来特性(不是块)。

(2)“转换为块”：创建块以后，将选定对象转换成该块的一个实例。

(3)“删除”：创建块以后从图形中删除选定的对象。

4.“方式”栏

指定块的设置。各单选栏含义如下。

(1)“注释性”：指定块是否为注释性对象。

(2)“按统一比例缩放”：指定插入块时是按统一的比例缩放，还是沿各坐标轴方向采用不同的缩放比例。

(3)“允许分解”：插入块后是否可以将块分解，即分解组成块的各基本对象。

5.“设置”栏

指定块的插入单位和超链接。各单选栏含义如下。

(1)“块单位”：指定插入块时的插入单位，通过下拉列表选择。

(2)“超链接”：通过“插入超链接”对话框使超链接与块定义相关联。

例 7-1　创建图 7-2 所示的标高符号(等腰直角三角形，底边高 3 mm，引出线长 15～30 mm)和粗糙度符号(等边三角形，高 3.5 mm，引出线长 10 mm)，块名分别为“标高”和“粗糙度”。

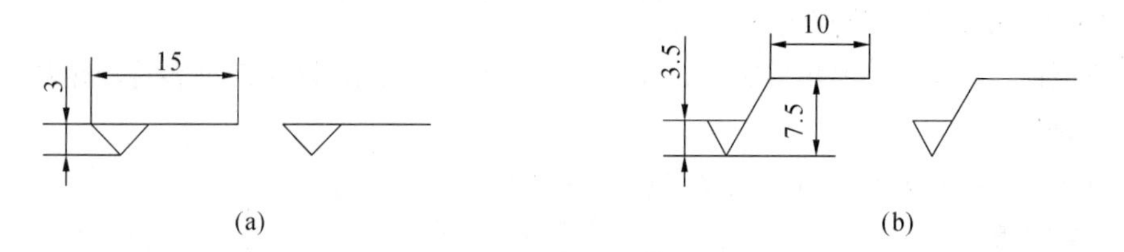

(a)　　(b)

图 7-2　“标高”和“粗糙度”符号

(a) 标高符号　(b)粗糙度符号

操作步骤：

(1) 用“line”命令和45°、60°极轴追踪等命令画出标高符号与粗糙度符号。

(2) 创建块，命令如下。

命令：block 〈Enter〉

系统弹出“块定义”对话框，从中进行对应的设置，如图7-3所示。块名设为“标高”，“拾取点”捕捉图7-2(a)中下方的角点，“选择对象”选择了组成标高符号的3条直线，在“说明”框中输入“标高符号块”。

单击“确定”按钮，完成“标高”块的定义。

用同样的方式，可创建完成“粗糙度”块的定义。

图7-3 “标高”块定义设置

7.1.3 创建外部块

在AutoCAD中还可以将块存储为一个独立的图形文件，这就是外部块。这样，其他人就可以将这个文件作为块插入到自己的图形中，不必重新进行创建，实现了资源共享。因此，可以通过这种方法建立图形符号库，供所有相关的设计人员使用。这既节约了时间和资源，又可保证符号的统一性、标准性。

该命令的调用方式如下。

- 功能区：插入选项卡→块定义面板→创建块下拉按钮，选择“写块”子选项。
- 命令行：wblock(或简写为w)。

调用“wblock”命令后，系统弹出如图7-4所示的“写块”对话框。在该对话框中选择源、基点、对象以及保存位置和文件名后，点击“确定”按钮完成写块。

“wblock”命令和“block”命令的主要区别在于前者可以将对象输出成一个新的、独立的图形文件，并且这张新图会将图层、线型、样式以及其他特性如系统变量等设置作为当前图形的设置。

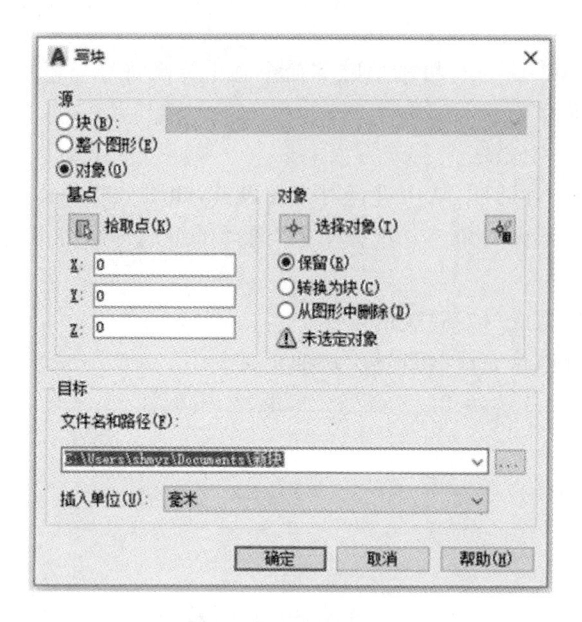

图 7-4　“写块”对话框

7.2　图块的插入和编辑

7.2.1　插入图块

块插入命令的调用方式如下。

- 工具栏:“绘图(Draw)”→。
- 菜单:【插入(I)】→【块(K)】。
- 功能区:默认选项卡→块面板→“插入”按钮；

或插入选项卡→块面板→“插入”按钮。

- 命令行:insert(或简写为 i)、inserturl。

调用该命令后(在选项卡里选择“更多选项”),系统将弹出“插入”对话框,如图 7-5 所示。该对话框各选项说明如下。

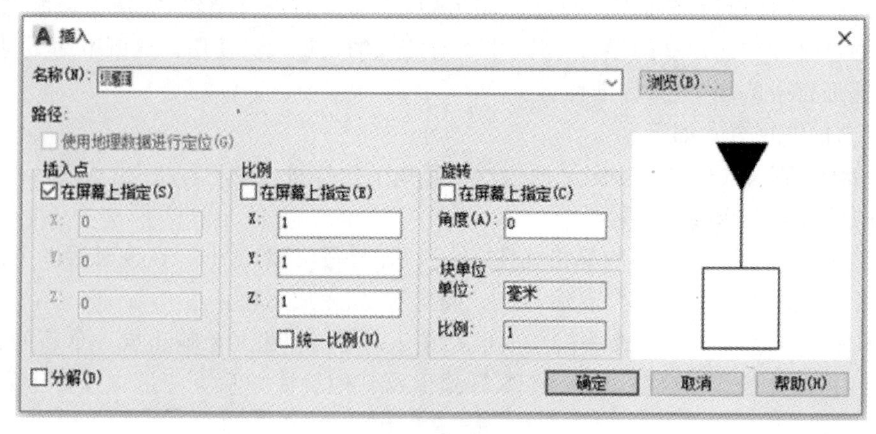

图 7-5　“插入”对话框

1.“名称”

指定要插入的块名。用户也可单击“浏览”按钮来选择并插入外部图形文件或外部块参照。

2.“插入点”

指定块的插入点(即块的基点位置)。如选中“在屏幕上指定”项,则插入点坐标值输入栏变灰不可用,此时必须用鼠标在绘图区指定插入点。

3.“比例”

指定插入块在 X 轴、Y 轴、Z 轴方向上的比例(以块的基点为准)。如果用户选中了“在屏幕上指定”项,处理同上;如果用户选择“统一比例”项,则只需指定 X 轴方向上的比例因子,Y 轴、Z 轴自动与其相同。如果比例值为负,则插入块的镜像。

4.“旋转”

指定插入块的旋转角度(以块的基点为中心)。如果用户选中了“在屏幕上指定”项,处理同上。

5.“分解”

选择该项后,在插入块的同时将对块进行分解。此时,系统自动勾选“统一比例”项。

例 7-2 在图 7-6(a)所示的图形中插入“粗糙度”块,结果如图 7-6(b)所示。

操作如下:

命令:insert 〈Enter〉

系统弹出“插入”对话框,从中进行对应的设置,如图 7-5 所示。单击“确定”按钮,系统提示:

指定插入点或[基点(B)/比例(S)/X/Y/Z/旋转(R)]:

在另一位置再插入同样的块,在插入此块时,旋转角度设置为 90°。

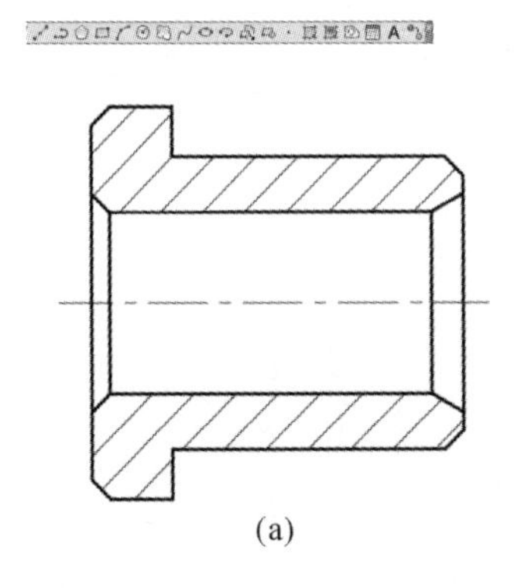

(a)

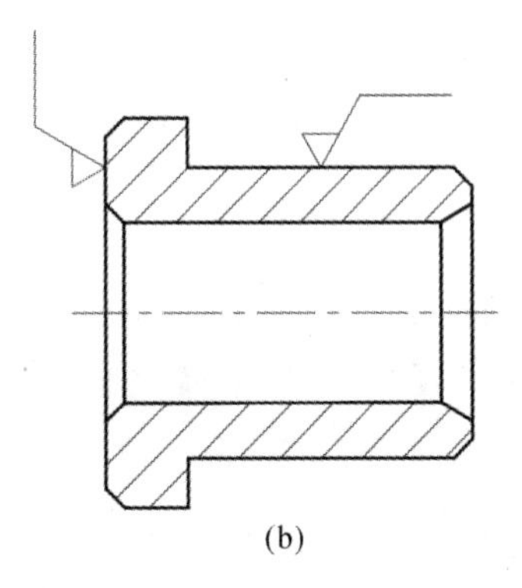

(b)

图 7-6 插入块

(a) 原图 (b) 插入“粗糙度”块

7.2.2 插入图形文件

实际上,利用“插入”对话框不仅可以插入用“block”命令创建的块和用“wblock”命令创建的外部块,还可以将任一 AutoCAD 图形文件(.dwg 格式)中的图形插入到当前图形。具体操作是,执行“插入”命令后,在“插入”对话框中点击“浏览”按钮,找到要插入图形的路径和文件名,其他步骤则与插入块相同。

但要注意的是,将某一图形文件中的图形以块的形式插入时,系统默认将图形的坐标原点作为块插入的基点,这样往往会给绘图带来不便。为解决这样的问题,系统允许为图形重新指定插入基点。

设置插入基点的方式如下。

(1) 打开要设置基点的图形(要插入到其他图形中的图形文件)或是当前所绘图形(以后要插入到其他图形中)。

(2) 调用插入基本命令。

- 菜单:【绘图(D)】→【块(K)】→【基点(B)】。
- 功能区:默认选项卡→块展开面板→;

或插入选项卡→块定义展开面板→。

- 命令行:base。

调用该命令后,系统提示如下。

输入基点:

在此提示下为图形指定新基点即可。

7.2.3 块的分解

分解一个块有两种选择。

(1) 在插入块时选择"分解"项。

(2) 插入块后,调用"explode"命令对其进行分解。

不过,块的分解实际上分解的只是该块的某个实例,而块的定义仍然完整保存在图形数据库中,并可随时使用。

对于一个插入时按统一比例进行缩放的块实例,可分解为成块前的原始对象;如果缩放比例不一致,分解结果不可预料。

如果块中还包含有块(嵌套块),则在分解时只能分解一层。

"minsert"命令的效果相当于"insert"命令和"array"命令的组合。

7.2.4 编辑图块

编辑块命令的调用方式如下。

- 菜单:【工具(T)】→【块编辑器(B)】。
- 功能区:默认选项卡→块面板→ 编辑;

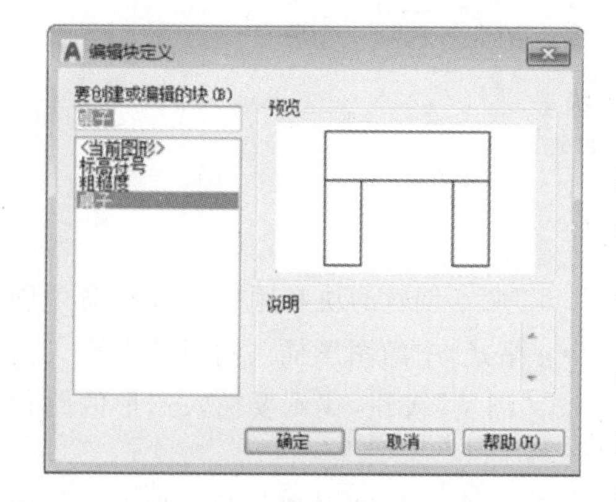

图 7-7 "编辑块定义"对话框

或插入选项卡→块定义面板→"块编辑器"按钮。

- 命令行:bedit。

调用该命令后,系统弹出"编辑块定义"对话框,如图 7-7 所示。在对话框左边列表内选择要编辑的块,单击"确定"按钮,系统打开块编辑器,进入块编辑模式。

此时在块编辑器中显示出要编辑的块,用户可以直接对其进行编辑(如修改形状、大小,绘制新图形等)。编辑的"标高"图块如图 7-8 所示。编辑后单击"关闭块编辑器"按钮,按提示信息做出对应的回应即可。

如果在当前图形中双击某块，也可以打开图 7-7 所示的“编辑块定义”对话框，用户选择块以后，进入块编辑器进行块编辑。

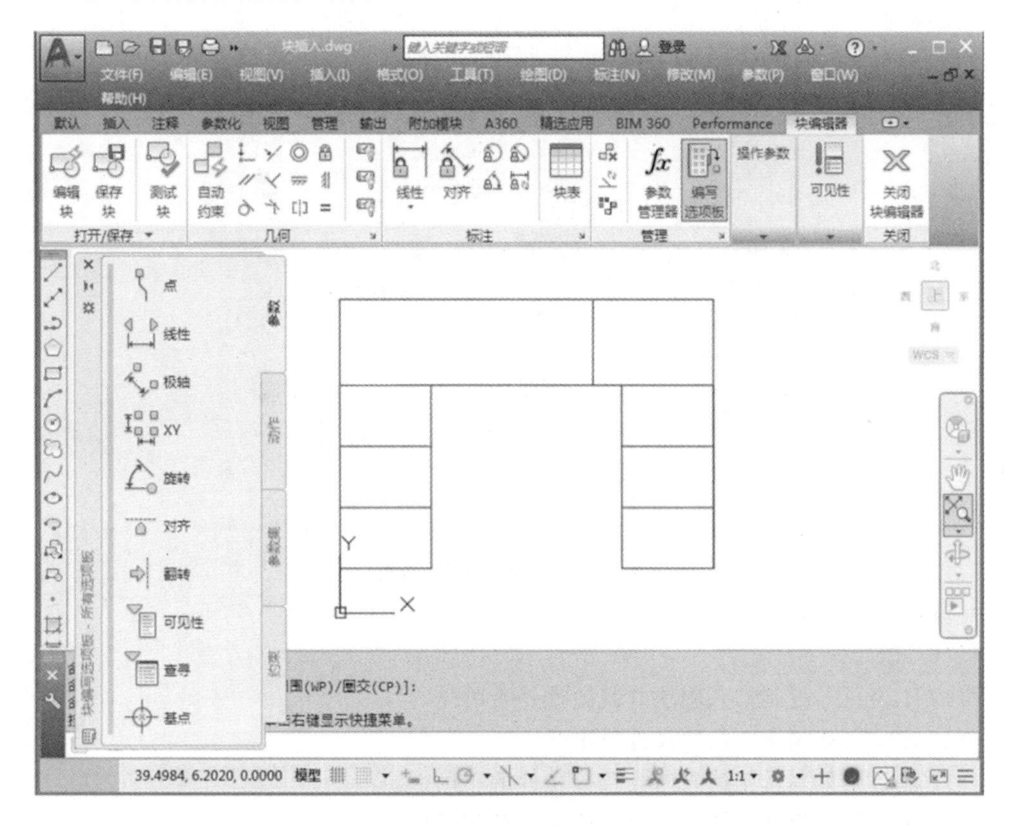

图 7-8 编辑图块

注意：利用块编辑器修改了块，则当前图形中插入的对应块均会自动进行相应的修改。

7.3 图块的属性与属性编辑

前面制作的标高图块上面没有注写标高数字，用这种图块在建筑图形中标注标高时，需要在每一个插入的块上加上标高数字，这使得标注较为麻烦。如果在插入每一个标高块的同时能够附带标高数字，将会使标注变得简单。给定义的图块附加属性，可解决这个问题。

属性是将数据附着到块上的标签或标记，属性中可能包含的数据包括零件编号、价格、注释和物主的名称等，标记相当于数据库表中的列名。为了增强图块的通用性，通常为图块附加属性。属性是一种特殊实体，它依附于图块而存在。图块要附加属性，必须先定义属性。一个图块可以有多个属性，当然也可以没有属性。

7.3.1 创建属性定义

启动属性定义的方式如下。

- 菜单：【绘图(D)】→【块(K)】→【定义属性(D)】。
- 功能区：默认选项卡→块展开面板→[图标]；

或插入选项卡→块定义面板→“定义属性”按钮。

● 命令行:attdef。

调入命令后,打开图 7-9 所示的“属性定义”对话框。

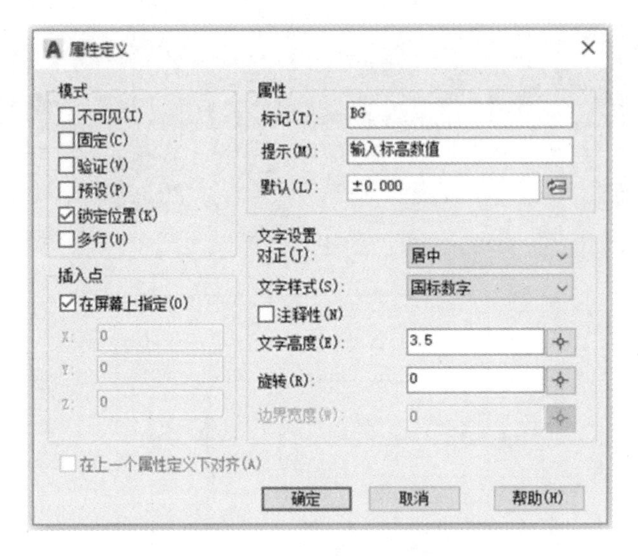

图 7-9 “属性定义”对话框

对该对话框中各部分的说明如下。

1.“模式”

(1)“不可见”:控制插入图块时其属性是否可见。

(2)“固定”:如勾选则图块属性值不变。

(3)“验证”:如勾选则插入时会校验属性的正确性。

(4)“预置”:如勾选则插入时的属性值为其默认值。

2.“属性”

(1)“标记”:输入属性的标记。

(2)“提示”:输入属性的提示内容。

(3)“默认”:输入属性的默认值。

在对话框中还有“插入点”“文字设置”等内容。

进行以上设置后,单击“确定”按钮,如果“插入点”勾选“在屏幕上指定”,此时系统返回绘图屏幕,并提示“指定起点”,可捕捉定点确定属性的插入点。系统完成一次属性定义,会在图形中按指定的文字样式、对齐方式显示出属性标记。用户可以用上述方法为同一个图块定义多个属性。单独定义一个属性是没有任何用处的,只有将属性定义在图块里才有实际意义。

提示:完成属性的定义后,需要执行“block”命令创建块,在创建带属性的图块时,不仅要选择用作图块的图形,还必须选择已定义好的所需属性。

7.3.2 修改属性定义

属性在赋予图块之前(没有定义块的操作),如果觉得不合适,可以修改。其命令的调用有以下方式。

● 菜单:【修改(M)】→【对象(O)】→【文字(T)】→【编辑(E)】。

● 命令行:ddedit。

调用该命令后,系统弹出“编辑属性定义”对话框,用户可以修改属性定义中的属性标记、提示和默认值。

7.3.3　编辑属性

块定义属性后，如果有必要，仍可以修改其属性。其命令的调用有以下方式。

- 工具栏："修改Ⅱ(ModifyⅡ)"→ 。
- 菜单:【修改(M)】→【对象(O)】→【属性(A)】→【单个(S)】。
- 功能区：默认选项卡→块面板→ 编辑属性 ；

或插入选项卡→块面板→"编辑属性"按钮。

- 命令行：eattedit。

调用该命令后，系统弹出"增强属性编辑器"对话框(在绘图窗口双击带有属性的块，也会弹出此对话框)，如图 7-10 所示。点击对话框中的"属性""文字选项""特性"选项卡，系统会弹出不同的对话框。下面分别介绍这三个选项卡的功能。

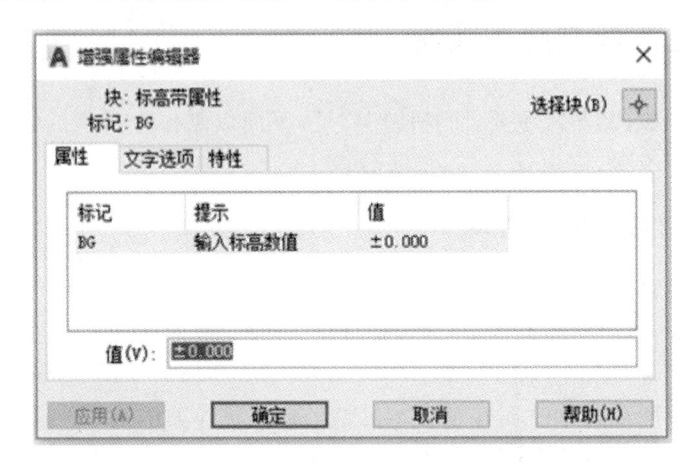

图 7-10 "增强属性编辑器"对话框

(1)"属性"：中间列表显示出块中每个属性的标记、提示和值。用户可以修改属性值。

(2)"文字选项"：用于修改属性文字的格式(即字的样式、对正方式、字的宽度等)。

(3)"特性"：用于修改属性文字的图层、颜色等。

应该注意，这里的属性修改只是修改了块属性的一个应用。块属性的定义没有变化，再次插入该块时，其实例还是默认值。

如果要从定义层面上修改块属性，则可以使用"块属性管理器"，它将会重新定义块的属性。其命令的调用有以下方式。

- 工具栏："修改Ⅱ(ModifyⅡ)"→ 。
- 菜单:【修改(M)】→【对象(O)】→【属性(A)】→【块属性管理器(B)】。
- 功能区：默认选项卡→块展开面板→ ；

或插入选项卡→块定义面板→"管理属性"按钮。

- 命令行：battman。

调用该命令后，系统弹出"块属性管理器"对话框，如图 7-11 所示。单击"设置"按钮，单击"编辑"按钮打开相应对话框，就可以进行属性的各种编辑。确定后完成属性修改，之后插入该属性块时，属性将是最新定义的属性。

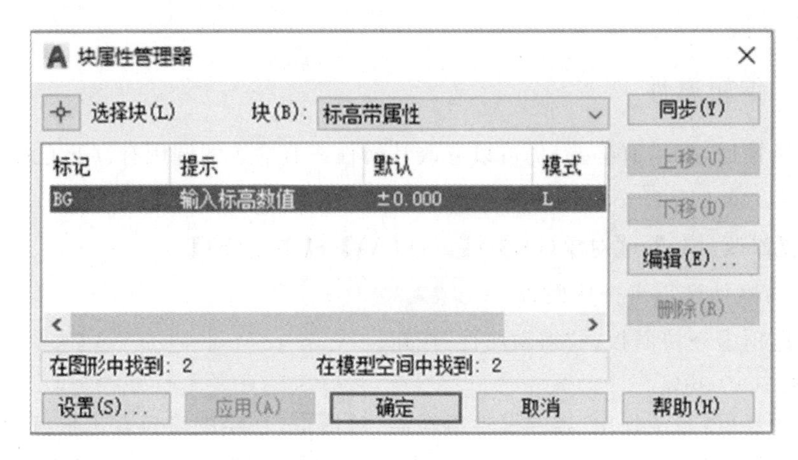

图 7-11　“块属性管理器”对话框

7.4　块的制作与应用实例

块定义较为抽象，又非常重要，而且使用广泛，下面以制作带属性的标高符号块为例来说明块的一般操作步骤。

7.4.1　创建带属性的图块

1. 绘制标高符号

参照相关国标，绘出标高符号图形(等腰直角三角形，高 3 mm，引出线长 15～30 mm)。

2. 定义属性

按照 7.3.1 节所述，打开“属性定义”对话框，定义属性如图 7-9 所示，然后单击“确定”按钮，捕捉指引线的中点为插入点，结束属性定义命令。在这两步中绘图区域分别如图 7-12、图 7-13 所示。

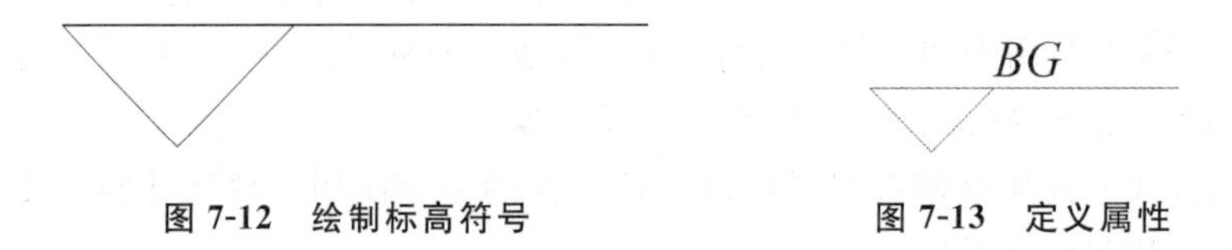

图 7-12　绘制标高符号　　图 7-13　定义属性

3. 定义块

由于此时还没有定义块，所以“BG”属性是无意义的。这一步将符号和“BG”属性全部选中，并创建“标高”块，如图 7-14 所示。单击“拾取点”按钮，捕捉标高符号下部直角顶点为基点。再单击“确定”按钮，弹出“编辑属性”对话框(见图 7-15)，给出一个标高值(这个值可以是前面的属性默认值，也可另外给出)，最后单击“确定”按钮，结束块定义命令。

7.4.2　插入图块

定义好块后，在图形中就可以插入该图块。

调用块插入命令，系统弹出如图 7-16 所示的“块插入”对话框，选择带属性的块“标高带属性”后，单击“确定”，系统提示如下。

指定插入点或[基点(B)/比例(S)/旋转(R)]：　//指定插入点

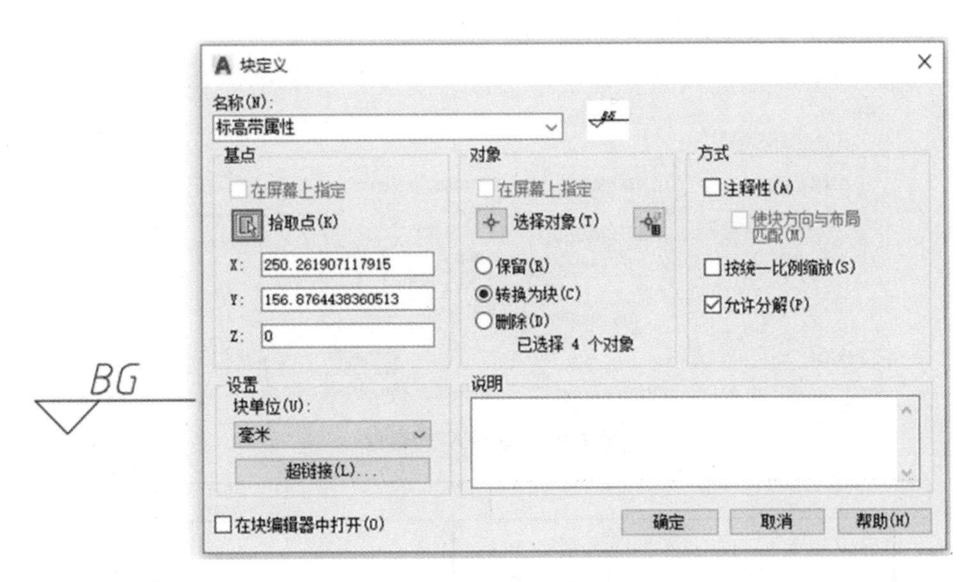

图 7-14 带属性"块定义"对话框

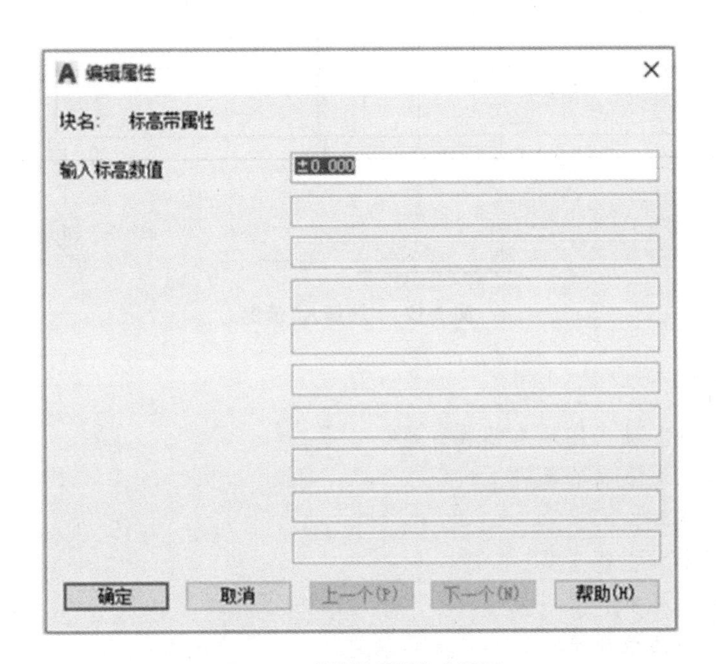

图 7-15 "编辑属性"对话框

系统进一步提示如下。

输入属性值

输入标高数值〈±0.000〉:0.900〈Enter〉 //输入属性值后按回车键(直接回车将使用属性的默认值),结束插入块命令

按照以上步骤,可再次插入"标高带属性"块,同样也可重新指定其属性值,分别输入标高值为±0.000(与属性默认值相同时不用输入,直接按回车键)和 2.500。以上操作的一个示例如图 7-17 所示。

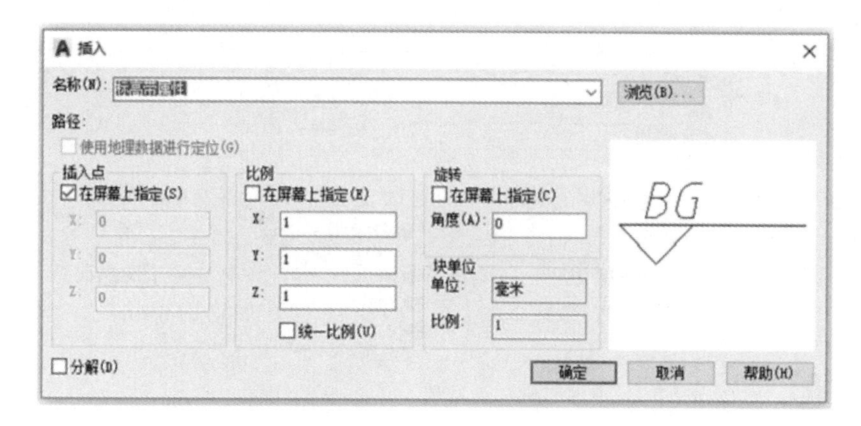

图 7-16　“块插入”对话框

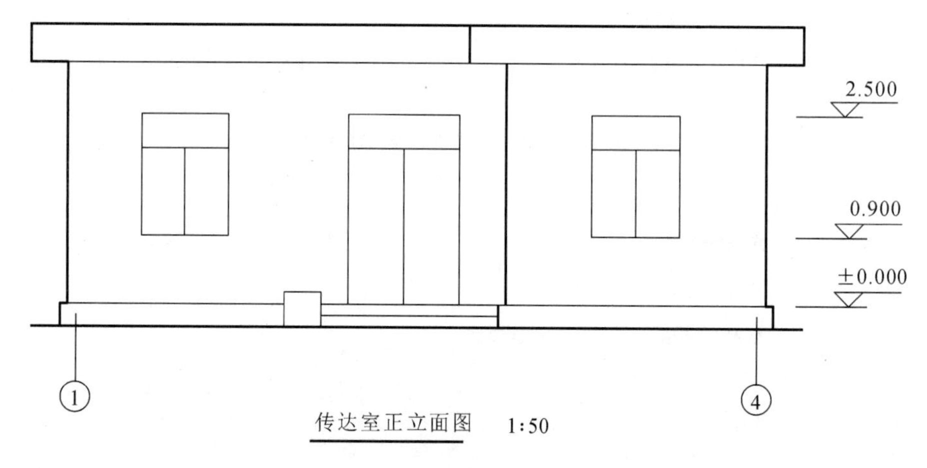

图 7-17　“块插入”示例

思考与练习

1. 什么是图块？使用图块有哪些好处？

2. 图块的插入基点指的是什么？

3. 如何创建图块？

4. 外部图块有什么特点？

5. 如何定义属性？

6. 如何给图块添加属性？

7. 通过哪些命令可以编辑图块属性？

8. 怎样插入图块？调用哪个命令可以多重插入图块？

9. 什么是图块的嵌套？其命名有何规定？

10. 图块的分解会出现怎样的结果？

11. 参考相关标准，绘出标题栏图形，定义多个属性(图名、比例、绘图、审核、日期等)，创建带多个属性的标题栏外部图块。

图形布局与打印

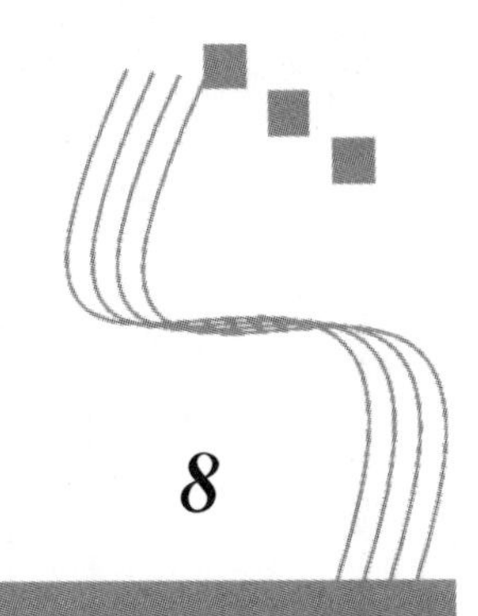

8

当图形绘制完之后，通常需打印在图纸上。图形的绘制是在模型空间进行的，图形打印可以在模型空间进行，也可以通过布局进行。在布局空间可以更灵活地对图形进行排版打印，尤其对于复杂图形或在同一张图纸上打印不同比例的视图时，使用布局空间操控更方便。用户应了解利用布局打印输出图形的相关知识。

本章还介绍了虚拟打印的设置和操作方法。

8.1 布局

布局是一种模拟的图纸页面，它显示直观的打印形式和实际效果。在布局中可以创建并放置视窗对象，还可以添加标题栏或其他几何图形。系统可以在图形中创建多个布局以显示不同视图，每个布局可以使用不同的打印比例和图纸尺寸。布局显示的图形与图纸页面上打印出来的图形完全一样。

8.1.1 模型空间和图纸空间

模型空间是指用户绘制图形的空间，对于二维图形和三维模型，我们通常在模型空间以实际大小绘制。系统默认的空间为模型空间，本书前面章节的示例都是在模型空间中绘制编辑的，如图 8-1 所示。要改变模型空间的背景色，可参看图 2-21。

大部分的图形创建和编辑工作是在模型空间完成的，如果图形不需要打印多个视口，可从系统默认的模型空间打印输出。操作方式有如下几种。

- 快速访问工具栏："打印"按钮。
- 工具栏："标准"→🖨。
- 菜单：【文件(F)】→【打印(P)】。
- 功能区：输出选项卡→打印面板→"打印"按钮。
- 命令行：plot。

系统弹出"打印-模型"对话框，如图 8-2 所示。

对该对话框中各部分的说明如下。

1. "页面设置"栏

在"名称"下拉列表中选择页面设置名称，或者单击"添加"按钮将当前设置命名保存以

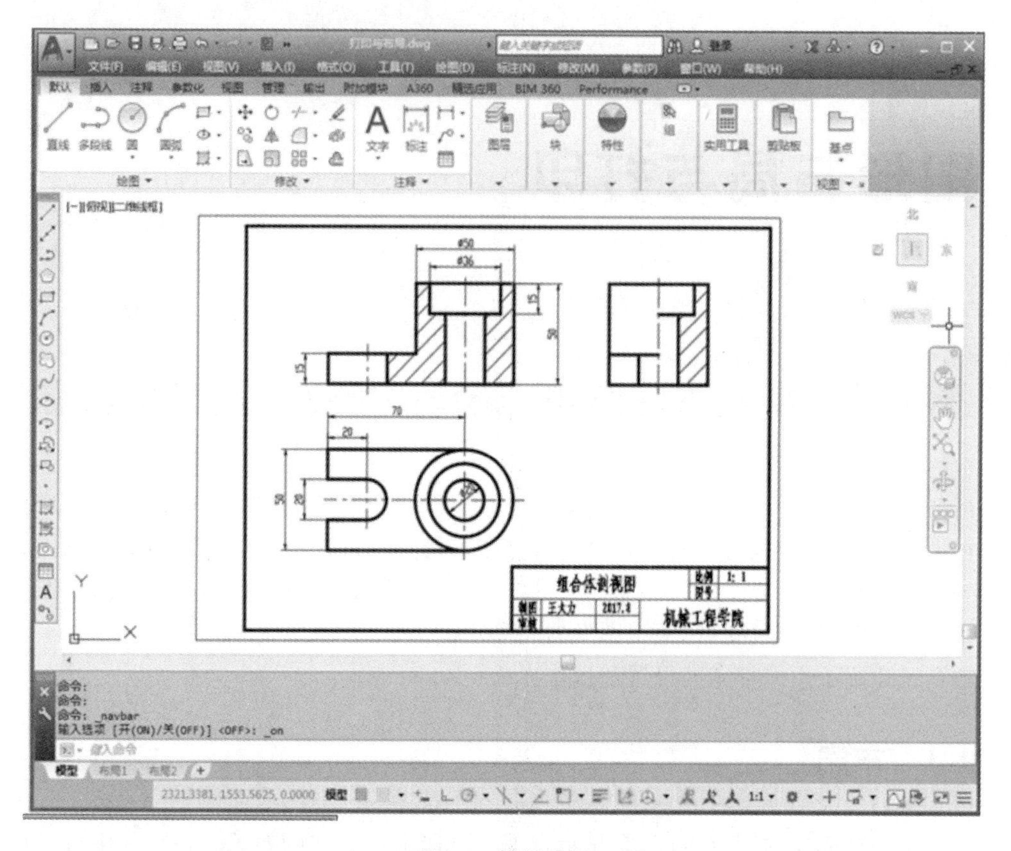

图 8-1　模型空间

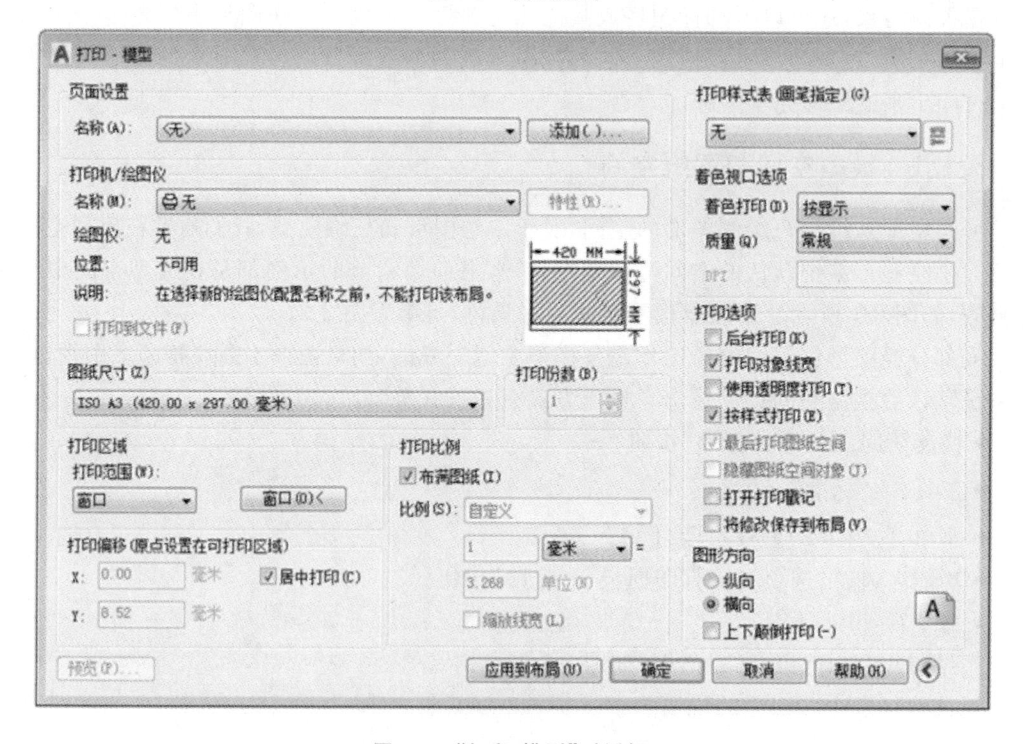

图 8-2　“打印-模型”对话框

便以后调用。

2.“打印机/绘图仪”栏

选择已安装的打印机或绘图仪名称。

3.“图纸尺寸”

在下拉列表中选择合适的图纸规格。

4.“打印区域栏”

在打印范围下拉列表中选择某一选项(布局、范围、显示、窗口),一般选择“窗口”。其中各选项含义解释如下。

(1) 布局:打印所创建布局中的图形。

(2) 范围:所打印图形为绘图界限(limits 命令)设定的范围。

(3) 显示:打印当前屏幕显示的图形。

(4) 窗口:返回到绘图窗口进行框选,将打印矩形选择框内的图形。

5.“打印比例”

取消勾选“布满图纸”复选框,在“比例”下拉列表中选择 1∶1,可按实际大小打印出图。

注意:如果按照实际大小画图,以 1∶10 打印出图,那么图形中书写的文字和尺寸标注需放大 10 倍,线型比例也要放大 10 倍才能在模型空间正确地按 1∶10 的比例打印出标准的工程图纸。

6.“打印样式表(画笔指定)”

指定、编辑适合自己的绘图参数,例如某一号的笔颜色,输出的图形线宽、线型等。选择“monochronme”选项可以将所有图线打印成黑色。

单击“预览”按钮,可以看到即将打印出来的图纸的样子。在窗口右键菜单中选择“打印”即可打印出图。

在多数情况下,用户都希望对图形进行适当布局后再输出,如希望在一张图纸上输出图形的多个视图、添加标题块等,此时就需要到图纸空间进行输出布局。

图纸空间(见图 8-3)是二维平面空间,又称布局图,它完全模拟图纸页面,用于绘图输出之前设计模型在图纸上的布局。图纸空间作为一个工作空间,可以进行尺寸标注,也可以插入边框和标题栏,但不能绘制和编辑图形。

在 AutoCAD 2017 中,可以用布局处理单份或多份图纸。创建一个或者多个不同打印布局后,每个打印布局中能够定义不同视口,各个视口可用不同的打印比例,并能控制其可见性及是否打印。由此可见 AutoCAD 2017 的打印方法更加方便灵活,打印功能更强大。

8.1.2　创建打印布局

在布局空间打印出图,首先要切换到布局空间。在默认情况下,新建一个图纸文件后,AutoCAD 2017 会自动建立一个布局,名称为“布局 1”,绘图窗口左下方有“模型”“布局 1”按钮,单击相应按钮,可以实现模型空间与图纸空间的切换。

用户可以自行创建布局。操作如下。

- 工具栏:“布局”→[图标]。
- 菜单:【插入(I)】→【布局(L)】→【新建布局(N)】;

或【工具(T)】→【向导(Z)】→【创建布局(C)】。

- 命令行:layoutwizard。

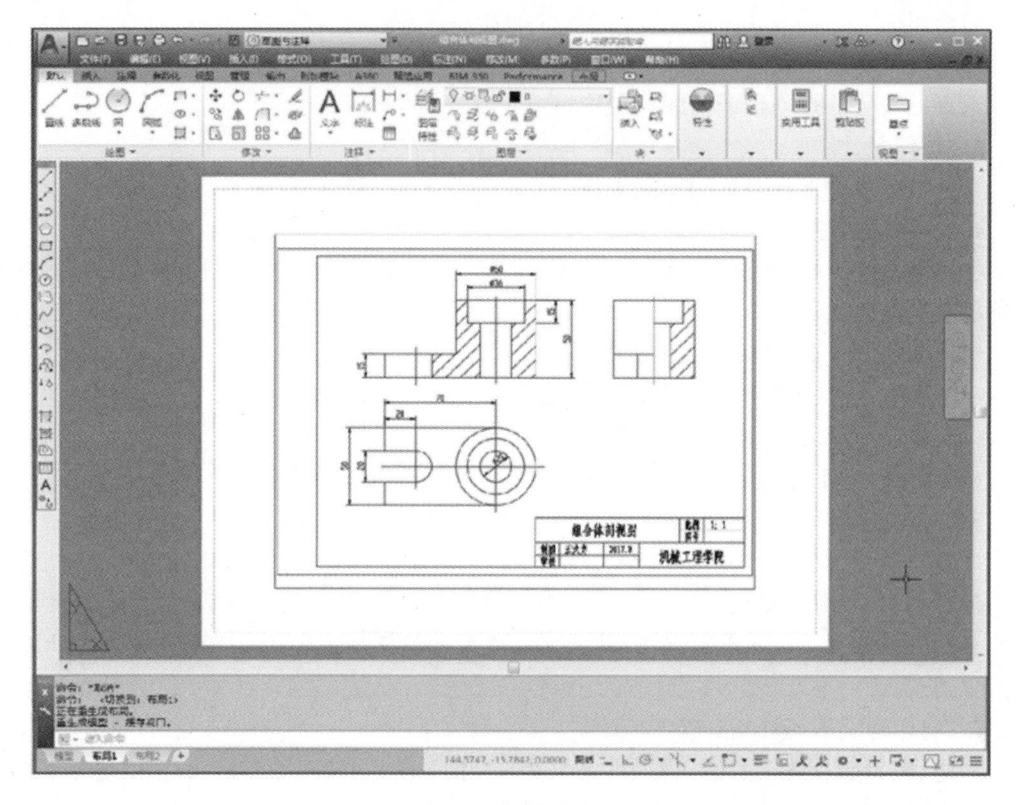

图 8-3　图纸空间

系统弹出如图 8-4 所示的“创建布局-开始”对话框，在对话框中输入新布局名称，单击“下一步”按钮，引导用户按步骤设置打印机、图纸尺寸、图纸方向、标题栏、定义视口、拾取位置，完成新布局的创建。

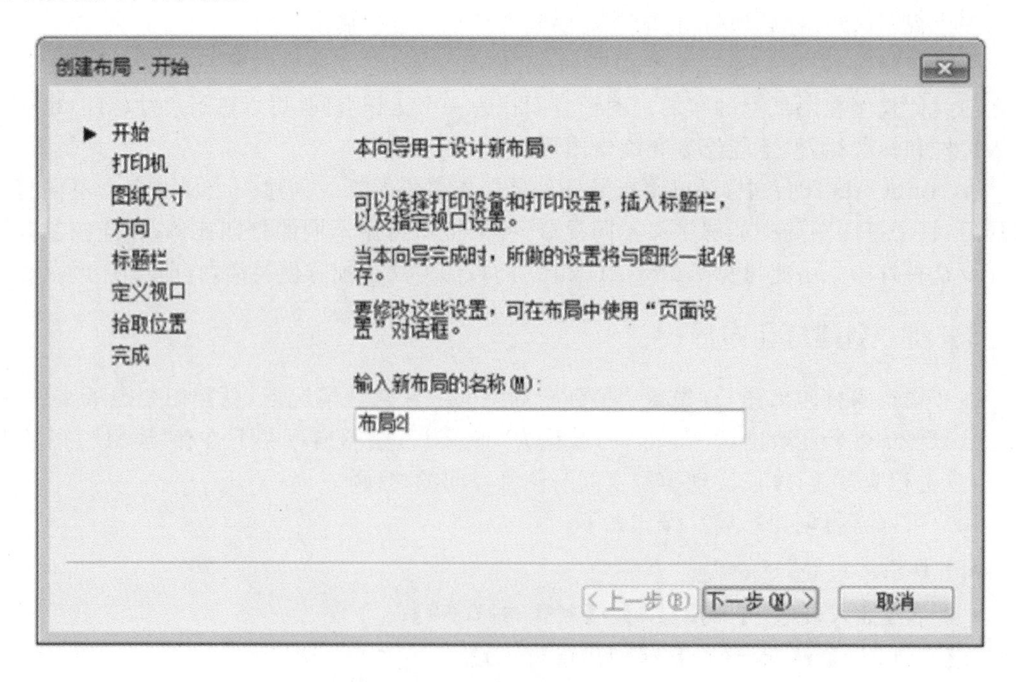

图 8-4　“创建布局-开始”对话框

8.2 页面设置与打印

和其他软件一样，在输出图形之前，应先进行页面设置。页面设置时可以分别针对不同的布局进行设置，即一张图纸可以具有不同布局的页面设置，页面设置是随布局一起保存的打印设置。

将绘制好的图形从模型空间切换到布局，采用以下四种方式之一可启动“页面设置管理器”对话框（在 AutoCAD 工作界面上，用鼠标右键点击任意工具栏，在弹出的工具栏菜单中调入“布局”工具栏）。

- 工具栏：“布局(layouts)”→ 。
- 菜单：【文件(F)】→【页面设置管理器(G)】。
- 命令行：pagesetup。
- 快捷菜单：在布局选项卡上单击鼠标右键，选择“页面设置管理器”项。

系统弹出如图 8-5 所示的“页面设置管理器”对话框，利用该对话框可以进行打印的页面设置。

图 8-5 “页面设置管理器”对话框

该对话框显示当前页面的详细信息。如果需要重新设置页面布局，单击“新建”或“修改”按钮，打开如图 8-6 所示的“页面设置-布局 1”对话框。下面介绍该对话框中各选项的功能。

1.“页面设置”栏

显示当前页面设置，用户可以在“页面设置管理器”对话框中选择一个已命名的页面设置，将其置为当前的页面设置，或者在页面设置管理器中单击“新建”按钮，设置新页面名称。应用于当前布局的所有设置均保存在用户定义的页面设置文件中。

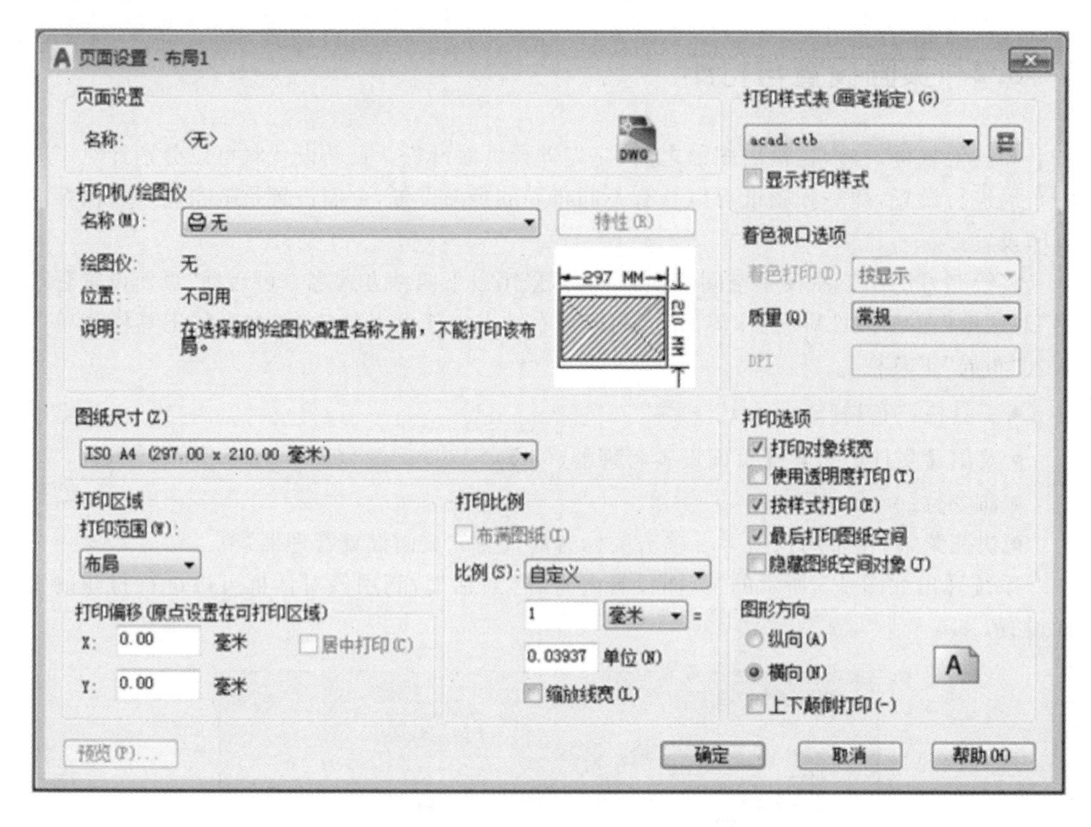

图 8-6　“页面设置-布局 1”对话框

2.“打印机/绘图仪”栏

该选项栏用于显示当前设置的打印设备、与之连接的端口以及由用户定义的与之有关的附加注释。该栏的“名称”下拉列表框中列出了可用于打印的系统打印机及 pc3 文件。单击“特性”按钮，弹出如图 8-7 所示的“绘图仪配置编辑器”对话框，用户可通过它了解和修改当前打印机/绘图仪的配置、端口、设备等的设置情况。

3.“打印样式表”栏

用于指定当前配置于布局的打印样式表。用户既可以从打印样式的“名称”下拉列表框中选择系统提供的当前打印样式，也可以从新建选项中创建新的打印样式，或者单击右侧按钮，在弹出的“打印样式表编辑器”对话框中，对当前的打印样式进行编辑，如图 8-8 所示。

4.“着色视口选项”栏

用于控制输出打印三维图形时的打印模式。

5. 布局设置的相关选项

该选项包括图纸尺寸、打印区域、打印偏移、打印比例、打印选项、图形方向等。

(1) 图纸尺寸：用于选择适当幅面的打印图纸尺寸。

(2) 打印区域：用于设置图形的输出区域。在“打印范围”的下拉列表中有四个选项(布局、范围、显示、窗口)。“布局”选项，可以打印指定图纸界限内的所有图形；“范围”选项，可以打印当前图纸中所有的图形对象；“显示”选项，可以用于设置打印模型空间中的当前视图；“窗口”选项，用户可以在屏幕上用光标拖出一个矩形窗口选择要打印的图形。

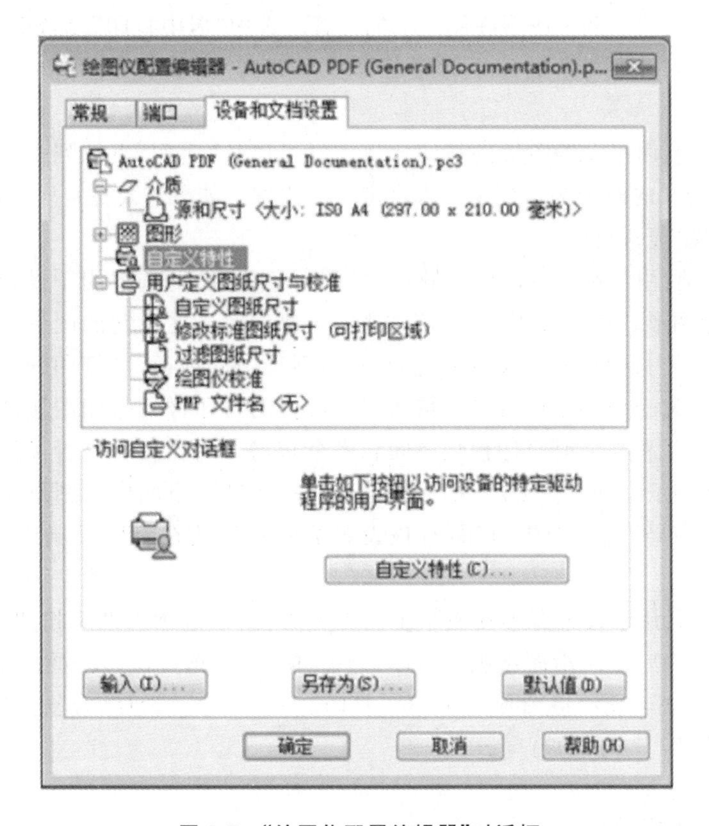

图 8-7 “绘图仪配置编辑器”对话框

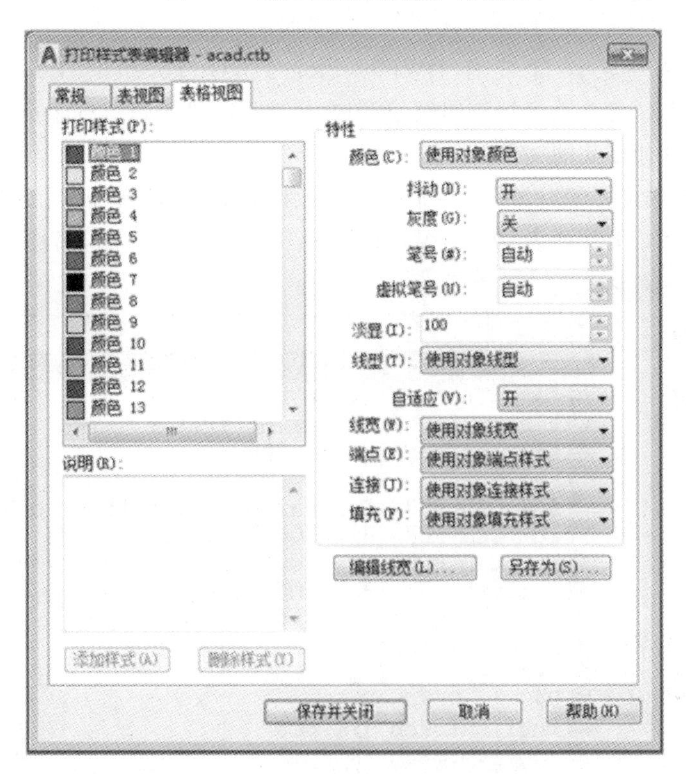

图 8-8 “打印样式表编辑器”对话框

（3）打印偏移：用于调整图形在图纸上的位置。选中“居中打印”复选框，表示将图形打印在图纸的中央；X、Y 文本框用于设置打印区域相对于图纸的左下角的横向和纵向偏移量。

（4）打印比例：用于设置图形的打印比例。既可以从“比例”下拉列表框中选择打印比例，也可以在自定义的两个文本框中输入自定义的比例。如果需要按打印比例缩放线宽，可以选中“缩放线宽”复选框。

（5）打印选项：用于选择打印的方式。“打印对象线宽”复选框用于设置是否按图层中设置的线宽打印图形；“使用透明度打印”复选框主要针对于在绘制的图形中使用了透明颜色填充的图形，若要打印成透明颜色填充的图形，则选中此项，否则打印的图形没有透明效果；“按样式打印”复选框用于设置是否按图层中设置的打印样式打印图形；“最后打印图纸空间”复选框用于设置在同时打印模型空间和多个布局上的图形时是否优先打印模型空间中的图形；“隐藏图纸空间对象”复选框用于设置在打印模型空间中的图形时是否消除隐藏线，该选项仅在“布局”选项卡中可用，且该设置的效果反映在打印预览中，而不反映在布局中。

（6）图形方向：用于设置图形在图纸上的打印方向，该选项有两个按钮和一个复选框。选中“纵向”单选按钮，表示沿图纸纵向打印；选中“横向”单选按钮，表示沿图纸横向打印；选中“反向打印”复选框，表示将图形翻转 180°打印。两个单选按钮结合复选框使用，可以实现 0°、90°、180°和 270°方向的打印。

8.3 虚拟打印

AutoCAD 2017 软件自带有 DWF6 ePlot、DWG To PDF、PublishToWeb JPG、PublishToWeb PNG 等几款虚拟打印机，利用这几款打印机的虚拟打印功能可将 AutoCAD 文件虚拟打印成其他格式的文件。

在模型空间，执行打印（plot）命令后，在系统弹出的“打印-模型”对话框中，单击“打印机/绘图仪”的“名称”下拉列表，可以看到如图 8-9 所示的虚拟打印机名称。

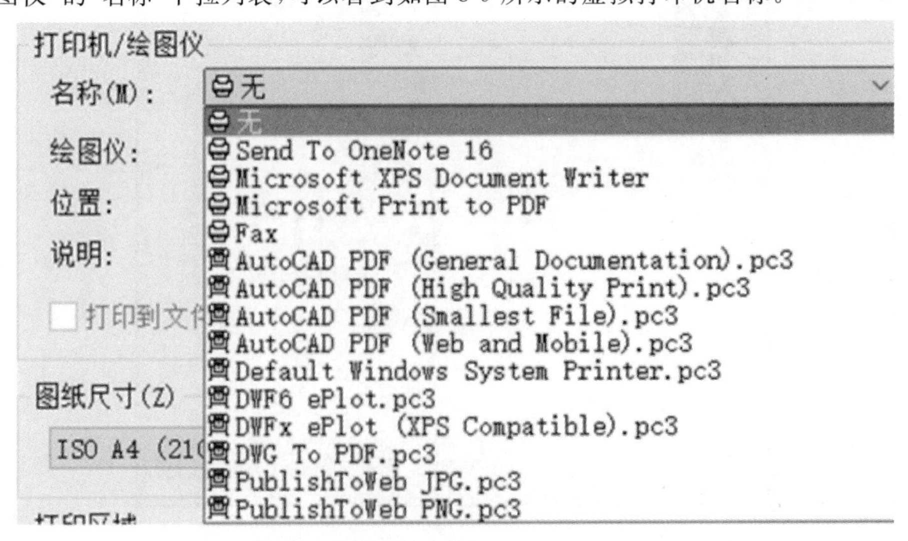

图 8-9 “打印机/绘图仪”的“名称”下拉列表

其中：

DWF6 ePlot 用来将 AutoCAD 文件打印成 DWF 文件格式，DWF 文件是一种电子图纸格式，用户可以用 DWF 阅读器阅读，不能进行修改。

DWG To PDF 用来将 AutoCAD 文件打印成 PDF 文件格式。

PublishToWeb JPG 用来将 AutoCAD 文件打印成 JPG 图片格式。

PublishToWeb PNG 用来将 AutoCAD 文件打印成 PNG 图片格式。

选择虚拟打印机 PublishToWeb JPG. pc3，在“图纸尺寸”下拉列表中列出可选图纸大小。如果列表中的图纸像素较低，则图片清晰度不够。此时可新建用户自定义图纸，操作如下。

(1) 单击打印机名称列表右侧“特性”按钮，系统弹出“绘图仪配置编辑器”对话框，在该对话框中，可自定义图纸尺寸，如图 8-10 所示。

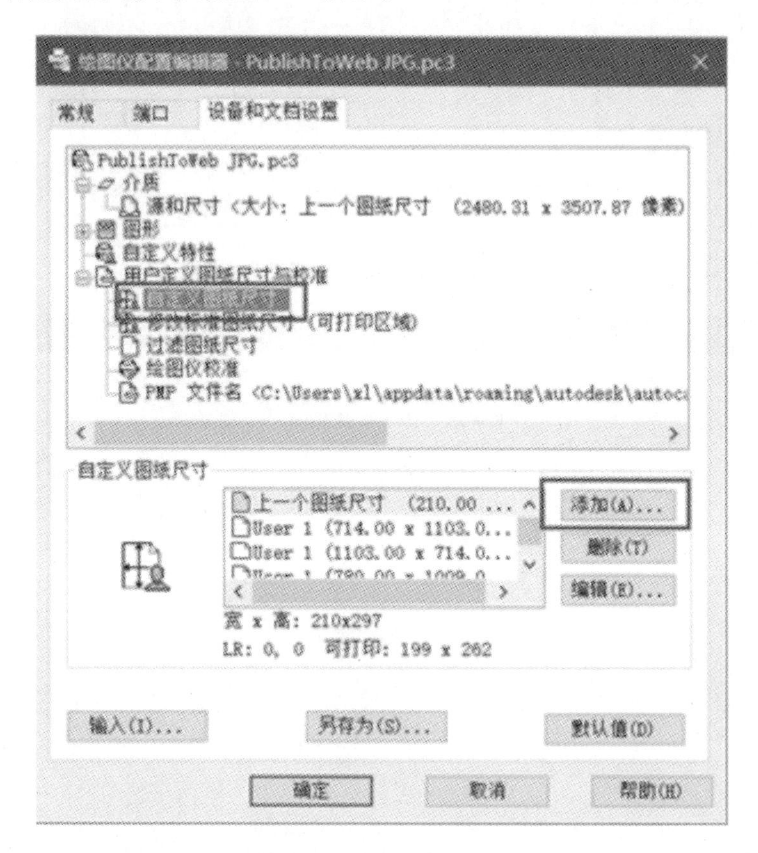

图 8-10　自定义图纸尺寸

(2) 单击“自定义图纸尺寸”，单击右下方“添加”按钮，系统弹出“自定义图纸尺寸-开始”对话框，如图 8-11 所示。单击“创建新图纸”单选项，单击“下一步”按钮。在“介质边界”项中设置“3000×4000 像素”。单击“下一步”按钮，设置图纸尺寸名，如图 8-12 所示，单击“下一步”按钮，完成自定义图纸尺寸。

(3) 回到“打印-模型”对话框，单击“确定”按钮，在弹出的“浏览打印文件”对话框中设置文件存储的路径和名称。单击“保存”按钮，即可保存和打印文件。

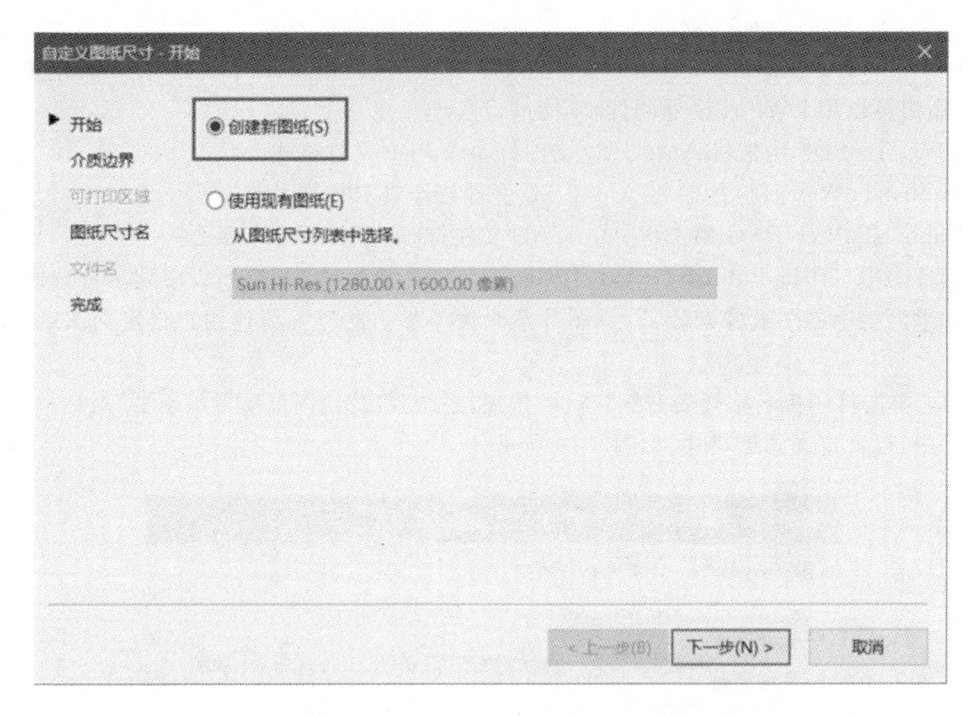

图 8-11　“自定义图纸尺寸-开始”对话框

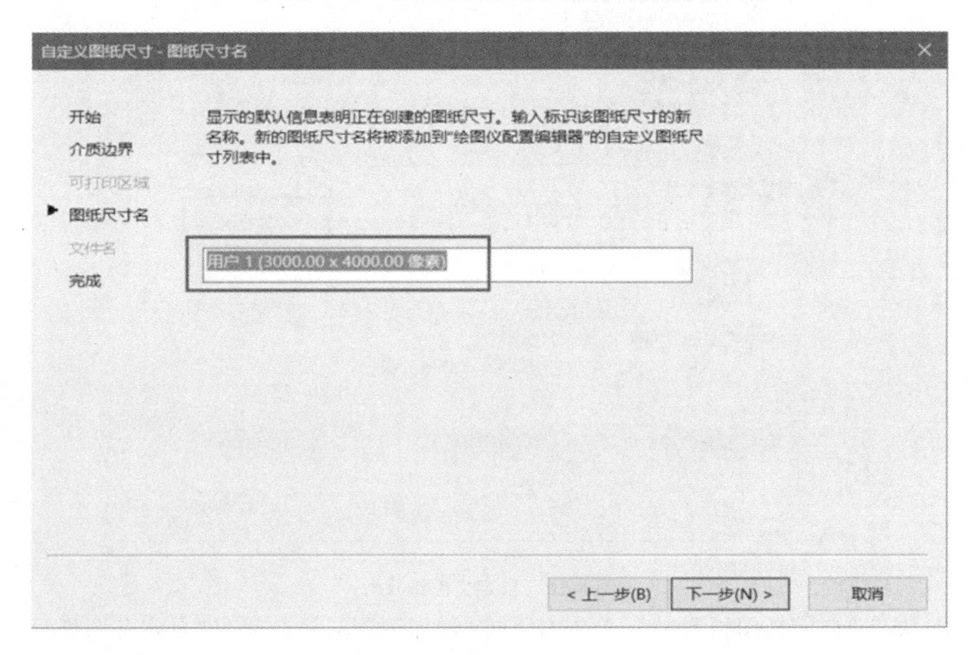

图 8-12　图纸尺寸名设置

思考与练习

1. 什么是模型空间？什么是图纸空间？
2. 如何利用布局创建向导创建一个新布局？
3. 简述打印图纸的步骤。

绘制工程图实例

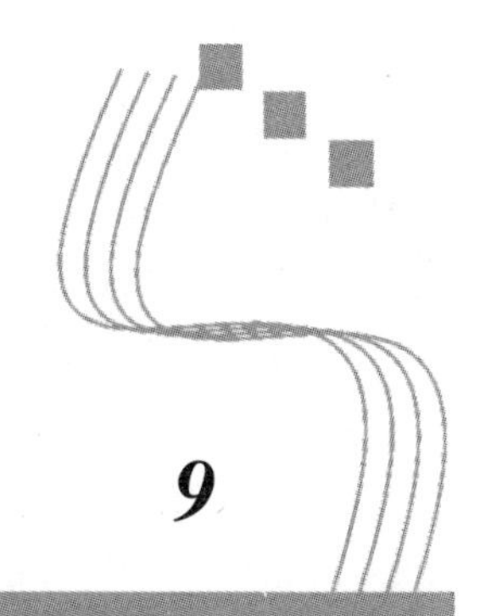

9

只有将前面几章的基础知识综合运用在专业图样的绘制中，才能体会到使用 AutoCAD 进行设计、绘图的方法和技巧是不拘一格的。本章将通过实例图形的绘制，使读者了解用 AutoCAD 绘制专业图样的一般步骤和使用技巧。

9.1 绘制建筑施工图

9.1.1 绘图准备

1. 创建新图

开机后以"默认设置"状态创建新图，并以名称"建筑平立剖面图. dwg"保存。

2. 创建图层

按照表 9-1 创建图层。

表 9-1 图层设置

名　称	颜　色	线　型	线　宽
轴线层	绿色	Center	0.13
墙体层	白色	Continuous	0.5
门层	红色	Continuous	0.25
窗层	红色	Continuous	0.13
台阶花坛层	洋红	Continuous	0.13
尺寸标注层	蓝色	Continuous	默认
汉字注写层	白色	Continuous	默认
标题栏层	白色	Continuous	默认
地坪线层	白色	Continuous	0.7
其他层	青色	Continuous	默认

3. 追踪功能

打开极轴追踪、对象捕捉及对象捕捉追踪功能。设置极轴追踪角度增量为 90°；设置对象捕捉方式为"端点""交点"；设置仅沿正交方向进行捕捉。

9.1.2　绘制建筑平面图

假想用一个水平的剖切平面沿着窗台以上，在门窗洞处将房屋剖切开，移走剖切平面以上部分，对剖切面以下部分作直接正投影而获得的水平剖视图，称为建筑平面图。建筑平面图主要用于表达建筑物的平面形状以及沿水平方向的布置与组合关系。

绘制如图 9-1 所示的建筑平面图。

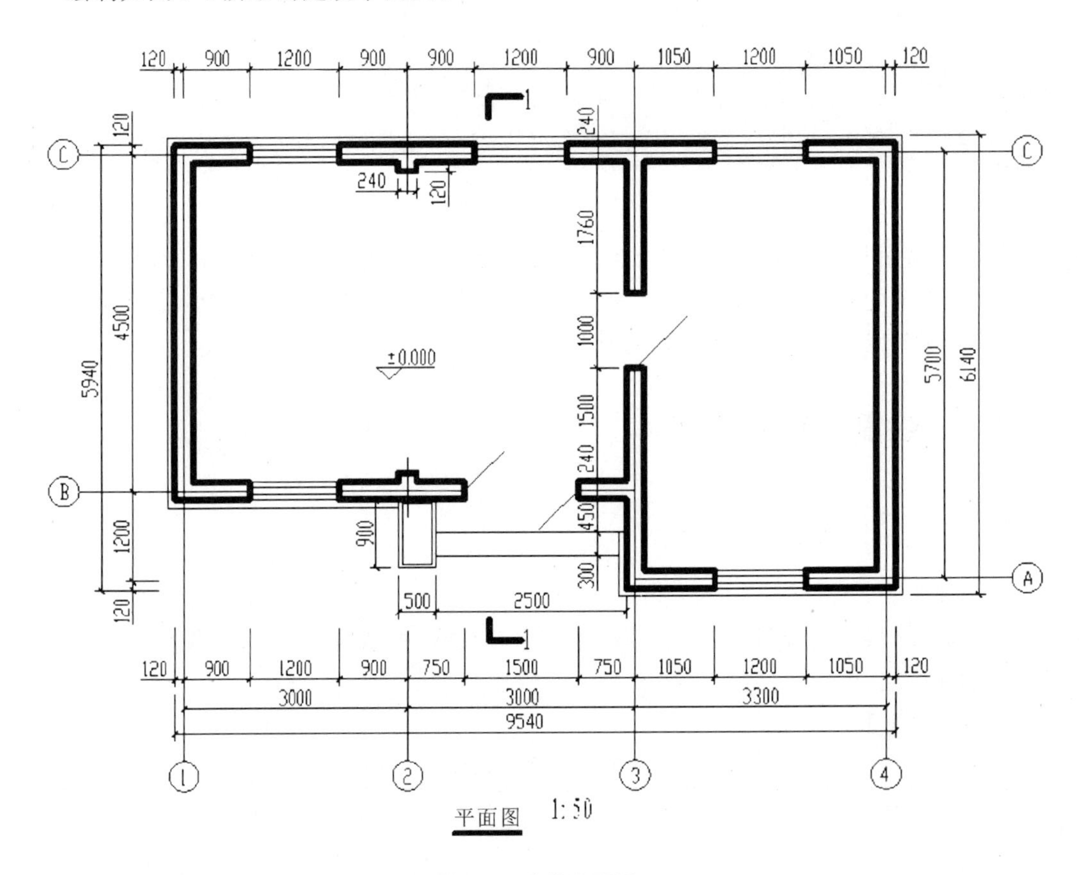

图 9-1　建筑平面图

1. 绘制轴线网

(1) 将轴线层置为当前层，用绘制矩形(rectang)命令绘制 9540×5940 的矩形，单击“标准”工具栏上“缩放”子工具栏上的“全部缩放”按钮，使该矩形全部显示在绘图窗口中。

(2) 用分解(explode)命令分解矩形，然后用偏移(offset)命令绘制如图 9-2 所示的轴线网。

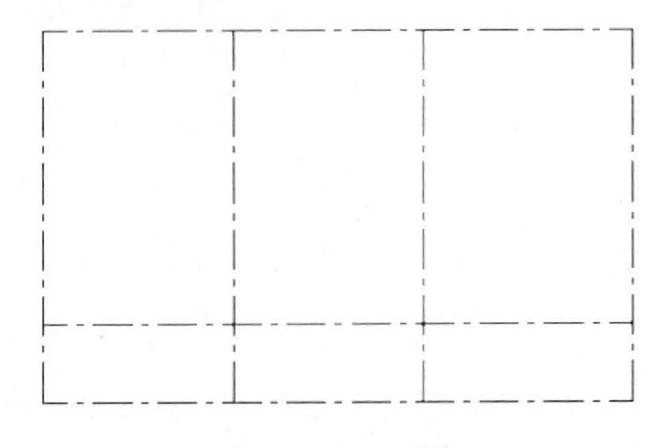

图 9-2　画轴线网

2. 绘制墙体

(1) 创建一个多线样式,名称为“24 墙体线”。该多线包含两条直线,偏移量均为 120。

(2) 将墙体层置为当前层。指定“24 墙体线”为当前样式,用绘多线(mline)命令绘制墙体,用多线编辑工具作多线“T 形合并”与“角点结合”(参看 4.1.2.4 节)。然后用修剪(trim)命令修剪多余线条,如图 9-3 所示。

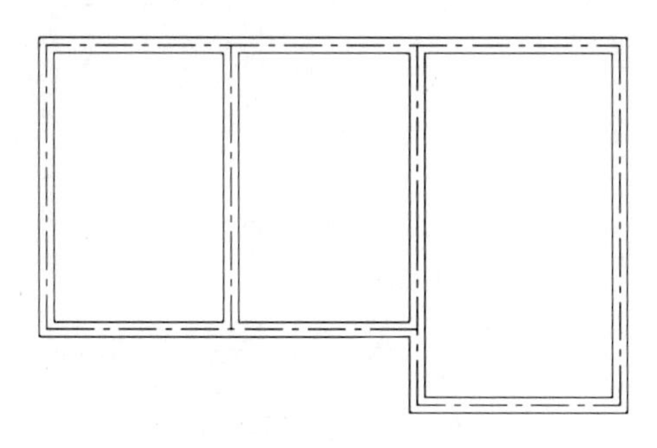

图 9-3　画墙体线

3. 绘制窗洞

方法一:参看图 4-11,用多线编辑工具剪切形成窗洞。

方法二:先用分解(explode)命令分解多线,再用偏移(offset)、镜像(mirror)和修剪(trim)命令形成窗洞,如图 9-4 所示。

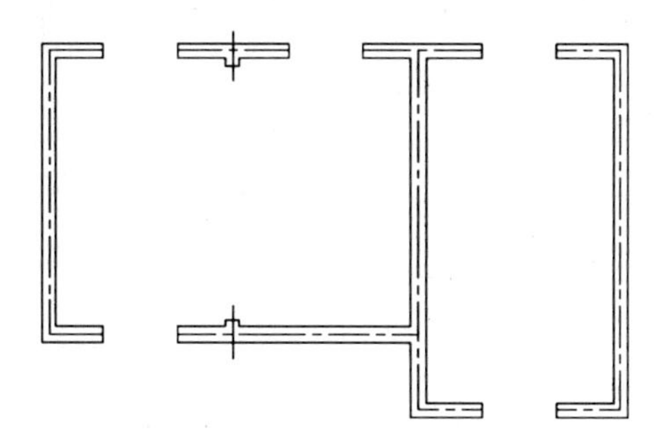

图 9-4　画窗洞

4. 绘制窗户图例

(1) 将窗层置为当前层,在一个窗洞位置绘制窗户图例。

(2) 用拷贝(copy)命令将窗户图例复制到其他窗洞中,如图 9-5 所示。

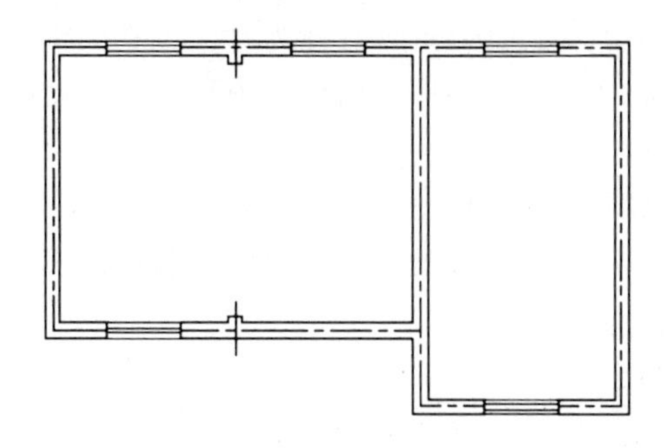

图 9-5　绘制窗户图例

如果要绘制大量的类似图形,也可以先将窗的图例创建成图块,并把图块保存在自己创建的图形库中，画图时只需要在图形的窗洞处插入图块即可。

5. 绘制门洞和门线

将门层置为当前层，用偏移(offset)和修剪(trim)命令形成门洞，根据门洞的宽度用直线(line)命令并输入极坐标，在门洞上绘制倾角为45°的直线，如图 9-6 所示。

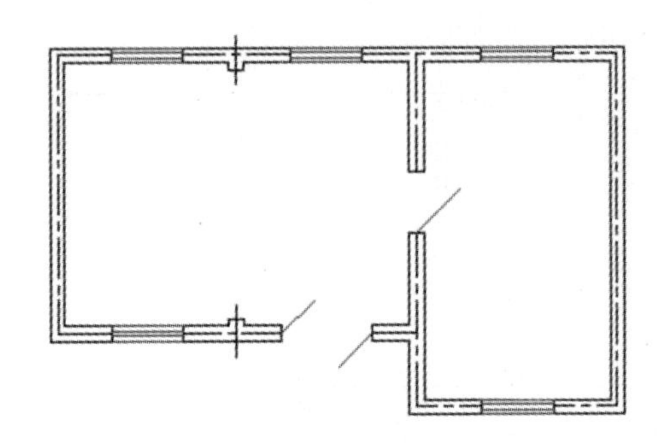

图 9-6 绘制门洞和门线

6. 绘制花坛、台阶和勒脚

将台阶花坛层置为当前层，用矩形(rectang)、偏移(offset)、拉长(lengthen)/动态(dy)和修剪(trim)命令绘制花坛、台阶和勒脚，把勒脚线调整到其他图层，绘制好的平面图形如图 9-7 所示。

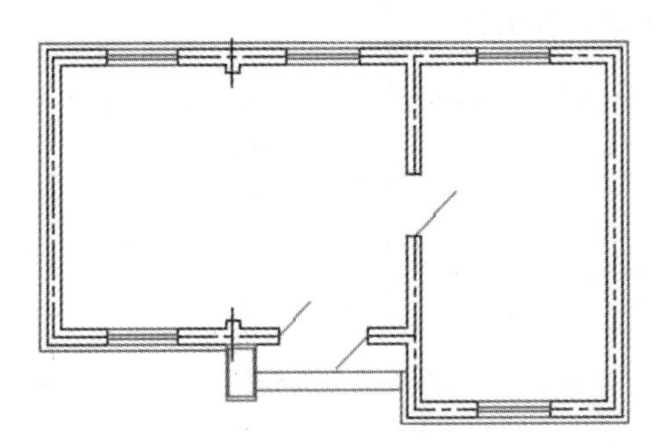

图 9-7 绘制完成的平面图形

9.1.3 绘制建筑立面图

用正投影的方法，将房屋的各个立面投射到与之平行的投影面上得到的投影图即为建筑立面图，它主要表示房屋的外貌和立面装修的情况。其中，反映房屋外貌特征或有主要出入口的一面称为正立面图，其余立面图相应地称为背立面图、侧立面图；也可按房屋的朝向确定立面图的名称，如南立面图、北立面图、东立面图和西立面图；还可以按建筑平面图中首尾轴线命名立面图，如①～④立面图。

绘制如图 9-8 所示的建筑立面图。

根据长对正的投影规律，先从平面图画竖直投影线确定建筑物门、窗洞口位置及立面外部轮廓，然后绘制立面图的细部结构。

1. 绘制立面图外部轮廓线

将墙体层置为当前层，按长对正的规律从平面图画门、窗洞口以及墙的外轮廓，如图 9-9 所示。

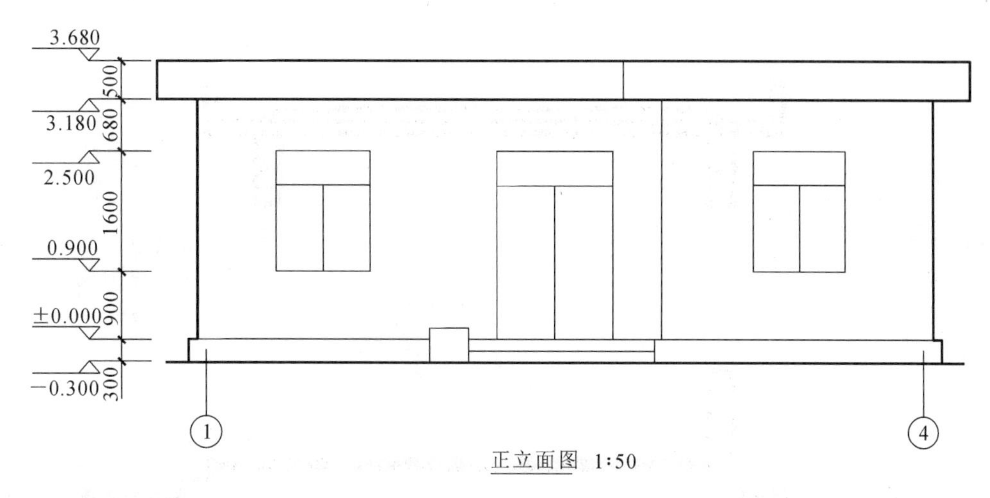

图 9-8　建筑立面图

2. 画细部结构

用偏移(offset)、修剪(trim)和拷贝(copy)命令绘制细部结构,用格式刷把门、窗调整到各自的图层,把勒脚线调整到其他图层,如图 9-10 所示。

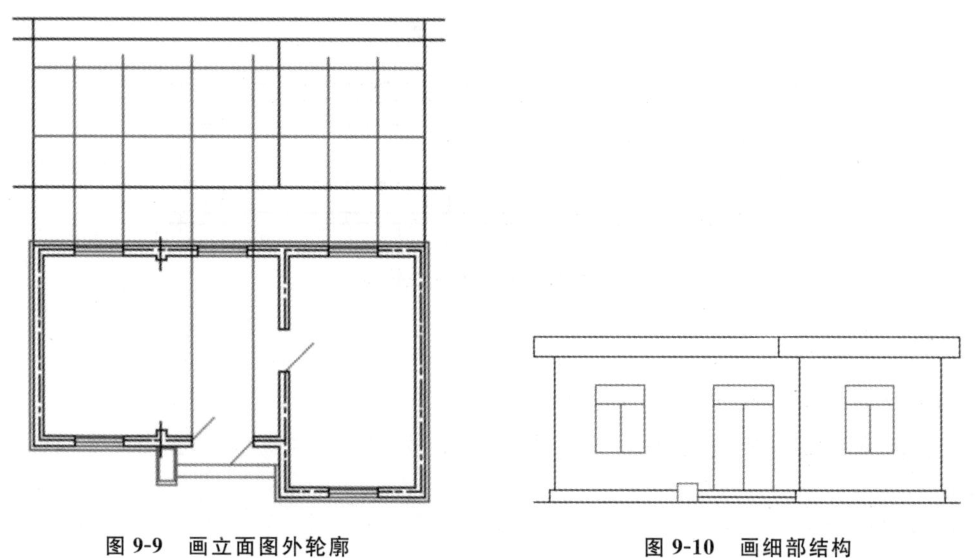

图 9-9　画立面图外轮廓　　**图 9-10　画细部结构**

9.1.4　绘制建筑剖面图

用假想与轴线正交的铅垂剖切平面,将建筑自屋顶到地面垂直切开,移走剖切平面与观察者之间的部分,将余下部分向与剖切面平行的投影面作正投影而获得的投影图,称为建筑剖面图。它主要用于表示房屋内部的结构形式、分层情况以及各部分的联系,是与建筑平面图、立面图相互配合,表示房屋的全局的三大图样之一。

绘制如图 9-11 所示的建筑剖面图。

根据高平齐的投影规律,从立面图画投影线确定建筑物门、窗洞口位置及左侧立面外部轮廓,然后绘制剖面图的细部结构。

1. 绘制剖面图外部轮廓线

将墙体层置为当前层,按高平齐规律从平面图画门、窗洞口以及墙的外轮廓,如图 9-12 所示。

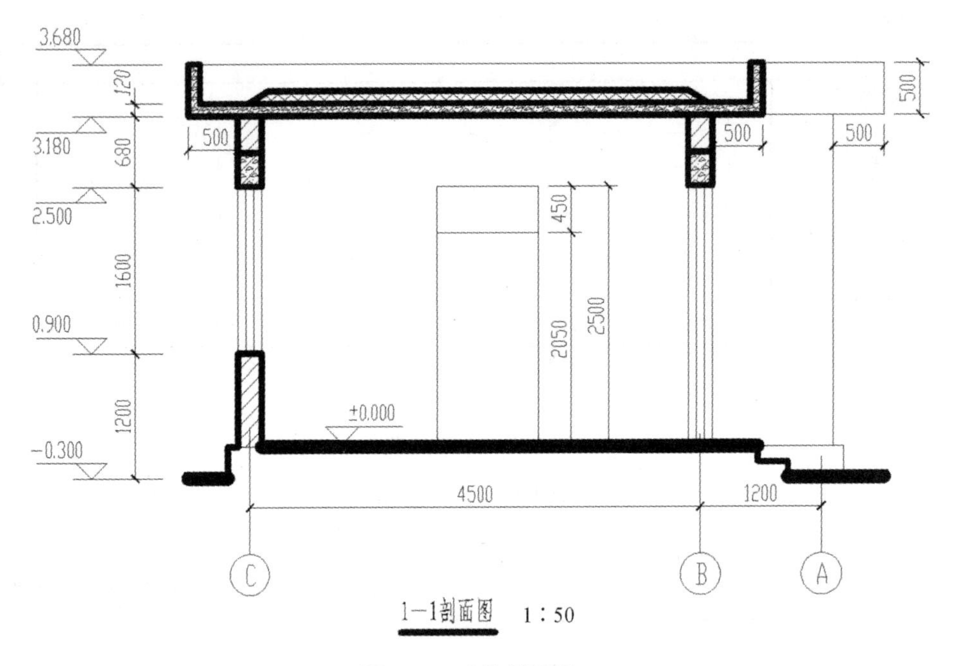

图 9-11　建筑剖面图

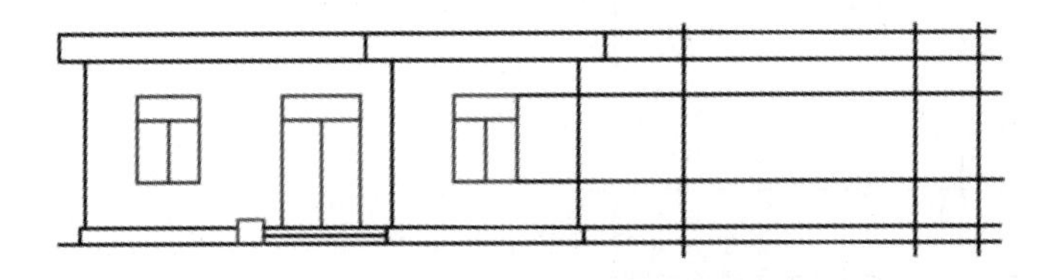

图 9-12　画剖面图外轮廓

2. 画屋顶结构和墙体线

(1) 画屋顶结构。将其他层置为当前层，用偏移(offset)、剪切(trim)、镜像(mirror)和图案填充(bhatch)等命令绘制屋顶结构。

(2) 画墙体线。将墙体层置为当前层，指定“24 墙体线”为当前样式，用绘多线(mline)命令绘制墙体。

绘制图形如图 9-13 所示。

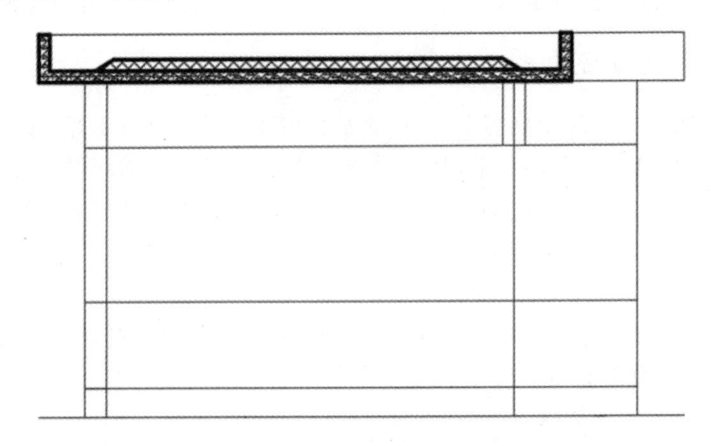

图 9-13　画屋顶结构和墙体线

3. 画门、窗、台阶等细部结构

(1) 画各细部结构。用偏移(offset)、剪切(trim)和擦除(erase)等命令绘制门、窗、台阶等细部结构,用格式刷把门、窗调整到各自的图层,把台阶与室内地坪线放在墙体层(为什么放在墙体层,请读者自行思考),把断面后的可见轮廓线调整到其他层。

(2) 画墙、梁断面剖面线。将其他层置为当前层,用图案填充(bhatch)命令绘制墙和梁断面上的剖面线。

完成的剖面图如图 9-14 所示。

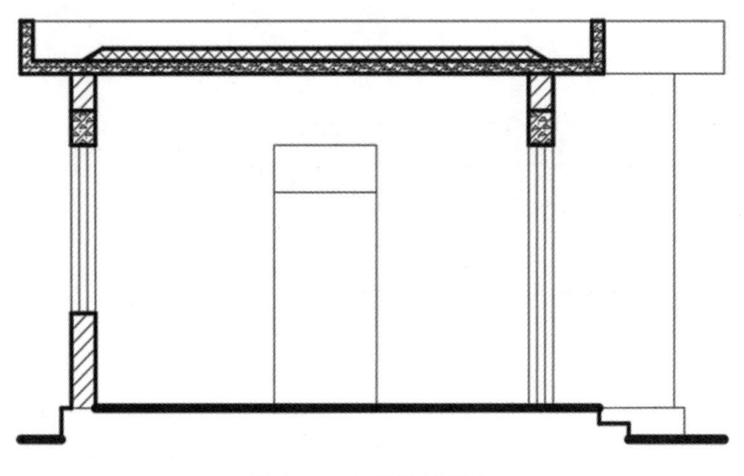

图 9-14 完成的剖面图

9.1.5 尺寸标注、文字注写

一张完整的工程图样,必须要有尺寸标注、技术要求(常见于机械图样上)或必要的文字说明(常见于建筑图样上)。在作尺寸标注前,应该按国标规范要求设置字体样式,按图样要求设置尺寸标注样式。

1. 设置字体样式

(1) 创建样式名“汉字”,选“仿宋-GB2312”字体,或选“仿宋”字体。

(2) 创建样式名“尺寸标注”,选“txt. shx”字体,0°倾斜。

两种字体的宽度因子设置为 0.7。

2. 设置尺寸标注样式

(1) 建立主尺寸标注样式,新建标注样式名“建筑图”。因本例中都是线性尺寸标注,所以没有建立标注子样式。

(2) “线”选项卡的设置如图 9-15 所示。

(3) “符号和箭头”选项卡的设置如图 9-16 所示。

(4) “文字”选项卡的设置如图 9-17 所示。

(5) “调整”选项卡的设置如图 9-18 所示。本图按 1∶1 的比例绘制,在打印出图时缩小比例 1∶50 出图,所以在该选项卡中设置“使用全局比例”为 50。

提示:设置“使用全局比例”为 50,即将尺寸标注特征(即尺寸数字的高度和箭头的大小)放大了 50 倍,在缩小比例 1∶50 打印出的图纸上,尺寸数字的高度和箭头的大小就还原成图 9-16 和图 9-17 设置的大小了。

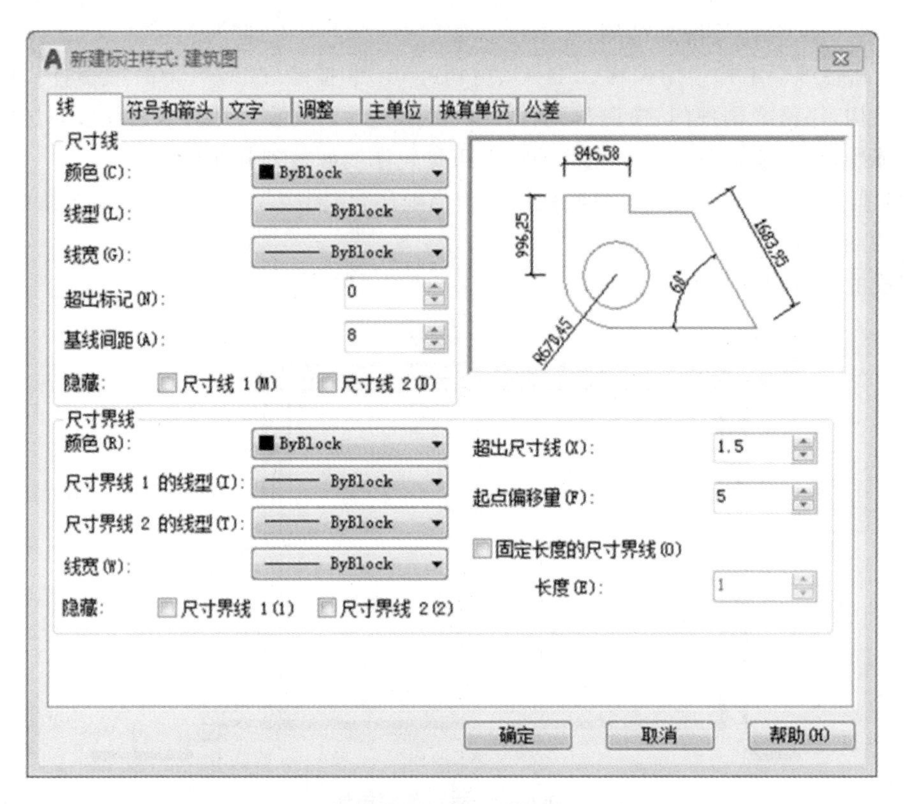

图 9-15 建筑图标注样式“线”选项卡

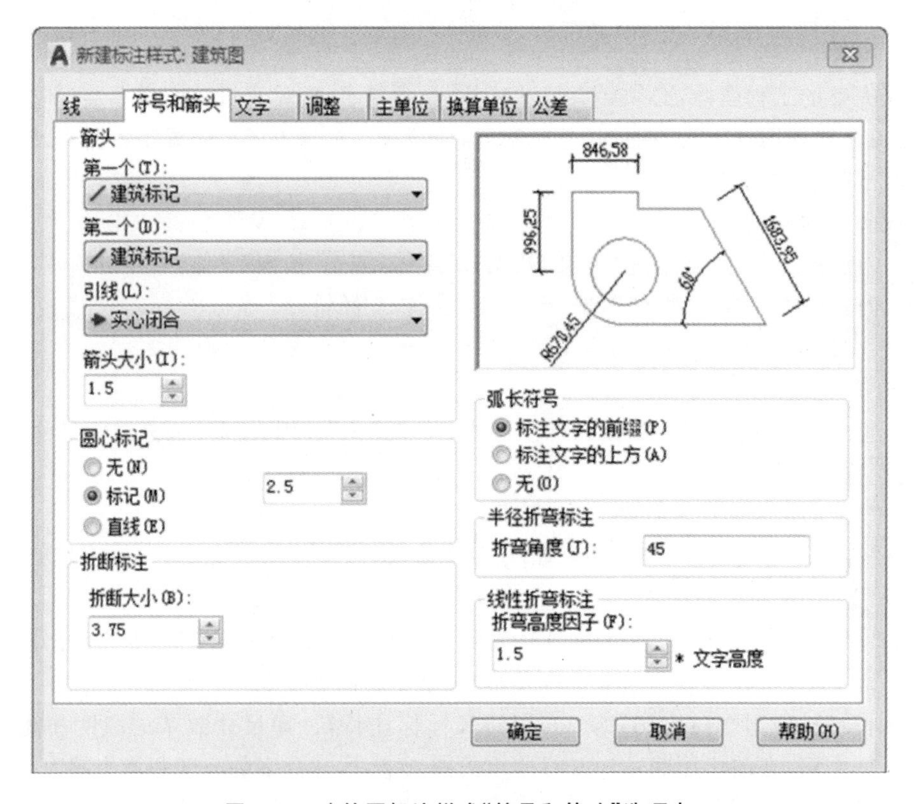

图 9-16 建筑图标注样式“符号和箭头”选项卡

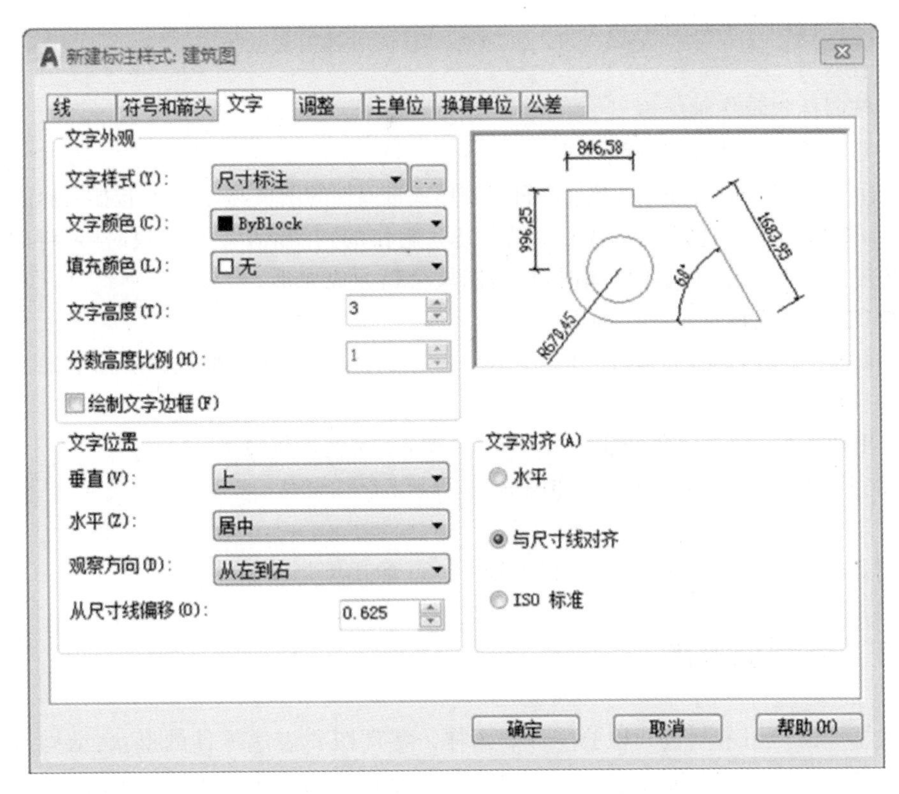

图 9-17 建筑图标注样式“文字”选项卡

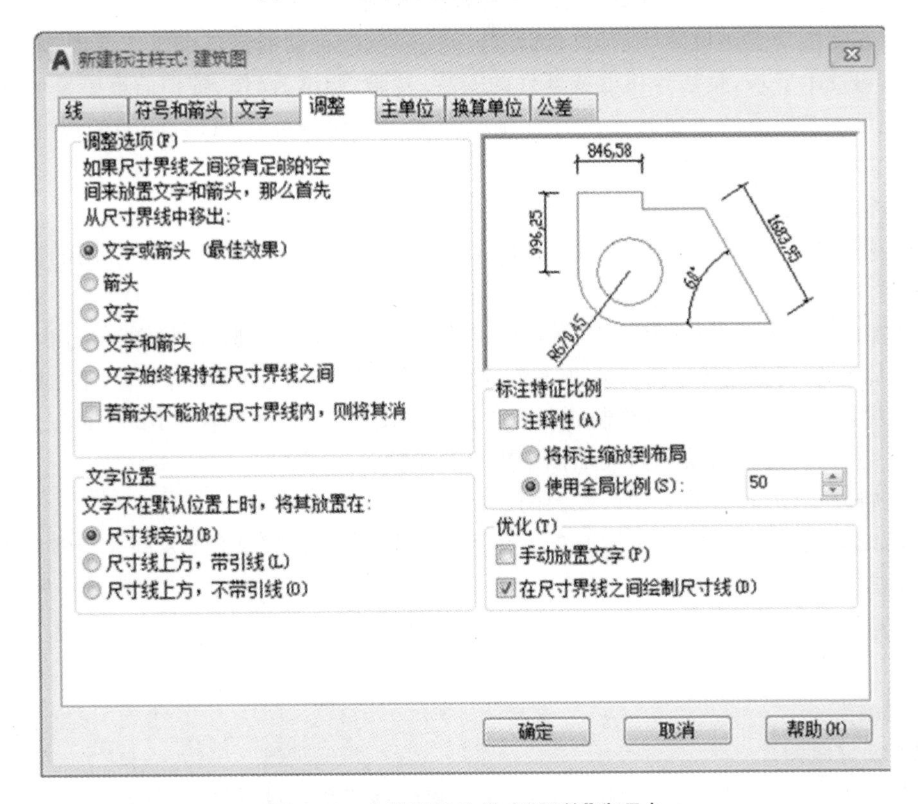

图 9-18 建筑图标注样式“调整”选项卡

(6) 其他选项卡的设置默认不变。

3. 标注尺寸、文字注写

(1) 按国标规定作轴线编号。

(2) 标注长、宽、高方向的线性尺寸。

(3) 标注高度方向的标高,可把标高符号制作成带属性的图块,标注时直接插入标注位置。

注意:如果标高符号图块大小是参照字高3制作的,在插入标高图块时,要将图块放大50倍,在按1∶50的比例打印出图时,标高图块会还原成原形。

4. 配图框,完成建筑平立剖面图

(1) 新建一个文件,按国标要求绘制一个A2幅面的图框,配以标题栏,以名称"A2.dwg"保存。

(2) 用插入块(insert)命令插入"A2.dwg"图框,缩放比例设为50。

绘制完成的"建筑平立剖面图"如图9-19所示。

5. 打印图纸

本例要求在打印图形时,在出图机上按1∶50的比例打印出图。

9.2 绘制机械图

机械零件图是用来制造和检验零件的图样。零件图要表达零件的形状、结构、尺寸、材料及技术要求。图样中包括必要的一组视图、详细的尺寸和技术要求以及标题栏。利用AutoCAD 2017绘制零件图需要综合运用各种绘图、修改、标注等命令。

机械装配图是表达机器(或部件)的图样。主要反映机器或部件的工作原理、装配关系、结构形状和技术要求,是指导机器或部件的安装、检验、调试、操作、维护的重要参考资料,同时又是进行技术交流的重要技术文件。装配图的内容包括一组图形、必要的尺寸、技术要求、零件序号和明细栏、标题栏。

计算机绘制装配图通常有三种方法:

(1) 直接绘制法。对于零件较少且图形简单的装配图,可采用直接绘制的方式完成图形。

(2) 零件插入法。在一张图上,把装配图上的各零件图分别绘制在不同图层上,然后选择其中一个主体零件,将其他各零件用移动、复制、旋转等命令插入至主体零件中来绘制完成图形。

(3) 零件图块插入法。将绘制的各零件图的视图进行修改,制作成图块,再以外部块的方式保存,然后将这些图块插入装配图中再进行编辑。

本书将以第(3)种方式介绍装配图的绘制。

下面以调整螺母零件图(见图9-20)和手压阀装配图(见图9-21)为例介绍零件图和装配图的绘制及标注过程。

9.2.1 绘制零件图

1. 绘图准备

(1) 创建新图。

开机后双击桌面图标打开AutoCAD 2017软件,以"默认设置"状态创建新图,并以名称"调整螺母零件图.dwg"保存。

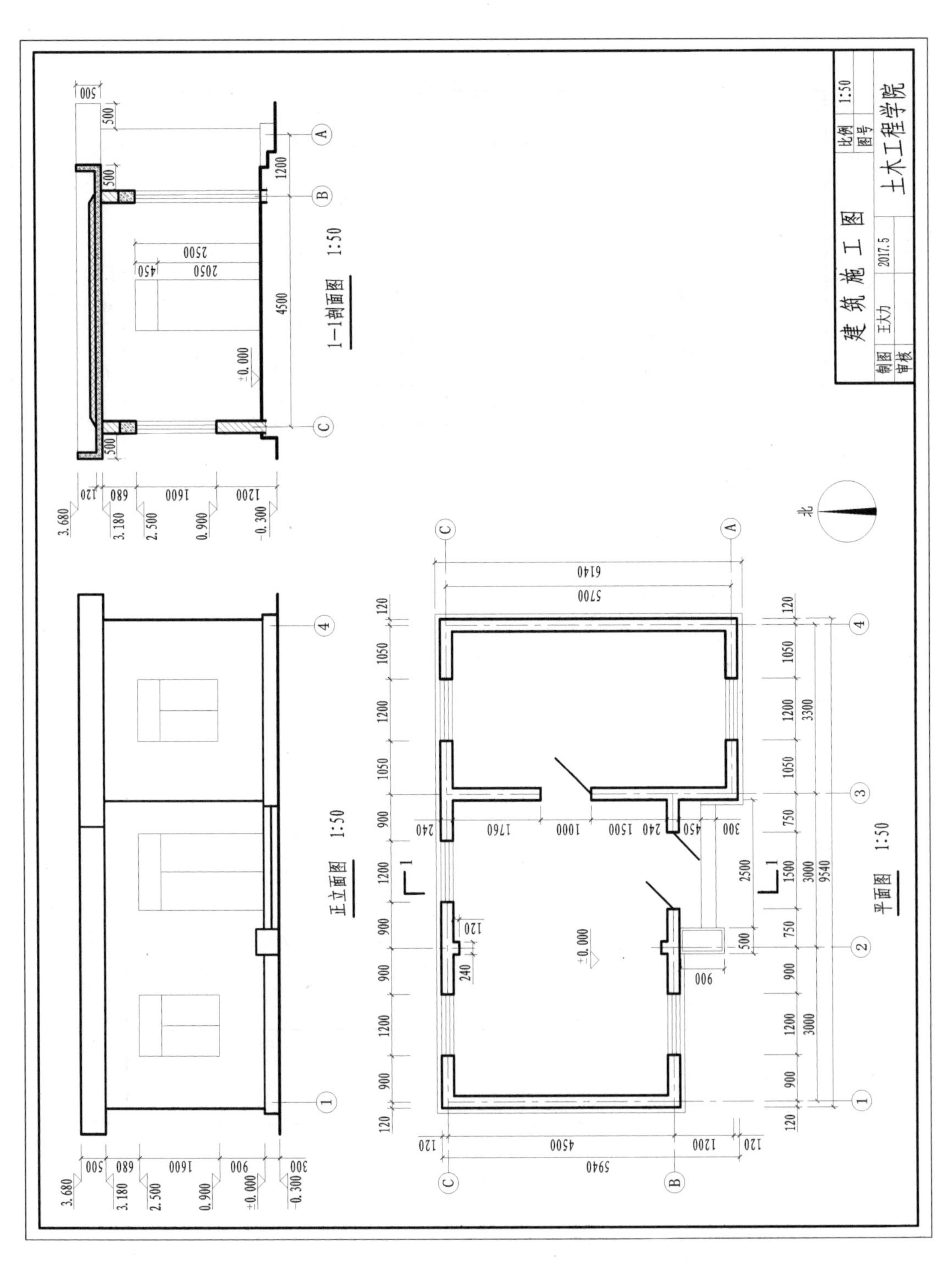

图 9-19 完成的建筑平立剖面图

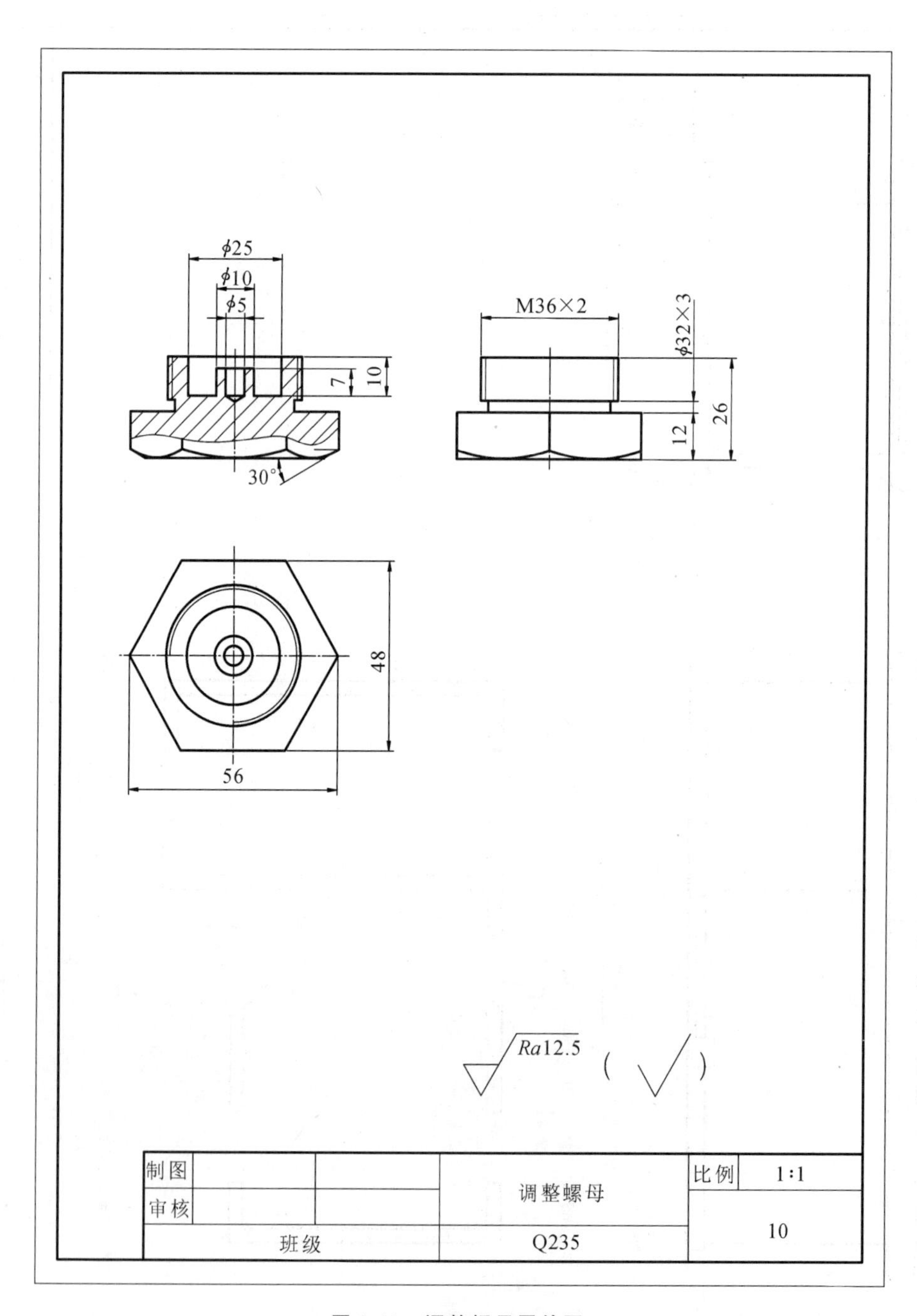

图 9-20　调整螺母零件图

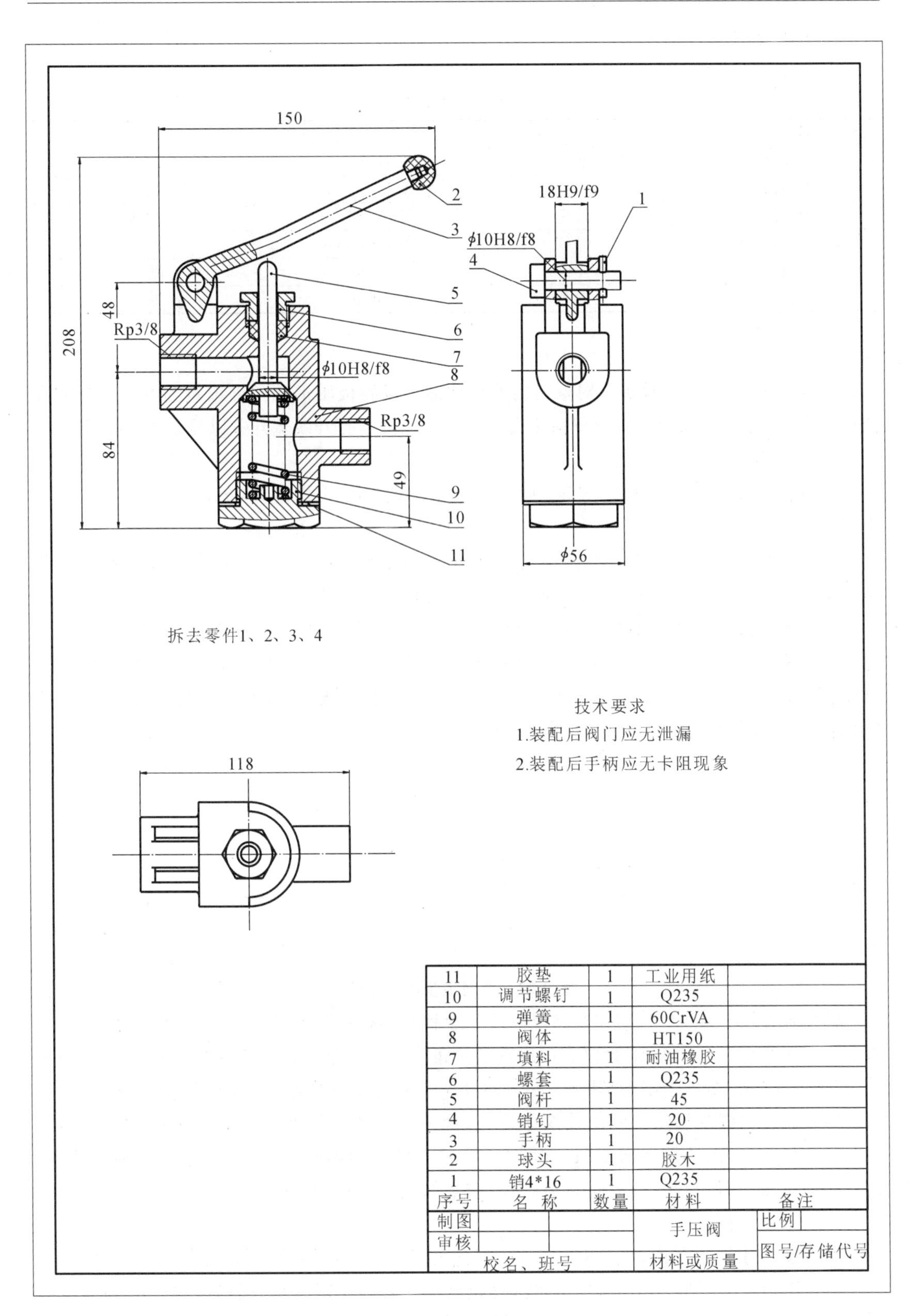

序号	名称	数量	材料	备注
11	胶垫	1	工业用纸	
10	调节螺钉	1	Q235	
9	弹簧	1	60CrVA	
8	阀体	1	HT150	
7	填料	1	耐油橡胶	
6	螺套	1	Q235	
5	阀杆	1	45	
4	销钉	1	20	
3	手柄	1	20	
2	球头	1	胶木	
1	销4*16	1	Q235	

制图			手压阀	比例	
审核				图号/存储代号	
校名、班号			材料或质量		

图 9-21　手压阀装配图

（2）新建图层。

按照表9-2新建图层。

表9-2　图层设置

名　　称	颜　　色	线　　型	线　　宽
粗实线层	蓝色	Continuous	0.5
细实线层	白色	Continuous	默认
中心线层	红色	Center	默认
尺寸标注层	洋红	Continuous	默认
文字标注层	洋红	Continuous	默认
剖面线层	白色	Continuous	默认

（3）追踪功能。

打开极轴追踪、对象捕捉及对象捕捉追踪功能。设置极轴追踪角度增量为90°；设置对象捕捉方式为“端点”“交点”；设置仅沿正交方向进行捕捉。打开线宽开关以显示图线粗细。

2.绘制主视图

该零件主视图为左右对称图形，所以先绘制左半图形，再用镜像(mirror)命令复制另一半图形。

（1）画基准线。设置中心线图层为当前图层，用直线(line)命令绘制竖直中心线。在粗实线图层，用直线(line)命令绘制底部水平线，如图9-22(a)所示。

（2）画外部轮廓线。根据高度方向尺寸，用偏移(offset)命令，分别指定距离12、26、3将底部水平线向上偏移。根据水平方向尺寸，分别指定偏移距离18、28，将竖直中心线向左侧偏移，如图9-22(b)所示。利用修剪(trim)命令修剪多余线，选中左侧图线，单击图层列表“粗实线”将其改为粗实线，结果如图9-22(c)所示。

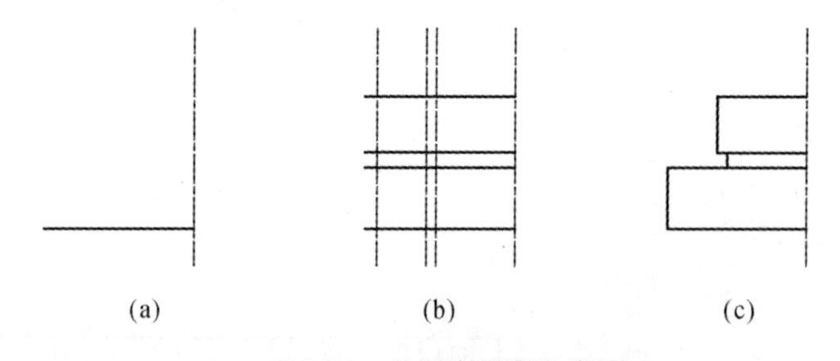

图9-22　绘制主视图左半图

（3）画内部轮廓线。利用偏移和修剪命令绘制内部孔轮廓图形及外螺纹线，如图9-23(a)所示。利用直线命令和极轴追踪(右键设置增量角为30°)绘制六角头棱线投影和头部30°倒角线，利用圆弧(arc)命令绘制头部圆弧，用打断(break)命令修剪中心线，结果如图9-23(b)所示。

（4）绘制完成主视图。利用镜像命令，选择中心线左侧图形，指定中心线为对称线，复制左侧图形到右侧，不删除源对象，如图9-24(a)所示。利用样条(spline)命令绘制波浪线。最后用图案填充(bhatch)命令绘制剖面线，结果如图9-24(b)所示。

3.绘制左视图

左视图与主视图类似，也是对称图形，因此可以绘制一半图形，再镜像复制另一半。

（1）绘制半边图形。先绘制中心线，再根据高平齐的投影关系，用构造线(xline)或直线(line)命令与主视图高平齐确定左视图中各高度线，将中心线向左侧偏移16、18、28，如图9-25(a)所示。修剪轮廓线，将图线变为粗实线，如图9-25(b)所示。

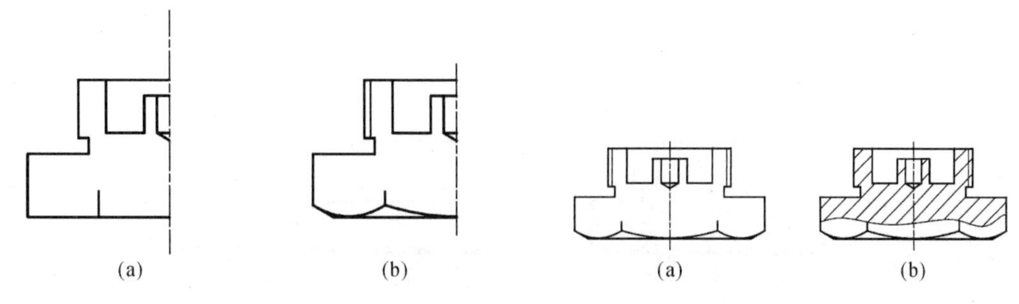

图 9-23 绘制内部轮廓线　　图 9-24 绘制完成主视图

(2) 绘制圆弧线、螺纹细实线，如图 9-26(a)所示。镜像左半图形，选择左半图形(不包括竖直中心线)，捕捉中心线的两端点确定镜像线，保留原图形，结果如图 9-26(b)所示。

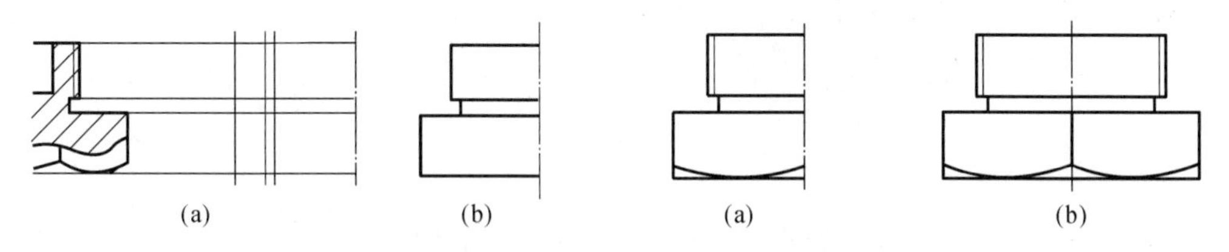

图 9-25 绘制左视图半边视图　　图 9-26 绘制完成左视图

4. 绘制俯视图

在主视图下方先绘制两条正交中心线，用多边形命令、画圆命令绘制俯视图。注意俯视图与主视图的投影关系。

5. 标注尺寸

标注尺寸时，应先设置尺寸文字样式和标注样式。

(1) 创建文字样式名“尺寸”，选“txt. shx”字体，宽度因子设置为 0.7，倾斜 0°。

(2) 创建标注样式“零件”，设置“线”选项卡基线间距为 10，在“文字”选项卡中，文字样式选择 “尺寸”样式，文字高度设为 3，文字对齐框选择“ISO 标准”，文字位置栏中，在“垂直”下拉列表中选“上”。在“调整”选项卡中，勾选“手动放置文字”复选框。

(3) 利用线性标注(dimlinear)和角度标注(dimangular)标注各视图中的尺寸，结果如图 9-27 所示。

6. 标注技术要求

零件图中的表面结构要求符号的标注可利用图块操作来进行。

绘制图 9-28(a)、(b)、(c)所示的表面结构要求符号，在图 9-28(c)中定义属性 *Ra*3.2，如图 9-28(d)所示。用创建块(block)命令将图 9-28(a)、(b)、(d)所示的图形分别创建为“去除材料”“基本符号”“表面结构要求”。利用插入块(insert)命令在标题栏上方插入图块，插入“表面结构要求”块时按提示输入 *Ra*12.5。括号“()”可利用单行文字命令输入。

7. 配图框，填写标题栏

各种规格的图框、标题栏可以预先绘制好，并定义成图块保存(例如 A3. dwg、A4. dwg)。

用插入块(insert)命令调入“A4. dwg”图框。

创建新样式“汉字”，字体选择“仿宋_GB2312”，字高为 5，宽度因子设置为 0.7，倾斜 0°。用单行文字命令在标题栏中输入零件名称、材料、比例等项目。完成零件图的绘制，全部完

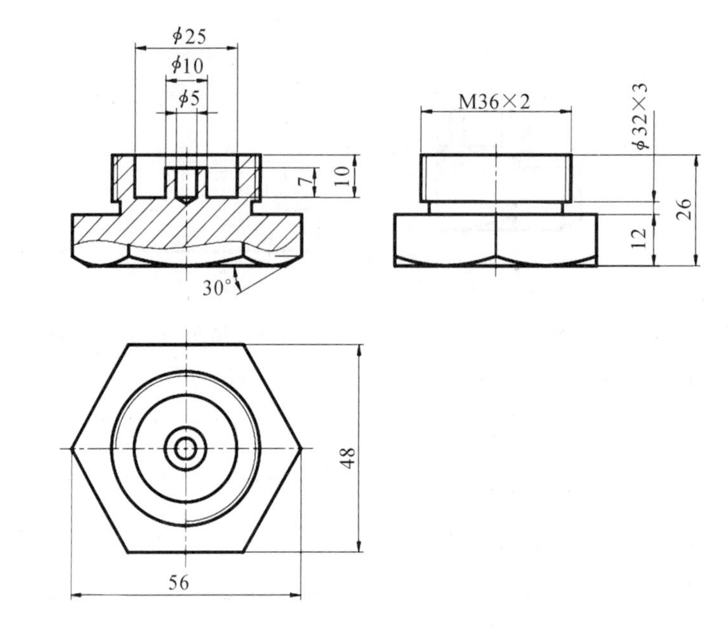

图 9-27　绘制完成的零件图三视图

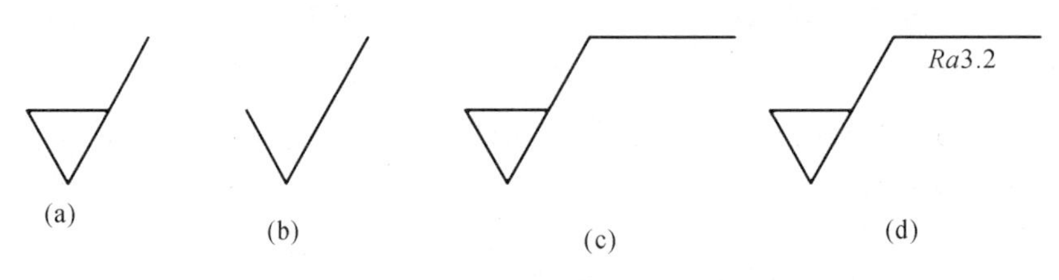

图 9-28　表面结构符号

成的图样同图 9-20。

8. 打印图形

本例要求在打印图形时，在出图机上按 1∶1 的比例打印出图。

9.2.2　绘制装配图

手压阀的装配图可由各零件的视图根据零件的相对位置拼画而成。在本例中，将零件的主视图和其他视图分别定义成图块，并用“wblock”命令将图块以图形文件“＊.dwg”格式保存，以方便在装配图文件中调用。注意在定义的图块中不包括零件的尺寸标注、定位中心线和剖面线，块的基点应选择在与零件有装配关系或定位关系的关键点上。

具体操作如下。

1. 绘图准备

（1）创建新图。开机后双击桌面图标打开 AutoCAD 2017 软件，以“默认设置”状态创建新图，并以名称“装配图.dwg”保存。

（2）新建图层。新建图层与零件图一致，统一装配图与各零件图图层中的线型、线宽、颜色。

（3）追踪功能。打开极轴追踪、对象捕捉及对象捕捉追踪功能。设置极轴追踪角度增量为 90°；设置对象捕捉方式为“端点”“交点”；设置仅沿正交方向进行捕捉。打开线宽开关以显示图线粗细。

2. 定义零件图的视图块

以调整螺母零件图为例，打开调整螺母零件图，关闭标注、中心线、剖面线图层，隐藏图中尺寸标注、定位中心线和剖面线。

用创建块(block)命令创建"调整螺母主视图"块，选取主视图图形为块对象，拾取合适基准点。用写块(wblock)命令将图块保存到硬盘。

重复上述操作，分别创建"阀体主视图""阀体左视图""阀体俯视图""胶垫主视图""胶垫左视图""调整螺母左视图""阀杆主视图" "填料、锁紧螺母主视图""手柄、球头主视图""手柄左视图""弹簧主视图""销钉左视图"块。

3. 插入零件图的视图块

(1) 插入阀体主视图块。

打开装配图文件，在"中心线"图层利用直线命令绘制主视图中心线。

利用设计中心(adcenter)命令调出"设计中心"对话框，单击"文件夹"选项卡，计算机中所有的文件都会显示在其中，找到要插入的阀体零件图文件(本例为零件图.dwg)双击，再双击其中"块"选项，则图形中所有的块会显示在右侧的图框中，如图 9-29 所示，选择其中"阀体主视图"图块并双击，系统弹出"插入"对话框。设置比例 1，旋转角度 0 不变，单击"确定"按钮，在绘图窗口中指定插入点，即图 9-30(a)所示的"×"处，结果如图 9-30(b)所示。

注意：文件夹列表中的文件路径和文字名称有可能不同，用户可自行决定是否相同。

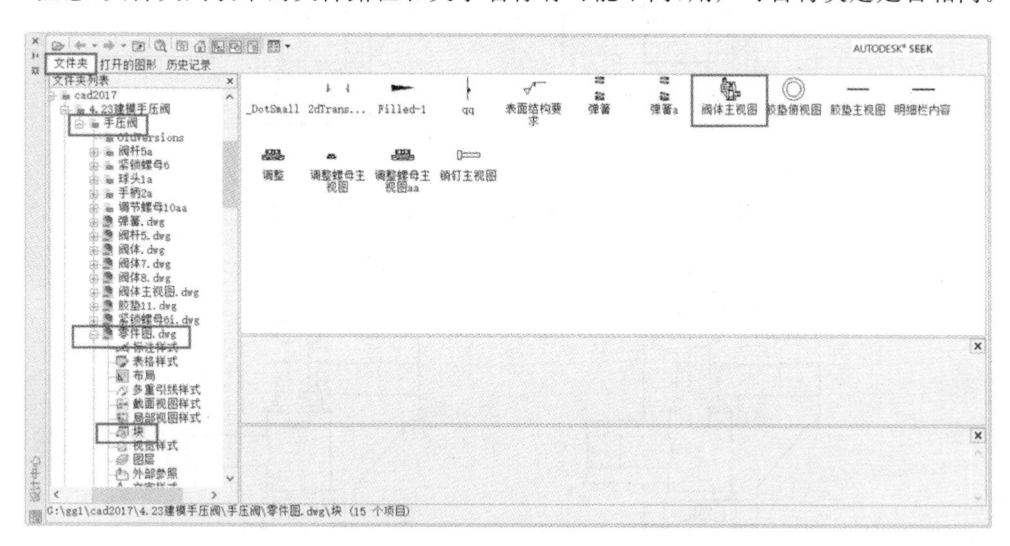

图 9-29 零件图块显示

(2) 插入胶垫主视图块和调整螺母主视图块。

重复上述操作步骤，在阀体主视图下方插入胶垫主视图块，如图 9-31(a)所示，插入调整螺母主视图块。选中插入的图块，单击"修改"功能面板中的"分解"命令按钮，将图块分解，修剪或擦除不可见的线段，结果如图 9-31(b)所示。

(3) 插入阀杆主视图块和填料、锁紧螺母主视图块。

重复上述操作步骤，在阀体主视图上方依次插入阀杆主视图块和填料、锁紧螺母主视图块，如图 9-32(a)所示。将图块分解，修剪或擦除不可见的线段，结果如图 9-32(b)所示。

(4) 插入弹簧主视图块和手柄、球头主视图块。

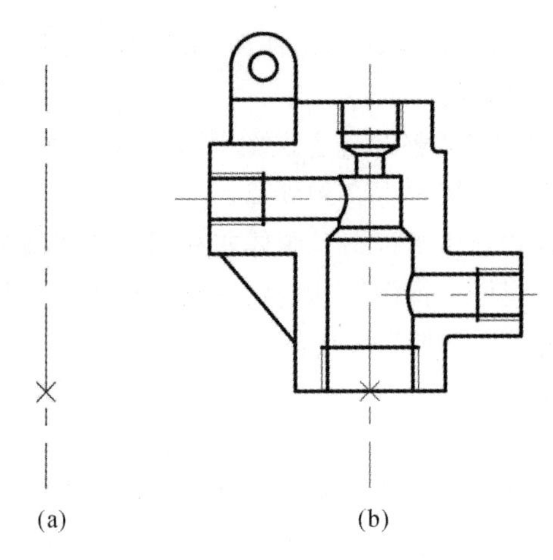

图 9-30 插入阀体主视图块

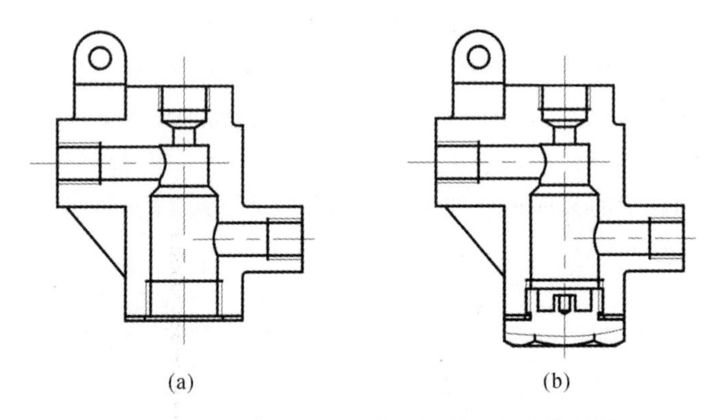

图 9-31 插入胶垫主视图块和调整螺母主视图块

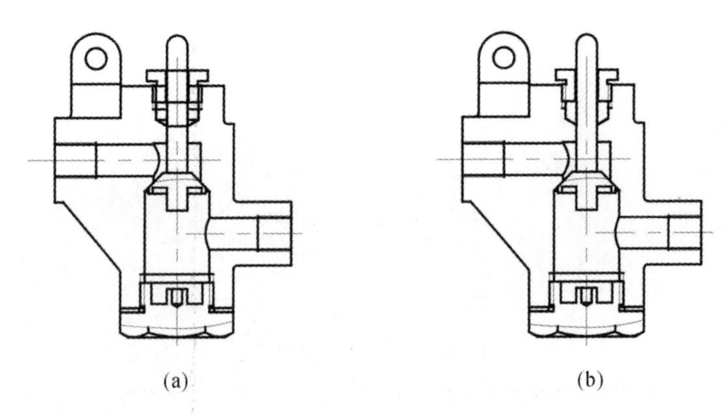

图 9-32 插入阀杆主视图块和填料、锁紧螺母主视图块

重复上述操作步骤，在阀体主视图中插入弹簧主视图块和手柄、球头主视图块。其中，插入球头主视图块时，需在"插入"对话框的"旋转"栏角度框中输入 25，使球头主视图块插入时和手柄方向一致，如图 9-33(a)所示。将图块分解，修剪或擦除不可见的线段。

用图案填充(bhatch)命令绘制剖面线(注意装配图中相邻零件剖面线方向或间隔应不同)，结果如图 9-33(b)所示。

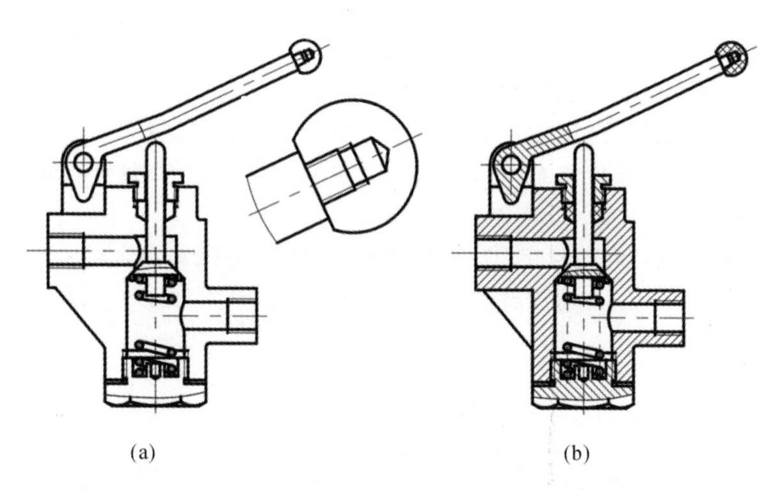

(a)　　　　　　　　　　　　　　　　　　　　(b)

图 9-33　插入弹簧主视图块和手柄、球头主视图块

(5) 绘制左视图和俯视图。

重复上述操作，在左视图中绘制中心线，插入"阀体左视图""胶垫左视图""调整螺母左视图""手柄左视图""销钉左视图""销左视图"图块。绘制阀杆左视图可见部分，用分解命令将手柄左视图块分解、断开并删除上半部分。

在俯视图中绘制中心线，插入"阀体俯视图"块和"锁紧螺母俯视图"块。

结果如图 9-34 所示。

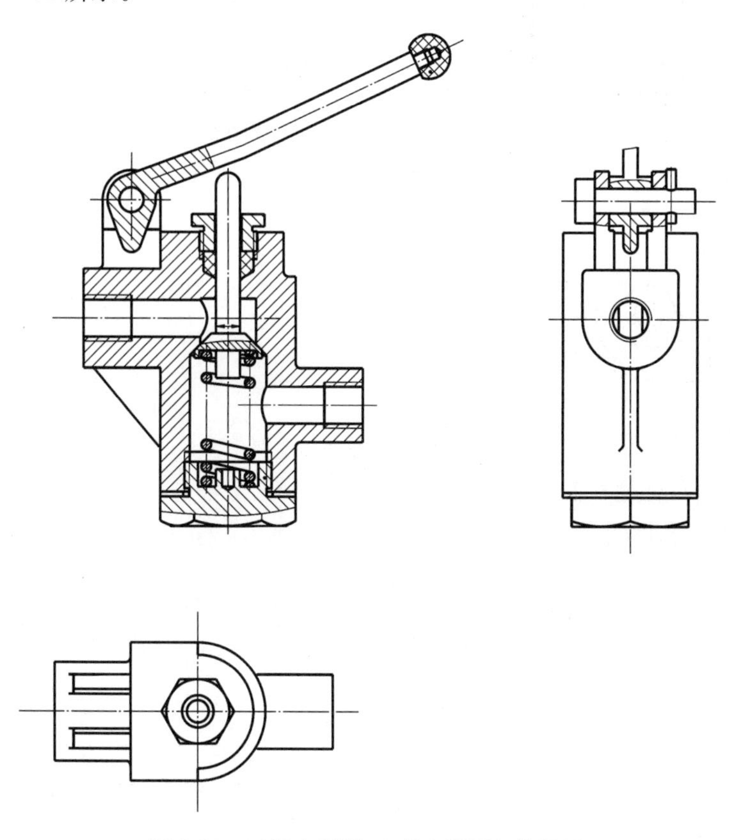

图 9-34　对照主视图，完成左视图和俯视图

4. 标注尺寸、零件序号和注写技术要求

装配图与零件图尺寸标注方法类似，先设置尺寸标注样式，再执行线性等标注命令。

使用多重引线(mleader)命令标注零件序号。先设置多重引线样式：新建“引线”样式，选择字体样式为之前创建的“尺寸”，文字高度 3，“引线连接”栏选择“水平连接”单选按钮，并在“连接位置左”和“连接位置右”下拉框选择“在最后一行加下划线”。标注引线和序号时，可利用引线对齐(mleaderalign)命令对齐序号。

设置文字标注样式：新建“汉字”样式，字体选择“仿宋_GB2312”，字高为 5，宽度因子设置为 0.7，倾斜 0°，用多行文字命令注写技术要求等文字。结果如图 9-35 所示。

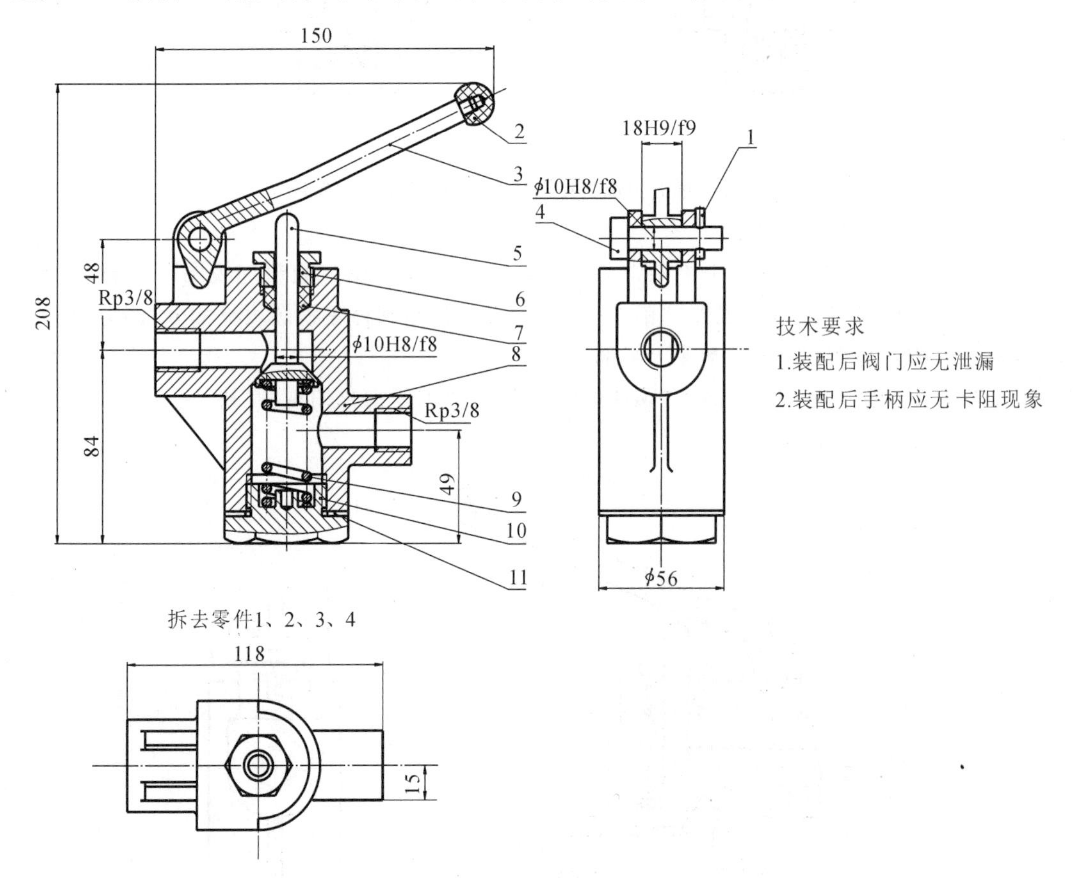

图 9-35　完成的装配图

5. 配图框，填写标题栏和明细栏

(1) 插入图框和标题栏。用插入块(insert)命令调入“A2. dwg”图框。用单行文字命令填写标题栏。

(2) 创建明细栏表头图块。根据图 9-36 所示尺寸(高度 7)绘制明细栏表头，创建并插入明细栏表头图块。

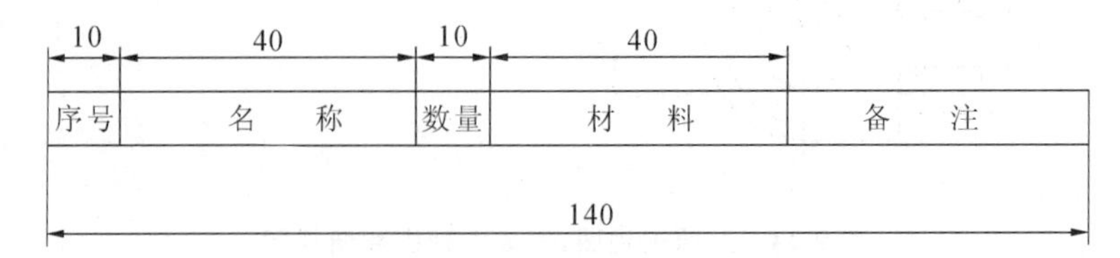

图 9-36　明细栏表头尺寸

(3) 创建带属性明细栏内容图块。在绘制好的明细栏表头中,定义以下内容属性。

定义“序号”属性。在属性选项组的“标记”文本框中输入“No”,在“提示”框中输入“输入序号”,在“插入点”选项组勾选“在屏幕上指定”复选框,拾取明细栏第一栏内一点(一般选择左下角点),单击“确定”按钮。

依次定义名称、数量、材料和备注属性。重复以上步骤,在“属性定义”对话框的“标记”栏输入“Name”,“提示”栏输入“输入名称”,在第二栏指定插入点。调出“属性定义”对话框,在“标记”栏输入“Q”,“提示”栏输入“输入数量”,在第三栏指定插入点。调出“属性定义”对话框,在“标记”栏输入“Material”,“提示”栏输入“输入材料”,在第四栏指定插入点。调出“属性定义”对话框,在“标记”栏输入“Note”,“提示”栏输入“输入备注”,在最后一栏指定插入点。

创建“明细栏内容”块。图块对象选择表格以及其中的属性,插入点选择表格右下角点。用写块(wblock)命令将“明细栏内容”图块保存在硬盘上。

(4) 插入“明细栏内容”块。用插入(insert)命令插入“明细栏内容”块,在弹出的“编辑属性”对话框中输入各零件的序号、名称、数量、材料、备注等内容,如图 9-37 所示。

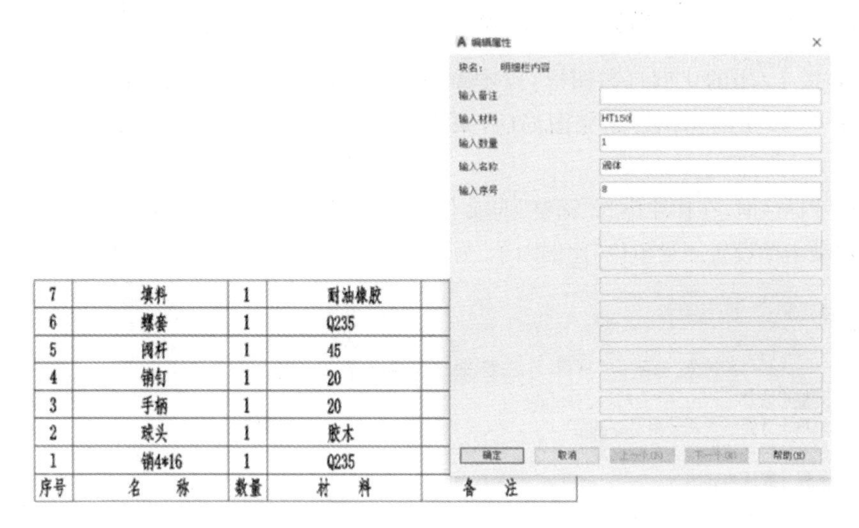

7	填料	1	耐油橡胶	
6	螺套	1	Q235	
5	阀杆	1	45	
4	销钉	1	20	
3	手柄	1	20	
2	球头	1	胶木	
1	销4*16	1	Q235	
序号	名　称	数量	材　料	备　注

图 9-37　插入“明细栏内容”块

右键重复“插入块”命令,重复上述操作,最后结果如图 9-38 所示。

11	胶垫	1	工业用纸	
10	调节螺钉	1	Q235	
9	弹簧	1	60CrVA	
8	阀体	1	HT150	
7	填料	1	耐油橡胶	
6	螺套	1	Q235	
5	阀杆	1	45	
4	销钉	1	20	
3	手柄	1	20	
2	球头	1	胶木	
1	销4*16	1	Q235	
序号	名　称	数量	材　料	备　注

制图			手压阀	比例	
审核				图号/存储代号	
校名、班号			材料或质量		

图 9-38　完成的明细栏

6. 打印图形

全部完成的图样见图 9-21，本例要求在打印图形时，在出图机上按 1∶1 的比例打印出图。

9.3 打印图形

图形绘制完成以后，需要把图形打印在图纸上（即出图）。按绘图者的个人喜好，可以按以下两种方式打印出图。

9.3.1 按图形的缩放比例打印图形

本章 9.1 节中绘制的图形是按 1∶1 的比例绘制的，选用 A2 幅面的图纸，打印图形时，在出图机上调整图形的缩放比例为 1∶50。

9.3.2 按 1∶1 的比例打印图纸

如果要按 1∶1 的比例打印图形，以本章 9.1 节的图形为例，可采取以下操作方式。

(1) 采用 1∶1 的比例绘制完图形后，采用缩放(scale)命令，将全部图形以 1∶50 的比例缩小。

(2) 尺寸标注时，在标注样式"调整"选项卡中设置"使用全局比例"为 1，如图 9-39 所示。在"主单位"选项卡中设置测量单位"比例因子"为 50，如图 9-40 所示。这时标注的尺寸是实际尺寸。

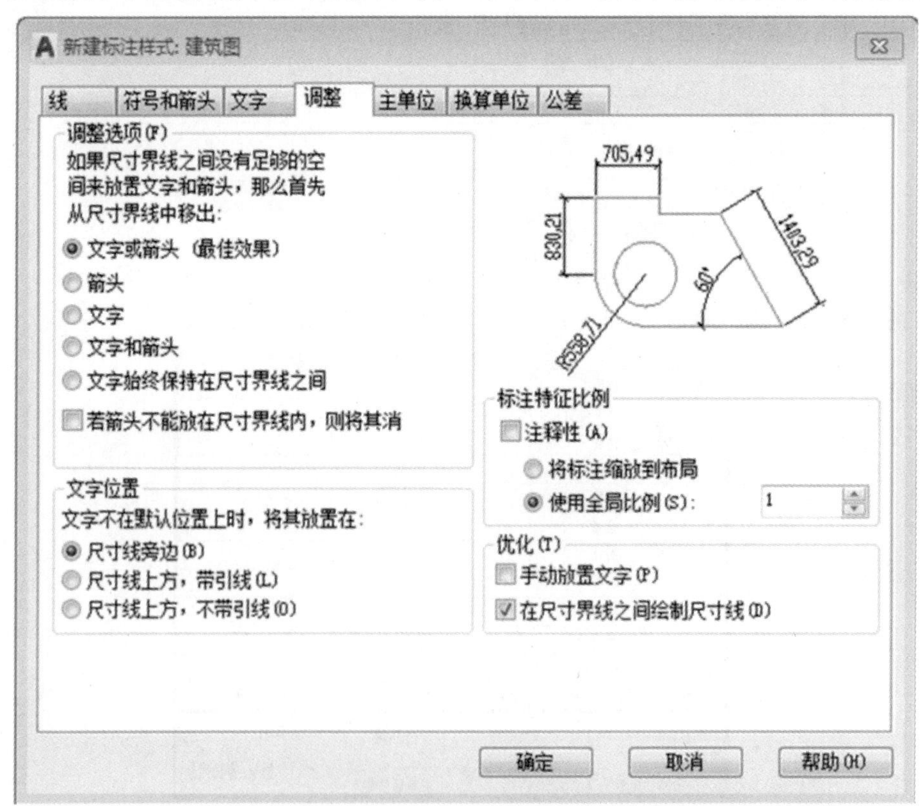

图 9-39 标注样式"调整"选项卡

(3) 将缩小以后的图形放入 A2 幅面,按 1∶1 的比例打印图纸。

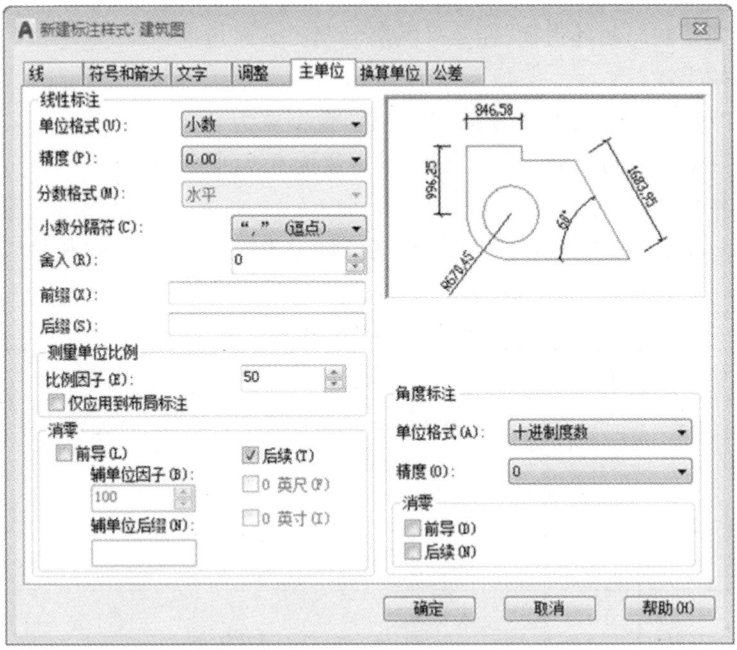

图 9-40　标注样式“主单位”选项卡

9.4　建立样板文件

在一项工程设计中,要绘制大量的工程图样,为了提高工作效率,用户可根据实际需要建立自己的样板文件。所谓样板文件就是将图样中的基本作图和通用作图(如图框、标题栏)绘制成一张基础图形,并进行初步或标准的设置(如新建图层、设置线型和线宽),这种基础图形称为样板文件。将其以“.dwt”格式保存在系统的“Template”子目录里,以后创建图形时,设置系统变量“Startup”为 0,则可直接打开“选择样板”对话框,调入该样板文件,作为开始画图的基础。

下面以 A4 幅面绘制建筑工程图为目标,建立样板文件如下。

1. 设置绘图界限

调用“limits”命令将绘图界限设为(0,0)~(297,210),调用“zoom”命令后,选择“A”回车,即把设置好的图幅放入屏幕绘图区显示出来。

2. 设置图层

设置图层、颜色、线型,如表 9-3 所示。

表 9-3　样板图层设置

图层名	颜色	线型	线宽	用途
0	缺省色	实线	0.5	可见轮廓线
1	黄色	点画线	0.13	中心线、轴线
2	蓝色	虚线	0.25	不可见轮廓线
3	洋红	实线	0.13	标注、文字
4	绿色	实线	0.09	辅助线
5	红色	实线	0.13	剖面线

3. 设置边框

在 4 号图层绘制图幅外边框，在 0 号图层绘制图幅内边框。

4. 设置字体字样

创建字样“汉字”，选“仿宋_GB 2312” 字体，设字宽为 0.7。

创建字样“标注用”，选“txt. shx”字体，设字宽为 0.7，倾斜 0°。

5. 设置尺寸样式

(1) 建立主尺寸标注样式 Mydim，选择建筑标记为尺寸终止符号，其余尺寸变量设置如表 9-4 所示。

表 9-4 尺寸变量设置

尺寸变量	取值	尺寸变量	取值	尺寸变量	取值
尺寸界线起点偏移 // dimexo	5	文本在尺寸线上方 // dimtad	1	调整选项 // dimfit	3
尺寸界线超出尺寸线 // dimexe	2	文本对齐尺寸线 // dimtih	OFF	文本与尺寸线间距 // dimgap	1
尺寸线间距 // dimdli	8	文本对齐尺寸线 // dimtoh	OFF	尺寸数字精度 // dimrnd	1
调整选项 // dimtofl	ON	文本样式 // dimtxsty	标注用	取消无效的 0 // dimzin	8
45°短划半高 // dimtsz	1.5	文本高度 // dimtxt	3	调整选项 // dimtix	ON

(2) 建立直径标注子样式，选箭头为终止符号，其大小为 3。

(3) 建立半径标注子样式，与直径样式相同。

6. 保存样板

以上设置完成后，保存该样板文件，保存在系统的“Template”子目录里，名称为“A4 样板. dwt”。

思考与练习

1. 怎样建立样板文件?

2. 分别建立用于绘制建筑施工图的 A3、A2、A1 图幅的样板文件。

3. 为第 3、4、5 章绘制的“浴盆”“组合体三视图”“组合体剖视图”注写文字，标注尺寸，并配上合适的图框。

4. 为第 5 章绘制的“断面图”注写文字、标注尺寸，并配上合适的图框。

5. 简述 AutoCAD 绘制零件图的步骤。绘制零件图主要用到哪些命令?

6. 计算机绘制装配图有几种方法? 绘制装配图主要用到哪些命令?

7. 在第 11 章综合练习题中选择绘制建筑图、零件图和绘制装配图。

三维绘图

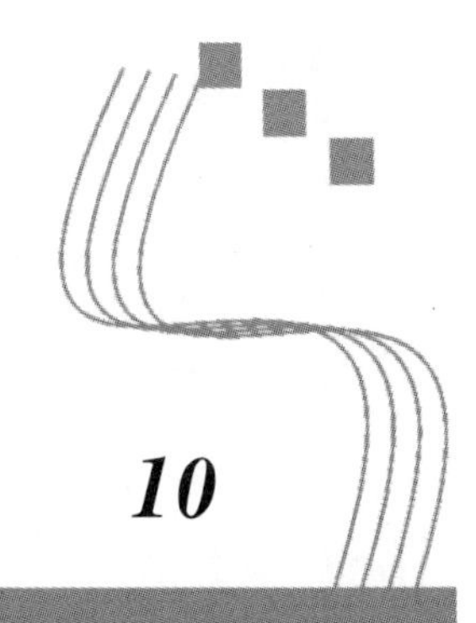

10

10.1 三维绘图辅助

在设计过程中，我们不仅需要精确的二维施工图去指导施工，有时也需要形象逼真的三维立体图来进行形体表现或方案评价，有了三维图形也能方便地得到二维工程图。AutoCAD 就是一个二维、三维集成的绘图软件。

运用二维绘图技术也能绘制有立体感的“三维图”，但它实际上绘制的是轴测投影图，并不是真正的三维图形，不能进行三维操作(利用三维图形生成二维图形、剖切、布尔运算等)。要快速准确地绘制三维图形，只在以前的二维笛卡尔坐标系中操作是难以实现的，还需要进行一些辅助设置。下面简介三维绘图必要的环境设置。

10.1.1 三维建模工作空间

绘制三维图形，比较方便的是在三维建模工作空间里进行。切换工作空间可以单击工作界面右下角的按钮，在弹出的菜单中选择所需的绘图工作空间。图 10-1 所示为用于三维绘图的三维建模工作空间。本章绘制的三维图形是在 AutoCAD“三维建模”空间完成的。

10.1.2 三维坐标系

三维坐标系常用的是三维笛卡尔坐标系，它是在二维笛卡尔坐标系的基础上根据右手定则增加第三维坐标(即 Z 轴)而形成的。如果将屏幕看作是 XY 坐标面，那么 Z 轴的正向就是从屏幕指向外。除笛卡尔坐标系外，三维坐标还有圆柱坐标和球坐标两种形式，由于使用得较少此处从略。同二维坐标系一样，AutoCAD 中的三维坐标系有世界坐标系(WCS)和用户坐标系(UCS)两种形式。

10.1.3 用户坐标系(UCS)

由于三维绘图中，每一点都有三个坐标(X、Y、Z)，并且很多 AutoCAD 命令是以 XY 坐标面为基础来操作的，若只是使用世界坐标系或某一固定坐标系(此时 XY 坐标面也固定)，绘图将极为不便。因此，用户可以根据实际情况定制自己使用的坐标系(可能不止一个)，也

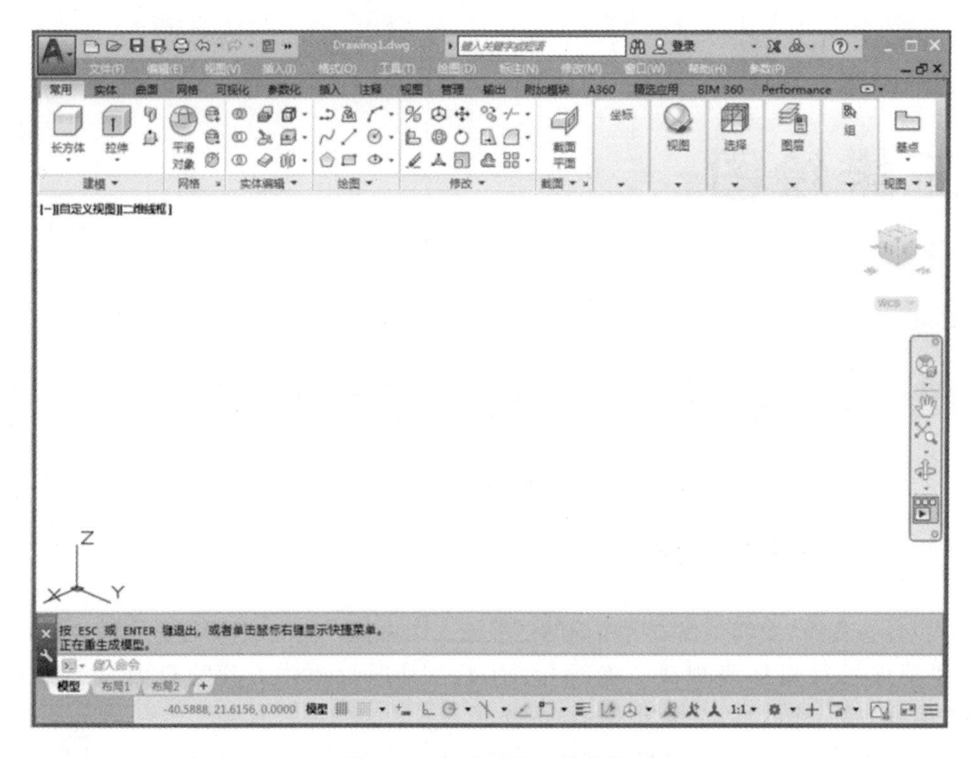

图 10-1　三维建模工作空间

就是重新定义 X、Y、Z 坐标轴，这就是所谓的用户坐标系(UCS)。

AutoCAD 提供了多种方法来新建 UCS，UCS 工具栏如图 10-2 所示(在 AutoCAD 工作界面上，鼠标右键点击任意工具栏，可从弹出的工具栏菜单中调入“UCS”工具栏，也可从下拉菜单【工具】→【工具栏】→【AutoCAD】调出“UCS”工具栏)。

图 10-2　UCS 工具栏

调用该命令的方式如下。

- 工具栏：“UCS”→ 。
- 菜单：【工具(T)】→【新建 UCS(W)】→子菜单。
- 功能区：常用选项卡→坐标面板→ ；

或可视化选项卡→坐标区面板→ 。

- 命令行：ucs。

调用该命令后，系统提示如下。

当前 UCS 名称：* 世界 *

指定 UCS 的原点或[面(F)/命名(NA)/对象(OB)/上一个(P)/视图(V)/世界(W)/X/Y/Z/Z 轴(ZA)]〈世界〉：

用户可通过各种选项，使用不同的方法来定义 UCS，具体说明如下。

(1) “原点”：指定 UCS 的原点，下一步指定 X 轴上的点和 XY 平面上的点，从而定义新的 UCS。

（2）“面”：将 UCS 与选定实体对象的面对正，要选择一个面，在此面的边界内或面的边界上单击即可，被选中的面将高亮显示。此时 UCS 的 *XY* 坐标面就是选择对象的实体面。同时 *X*、*Y* 轴方向可调。

（3）“命名”：对于 UCS 有恢复、保存、删除三种操作选择。当然选中 UCS 单击右键，在快捷菜单中也可选择保存该 UCS。

（4）“对象”：将 UCS 与选定的二维或三维对象对齐。大多数情况下，UCS 的原点位于离指定点最近的端点，*X* 轴将与边对齐或与曲线相切，并且 *Z* 轴垂直于对象对齐。

（5）“上一个”：恢复到上一个 UCS。

（6）“视图”：以垂直于视图方向（平行于屏幕）的平面为 *XY* 平面来建立新的坐标系。UCS 原点保持不变。

（7）“*X*”：指定绕 *X* 轴的旋转角度来得到新的 UCS。

（8）“*Y*”：指定绕 *Y* 轴的旋转角度来得到新的 UCS。

（9）“*Z*”：指定绕 *Z* 轴的旋转角度来得到新的 UCS。

（10）“*Z* 轴”：用指定的 *Z* 轴正半轴定义 UCS，*Z* 轴正半轴是通过指定新原点和 *Z* 轴正半轴上的任一点来确定的。

10.1.4　选择三维视点

10.1.4.1　视点预置

日常生活里观察同一个对象，如果观察角度不一样，其效果（俯、仰、遮挡等）大不相同。在 AutoCAD 的三维空间中，用户也可通过不同的方向来观察对象，以取得所需的观察效果。用于设置查看方向的命令调用方式如下。

● 菜单：【视图（V）】→【三维视图（D）】→【视点预置（I）】。

● 命令行：ddvpoint（或简写为 vp）。

调用该命令后，系统将弹出如图 10-3 所示的“视点预置”对话框。在该对话框中，用户可在“自：*X* 轴”编辑框中设置观察角度在 *XY* 平面上与 *X* 轴的夹角，在“自：*XY* 平面”编辑框中设置观察角度与 *XY* 平面的夹角。通过这两个夹角就可以得到一个相对于当前坐标系（WCS 或 UCS）的特定三维视图。

如果用户单击“设置为平面视图”按钮，则产生相对于当前坐标系的平面视图（即在 *XY* 平面上与 *X* 轴夹角为 270°，与 *XY* 平面夹角为 90°）。

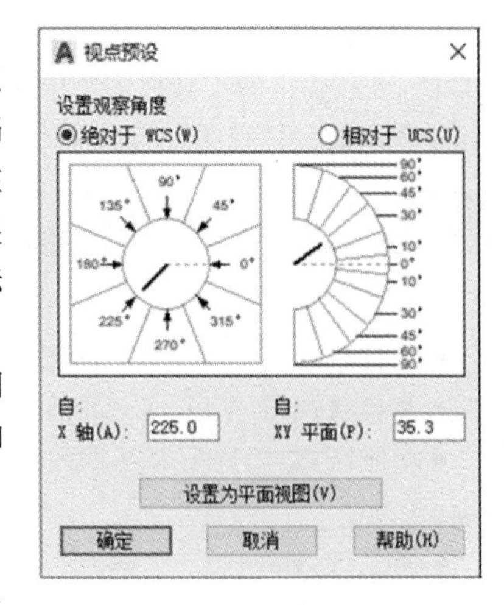

图 10-3　“视点预置”对话框

10.1.4.2　视点

“vpoint”命令可以将观察者置于一个空间位置上观察图形，就好像从空间一个指定点向原点（0,0,0）方向观察，这种方法更为直观。该命令的调用方式如下。

● 菜单：【视图（V）】→【三维视图（D）】→【视点（V）】。

用户可直接指定视点坐标，则系统将观察者置于该视点位置上向原点（0,0,0）方向观察图形。

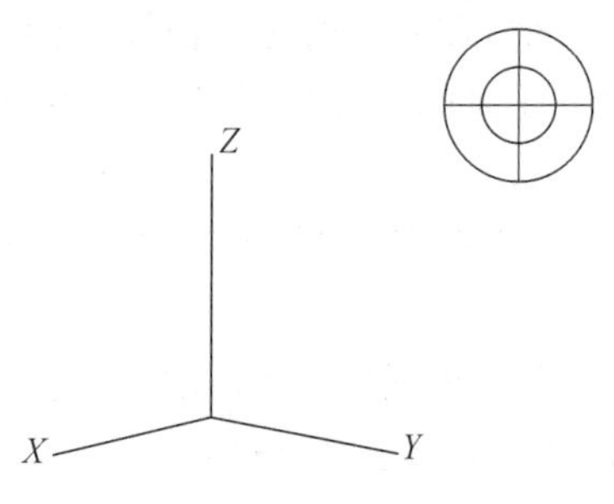

图 10-4 视点的坐标球和三轴架

如图 10-4 所示为坐标球和三轴架。用户可使用它们来动态地定义视口中的观察方向。坐标球表示为一个展平了的地球，指南针的中心点表示北极(0,0,1)，内环表示赤道(n,n,0)，外环表示南极(0,0,−1)。可使用定点设备将十字光标移动到球体的任意位置上，该位置决定了相对于 XY 平面的视角，点击的位置与中心点的关系决定 Z 角。当移动光标时，三轴架根据指南针指示的观察方向旋转。如果要选择一个观察方向，可将定点设备移动到球体的一个位置上，然后单击左键确定。

10.1.4.3 平面视图

由于平面视图是最为常用的一种视图，因此 AutoCAD 提供了快速设置平面视图的命令，该命令的调用方式如下。

- 菜单:【视图(V)】→【三维视图(D)】→【平面视图(P)】→子菜单。
- 命令行:plan。

调用该命令后，系统提示如下。

输入选项[当前 UCS(C)/UCS(U)/世界(W)]〈当前 UCS〉:

其中各选项意义如下。

(1)“当前 UCS”:设置为当前 UCS 中的平面视图。

(2)“UCS(U)”:指定已保存的 UCS,并设置为该 UCS 中的平面视图。

(3)“世界(W)”:设置为 WCS 中的平面视图。

10.1.4.4 正交视图与等轴测视图

由于三维模型视图中的正交视图和等轴测视图使用较为普遍，因此 AutoCAD 提供了几种设置方法，视图工具栏如图 10-5 所示(在 AutoCAD 工作界面上，用鼠标右键点击任意工具栏，可从弹出的工具栏菜单中调入“视图”工具栏，也可从下拉菜单【工具】→【工具栏】→【AutoCAD】调出“视图”工具栏)。调用相关设置命令的方式如下。

图 10-5 视图工具栏

- 工具栏:“视图(View)”→按绘图要求点击相应按钮。
- 菜单:【视图(V)】→【三维视图(D)】→子菜单。
- 功能区:常用选项卡→视图面板→“未保存的视图”下拉按钮，选择“视图管理器”子选项。
- 命令行:view。

在命令行调用“view”命令后，弹出“视图管理器”对话框，如图 10-6 所示。

展开“预设视图”，在下拉列表中任选一个视图，并单击“置为当前”按钮来恢复选定的正交视图或等轴测视图。

在“相对于”下拉列表中显示了 WCS 和当前图形中所有已命名的 UCS,用户可以指定某个坐标系来恢复正交视图或等轴测视图，缺省值为 WCS。

“恢复正交 UCS 和视图”:当用户构成当前视图时，将恢复关联的 UCS。

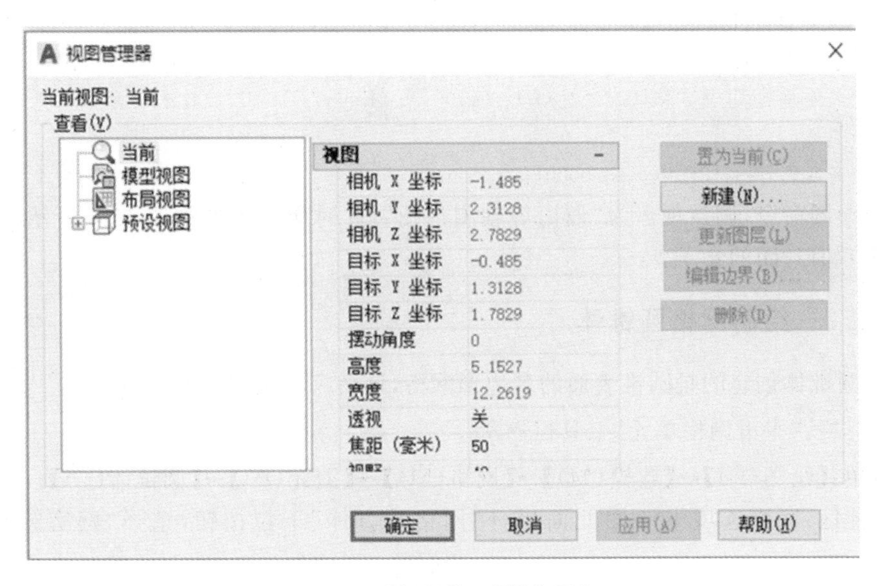

图 10-6　“视图管理器”选项卡

10.2　创建三维网格

立体由表面围合，三维造型中，除了三维实体造型外，还有三维网格造型。与实体模型不同，网格没有质量特性。

一些常用的三维表面，如长方体表面、棱锥面、楔体表面、上半球面、球面、圆锥面、圆环面、下半球面、网格等，可以通过如图 10-7 所示的“曲面”工具栏，或下拉菜单【绘图】→【建模】→【网格】，或者直接在命令行窗口中输入相应的命令来绘制。

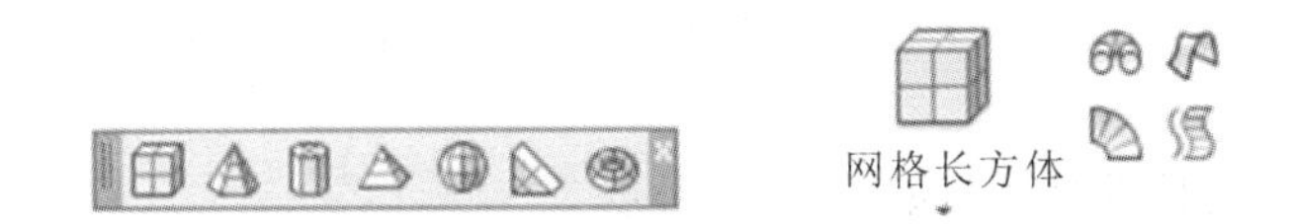

图 10-7　“平滑网格单元”工具栏和“网格选项卡”图元区

下面以绘制长方体、圆锥体和圆环体为例介绍如何在 AutoCAD 中创建三维网格，其他三维网格的绘制与此类似。

10.2.1　绘制网格长方体

绘制网格长方体，实际上创建的是三维长方体表面的多边形网格，该命令的调用方式如下。

- 工具栏：“平滑网格单元”工具栏→▢。
- 菜单：【绘图(D)】→【建模(M)】→【网格(M)】→【图元(P)】→【长方体(B)】。
- 功能区：网格选项卡→图元面板→“网格长方体”按钮。
- 命令行：mesh。

调用该命令后，系统提示如下(以绘制一个 100×50×80 的立方体表面为例)。

命令：_MESH

当前平滑度设置为：0

输入选项[长方体(B)/圆锥体(C)/圆柱体(CY)/棱锥体(P)/球体(S)/楔体(W)/圆环体(T)/设

置(SE)]〈长方体〉:_BOX

指定第一个角点或[中心(C)]:〈Enter〉　　//指定角点后,回车

指定其他角点或[立方体(C)/长度(L)]:@100,50 〈Enter〉　　//输入长为 100,宽为 50(相对坐标),回车

指定高度或[两点(2P)]〈—80.0000〉:80 〈Enter〉　　//输入高为 80,回车

结束绘图命令,调整视点为"西南等轴测视图",此时所绘图形如图 10-8 所示。这仅仅只是一个六面封闭的盒子。

10.2.2 绘制网格圆锥体

绘制圆锥体创建的是圆锥表面的多边形网格,该命令的调用方式如下。

- 工具栏:"平滑网格单元"工具栏→ 。
- 菜单:【绘图(D)】→【建模(M)】→【网格(M)】→【图元(P)】→【圆锥体(C)】。
- 功能区:网格选项卡→图元面板→"网格长方体"下拉按钮,选择"网格圆锥体"子选项。
- 命令行:mesh。

调用该命令后,系统提示如下(以绘制一个底圆直径为 100,高度为 60 的圆锥面为例)。

命令:_MESH

当前平滑度设置为:0

输入选项[长方体(B)/圆锥体(C)/圆柱体(CY)/棱锥体(P)/球体(S)/楔体(W)/圆环体(T)/设置(SE)]〈圆锥体〉:_CONE

指定底面的中心点或[三点(3P)/两点(2P)/切点、切点、半径(T)/椭圆(E)]:〈Enter〉　　//指定插入点后,回车

指定底面半径或[直径(D)]〈50.0000〉:50 〈Enter〉　　//输入圆锥底面半径,回车

指定高度或[两点(2P)/轴端点(A)/顶面半径(T)]〈—60.0000〉:60 〈Enter〉　　//输入圆锥高度,回车

结束绘图命令,此时所绘图形如图 10-9 所示。

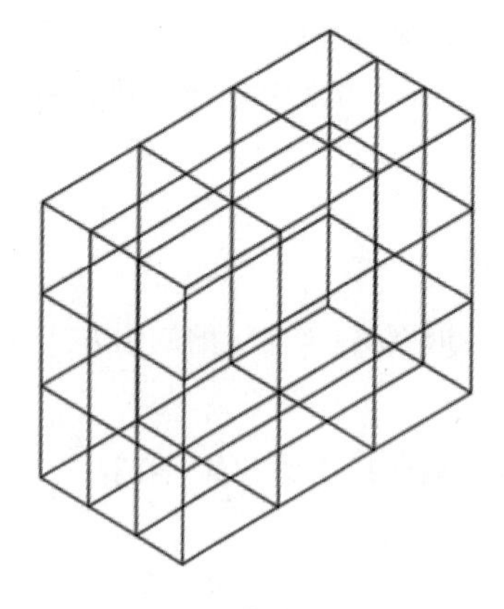

图 10-8 "网格长方体"实例

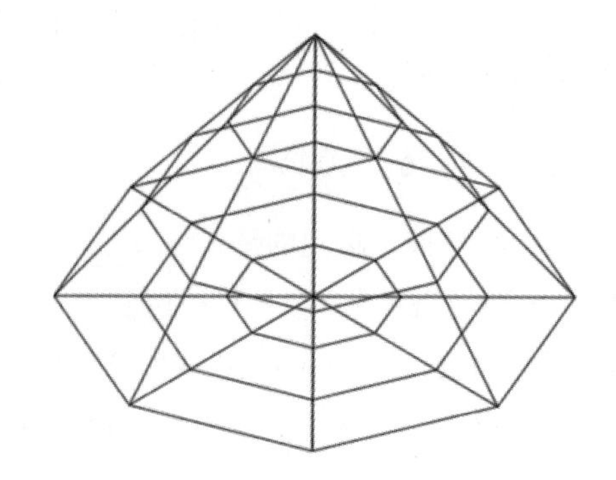

图 10-9 "网格圆锥体"实例

10.2.3 绘制圆环体

绘制圆环体创建的是环形面的多边形网格,该命令的调用方式如下。

● 工具栏:“平滑网格单元”工具栏→[图标]。

● 菜单:【绘图(D)】→【建模(M)】→【网格(M)】→【图元(P)】→【圆环体(T)】。

● 功能区:网格选项卡→图元面板→“网格长方体”下拉按钮,选择“网格圆环体”子选项。

● 命令行:mesh。

调用该命令后,系统提示如下(以绘制一个半径为 100 的圆环为例,圆环上母线圆的半径为 20)。

命令:_MESH

当前平滑度设置为:0

输入选项[长方体(B)/圆锥体(C)/圆柱体(CY)/棱锥体(P)/球体(S)/楔体(W)/圆环体(T)/设置(SE)]〈圆锥体〉:_TORUS

指定中心点或[三点(3P)/两点(2P)/切点、切点、半径(T)]: //指定中心点

指定半径或[直径(D)]〈50.0000〉:100 //输入圆环半径,回车

指定圆管半径或[两点(2P)/直径(D)]:20 //输入圆管(母线圆)半径,回车

结束绘图命令,调整视点为“西南等轴测视图”,此时所绘图形如图 10-10 所示。

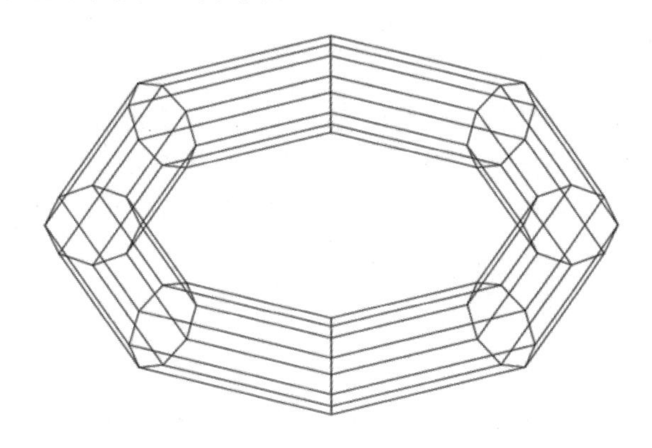

图 10-10 “网格圆环体”实例

10.2.4 绘制旋转曲面

用一条曲线以某一直线为轴旋转一定角度,就可以产生一个光滑的旋转曲面,如果转角为 360°则生成一封闭回转面。旋转曲面由三维多边形网格表示,网格密度在旋转方向随轴线方向由两个系统变量(surftab1,surftab2,其默认为 6)控制。注意,能够旋转的对象只能是一个整体。该命令的调用方式如下。

● 菜单:【绘图(D)】→【建模(M)】→【网格(M)】→【旋转网格(M)】。

● 功能区:网格选项卡→图元面板→[图标]。

● 命令行:revsurf。

调用该命令后,系统提示如下。

命令:_revsurf

当前线框密度:SURFTAB1=16 SURFTAB2=16 //默认为 6,输入变量名可更改为 16,这样平滑效果好一点

选择要旋转的对象: //选择母线,回车

选择定义旋转轴的对象: //选择旋转轴,回车

```
指定起点角度〈0〉:〈Enter〉                                //默认,回车
指定夹角(+=逆时针,-=顺时针)〈360〉:〈Enter〉     //默认,回车
```

旋转曲线为图 10-11 中的多段线,轴线是直线,调整视点为“西南等轴测视图”,此时所绘图形如图 10-12 所示。

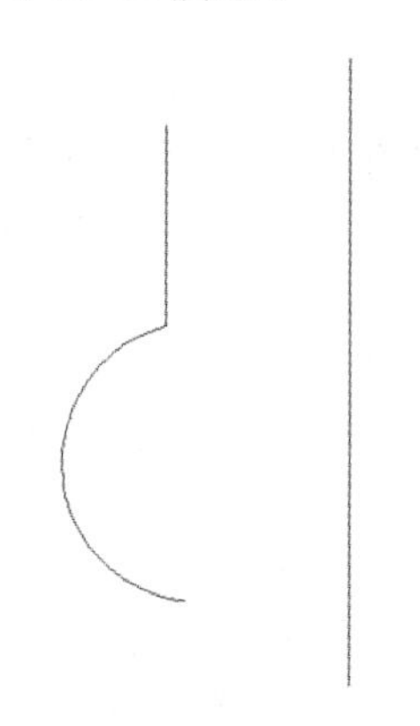

图 10-11　母线和轴线

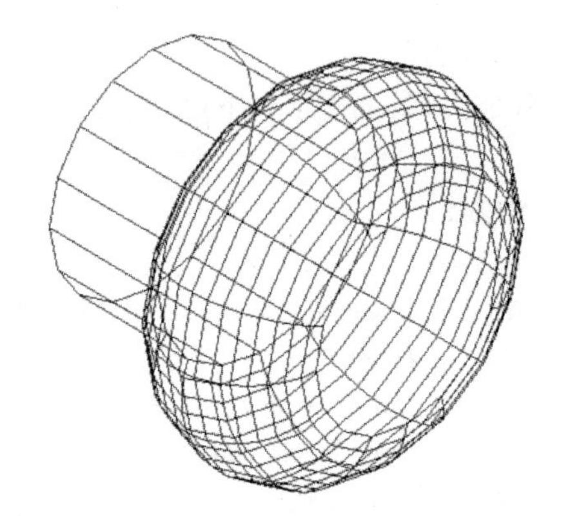

图 10-12　“旋转曲面”实例

10.2.5　绘制平移曲面

平移曲面也是一个多边形网格,此网格表示一个由轮廓曲线和方向矢量定义的平移曲面。注意,能够平移的对象只能是一个整体。该命令的调用方式如下。

- 菜单:【绘图(D)】→【建模(M)】→【网格(M)】→【平移网格(T)】。
- 功能区:网格选项卡→图元面板→[图标]。
- 命令行:tabsurf。

调用该命令后,系统提示如下。

```
命令:_tabsurf
当前线框密度:SURFTAB1=16
选择用作轮廓曲线的对象:    //选曲线
选择用作方向矢量的对象:    //选直线
```

平移曲线为图 10-13 中的多段线,方向矢量是 Z 轴平行线,平移距离等于矢量长度。调整视点为“西南等轴测视图”,此时所绘图形如图 10-14 所示。

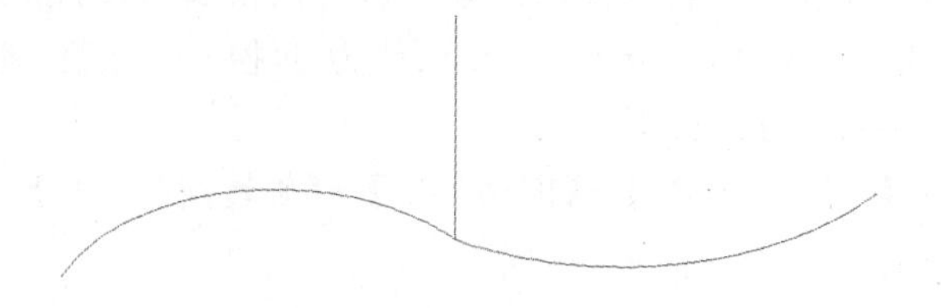

图 10-13　平移曲线和方向线

10.2.6　绘制直纹曲面

直纹曲面是在两条曲线之间构造一个表示直纹曲面的三维多边形网格。该命令的调用方式如下。

- 菜单:【绘图(D)】→【建模(M)】→【网格(M)】→【直纹网格(R)】。

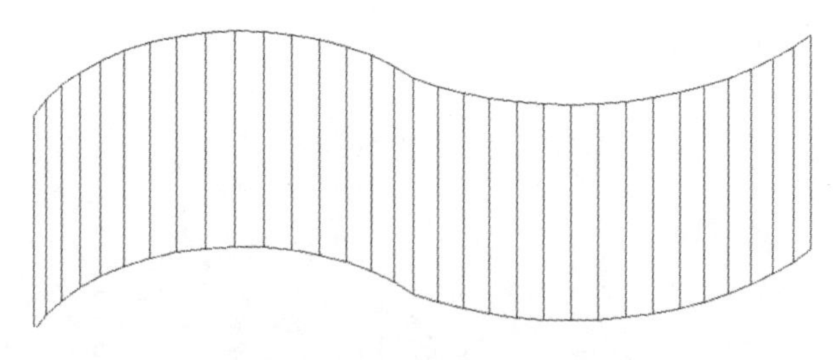

图 10-14 “平移曲面”实例

● 功能区:网格选项卡→图元面板→[图标]。

● 命令行:rulesurf。

调用该命令后,系统提示如下。

命令:_rulesurf

当前线框密度:SURFTAB1=16

选择第一条定义曲线:

选择第二条定义曲线:　//两条直线为交叉直线

两条直线为交叉直线如图 10-15 所示,调整视点为“西北等轴测视图”,此时所绘图形如图 10-16 所示。

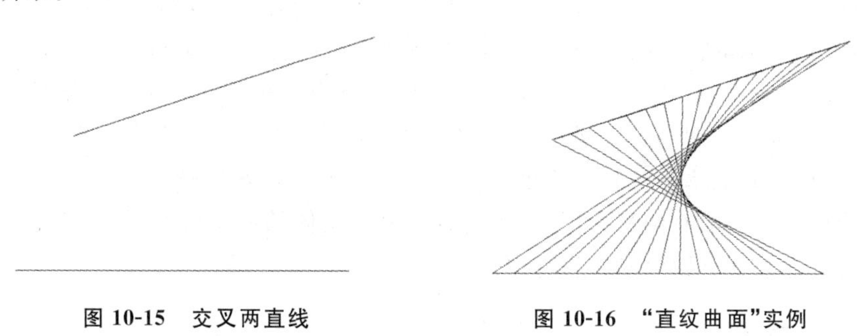

图 10-15 交叉两直线　　图 10-16 “直纹曲面”实例

10.2.7 绘制边界曲面

边界曲面构造的也是三维多边形网格,它近似于一个由四条邻接边定义的孔斯曲面片网格。该命令的调用方式如下。

● 菜单:【绘图(D)】→【建模(M)】→【网格(M)】→【边界网格(D)】。

● 功能区:网格选项卡→图元面板→[图标]。

● 命令行:edgesurf。

调用该命令后,系统提示如下。

命令:_edgesurf

当前线框密度:SURFTAB1=16　SURFTAB2=16

选择用作曲面边界的对象 1:

选择用作曲面边界的对象 2:

选择用作曲面边界的对象 3:

选择用作曲面边界的对象 4:　//选择四条边界直线

边界直线如图 10-16 所示,“边界曲面”的实例如图 10-17 所示。

图 10-16 边界直线

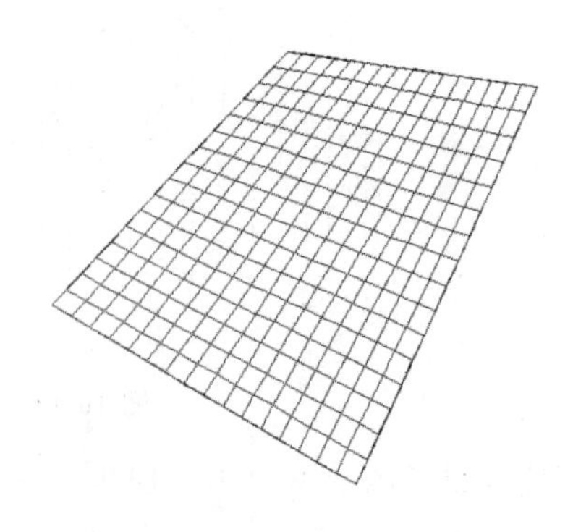

图 10-17 “边界曲面”实例

最后请大家注意，以上创建的网格或曲面，可以通过“平滑网格工具栏”或“网格”选项卡里的“网格”区的相关图标（提高平滑度、优化网格）来优化。

10.3 创建三维实体

三维实体是三维图形中最重要的部分，因为实体的信息最完整，歧义最少，只有实体模型才能进行布尔运算（如打孔、切槽、添加材料等），才能代表有意义的实际物体。

提示：创建三维实体，应注意调整控制三个变量：① 变量 Isolines 控制曲面的轮廓素线，缺省值为4(0～2047)，该值越大，立体更像3D实物；② 变量 Dispsilh 控制立体轮廓的显示形式，变量值为1，构成立体线框的骨架不可见，变量值为0，构成立体线框的骨架可见；③ 变量 Facetres 控制立体渲染的平滑度，变量值大，平滑效果越好。

实体造型技术一般有两种方法：一种是直接输入实体的控制尺寸；另一种是将二维图形拉伸或旋转来生成。下面分别进行介绍。

10.3.1 绘制长方体

该命令可以创建一个长方体或立方体，该命令的调用方式如下。

- 工具栏：“建模”→。
- 菜单：【绘图(D)】→【建模(M)】→【长方体(B)】。
- 功能区：常用选项卡→建模面板→“长方体”按钮；

或实体选项卡→图元面板→长方体。

- 命令行：box。

为了绘图方便，打开如图10-18所示的“建模”工具栏（在AutoCAD工作界面上，用鼠标右键点击任意工具栏，可从弹出的工具栏菜单中调入“建模”工具栏，也可从下拉菜单【工具】→【工具栏】→【AutoCAD】中调出“建模”工具栏）。

图 10-18 “建模”工具栏

调用该命令后，系统提示如下（以画一100×50×80的长方体为例）。

指定第一个角点或[中心点(CE)]： //指定一点

指定其他角点或[立方体(C)/长度(L)]:@100,50 〈Enter〉

//输入角点坐标,回车,输入"C"则绘制一立方体

指定高度或[两点(2P)]:80 〈Enter〉 //输入高为 80,回车,结束绘图命令

调整视点为"西南等轴测视图",此时所绘图形如图 10-19 所示。这是一个实体,不是图框。

10.3.2 绘制楔体

该命令的调用方式如下。

- 工具栏:"建模"→[图标]。
- 菜单:【绘图(D)】→【建模(M)】→【楔体(W)】。
- 功能区:常用选项卡→建模面板→"长方体"下拉按钮,选择"楔体"子选项;

或实体选项卡→图元面板→"多段体"下拉按钮,选择"楔体"子选项。

- 命令行:wedge。

调用该命令后,系统提示如下(以画一 100×50×80 的楔体为例)。

指定第一个角点或[中心点(CE)]: //指定一点

指定其他角点或[立方体(C)/长度(L)]:@100,50 〈Enter〉

//输入角点坐标,回车,输入"C"则底面为正方形

指定高度或[两点(2P)]:80 〈Enter〉 //输入高为 80,回车,结束绘图命令

调整视点为"西南等轴测视图",此时所绘图形如图 10-20 所示。

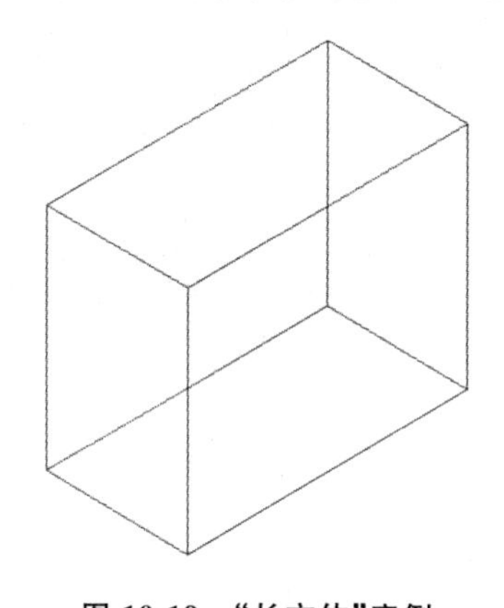

图 10-19 "长方体"实例

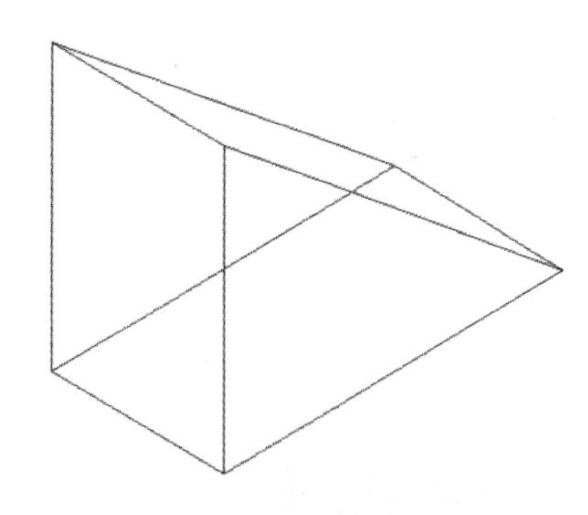

图 10-20 "楔体"实例

10.3.3 绘制圆锥体

该命令的调用方式如下。

- 工具栏:"建模"→[图标]。
- 菜单:【绘图(D)】→【建模(M)】→【圆锥体(O)】。
- 功能区:常用选项卡→建模面板→"长方体"下拉按钮,选择"圆锥体"子选项;

或实体选项卡→图元面板→"多段体"下拉按钮,选择"圆锥体"子选项。

- 命令行:cone。

调用该命令后,系统提示如下(以绘制一个底圆直径为 100,高度为 60 的圆锥体为例)。

指定底面的中心或[三点(3P)/两点(2P)/切点、切点、半径(T)/椭圆(E)]:

//指定一点

指定底面的半径或[直径(D)]:50 〈Enter〉 //输入半径 50,回车

指定高度或[两点(2P)/轴端点(A)/顶面半径(A)]:60
〈Enter〉　　//输入高度 60,回车,结束绘图命令

此时所绘图形如图 10-21 所示。

10.3.4　绘制球体

该命令的调用方式如下。

- 工具栏:“建模”→。
- 菜单:【绘图(D)】→【建模(M)】→【球体(S)】。
- 功能区:常用选项卡→建模面板→“长方体”下拉按钮,选择“球体”子选项;

或实体选项卡→图元面板→球体。

- 命令行:sphere。

调用该命令后,系统提示如下。

指定中心或[三点(3P)/两点(2P)/切点、切点、半径(T)]:　　//指定一点
指定半径或[直径(D)]:50 〈Enter〉　　//输入半径,回车,结束绘图命令

球体的一个实例如图 10-22 所示。

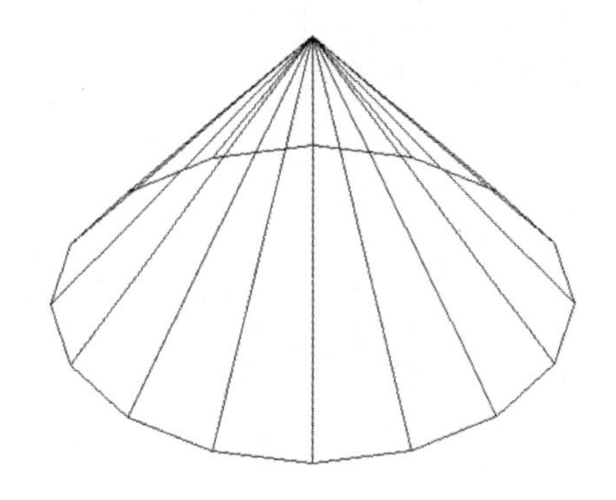

图 10-21　“圆锥体”实例

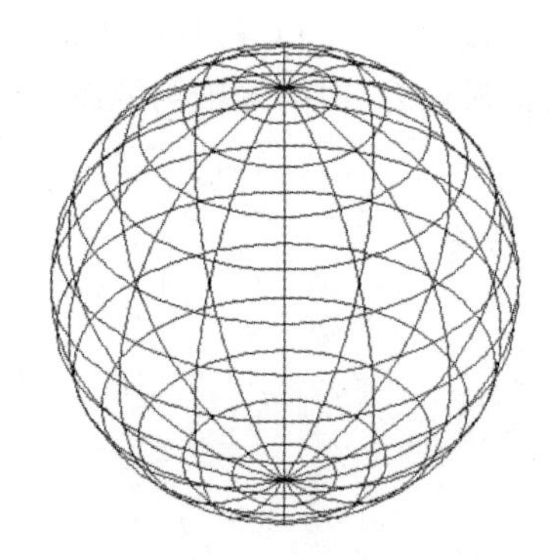

图 10-22　“球体”实例

10.3.5　绘制圆环体

该命令的调用方式如下。

- 工具栏:“实体”→。
- 菜单:【绘图(D)】→【建模(M)】→【圆环体(W)】。
- 功能区:常用选项卡→建模面板→“长方体”下拉按钮,选择“圆环体”子选项;

或实体选项卡→图元面板→“多段体”下拉按钮,选择“圆环体”子选项。

- 命令行:torus。

调用该命令后,系统提示如下。

指定中心或[三点(3P)/两点(2P)/切点、切点、半径(T)]:　　//指定一点
指定半径或[直径(D)]:100 〈Enter〉　　//输入半径,回车
指定圆管半径或[两点(2P)/直径(D)]:20 〈Enter〉　　//输入圆管半径,回车,结束绘图命令

圆环体的一个实例如图 10-23 所示。

10.3.6　绘制圆柱体

该命令的调用方式如下。

- 工具栏："建模"→[圆柱体图标]。
- 菜单：【绘图(D)】→【建模(M)】→【圆柱体(C)】。
- 功能区：常用选项卡→建模面板→"长方体"下拉按钮，选择"圆柱体"子选项；

或实体选项卡→图元面板→[圆柱体]。

- 命令行：cylinder。

调用该命令后，系统提示如下。

```
指定底面的中心或[三点(3P)/两点(2P)/切点、切点、半径(T)/椭圆(E)]:
                                          //指定一点
指定底面的半径或[直径(D)]:50 〈Enter〉        //输入半径 50，回车
指定高度或[两点(2P)/轴端点(A)]:60 〈Enter〉  //输入高度，回车，结束绘图命令
```

圆柱体的一个实例如图 10-24 所示。

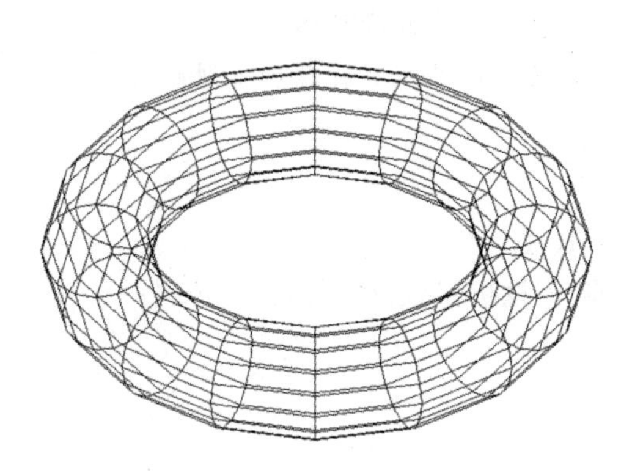

图 10-23　"圆环体"实例

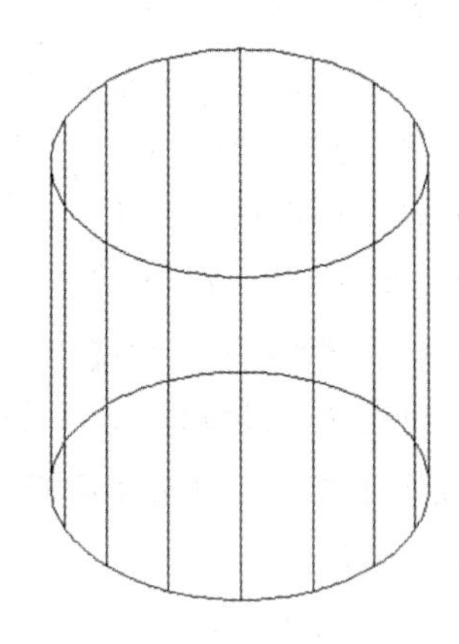

图 10-24　"圆柱体"实例

10.3.7　绘制拉伸体

沿着指定路线拉伸某一封闭二维实体，可以创建较复杂的拉伸体。

注意：能够拉伸的对象只能是一个整体。如果不是整体则拉伸后得到曲面。

该命令的调用方式如下。

- 工具栏："建模"→[拉伸图标]。
- 菜单：【绘图(D)】→【建模(M)】→【拉伸(X)】。
- 功能区：常用选项卡→建模面板→"拉伸"按钮；

或实体选项卡→实体面板→[拉伸]。

- 命令行：extrude。

调用该命令后，系统提示如下。

```
当前线框密度：ISOLINES=16
选择要拉伸的对象：找到 1 个                      //选择要拉伸的图形对象
选择要拉伸的对象：〈Enter〉                      //回车
指定高度或[方向(D)/路径(P)/倾斜角(T)]:60 〈Enter〉 //输入高度，回车，结束绘图命令
```

画出如图 10-25 所示的多段线，拉伸高度等于 60。调整视点为“西南等轴测视图”，此时所绘图形如图 10-26 所示。

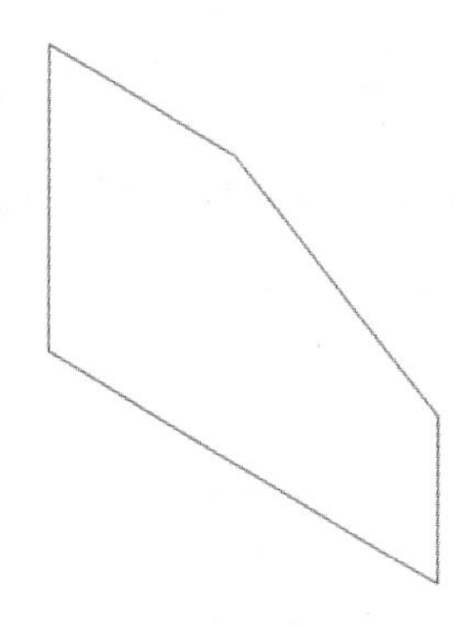

图 10-25　二维封闭多段线

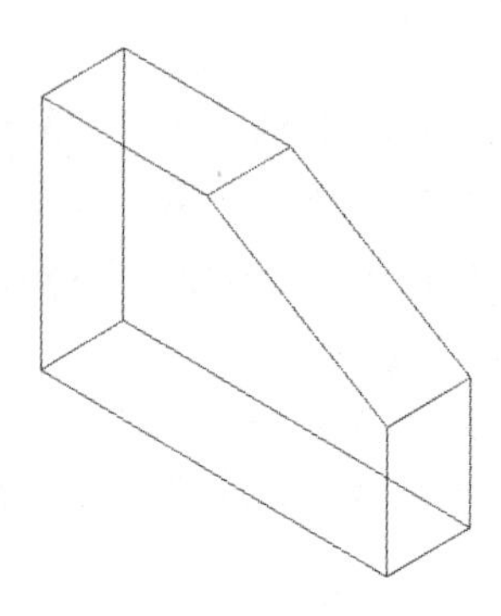

图 10-26　“拉伸体”实例

10.3.8　绘制旋转体

将一封闭二维实体绕着指定的轴线旋转生成的实体，即旋转体。

注意：能够旋转的对象只能是一个整体。如果不是整体则旋转后得到曲面。

该命令的调用方式如下。

- 工具栏：“实体”→ 。
- 菜单：【绘图(D)】→【建模(M)】→【旋转(R)】。
- 功能区：常用选项卡→建模面板→“拉伸”下拉按钮，选择“旋转”子选项；

或实体选项卡→实体面板→ 旋转 。

- 命令行：revolve。

调用该命令后，系统提示如下。

当前线框密度：ISOLINES＝16

选择要旋转的对象：找到 1 个　　　　　　　　　//选择要旋转的图形对象

选择要旋转的对象：

指定轴的起点或根据以下选项之一定义轴[对象(O)/X/Y/Z]：

指定轴端点：

指定旋转角度或[起点角度(ST)]〈360〉：〈Enter〉　//默认，回车，结束绘图命令

在 XY 坐标面画出封闭线框如图 10-27 所示，指定旋转轴的起点、端点时捕捉到长水平线的两个端点，调整视点为“西北等轴测视图”，此时所绘图形如图 10-28 所示。

图 10-27　二维面域

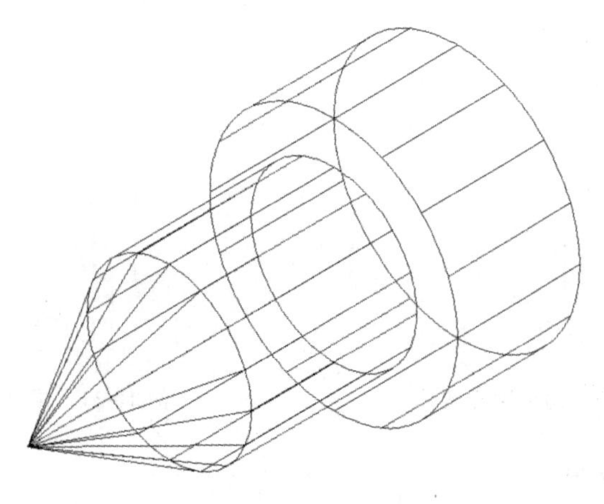

图 10-28　“旋转体”实例

10.4　三维实体的编辑

基本三维实体通过编辑和组合就能得到复杂实体。实体编辑命令包括三维阵列、三维镜像、三维旋转、倒角和倒圆、布尔运算等，其中的一些编辑操作与二维平面图形相应的操作类似，调入某个编辑命令后，可按系统提示操作完成编辑。本节主要讲解实体的布尔运算，即对多个三维实体进行求并、求差、求交的运算。

10.4.1　并集运算

对所选的多个实体进行求并运算，可将它们合并成一个实体。该命令的调用方式如下。

- 工具栏：“实体编辑”→ 。
- 菜单：【修改(M)】→【实体编辑(N)】→【并集(U)】。
- 选项卡：常用选项卡→“实体编辑”区→ ；

或实体选项卡→布尔值面板→“并集”按钮。

- 命令行：union。

为了绘图方便，打开如图 10-29 所示的“实体编辑”工具栏。在 AutoCAD 工作界面上，用鼠标右键点击任意工具栏，可从弹出的工具栏菜单中调入“实体编辑”工具栏，也可从下拉菜单中【工具】→【工具栏】→【AutoCAD】调出“实体编辑”工具栏。

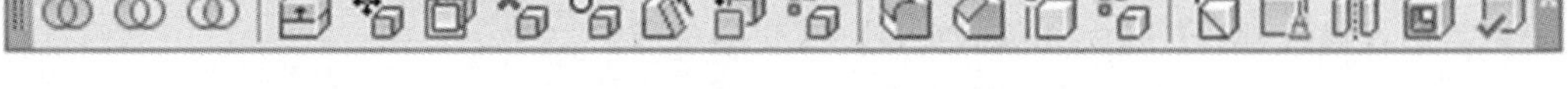

图 10-29　“实体编辑”工具栏

首先在绘图区域画出如图 10-30 所示的立方体和圆柱体这两个独立的三维实体，然后调用并集运算命令，系统提示如下。

```
命令：_union
选择对象：指定对角点：找到 2 个      //选择两实体
选择对象：〈Enter〉                  //回车，结束绘图命令
```

结束求并命令，此时两实体合并为一个整体，如图 10-31 所示。

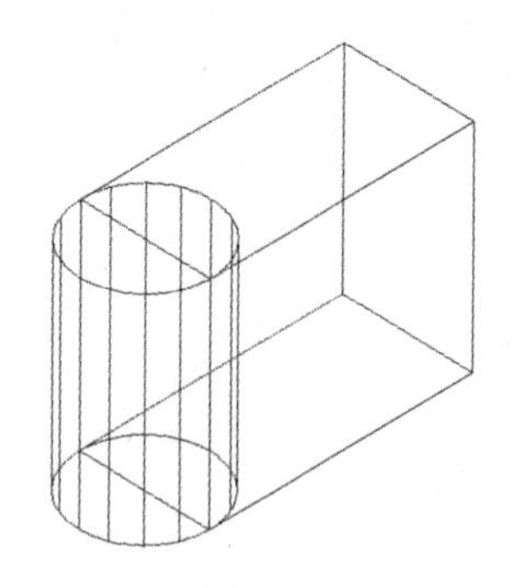

图 10-30 两个独立实体

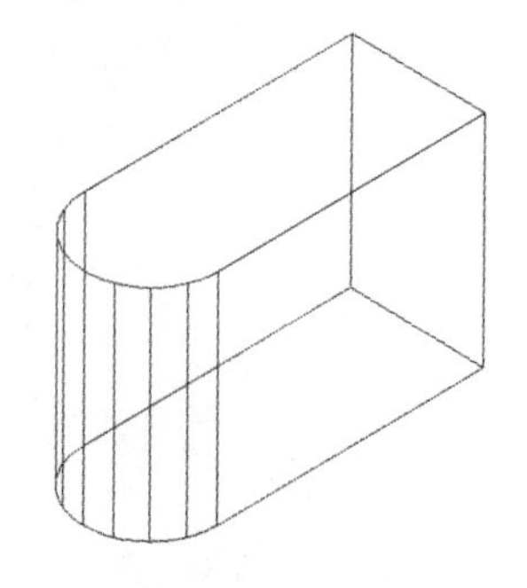

图 10-31 求并集后

10.4.2 差集运算

对所选的多个实体进行求差运算,可从一个实体中减去一个或几个其他实体得到一个新实体。该命令的调用方式如下。

- 工具栏:“实体编辑”→ 。
- 菜单:【修改(M)】→【实体编辑(N)】→【差集(S)】。
- 选项卡:常用选项卡→“实体编辑”区→ ;

或实体选项卡→布尔值面板→“差集”按钮。

- 命令行:subtract。

同样以图 10-30 所示的两实体为例进行操作,调用差集运算命令后,系统提示如下。

```
命令:_subtract
选择对象:找到 1 个          //选择立方体
选择对象:〈Enter〉          //回车
选择要减去的实体或面域
选择对象:找到 1 个          //选择圆柱体
选择对象:〈Enter〉          //回车,结束绘图命令
```

结束求差命令,立方体减去圆柱体,求差集后结果如图 10-32 所示。

10.4.3 交集运算

对所选的多个实体进行求交运算,可由几个实体的公共部分得到一个新实体。该命令的调用方式如下。

- 工具栏:“实体编辑”→ 。
- 菜单:【修改(M)】→【实体编辑(N)】→【交集(I)】。
- 选项卡:常用选项卡→“实体编辑”区→ ;

或实体选项卡→布尔值面板→“交集”按钮。

- 命令行:intersect。

同样以图 10-30 所示的两实体为例进行操作,调用交集运算命令后,系统提示如下。

```
命令:_intersect
选择对象:指定对角点:找到 2 个          //窗交选择两实体
选择对象:〈Enter〉
```

结束求交命令,得到新实体,如图 10-33 所示。

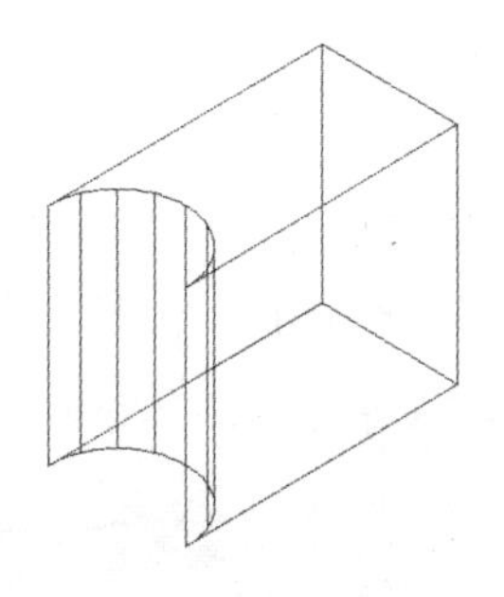

图 10-32　求差集后

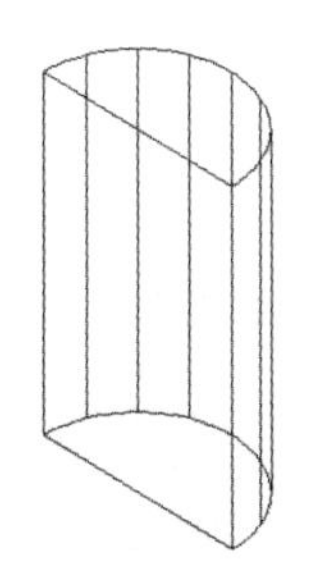

图10-33　求交集后

10.5　视觉样式

AutoCAD 用线框表示三维模型，在绘制及编辑三维图形对象时，用户面对的都是模型的线框图，立体效果显示不佳。如果要获得较好的显示效果，用户可以进行“消隐”和“着色”处理，即可显示不同的效果。

绘制好三维图形后，可直接从下拉菜单【视图】→【消隐】中调取视图消隐命令来处理图形效果。模型经过消隐处理后，仅显示可见的轮廓线，不可见的轮廓线被隐藏，立体效果较好，图形简洁易读。图 10-34 所示的即消隐后的立体图。将图 10-28 与图 10-34 比较，显然，图 10-34 的立体效果更好。

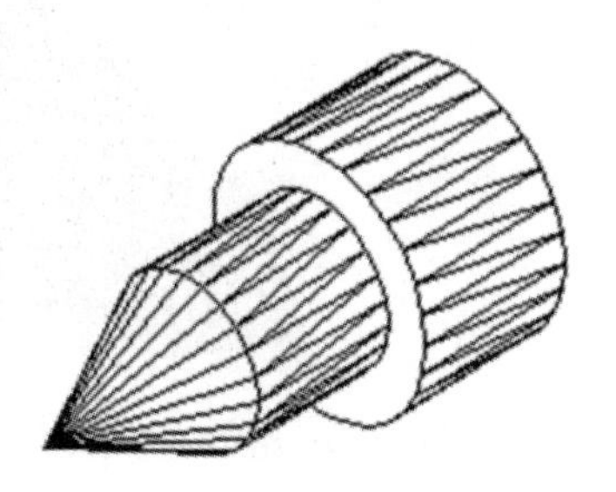

图 10-34　消隐图

在三维建模工作空间，切换到“可视化”选项卡，在“视觉样式”区下拉选择视觉样式，如图 10-35 所示，或者调出如图 10-36所示的“视觉样式”工具栏。在 AutoCAD 工作界面上，用鼠标右键点击任意工具栏，可从弹出的工具栏菜单中调入“视觉样式”工具栏。用户可以控制三维模型的视觉样式，创建隐藏视觉样式图及概念视觉样式图(即消隐图和着色图)。

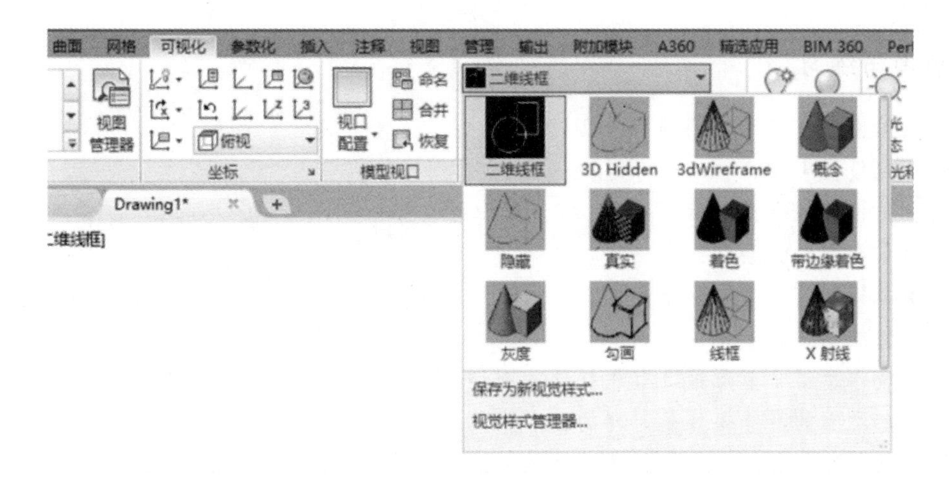

图 10-35　“视觉样式”面板

点击“视觉样式”工具栏上的“三维线框视觉样式”按钮，图形显示如图 10-37 所示。

图 10-36 “视觉样式”工具栏

点击“三维隐藏视觉样式”按钮，图形显示如图 10-38 所示。点击“真实视觉样式”按钮，图形显示如图 10-39 所示。点击“概念视觉样式”按钮，图形显示如图 10-40 所示。

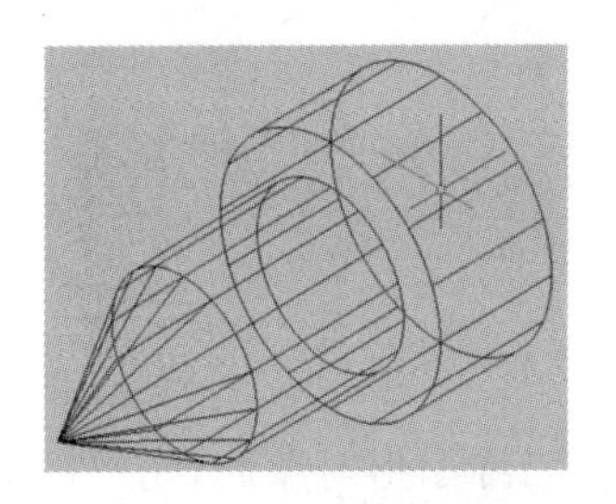

图 10-37 三维线框视觉样式

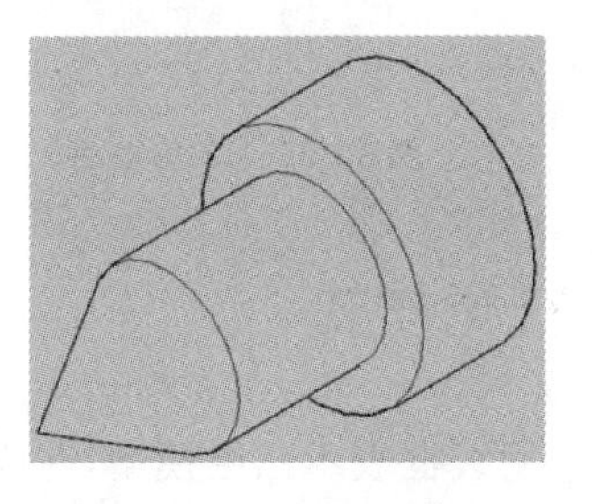

图 10-38 三维隐藏视觉样式

图 10-39 真实视觉样式

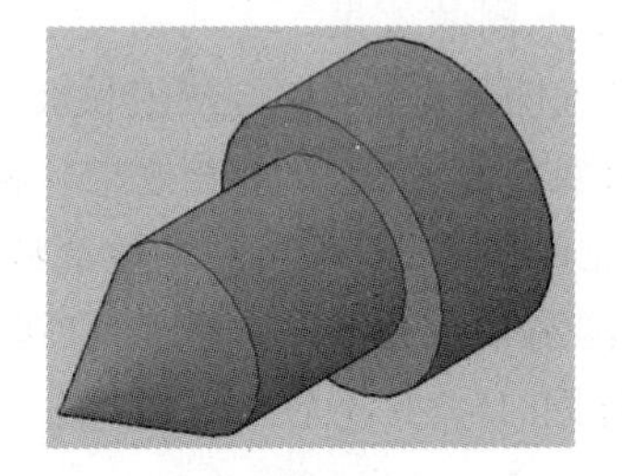

图 10-40 概念视觉样式

如果想保存所产生的着色图形，可通过下拉菜单【工具】→【显示图像】→【保存】，打开“渲染输出文件”对话框，在该对话框中选择保存图像的路径、图名、格式。选择完成后单击“保存”按钮，系统打开“PNG 图像选项”对话框，用户可在该对话框中指定“颜色”“每英寸点数”等。点击“确定”按钮完成图片保存命令。

思考与练习

1. 三维图形与二维轴测图有什么区别？
2. 如何设置 UCS?
3. 如何设置视点？
4. 常见曲面如何绘制？
5. 实体模型有哪些方法来生成？
6. 如何绘制常见实体？
7. 比较本章第 2 节与第 3 节中相同的图形，它们本质上有什么区别？
8. 布尔运算的具体操作是怎样的？
9. 如何创建旋转体？如何创建拉伸体？
10. 把 4.6 节中的组合体三视图创建成三维实体模型，设置 4 个视口，每个视口设置合适的视图。

综合练习

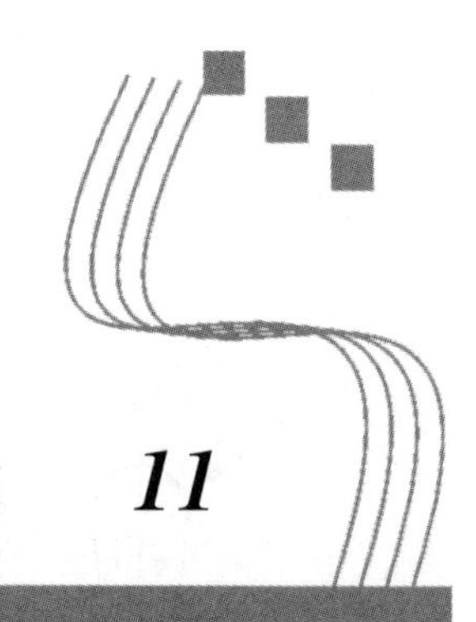

11.1　平面图形

1.请按 1∶5 的比例绘制如图 11-1 至图 11-3 所示的平面图形。

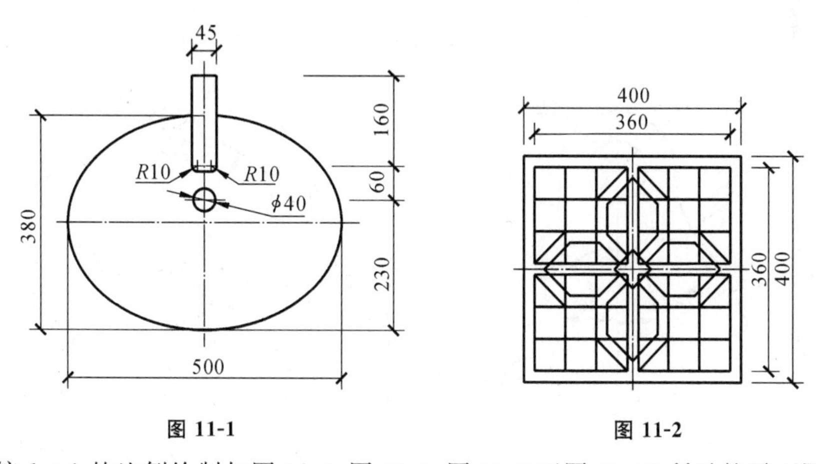

图 11-1　　　　图 11-2

2.请按 1∶1 的比例绘制如图 11-4、图 11-5、图 11-7 至图 11-12 所示的平面图形。

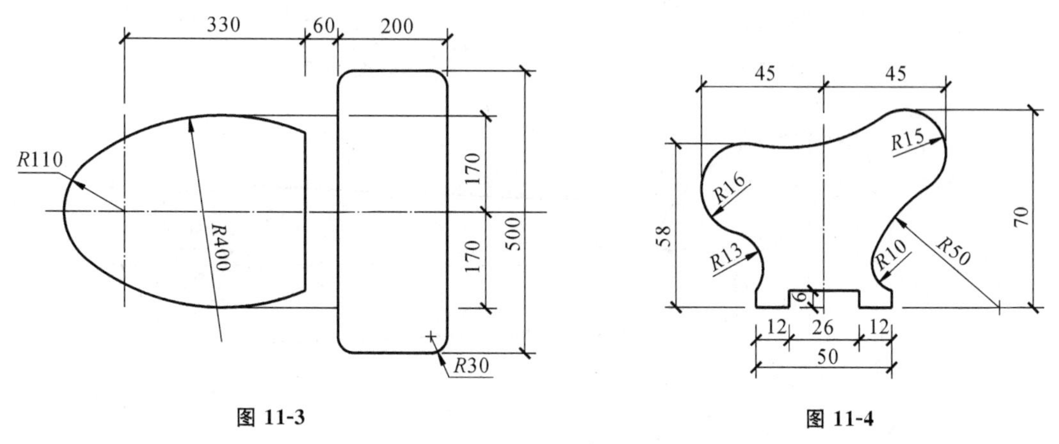

图 11-3　　　　图 11-4

3.请按 1∶2 的比例绘制如图 11-6 所示的平面图形。

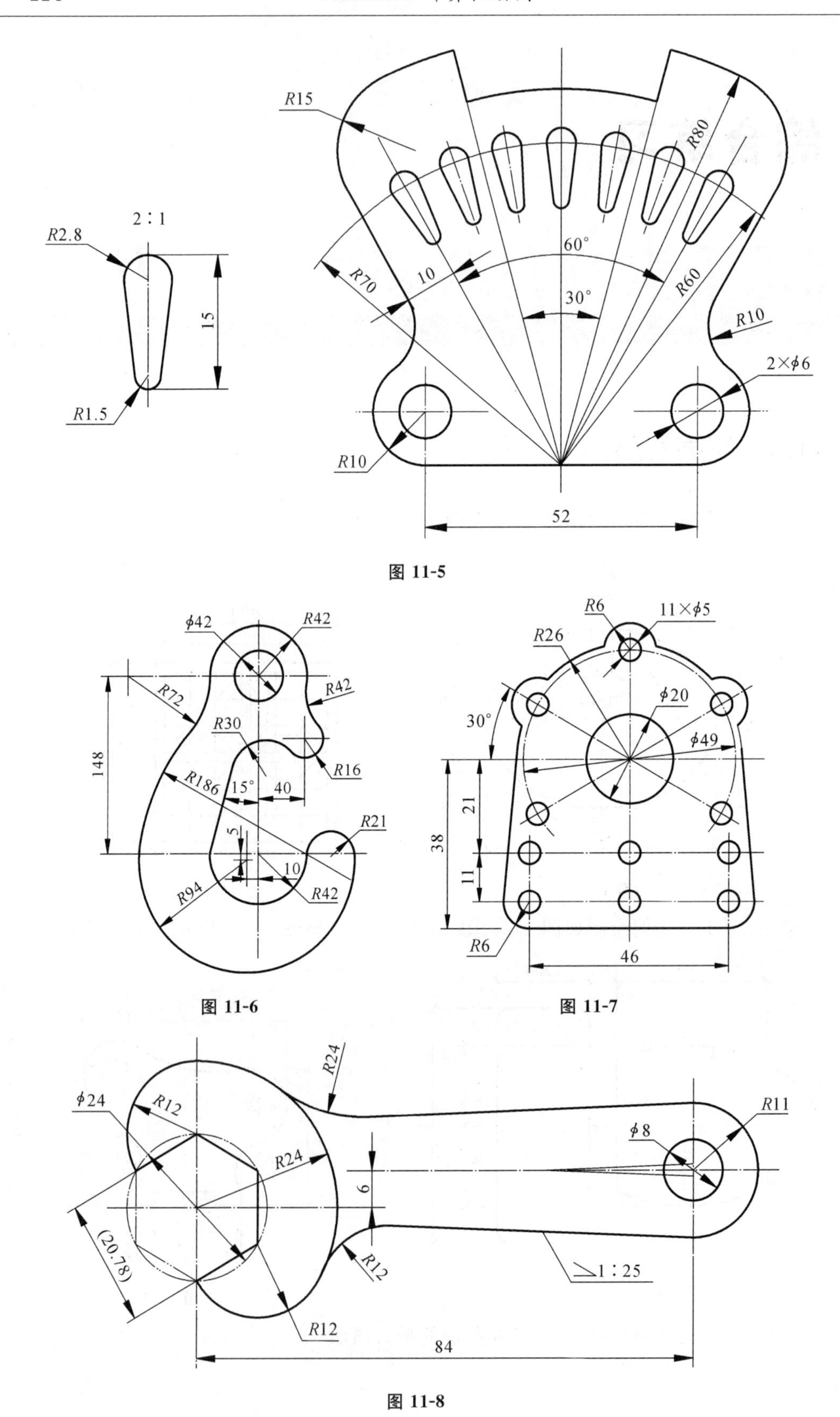

图 11-5

图 11-6

图 11-7

图 11-8

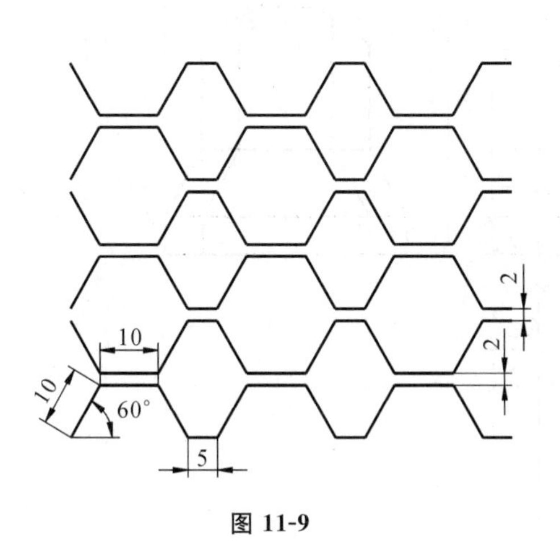

图 11-9

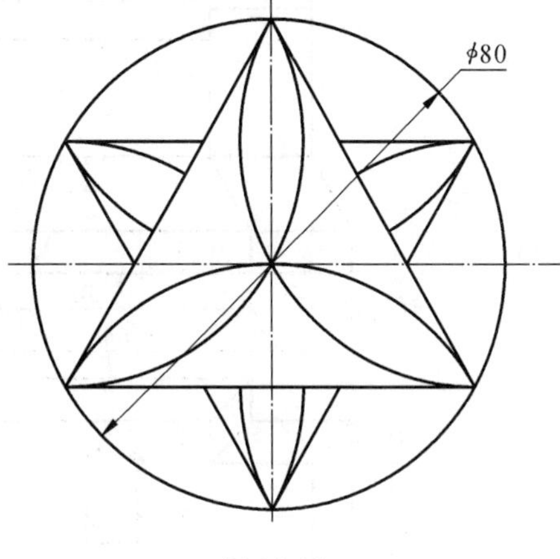

图 11-10

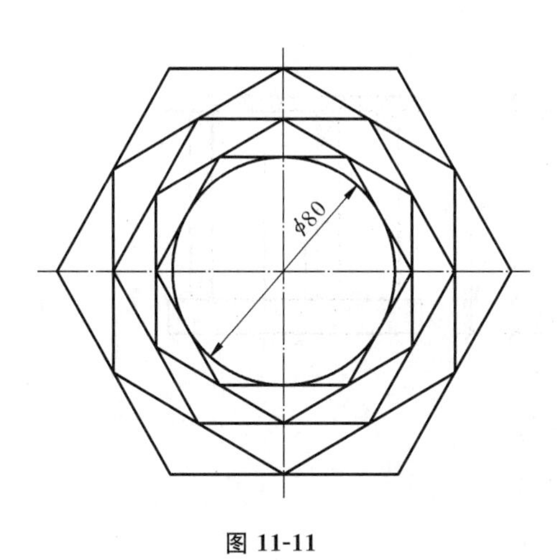

图 11-11

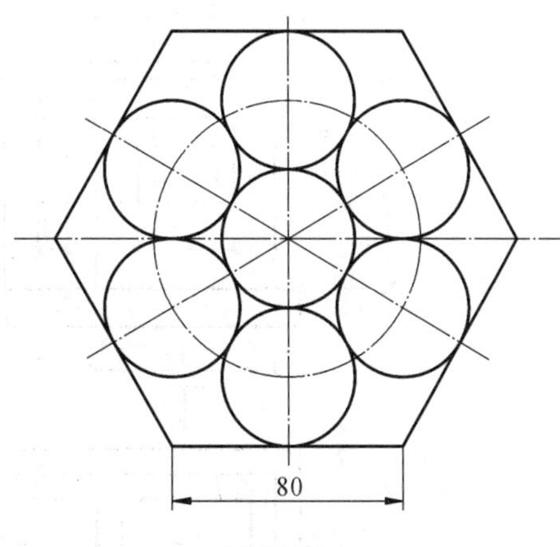

图 11-12

11.2　组合体及剖视图

请分别绘制如图 11-13 至图 11-16 所示的形体三视图。

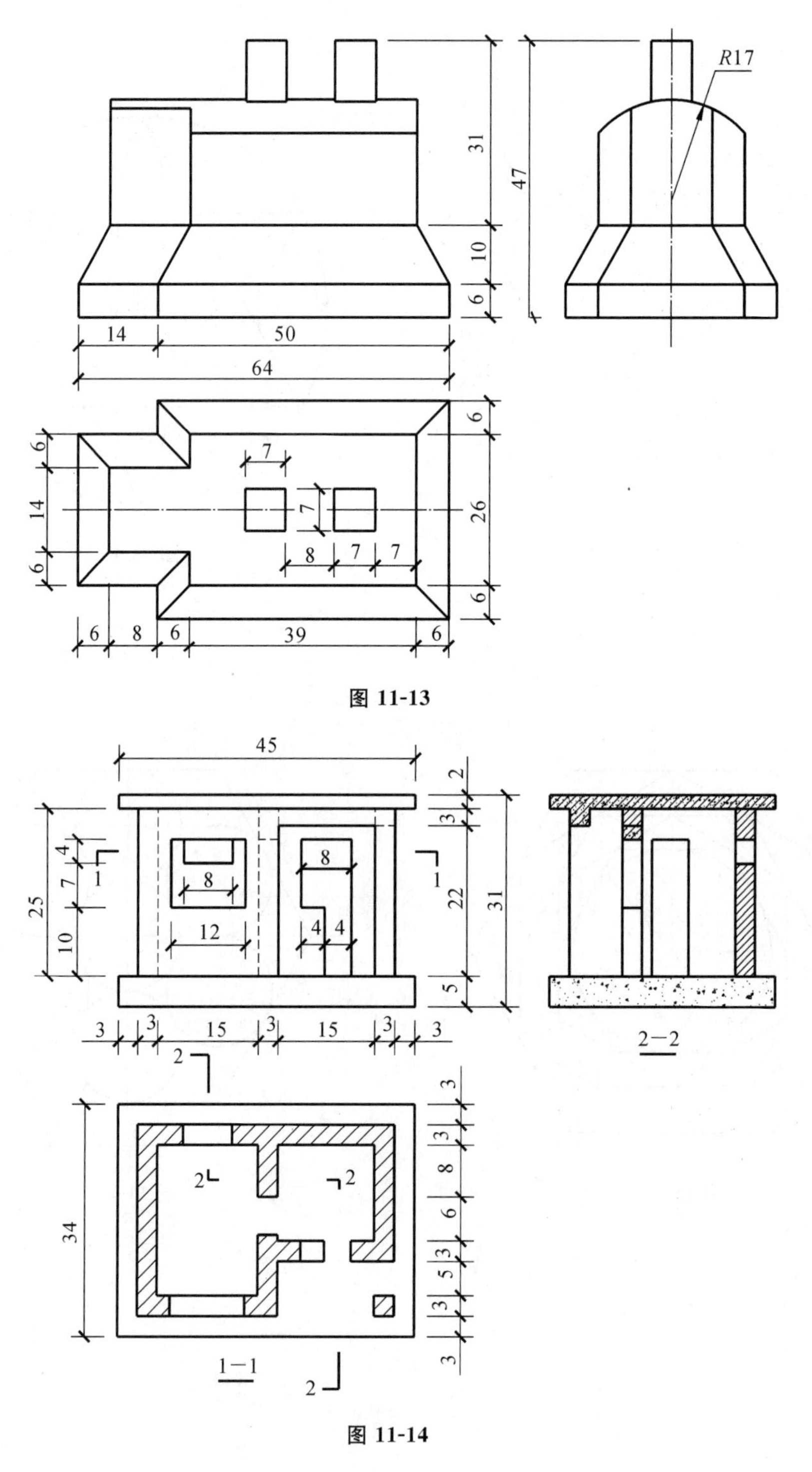

图 11-13

图 11-14

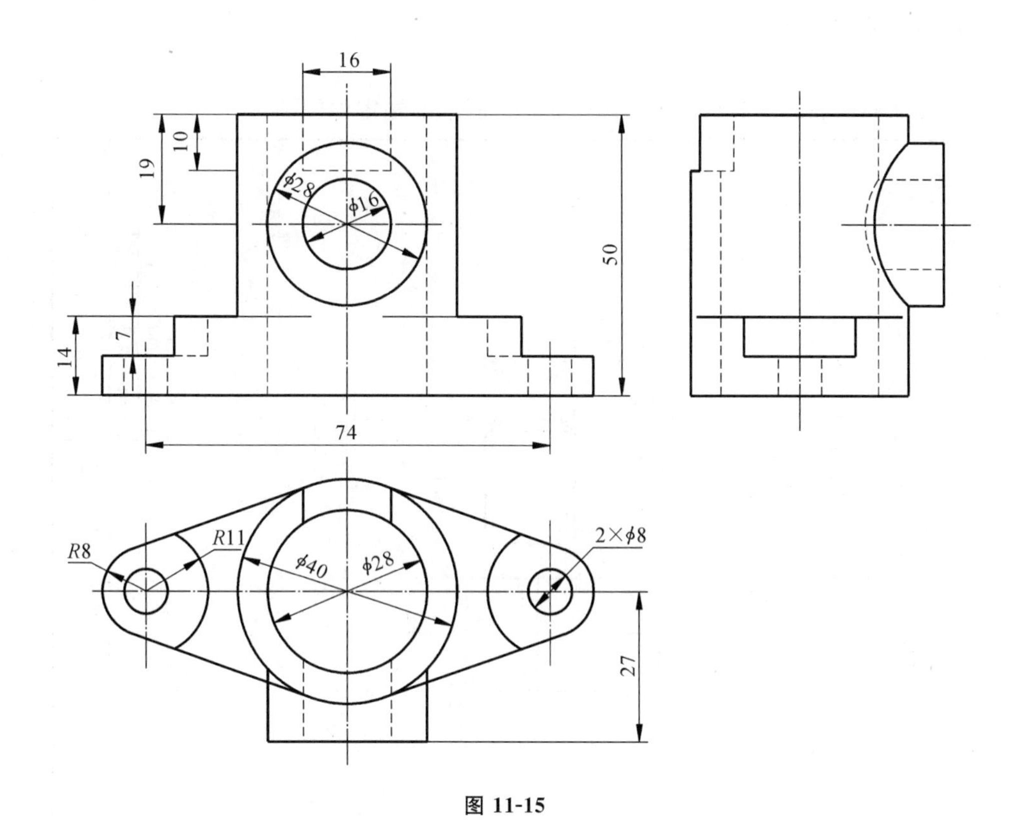

图 11-15

图 11-16

11.3　机械图

1. 以 A3 幅面、1.5∶1 的比例绘制图 11-17 所示的轴零件图。

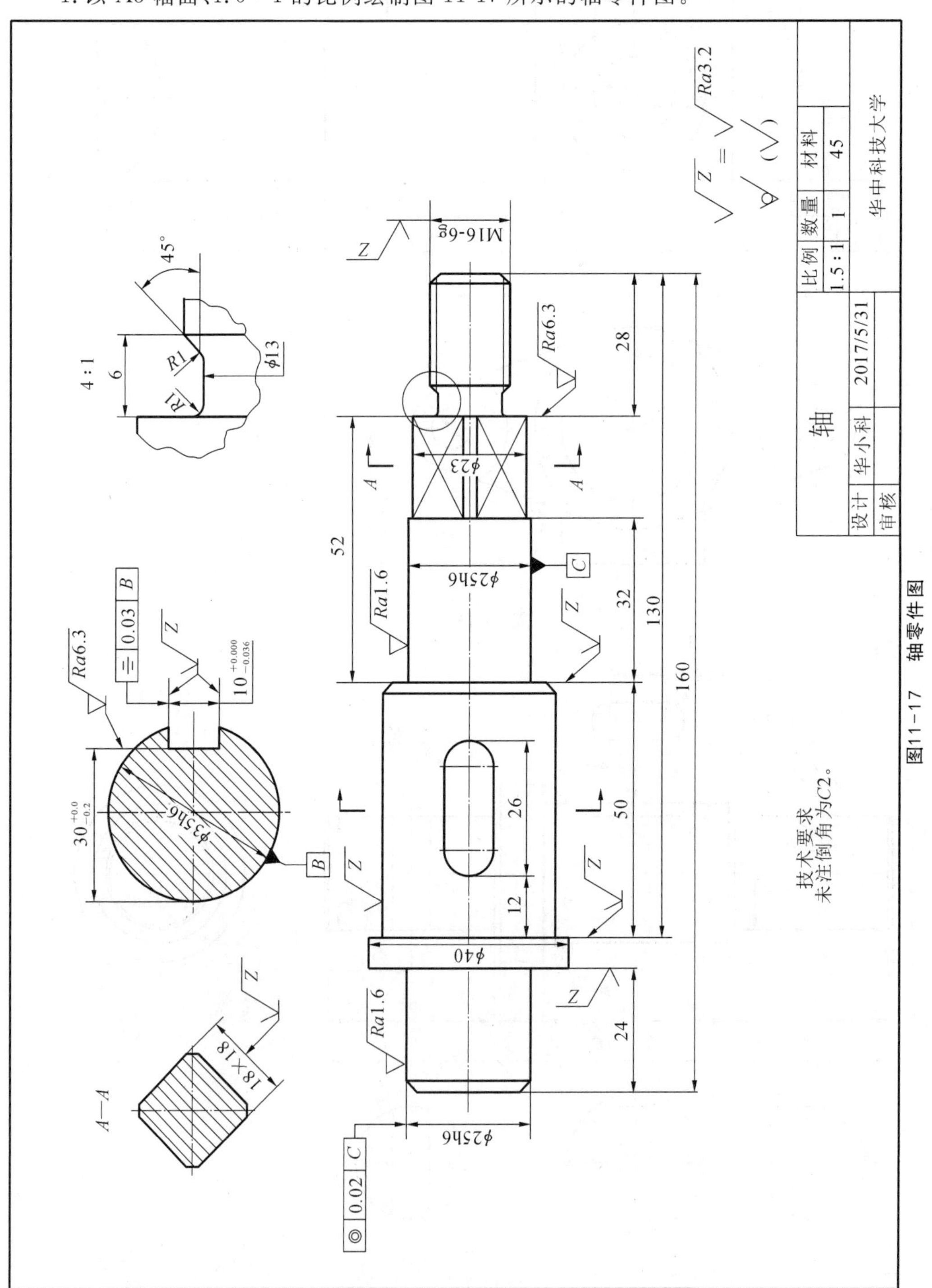

图11-17　轴零件图

2. 自选比例和图幅，绘制图 11-18 所示的箱体零件图。

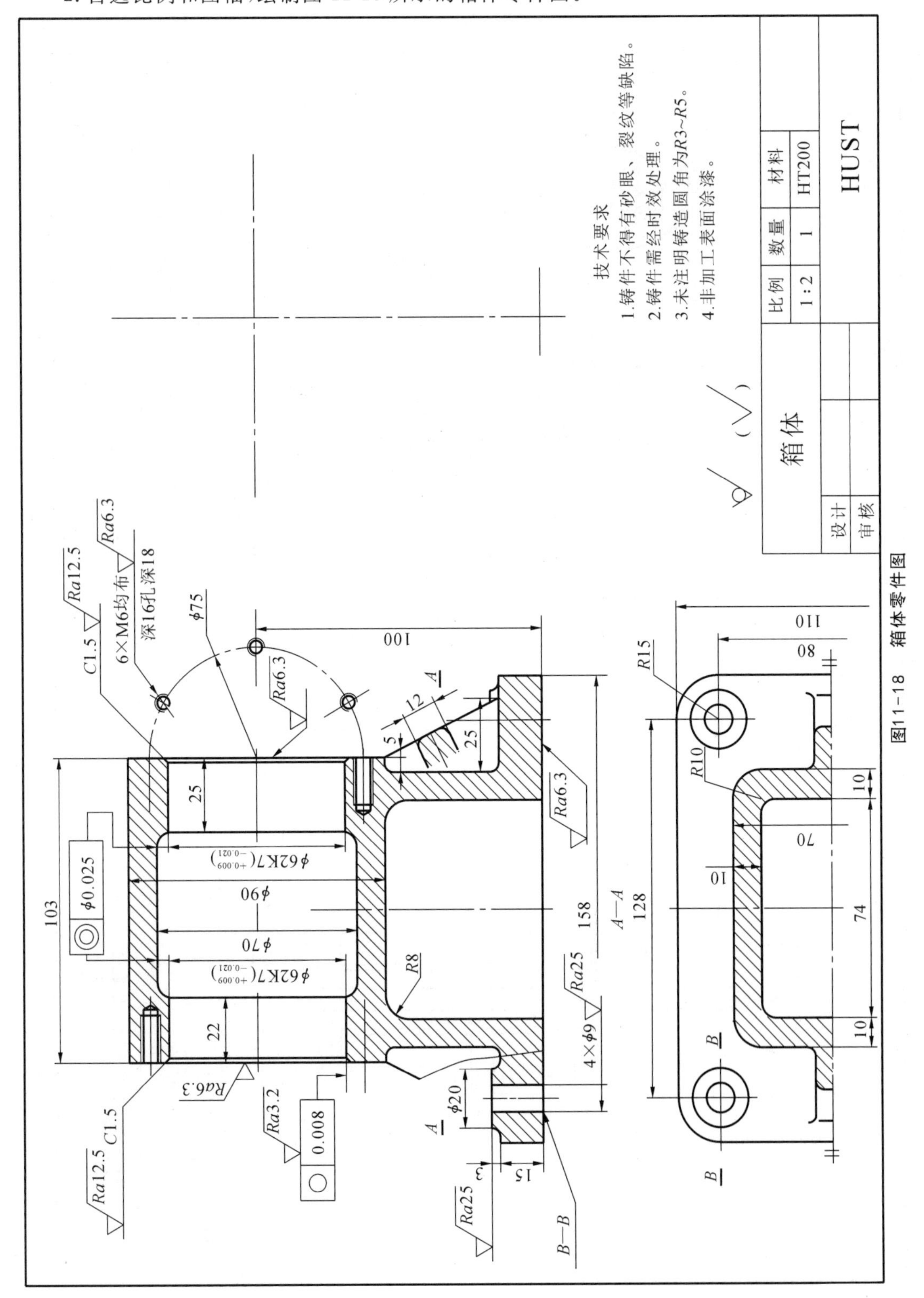

图11-18　箱体零件图

3. 根据图 11-19 所示的手动气阀装配示意图及各零件图，绘制手动气阀的装配图（A2 图纸，2∶1 比例，采用主、俯、左三个视图，且俯视图拆去零件 1、2）。

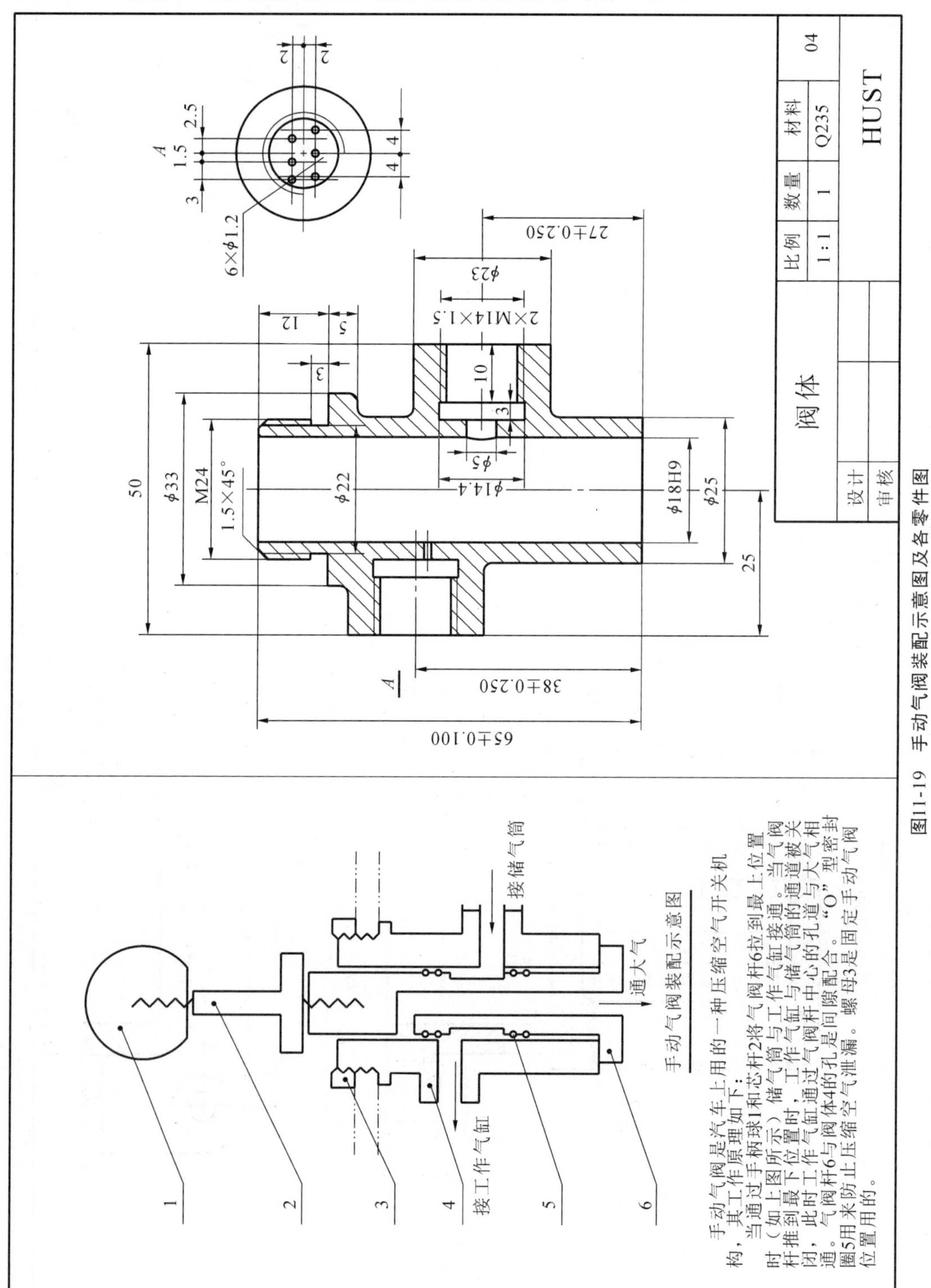

图11-19 手动气阀装配示意图及各零件图

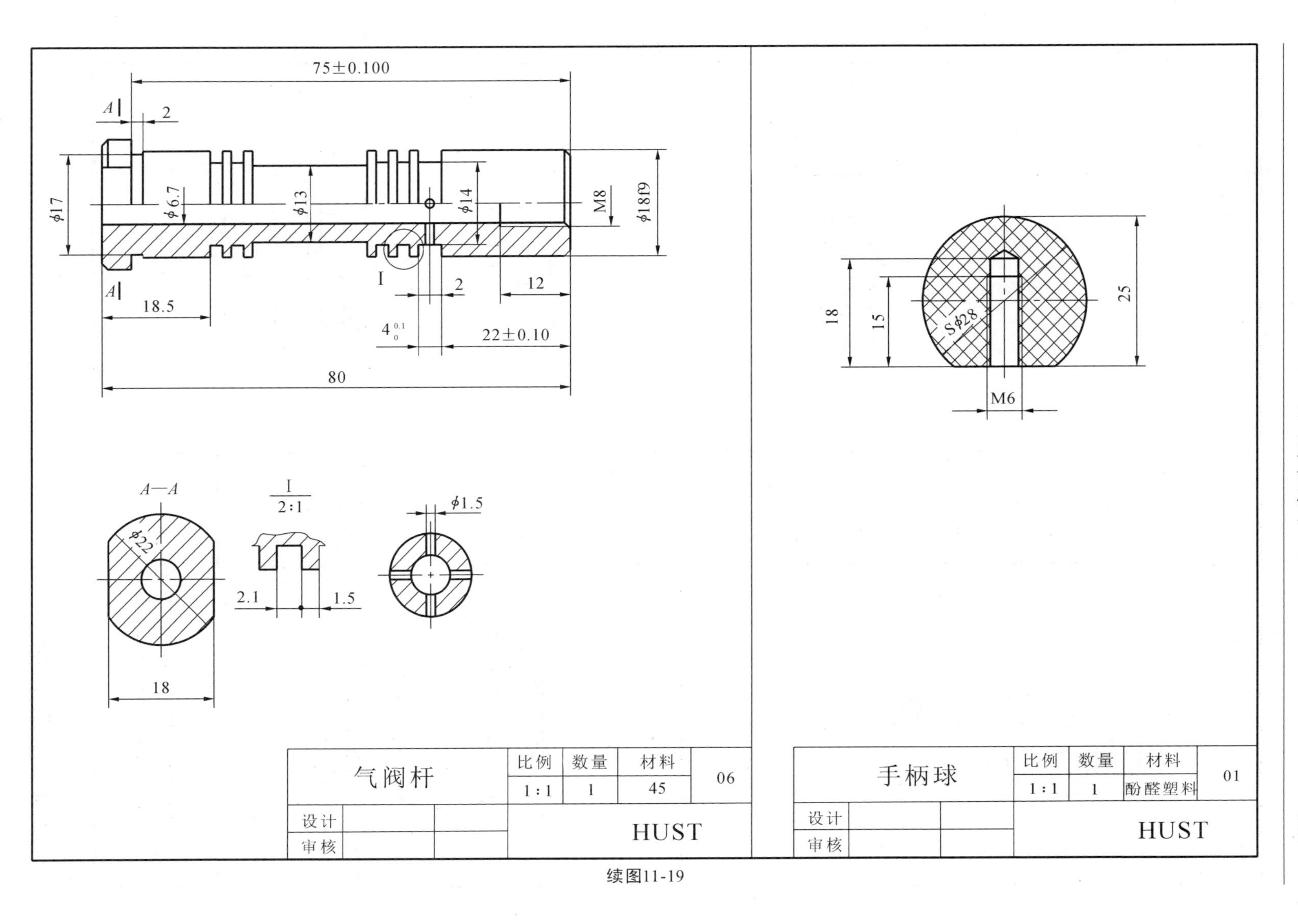
75±0.100
A
2
Φ17
Φ6.7
Φ13
Φ14
M8
Φ18f9
A
I
18.5
2
12
$4^{0.1}_{0}$
22±0.10
80
A—A
Φ22
18
I
2:1
2.1
1.5
Φ1.5
气阀杆
比例
数量
材料
1:1
1
45
06
设计
审核
HUST
18
15
SΦ28
25
M6
手柄球
比例
数量
材料
1:1
1
酚醛塑料
01
设计
审核
HUST

续图11-19

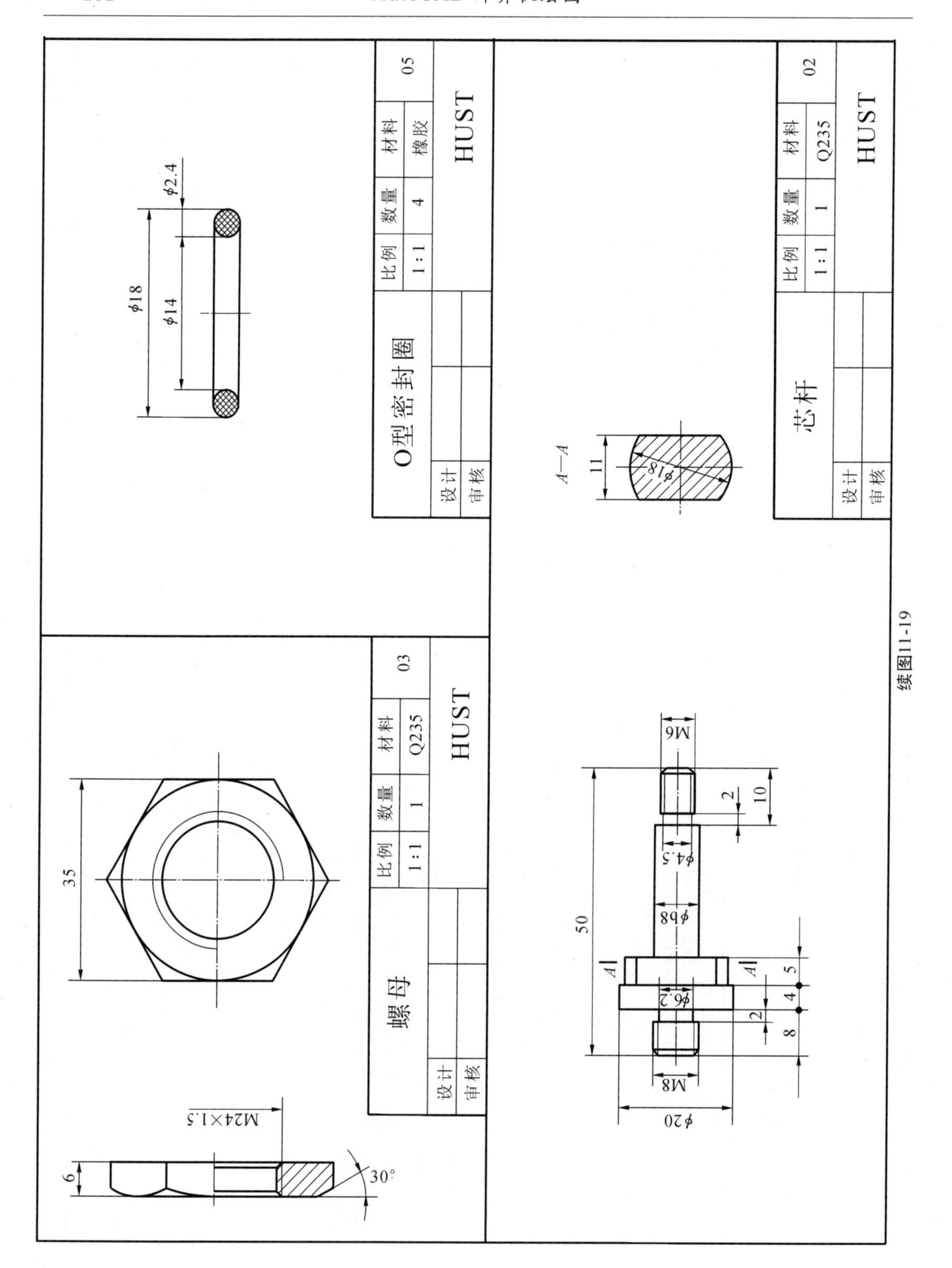

续图11-19

11.4　土建工程

1. 在 A2 幅面上用 1∶50 的比例抄绘图 11-20 所示的值班室建筑施工图。
2. 在 A2 幅面上用 1∶100 的比例抄绘图 11-21 所示的住宅建筑施工图。

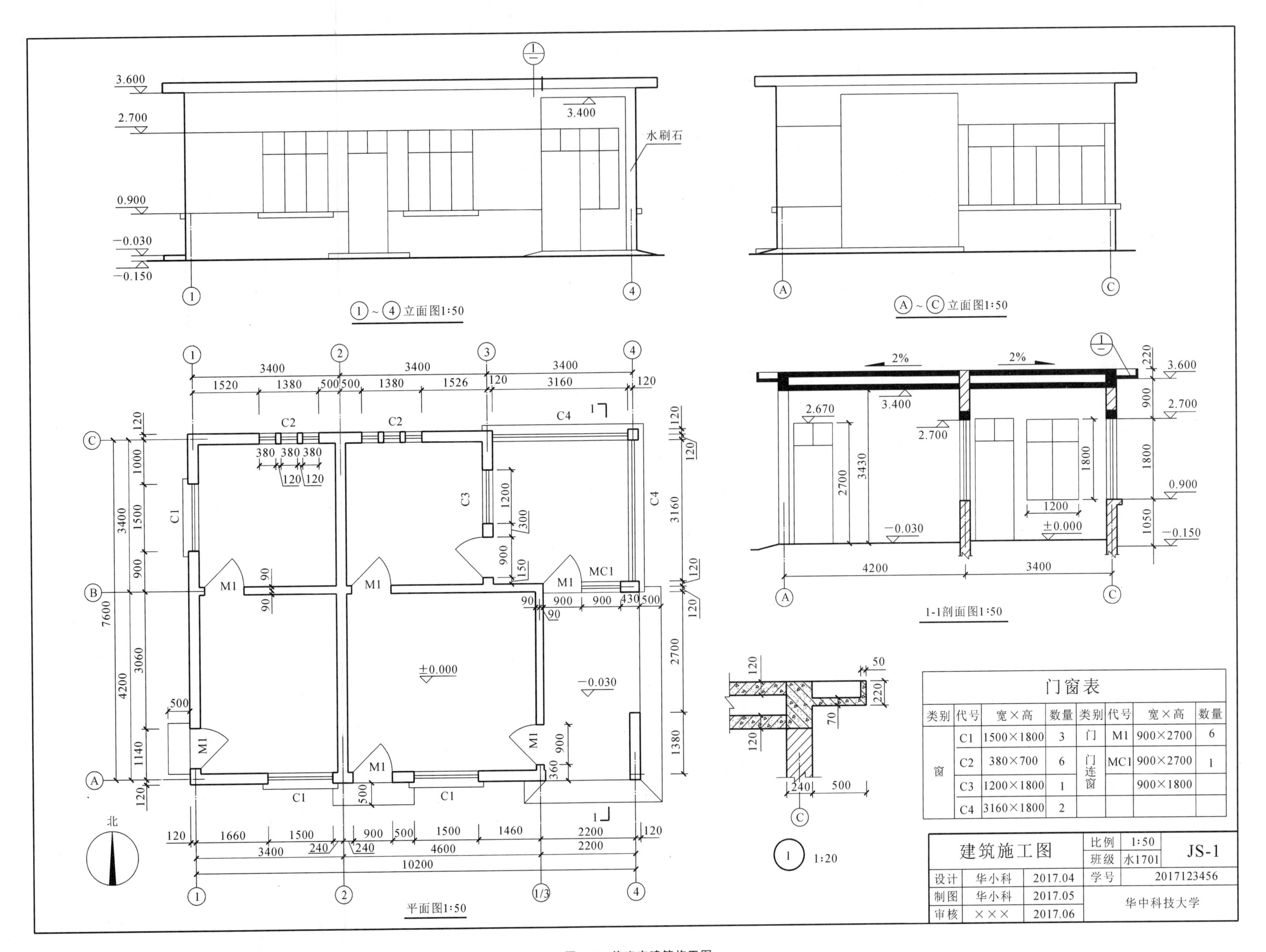

图11-20 值班室建筑施工图

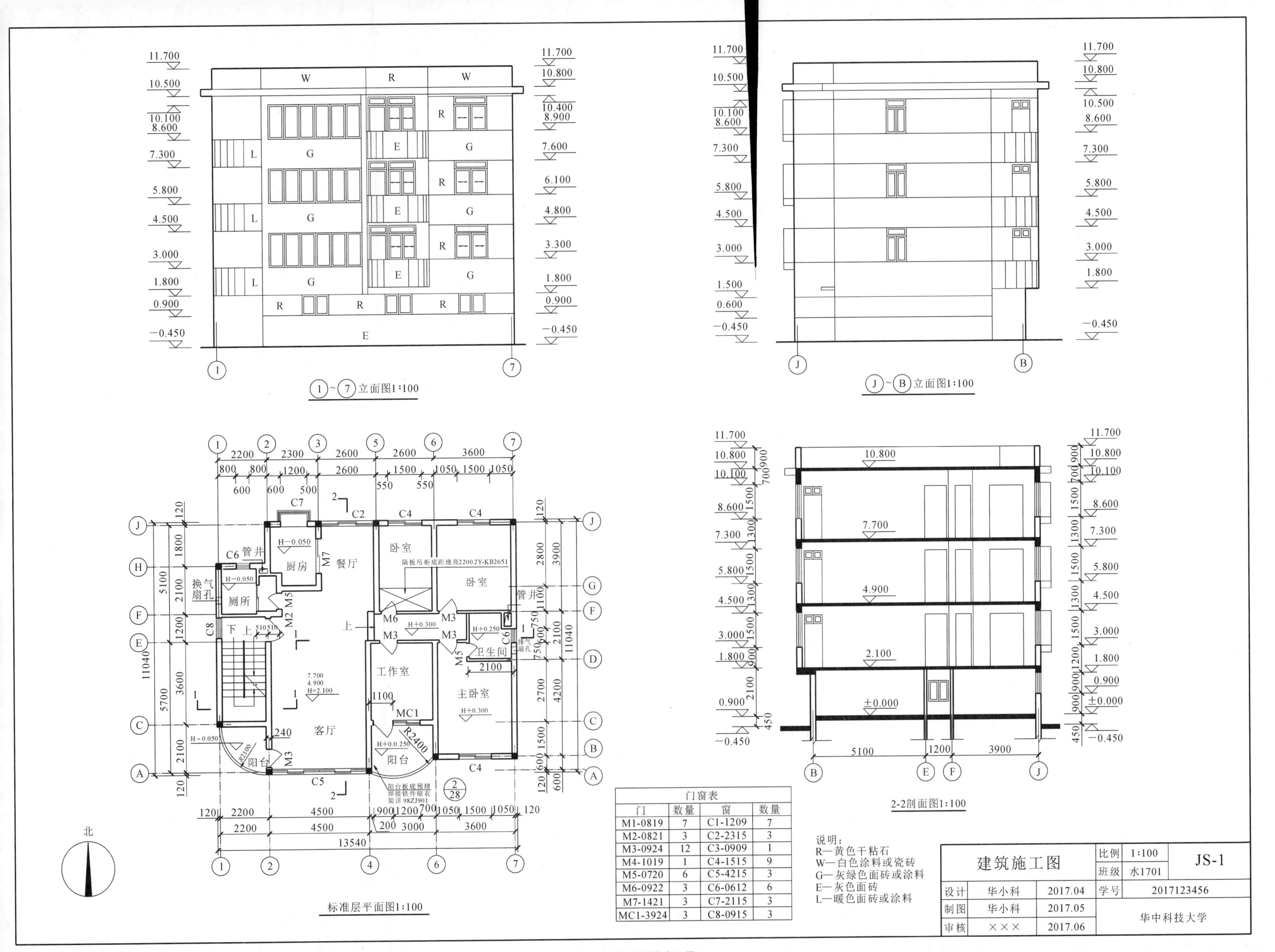

门窗表

门	数量	窗	数量
M1-0819	7	C1-1209	7
M2-0821	3	C2-2315	3
M3-0924	12	C3-0909	1
M4-1019	1	C4-1515	9
M5-0720	6	C5-4215	3
M6-0922	3	C6-0612	6
M7-1421	3	C7-2115	3
MC1-3924	3	C8-0915	3

图11-21 住宅建筑施工图

3. 在 A3 幅面上按图中比例抄绘图 11-22 所示的简支梁的结构构件详图。

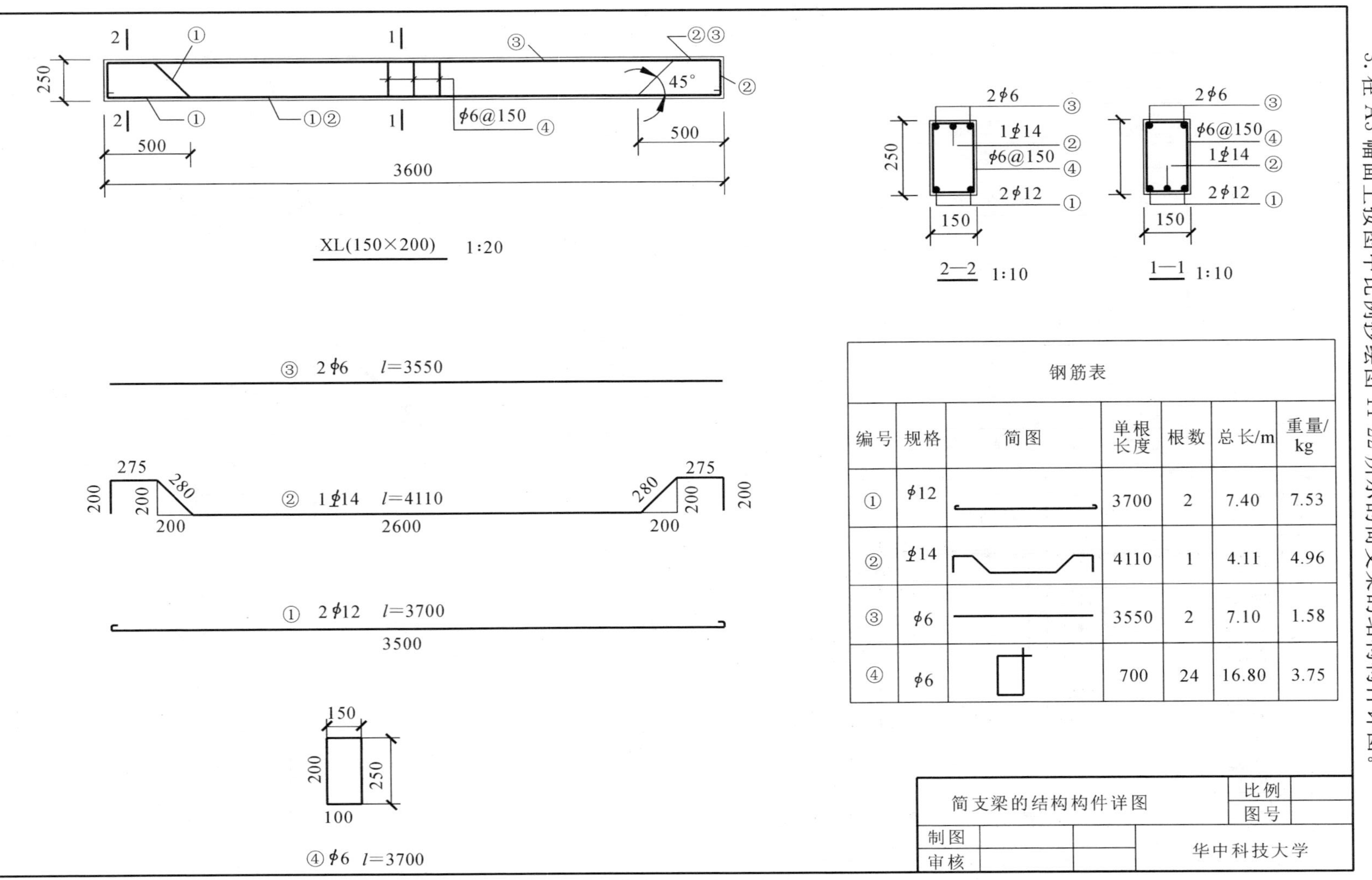

钢筋表

编号	规格	简图	单根长度	根数	总长/m	重量/kg
①	φ12		3700	2	7.40	7.53
②	Φ14		4110	1	4.11	4.96
③	φ6		3550	2	7.10	1.58
④	φ6		700	24	16.80	3.75

图11-22 简支梁的结构构件详图

4. 在 A2 幅面上用 1∶50 的比例抄绘图 11-23 所示的给排水工程图。

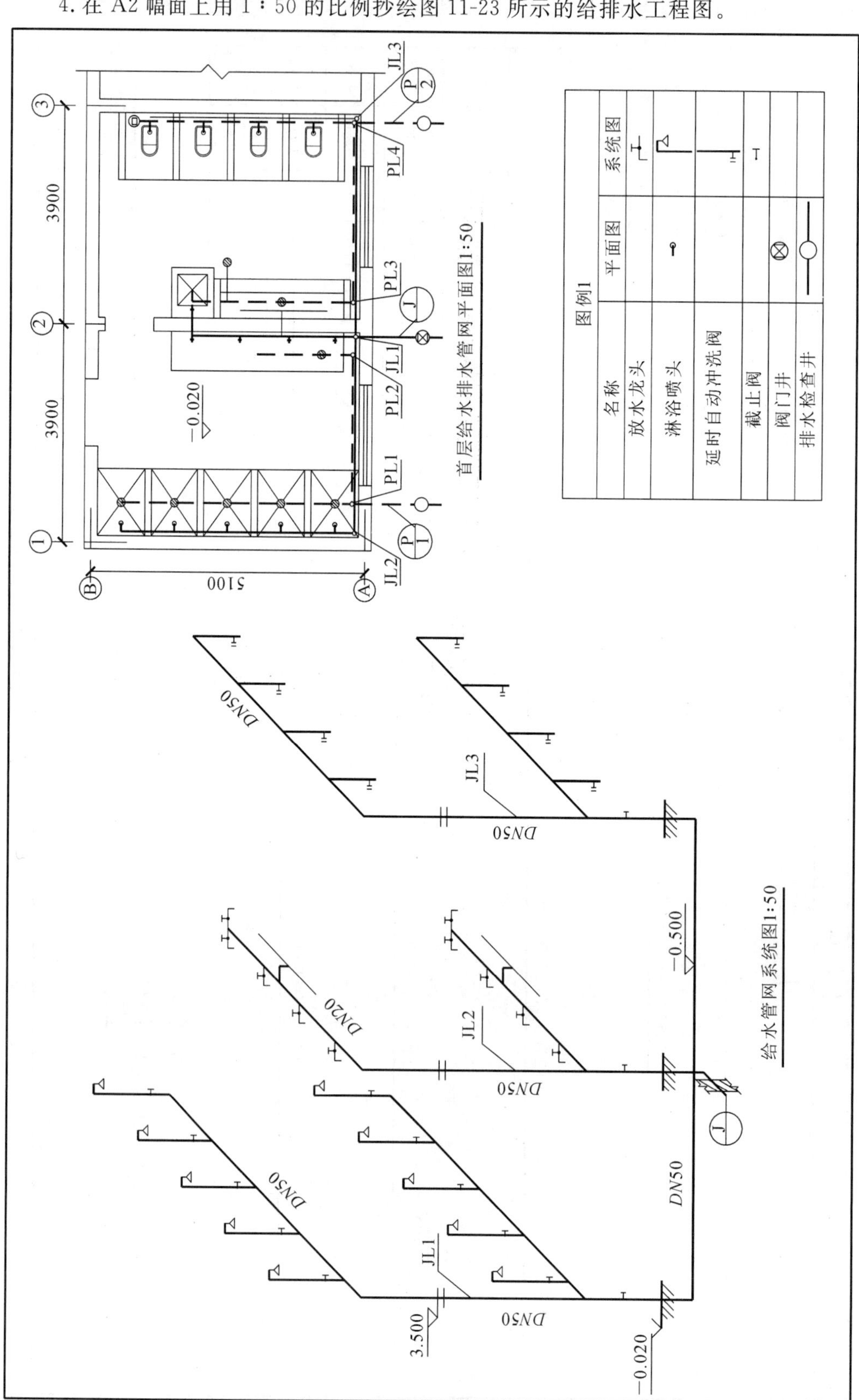

(a)

图11-23 给排水工程图

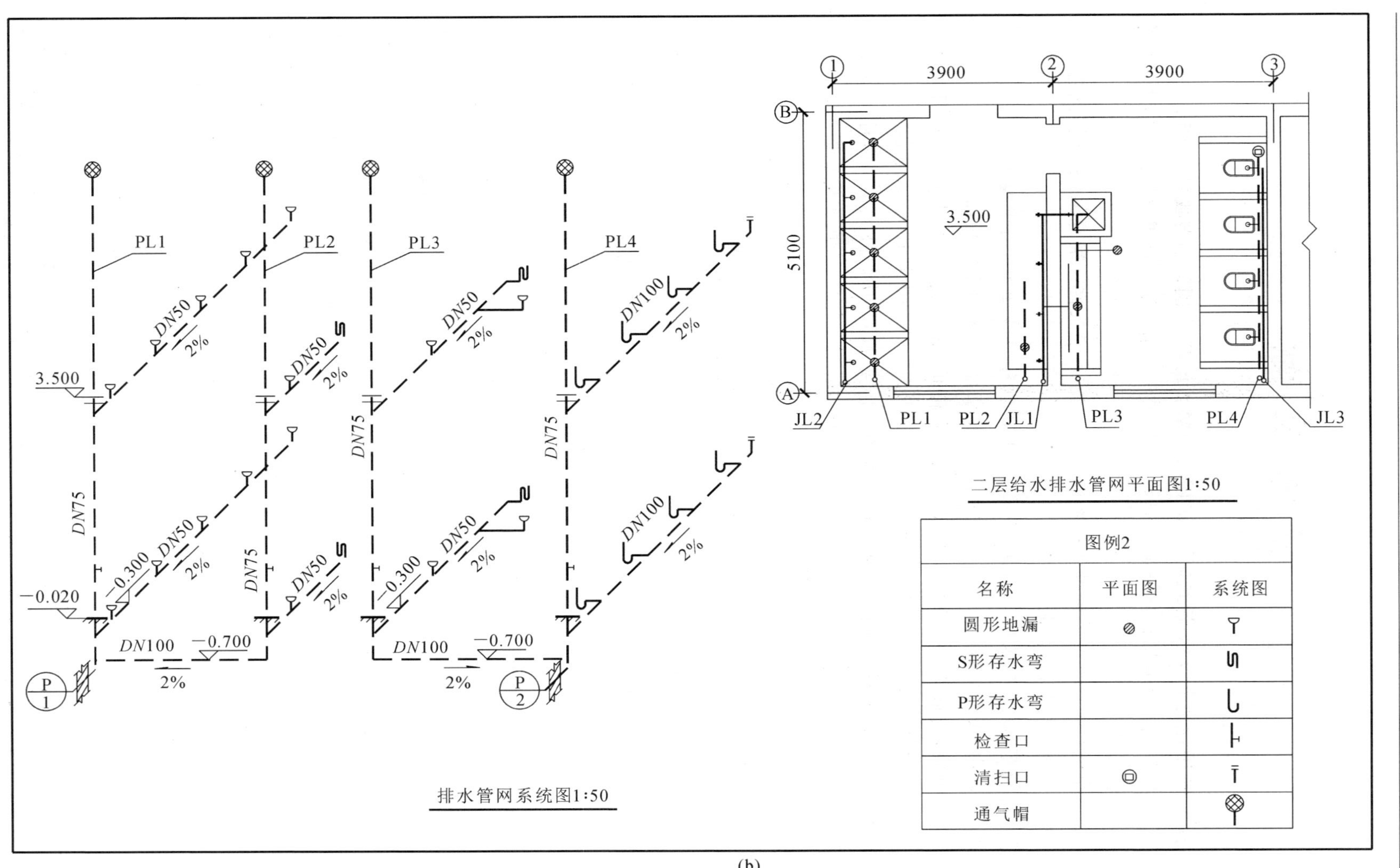
PL1
PL2
PL3
PL4
DN50
2%
DN75
DN100
3.500
−0.020
−0.300
−0.700
P 1
P 2
排水管网系统图1:50
3900
3900
5100
3.500
JL2
PL1
PL2
JL1
PL3
PL4
JL3
二层给水排水管网平面图1:50
图例2
名称
平面图
系统图
圆形地漏
S形存水弯
P形存水弯
检查口
清扫口
通气帽

(b)

续图 11-23

参考文献

[1] 中国计划出版社.建筑制图标准汇编[M].北京:中国计划出版社,2010.

[2] 中华人民共和国住房和城乡建设部.房屋建筑制图统一标准[M].北京:人民出版社,2011.

[3] 全国技术产品文件标准化技术委员会.技术产品文件标准汇编:机械制图卷[M].北京:中国标准出版社,2006.

[4] 倪鑫,姜雪.中文版 AutoCAD 2017 基础教程[M].北京:清华大学出版社,2016.

[5] 薛山.AutoCAD 2017 实用教程[M].北京:清华大学出版社,2017.

[6] 刘姝,范景泽.AutoCAD 2016 从入门到精通 [M].北京:中国电力出版社,2016.

[7] 宋玲,程敏.画法几何与土木工程制图[M].武汉:华中科技大学出版社,2016.

[8] 黄其柏,阮春红.画法几何及机械制图[M].武汉:华中科技大学出版社,2015.

[9] 龙马高新教育.AutoCAD 2017 入门与提高[M].北京:人民邮电出版社,2017.